# 0~6岁四季养护
## 百科大全

兰政文　编著

中国妇女出版社

图书在版编目（CIP）数据

0~6岁四季养护百科大全／兰政文编著．—北京：
中国妇女出版社，2013.1

ISBN 978 - 7 - 5127 - 0521 - 0

Ⅰ.①0… Ⅱ.①兰… Ⅲ.①婴幼儿—哺育
Ⅳ.①TS976.31

中国版本图书馆 CIP 数据核字（2012）第 250959 号

**0~6岁四季养护百科大全**

| | |
|---|---|
| 作　　者： | 兰政文　编著 |
| 策划编辑： | 李　里 |
| 责任编辑： | 李　里　赵延春 |
| 插　　图： | 尚亚萍 |
| 封面设计： | 吴晓莉 |
| 责任印制： | 王卫东 |
| 出　　版： | 中国妇女出版社出版发行 |
| 地　　址： | 北京东城区史家胡同甲 24 号　　邮政编码：100010 |
| 电　　话： | (010) 65133160（发行部）　　65133161（邮购） |
| 网　　址： | www. womenbooks. com. cn |
| 经　　销： | 各地新华书店 |
| 印　　刷： | 北京联兴华印刷厂 |
| 开　　本： | 170×240　1/16 |
| 印　　张： | 29 |
| 字　　数： | 413 千字 |
| 版　　次： | 2013 年 2 月第 1 版 |
| 印　　次： | 2013 年 2 月第 1 次 |
| 书　　号： | ISBN 978 - 7 - 5127 - 0521 - 0 |
| 定　　价： | 39.80 元 |

# 目录

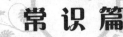

常 识 篇

# 春季篇

# 夏季篇

# 秋季篇

# 冬 季 篇

## 冬季的抗污染宣言

## 宝宝冬季咳嗽全攻略

## 冬季巧招养护"复感儿"

## 嗓子疼，祸起扁桃体炎

## 保护宝宝远离急性支气管炎

## 9 条防线阻击中耳炎

常 识 篇

# 营养到位，健康才到位

营养是健康的物质基础，处于生长发育期的儿童，不仅需要营养来维持一切生命活动，修补组织损耗，更重要的是，他们需要大量的营养素来保证其生长发育。生长发育越迅速，所需要的营养素也就越多。某种营养物质的短缺将导致儿童体格发育的迟滞和心理——智能发育的落后，后者甚至是终生不可逆转的损失。

婴幼儿期（0～3岁）是人一生中生长发育最快的时期之一，出生后满3个月时的体重约为出生时体重的2倍，1周岁时的体重约为出生时体重的3倍；1周岁时的身长约为出生时身长的1.5倍。体格的迅速发育需要大量相关营养素的支持。婴幼儿期良好的营养是人一生体格发育的基础，也是预防成年慢性疾病的保证，如动脉粥样硬化、冠心病等。

婴幼儿期同样是大脑——中枢神经系统发育的关键期，早在人胚3周时即已分化出大脑神经元（脑细胞），并较机体其他组织细胞增殖得快。自胎儿4～6个月起直到出生后6个月，大脑神经元一直非常旺盛地增殖着。婴儿出生时大脑已有上千亿个细胞，这些分散的细胞被反复刺激转化成有组织的、可以认知、思考和记忆的功能细胞团，较多的功能细胞团整合形成特定的功能区。婴儿出生后的头两年是大脑功能区从形成到较为完善的时期，这段时期大脑发育的质量决定着大脑将来的结构和功能。大脑功能的成熟有赖于脑细胞整体结构的增大，合理的营养是脑功能——智力发育的重要保证。脑组织中功能越高的部位所含蛋白质的量越多，如果婴幼儿蛋白质摄入不足就会影响脑功能。此外，大脑还需要充足的必需脂肪酸、葡萄糖（大脑运行的主要能源）和血红蛋白（携带氧到每个细胞）等营养素。

婴幼儿期是从先天免疫到自我免疫的过渡时期。新生儿出生后，由母体带来的先天性免疫力逐渐消失，需要逐步完善自身的免疫功能，而维护人体正常免疫功能的物质基础是每天摄入的各种营养素。例如，蛋白质是构成免疫细胞、免疫球蛋白的基础，蛋白质摄入不足或严重缺乏将无法生成足够的白细胞和抗体，导致免疫功能下降；又如，维生素C可刺激机体产生干扰素，降低病毒活性，摄入足够的维生素C可增强免疫力；维生素E在一定剂量范围内可促进免疫器官的活跃和免疫细胞的分化，有利于增强免疫力；此外，维生素$B_6$、β－胡萝卜素、叶酸、维生素$B_{12}$、烟酸、泛酸、铁、锌和硒等，都有促进或增强免疫功能的作用。

# 0~3岁宝宝的营养需求

## 能量

能量是维持一切生命活动的基础，特别是处于不断生长发育过程中的婴幼儿，体格的迅速增长、各组织器官的增大及功能的成熟都需要消耗能量，充足的能量供给是保证婴幼儿健康的关键。

### 专家提示

给宝宝安排膳食时必须考虑三类产能营养素的比例，一般而言，0~3岁的宝宝蛋白质、碳水化合物和脂肪产能的比例应为9%~15%、45%~55%和35%~45%。过多依靠某一种产能营养素都会造成营养素浪费或营养失调。

人体所需的能量主要由碳水化合物、脂肪和蛋白质所提供，因此碳水化合物、脂肪和蛋白质又称产能营养素。1克碳水化合物和1克蛋白质在体内分别可产生能量16.74千焦（4千卡），1克脂肪在体内可产生能量37.66千焦（9千卡）。新生宝宝出生第一周每日每千克体重需要能量250.8千焦（60千卡），第二周、第三周每日每千克体重约需能量418千焦（100千卡）；1岁以内的婴儿每日每千克体重约需能量459.8千焦（110千卡），以后每增加3岁每日每千克体重所需能量减去41.8千焦（10千卡）。

## 蛋白质

蛋白质是构成人体组织、细胞的基本物质，也是体液、酶和激素的重要组成部分，可以说，没有蛋白质就没有生命。蛋白质对于生长发育中的婴幼儿尤其重要，蛋白质长期摄入不足会减少组织增长和修复，导致婴幼儿生长发育迟缓。

蛋白质由多种氨基酸组成，在已

发现的20余种氨基酸中，有8种机体不能合成，必须由食物供给，称必需氨基酸，即赖氨酸、色氨酸、蛋氨酸、苯丙氨酸、亮氨酸、异亮氨酸、苏氨酸和缬氨酸。在整个儿童期，组氨酸合成不足，是必需氨基酸；对于1岁以内的婴儿来说，牛磺酸也是必需氨基酸。不同食物所含蛋白质的营养价值取决于所含各种必需氨基酸的量及比例，种类齐全、量和比例都符合人体需要，而且可被人体充分吸收利用的营养价值就高。乳类和蛋类是优质蛋白质的最佳来源，动物性食物，如鱼、肉、动物肝脏中蛋白质的利用率也比较高，豆类也是蛋白质的良好来源。

**专家提示**

做米饭或粥时放些豆类可以大大提高蛋白质的利用率，这叫蛋白质的互补作用。

1岁以内的婴儿每日每千克体重需要蛋白质1.5克～3克，其中必需氨基酸应占43%，即0.6克～1.29克。母乳蛋白质的吸收率高达90%，所以母乳喂养儿每日每千克体重需要蛋白质1.5克；牛乳中蛋白质的吸收率较母乳低，因此，牛乳喂养儿每日每千克体重需要蛋白质3克。1岁以后蛋白质的供应量逐渐减少，1～2岁和2～3岁的幼儿每日蛋白质的推荐摄入量分别为35克和40克。

## 脂类

脂类包括中性脂肪和类脂两部分，前者由甘油和脂肪酸构成，后者主要是磷脂和固醇。脂类的主要功能是提供能量，1克脂类所提供的能量是同等重量的碳水化合物和蛋白质的1倍多。脂类所提供的能量占婴儿总能量需求的35%～50%，幼儿为25%～30%。此外，脂类还是组织人体组织、细胞的一个重要部分，如磷脂可促进脑和周围神经组织的生长发育。固醇是体内合成激素和某些营养素（如维生素D）的重要物质。脂肪可作为脂溶性维生素的载体，促进其吸收利用。体内脂肪还能保护脏器，防止散热以维持人体正常体温。

出生第一、第二个月的婴儿每日每千克体重需要脂肪约6克~7克，以每日摄入母乳800毫升计，可获得脂肪27.7克，占总能量需要的47%（我国营养学会推荐摄入量为总能量的45%~50%）。6个月以后每日每千克体重需要脂肪4克，我国营养学会建议脂肪摄入量占能量的35%~40%。1岁以后每日每千克体重大约需要3.0克~3.5克。

构成脂肪的一些不饱和脂肪酸不能在体内合成，必须由食物提供，称必需脂肪酸，如亚油酸和亚麻酸等。n－6系亚油酸及其代谢物γ－亚麻酸、花生四烯酸（ARA）、n－3系多不饱和脂肪酸α－亚麻酸及其代谢物二十碳五烯酸（EPA）和二十二碳六烯酸（DHA）对婴儿神经、智力和认知功能的发育有促进作用。婴幼儿必需脂肪酸的供给不能低于总能量的1%，最好占总能量的4%~5%。其中，亚油酸所提供的能量最好不低于婴儿膳食总能量的3%。亚油酸富含于所有植物油中，一般不容易缺乏，而含α－亚麻酸的油仅限于大豆油、低芥酸菜油等少数油，应注意补充。

## 碳水化合物

碳水化合物可分为糖、寡糖和多糖三类，是人体的主要供能营养素，也是构成细胞和组织的重要成分。细胞含糖类约2%~10%，脑和神经组

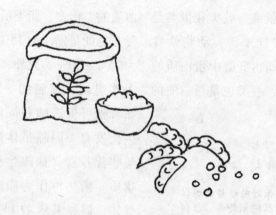

织含大量的糖脂，参与细胞的多种生理活动。膳食中碳水化合物的主要来源是谷类，其次是食糖作物，根茎作物、水果和蔬菜、豆类和乳制品中也有一定量的碳水化合物。

婴幼儿对碳水化合物的需要量比成人相对要多。婴儿碳水化合物提供的能量应占总能量的 30%～60%。母乳喂养儿平均每日每千克体重摄入量为 12 克（约占总能量的 37%），人工喂养儿略高（40%～50%）。2 岁以内的婴幼儿能量过多依赖于淀粉和糖是不适宜的，因为富含碳水化合物的食物体积较大，可能不适当地降低了食物的营养密度及总能量的摄入。摄入过多的碳水化合物而蛋白质摄入不够，婴儿体重虽然能迅速增长，看起来胖胖的，但肌肉松弛，对疾病的抵抗力差，并不是真正健康的表现。

2 岁以后要逐渐增加来自淀粉类食物的能量，每日每千克体重约需要 10 克碳水化合物，大约占总能量的 40%～65%，同时相应地减少来自脂肪的能量。碳水化合物所提供的能量多于总能量的 80% 或少于 40% 都不利于婴幼儿的健康。碳水化合物不足时机体会动用脂肪和蛋白质进行补偿，影响脂肪和蛋白质的正常代谢。

**专家提示**

婴儿 4 个月以后才能较好地消化淀粉类食物，不要过早给婴儿添加米粉等淀粉类食物，摄入过早容易引起婴儿腹泻。

## 矿物质

人体内除了碳、氢、氧、氮之外的元素统称矿物质，包括常量元素和微量元素。占人体总重量 0.01% 以上的称常量元素，占人体总重量 0.01% 以下者称微量元素。常量元素主要有钙、磷、镁、钾、钠、氯、硫，目前已知的人体必需的微量元素至少有 14 种，分别为铁、锌、铜、碘、硒、氟、钼、锰、铬、镍、矾、锡、硅、钴。矿物质不提供能量，但对维持人体正常的生理功能和促进生长发育有着重要而不可替代的作用，比如，钙、磷、镁是骨骼和牙齿的重要组成成分；钾、钠、氯、钙可维持机体的酸碱平衡及神经和肌肉的兴奋性；铁、碘、锌、硒是许多酶的组成成分或活化剂等。

婴幼儿消化功能正在发育完善的过程中，对营养素的消化吸收比较差，容易出现矿物质的缺乏，婴幼儿

必需而又容易缺乏的矿物质主要有钙、铁、锌、碘。

**1. 钙**

6个月以内的婴儿每日钙的适宜摄入量是300毫克，6个月以后是400毫克。每1升母乳中含钙350毫克，而且吸收率高。如果婴儿每日能摄入800毫升的母乳，基本上可以摄入300毫克的钙，满足生长发育的需要。因此，出生6个月以内的母乳喂养儿一般不会有明显的缺钙问题。牛乳中钙的含量虽然是母乳的2～3倍，但钙磷比例不合适，含磷过高，影响钙的吸收，不适合婴儿的需要。因此，人工喂养要注意观察宝宝是否有缺钙的现象，及时补钙。1～3岁的幼儿每日钙的适宜摄入量是600毫克。奶及其制品是膳食钙的最佳来源，1～3岁的幼儿每日应保证摄入500毫升的奶。

**2. 铁**

铁是造血原料之一。足月新生儿体内有300毫克左右的铁储备，通常可防止出生4个月内的铁缺乏。早产儿及低出生体重儿的铁储备不足，在婴儿期容易出现铁缺乏。母乳在不同阶段铁的含量也不相同，产后1～3个月时每升母乳中含铁0.6毫克～0.8毫克，4～6个月时每升母乳中约含铁0.5毫克～0.7毫克。牛乳中铁含量略低于母乳（0.45毫克/升），吸收率也远远低于母乳。因此，不论是母乳喂养还是人工喂养，4～5个月的婴儿都要注意及时补充铁，如强化铁的配方奶、米粉、肝泥及蛋黄等。6个月以上的婴儿铁的每日适宜摄入量为10毫克。1～3岁的幼儿每日铁的适宜摄入量是12毫克。

膳食中铁的良好来源是动物的肝脏和血，其中每100克禽类的肝脏和血含铁40毫克。蛋黄中虽然含铁量较高，但吸收率仅有3%。维生素D可以促进铁的吸收。

**3. 锌**

婴幼儿缺锌会出现生长发育缓慢、味觉减退、缺乏食欲、贫血、免疫功能低下等表现。虽然母乳中的锌含量相对不足（1.18毫克/升），但足月新生儿体内有一定的锌储备，可以满足出生后前几个月的需要，但到4～5个月后要从膳食中及时补充。肝泥、蛋黄、婴儿配方食品是较好的锌的来源。0～6月龄的婴儿每日锌的适宜摄入量为1.5毫克，6月龄至1岁的婴儿为每日8毫克，1～3岁的幼儿每日锌的推荐摄入量是9.0毫克。

蛤贝类，如牡蛎、扇贝等每100克含锌量高达10毫克以上。动物的内脏（尤其是肝）、蘑菇、坚果类（如花生、核桃、松子等）、豆类也含有一定量的锌。

### 4. 碘

婴儿期缺碘可引起智力低下、体格发育迟缓。1～3岁的幼儿每日碘的推荐摄入量是50微克。我国大部分地区天然食品及水中含碘较低，哺乳妈妈应注意使用强化碘的食品，以防宝宝碘摄入不足。

其他矿物质，如钾、钠、镁、铜、氯、硫等也是宝宝生长发育所必需的，但无论是母乳喂养还是人工喂养的婴儿均不易缺乏。

## 维生素

维生素与矿物质一样，虽然人体的需要量不大，但绝对不能缺少。维生素分为脂溶性（维生素A、维生素D、维生素E、维生素K）和水溶性（B族维生素和维生素C）两大类，脂溶性维生素溶于脂肪和脂溶剂，不溶于水，可改变细胞膜的结构，为器官和组织发育所必需。脂溶性维生素的吸收需要脂肪的协助，进入人体内也主要贮存在脂肪组织中，不需要天天供给，可通过胆汁缓慢排出；水溶性维生素溶于水，主要参与辅酶的形成，

满足人体的需要后主要由尿液排出，很少在体内贮存，需要及时补充。

### 1. 维生素 A

维生素 A 与机体的生长、骨骼发育、生殖、视觉和抗感染有关。婴儿维生素 A 的每日推荐摄入量为 400 微克视黄醇当量。母乳中含有丰富的维生素 A，用母乳喂养的婴儿一般不需额外补充。牛乳中的维生素 A 含量仅为母乳的一半，用牛乳喂养的婴儿每日需要额外补充约 150 微克~200 微克维生素 A。1~3 岁的幼儿每日维生素 A 的适宜摄入量为 500 微克视黄醇当量。

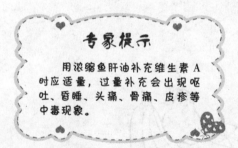

**专家提示**

用浓缩鱼肝油补充维生素 A 时应适量，过量补充会出现呕吐、昏睡、头痛、骨痛、皮疹等中毒现象。

### 2. 维生素 D

母乳及牛乳中维生素 D 的含量都比较低，婴儿从出生两周后到 1 岁半之内都应添加维生素 D。婴儿每日维生素 D 的参考摄入量是 10 微克（400IU）。富含维生素 D 的食物较少，除适量补充外还要注意适当晒太阳。

### 3. 维生素 E

早产儿和低出生体重儿容易发生维生素 E 缺乏，引起溶血性贫血、血小板增加及硬肿症。婴儿每日维生素 E 的适宜摄入量为 3 毫克维生素 E 当量。母乳中维生素 E 的含量基本可以满足婴儿的需要，但牛乳中维生素 E 的含量只有 0.6 毫克/升。膳食中不饱和脂肪酸增加时，维生素 E 的需要量也相应增加。

### 4. 维生素 K

母乳中维生素 K 含量较少（15 微克/升），母乳喂养的新生儿较工人喂养的新生儿更易出现出血性疾病。因此，新生儿，尤其是早产儿出生后要注射维生素 K。婴儿满月后一般不容易出现维生素 K 缺乏，但长期使用抗生素时要注意补充维生素 K。

### 5. 维生素 C

我国 2000 年制定的婴儿每日维生素 C 的推荐摄入量为 40 毫克~50 毫克。母乳喂养的婴儿可从乳汁中获得足量的维生素 C，但牛乳维生素 C 的含量仅为母乳的 1/4（约 11 毫克/升），故人工喂养的婴儿应及时补充富含维生素 C 的果汁，如橙子、深绿色叶菜汁等。1~3 岁的幼儿每日维生素 C 的推荐摄入量是 60 毫克。

### 6. 维生素 B$_1$

维生素 B$_1$ 是水溶性维生素，体内储存很少，需每日从膳食中补充。1~3 岁的幼儿每日维生素 B$_1$ 的推荐摄入量是 0.6 毫克。

## 膳食纤维

膳食纤维是植物性食物中的一类多糖类碳水化合物，基本上不能被人体消化吸收，但其有着重要的生理功能：①可使摄入食物的体积膨胀，延长在消化道中通过的时间，增加各种营养素的吸收率；能吸附水分，使粪便体积增加、变软，促进结肠活动，有利于通便。②能与胆固醇与胆盐结合，使胆固醇不被消化道吸收而随粪便排出体外，从而降低胆固醇在体内的含量。对防治儿童便秘，预防肥胖病、高血压和糖尿病有一定作用。因

此，婴幼儿的膳食中应该适量添加膳食纤维，一般出生后 6 个月可开始添加，1~3 岁的宝宝每日 20 克~30 克。

## 水

人体所有的物质代谢和生理活动都需要水的参与，婴幼儿新陈代谢旺盛，摄入蛋白质和矿物质较多，对水的需求量也相对较大。婴儿体内含水量占体重的 70%~80%，每天消耗水分占体重的 10%~15%（成人仅为 2%~4%）。水主要从饮水和食物中获得。出生 4 个月以内的婴儿如果摄乳类充足、生长发育良好，不需要额外补充水。

**专家提示**

膳食纤维可与各种矿物质结合，过多摄入会导致某些营养素的丢失。

# 科学喂养八相宜

宝宝健康聪明是所有父母的心愿，只有科学喂养才能养育出健康聪明的宝宝。

## 母乳与辅食相得益彰

母乳喂养的优点不容置疑，母乳可满足0~4个月婴儿的营养需求，然而4个月以后，其所含铁质、叶酸、维生素、钙等营养素就显得相对不足，因此，这时就必须给宝宝添加辅食来补充。但必须注意的是，宝宝4个月之后虽然开始吃辅食了，但其消化系统和免疫系统还没有发育完善，还不能够像成人一样进食，仍然要以母乳或配方奶为主，这样营养才能够均衡、充足。切不可添加过多、过快，以辅食代替乳类。新生宝宝每天的哺乳次数可达十数次，随着月龄的增长、宝宝胃容量的扩大，喂入的

奶量增多，宝宝胃肠道吸收消化食物的时间加长，宝宝每天的哺喂次数也逐渐减少。1 岁左右的宝宝每天的哺喂次数在 2 ~ 3 次，总量应保持在 500 ~ 600 毫升。2 岁以上的宝宝仍应该坚持每天早晚各喝 1 次奶，每次 200 毫升。

## 主食与零食不可偏废

宝宝一般在周岁左右断奶，此时主食固然很重要，但零食也不可忽视，一味乱给或一点儿不给都不是明智之举。美国一份调查资料显示，宝宝从零食中获得的热量达到总热量的 20%，获取的维生素与矿物质占总摄取量的 15%，可见零食是宝宝所需热量与养分的重要补充。宝宝 8 个月之后可以利用一些方便抓握的小零食训练宝宝的抓握能力和咀嚼能力。

不过，要注意零食的品种选择以及量的掌握与安排。例如，上午给予少量高热量食品，如小块蛋糕或 2 ~ 3 块饼干，下午给少量水果，晚餐后不再给零食。

## 贵食与贱食不分彼此

不少父母习惯于用价格的高低来衡量食品的营养价值，以为价格越贵的食物对宝宝越是有益。其实，那些加工精细的糕点反而不及价格普通的奶、蛋、肉、豆类、果蔬等。研究表明，奶、蛋所含蛋白质的氨基酸组成与人类细胞组织的氨基酸很接近，消化吸收利用率高。肉食则含有丰富的铁、锌等微量元素，其营养价值远远超过价格昂贵的各种酥点、蛋糕。总之，选择食物主要是遵循是否为宝宝所必需和能否被充分吸收利用的原则，与价格无直接联系。

## 进食与饮水并驾齐驱

重视进食、忽视饮水是不少家长存在的又一喂养误区。水是构成人体组织细胞和体液的重要成分，一切生理与代谢活动，从食物的消化、养分的运送、吸收到废物的排泄都离不开水，年龄越小，对水的需求相对越多。因此，在每餐之间应给宝宝一定

量的水喝。给水时注意不要给宝宝茶水、咖啡、可乐等，而以白开水为宜。

## 软食与硬食轮流上场

年轻的父母常常担心宝宝乳牙的承受能力，总是限制或避开硬食，但医学专家告诉我们：婴儿8个月的时候，其颌骨与牙龈就已发育到一定程度，足以咀嚼半固体甚至固体食物。乳牙萌出后更应吃些富含纤维、有一定硬度的食物，如水果、饼干等，以增加宝宝的咀嚼频率，通过咀嚼动作牵动面肌及眼肌的运动，加速血液循环，促进牙弓、颌骨与面骨的发育，既健脑又美容。

## 荤食与素食双管齐下

通常，人们把动物性食物称为荤食，荤食虽然营养丰富，口感也好，但脂肪含量高，故应予以限制，不能多吃。家长在给宝宝配餐时要做到肉、菜各半，荤素搭配，如做成肉末菠菜、冬瓜肉丸等。

## 水果与蔬菜完美结合

有些家长认为水果营养优于蔬菜，加之水果口感好，宝宝更易于接受，因而轻蔬重果，甚至用水果代替蔬菜。其实，水果与蔬菜各有所长，营养差异甚大。总的来说，蔬菜比起水果来对宝宝的发育更为重要。拿苹果与青菜来比较，前者的含钙量只有后者的1/8，苹果所含铁质只有青菜的1/10，胡萝卜素仅有1/25，而这些营养素均是宝宝生长发育（包括智力发育）不可缺少的。当然，水果也有蔬菜所没有的保健优势，故两者应兼顾，互相补充，不可偏废。

## 食物与情绪适时调整

儿童心理学家阐明，食物影响着儿童的精神发育，不健康情绪和行为的产生与食物结构的不合理有着相当密切的关系。如吃甜食过多者好动、爱哭、易发脾气；饮果汁过多者易怒甚至好打架；吃盐过多者反应迟钝、贪睡；缺乏维生素者易孤僻、抑郁、表情淡漠；缺钙者手脚易抽动、夜间磨牙；缺锌者易精神涣散、注意力不集中；缺铁者记忆力差、思维迟钝。家长应注意观察，及时根据宝宝的情绪调整食物结构，可使上述不良情绪减轻或不药而愈。

# 让宝宝越吃越聪明

婴幼儿时期是大脑迅速发育的时期，家长千万别忽视了婴幼儿的科学饮食，因为这是促进宝宝智力发育的一个重要手段。那么，到底宝宝应该吃什么食物？远离哪些不健康的食物？补充什么营养呢？

## 早期喂养：关注 DHA 和 AA

良好的营养是大脑发育的物质基础。众所周知，母乳是婴幼儿最好的营养来源，它含有婴幼儿生长发育所

必需的大量物质，比如 DHA（二十二碳六烯酸）和 AA（花生四烯酸）。DHA、AA 是长链不饱和脂肪酸，它们是婴幼儿大脑生长发育所必需的营养物质，也是构成神经细胞膜且在神经细胞膜中发挥重要作用的结构性脂肪。不能坚持母乳喂养的妈妈在选择奶粉时要注意其中是否含有 DHA、AA，含量是不是充足，如果奶粉中不含则要在奶粉中加入 DHA 牛奶伴侣，以满足婴幼儿大脑发育的需要。

## 辅食添加：4 种健脑物质不可少

美国医学家经过多年研究证明：除了 DHA、AA 外，还有 4 种健脑物质也不可忽视，它们是色氨酸、谷氨酸、铁元素和维生素 C。如果宝宝的食物中缺少这 4 种物质就会影响大脑发育，引起记忆下降、脑功能减退，甚至大脑发育不全。反之，食物中这 4 种物质丰富就会促进婴幼儿大脑发育，提高宝宝的智力和记忆力。

富含色氨酸、谷氨酸、铁元素、维生素 C 的食物主要有以下几种：

含色氨酸比较丰富的食物主要有牛奶、鱼、蛋以及豆制品等。

含谷氨酸丰富的食物很多，比如面、米等谷类食物，葵花子、西瓜子以及豆制品等。

蛋黄、动物肝脏、动物血等食物不仅含铁丰富，而且含有人体所易吸收的生物铁。

各种水果、蔬菜含有丰富的维生素 C，其中猕猴桃、橘子含量尤为丰富。

## 远离影响宝宝智力的食品

以下 4 种影响宝宝智力的食品，家长要慎重选择。

### 1. 含铅食品

含铅食品主要指爆米花、皮蛋等。铅是细胞的一大杀手，当人体血铅浓度达到 15 微克/100 毫升时就会引起宝宝发育迟缓、智力减退。

### 2. 含铝食品

油条、粉丝、凉粉等食物中均含有过多的铝，过多使用铝锅、铝壶等餐具、茶具也会造成铝摄入过多。铝摄入过多会影响脑细胞功能，导致记忆力下降、思维迟钝。

### 3. 含过氧脂质的食品

含过氧脂质多的食品主要有洋快餐、方便面、曲奇等。过氧脂质对人体有害，过多摄入可能会导致大脑早衰或痴呆。

### 4. 含盐过多的食品

婴幼儿肾脏功能尚不完善，吃得太咸不仅会引起高血压、动脉粥样硬化，还会损伤动脉血管，影响脑细胞血液供应，使脑细胞长期处于缺血、缺氧状态，导致智力迟钝、记忆力下降。

# 提升免疫力，健康硬道理

在妈妈眼中，小宝宝是那么脆弱，时刻需要有人保护，以免受到外界的侵扰。而危害人体健康的病原微生物——病毒、细菌，就像是各种各样的敌人，时常向宝宝发起进攻。但并不是每一次进攻都能使宝宝得病，这是为什么呢？原来，人体有免疫系统，能保护机体不得病，这就是我们常说的"免疫力"。

有趣的是，虽然新生宝宝不够强壮，但他们却不太容易生病，这是因为宝宝在出生时就幸运地从母亲那儿获取了一些抗体，正是这些抗体构成了宝宝成长过程中的第一个防御系统。但是这些抗体最终是会耗尽的，这就是婴儿在出生6个月之后会突然变得容易生病的原因。

那么，想要宝宝不生病该怎么办？吃药打针？那是治标不治本，往往这个病医好了，那个病又冒出来了，或者好不容易把病治好了，过段时间又复发了。怎么做才能解决根本

问题呢？答案就是促进宝宝的免疫系统快速发育。宝宝免疫系统发育成熟通常需要几年的时间，作为父母要做的就是让宝宝的免疫系统快快发育完善，帮助他筑起一道免疫力的"长城"！让我们先来认识一下宝宝的免疫系统吧。

"免疫"一词来源于拉丁语，原意为免除瘟疫，是指机体对感染有抵抗能力而使人不会患疫病或传染病。免疫能力的强弱取决于人体免疫系统的功能是否完善，免疫系统主要具有以下4种功能：

### 1. 防御功能

防止外界病原体的入侵，消除已侵入的病原体和有害分子。

### 2. 监视功能

清除机体内的突变细胞和早期肿瘤。

### 3. 耐受功能

免疫系统对自身组织细胞表达的抗原不产生免疫应答，不引起自身性免疫疾病。

### 4. 调节功能

免疫系统与神经系统和内分泌系统一起，共同构成神经—内分泌—免疫网络调节系统，不仅调节免疫系统的功能，而且参与调节人体的整体功能。

免疫系统是由免疫器官（胸腺、骨髓、脾、淋巴结等）、免疫细胞（吞噬细胞、自然杀伤细胞、T细胞、B细胞）和免疫活性分子（细胞表面分子、抗体、细胞因子、补体等）组成的。平时，体内的免疫细胞处于静止状态，必须在活化后经免疫应答过程，产生免疫效应细胞和效应分子才能执行免疫功能。

免疫应答分为非特异性应答和特异性应答两种。非特异性应答是生物体在长期种系发育和进化过程中逐渐形成的一系列防卫机制，宝宝出生时就已具备，在感染早期（数分钟至96小时）执行防御功能。特异性免疫应答的执行者是T淋巴细胞和B淋巴细胞，常在感染5～7天后起作用，作用特异，强而有效，不仅可清除感染中的病原体，而且可以防止再次感染。

婴幼儿的免疫系统尚未发育成熟，参与非特异性和特异性免疫应答的免疫细胞功能也不成熟，因而对病原体的免疫应答反应相对较弱。婴幼儿皮肤薄嫩，易破损，屏障作用差；肠壁通透性高，胃酸较少，杀菌力低；淋巴结功能尚未成熟，屏障作用差。足月新生儿T淋巴细胞发育已完善，约2岁后细胞因子水平接近成人。但早产儿T淋巴细胞数量少，要

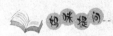

#### 什么是免疫球蛋白（Ig）

免疫球蛋白是机体受抗原（如病原体）刺激后产生的，其主要作用是与抗原起免疫反应，生成抗原-抗体复合物，使病原体失去致病作用。主要存在于血浆中，也见于其他体液、组织和一些分泌液中。人血浆内的免疫球蛋白大多数存在于丙种球蛋白（γ-球蛋白）中，可分为5类，即免疫球蛋白G（IgG）、免疫球蛋白A（IgA）、免疫球蛋白M（IgM）、免疫球蛋白D（IgD）和免疫球蛋白E（IgE）。

在 1 岁以后才能赶上正常儿。B 淋巴细胞功能在胚胎早期即已成熟，但因缺少抗体及 T 细胞多种信号的辅助刺激，新生儿产生抗体的能力较低，以后随年龄增长逐步完善。

IgG 是唯一能通过胎盘的免疫球蛋白，新生儿的 IgG 主要来源于母体，出生数月内可防御某些细菌和病毒感染。出生 3 个月后婴儿自身合成 IgG 的能力增强，但来自母体的 IgG 大量衰减，出生后 6 个月完全消失，到六七岁时血清中的含量才接近成人水平。因此，6 个月至 3 岁是易感染期。

胎儿期自身合成的 IgM 量很少，出生后三四个月时含量仅为成人的 50%，1~3 岁时达到成人的 75%。

血清型 IgA 于出生后 3 个月开始合成，1 岁时浓度仅为成人水平的 20%，到 12 岁时才达到成人水平。分泌型 IgA 在黏膜局部抗感染中起重要作用，婴幼儿期含量极少，1 岁时仅为成人的 3%，12 岁时达到成人水平。这也是婴幼儿易患呼吸道感染和胃肠道感染的重要原因。

**专家提示**

6 个月到 3 岁是免疫力提升的关键时期，家长一定要认真对待，让宝宝按时参加预防接种；合理安排宝宝饮食，保证其营养摄取充足、合理；让宝宝多晒太阳，适当补充维生素 A 和维生素 D，以促进宝宝免疫系统的成熟，减少患病机会。

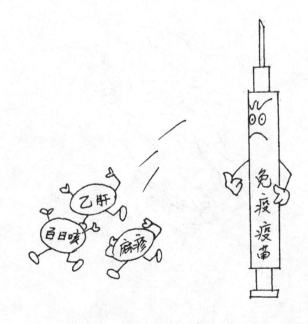

# 宝宝免疫力升级计划

从宝宝出生的那一刻开始，妈妈就在动脑筋——如何增强宝宝的抗病能力。我们知道，宝宝一出生就从母亲那儿获得了一些抗体，正是这些抗体构成了宝宝成长过程中的第一个防御系统。但这些抗体也有耗尽的时候，这时宝宝可能会突然容易生病起来。所幸的是，与此同时，宝宝也在完善自己的免疫系统。刚开始它的抗病能力很弱，随着宝宝的逐渐长大，免疫系统才能真正承担起与病毒、细菌斗争的重担。那么，如何一步一步帮助宝宝完善免疫功能呢？

## 母乳是宝宝最好的免疫源泉

对于刚出生的婴儿来说，母乳是必不可少的。研究发现，母乳喂养的宝宝患脑膜炎、肺炎等疾病的概率比非母乳喂养的婴儿低。而且，母乳喂养4个月以上的宝宝，婴幼儿期患癌症的情况也相对较少。这是因为母乳中有着丰富的增强免疫力的物质，仅在母乳喂养的头4天里宝宝就能获取40亿个白血球，帮助免疫系统工作，而且还能获得T细胞和免疫球蛋白，这些物质附着在宝宝的咽喉和肠道内，构筑起抵御细菌的屏障。所以，医生建议婴儿出生后的头半年里最好纯母乳喂养，6个月添加辅食的同时还要继续喂母乳，直到宝宝1岁。

## 维生素、矿物质增强免疫力

### 1. 维生素

母乳除了维生素D以外什么都不缺。维生素D的主要来源是太阳光，它会刺激皮肤，使其产生维生素D。如果你用奶粉哺喂宝宝，那么只要使用配制好的宝宝配方奶粉（生产商已经在其中添加了该补充的东西），宝宝所需的全部维生素就都能够得到满足。

当你开始给宝宝添加辅食时，可以考虑下面这些食物：

富含维生素A的食物包括：红薯、杏等；

富含维生素C的食物包括：猕猴桃、哈密瓜等；

富含维生素E的食物包括：菠菜等绿色蔬菜。

### 2. 矿物质

宝宝出生的第一年，骨骼和肌肉生长迅速，因此宝宝这时候比成人需要更多的矿物质，如钙、磷和镁。足月出生的宝宝出生时体内铁含量足以维持到他4个月大的时候，这之后饮食中就需要添加铁了，最好是以辅食的形式添加。动物的肝脏和血富含铁，其中禽类的肝脏和血含铁量达40毫克/100克以上，添加辅食后应每周保证宝宝吃一次动物肝脏或血。

## 保证睡眠减轻免疫负担

充足的睡眠能使宝宝的身体恢复活力，应对任何可能发生的问题，从而减轻了免疫系统的负担。宝宝睡眠时能量与氧的消耗量小，生长激素分

泌增加，有利于体格发育及脑功能的发育。睡眠充足的宝宝玩起来精力充沛，情绪愉快，食欲好，长得健康。睡眠不足的宝宝就会烦躁易怒，食欲减退，体重增长缓慢，抵抗力低下，容易生病。因此要保证宝宝充足的睡眠时间：

1~2个月：20小时/日；

2~4个月：16~18小时/日；

4~9个月：15~16小时/日；

9~12个月：14~15小时/日。

另外，宝宝每天的睡眠一般分为两个时间段：一是夜晚，二是午睡。宝宝身体正在发育之中，夜晚很重要，午睡也很重要。午睡时间的长短应以宝宝年龄、个性及气候而变化，一般睡1.5~3小时即可。如果宝宝午睡时间过长要轻轻唤醒，以免晚上难以入睡。

新生儿的入睡时间比较灵活，1岁左右的宝宝则应该养成好的睡眠规律，夜晚睡眠最好以晚8：00~8：30入睡为宜。

## 免疫接种帮助宝宝抵抗疾病

接种疫苗能够刺激宝宝的身体产生抗体，使他免予感染某些危险的传染病。因此，一定要遵照医嘱按时给宝宝注射疫苗。

### 我国儿童基础免疫程序

| 年龄 | 接种疫苗 | 可预防的传染病 |
| --- | --- | --- |
| 出生 24 小时内 | 乙型肝炎疫苗（第一次）<br>卡介苗 | 乙型病毒性肝炎<br>结核病 |
| 1 月龄 | 乙型肝炎疫苗（第二次） | 乙型病毒性肝炎 |
| 2 月龄 | 脊髓灰质炎糖丸（第一次） | 脊髓灰质炎（小儿麻痹） |
| 3 月龄 | 脊髓灰质炎糖丸（第二次）<br>百白破疫苗（第一次） | 脊髓灰质炎（小儿麻痹）<br>百日咳、白喉、破伤风 |
| 4 月龄 | 脊髓灰质炎糖丸（第三次）<br>百白破疫苗（第二次） | 脊髓灰质炎（小儿麻痹）<br>百日咳、白喉、破伤风 |
| 5 月龄 | 百白破疫苗（第三次） | 百日咳、白喉、破伤风 |
| 6 月龄 | 乙型肝炎疫苗（第三次） | 乙型病毒性肝炎 |
| 8 月龄 | 麻疹疫苗 | 麻疹 |
| 1.5 ~ 2 岁 | 百白破疫苗（加强）<br>脊髓灰质炎糖丸（部分） | 百日咳、白喉、破伤风<br>脊髓灰质炎（小儿麻痹） |
| 4 岁 | 脊髓灰质炎疫苗（加强） | 脊髓灰质炎（小儿麻痹） |
| 7 岁 | 麻疹疫苗（加强）<br>百白破二联疫苗（加强） | 麻疹<br>白喉、破伤风 |
| 12 岁 | 卡介苗（加强，农村） | 结核病 |

注射疫苗后，宝宝的一般反应是低热，反应较强的宝宝可能出现高热或呼吸道症状，如流涕、咳嗽等，对这些宝宝可适当使用退热药，一般不使用抗生素或抗病毒药物。

如果在接种疫苗前宝宝患有感冒、腹泻等，接种疫苗最好适当推迟，以免使病情加重。如果宝宝患有癫痫及其他慢性疾病暂时不要接种，等病治愈后再接种也不迟。

预防接种或使用免疫增强剂并不可能绝对保证宝宝不生任何病，平时仍然要注意增强宝宝的体质，让宝宝适当晒太阳、呼吸新鲜空气，进行有益的游戏活动等，在饮食上尽量多样化，保证充足的营养。患病时在医生指导下进行治疗和休息，保证疾病得到正确的处理。

## 良好的情绪调节免疫力

人的情绪愉快，大脑会产生一种止痛的化学物质，以增强机体免疫力。宝宝心情愉快时能刺激免疫细胞，增强免疫功能；相反，精神紧张、情绪受到压抑，免疫功能就会下降，容易生病。即使是成人，情绪对身体的影响也是非常大的。因此，父

母要多多地关注宝宝的情绪变化，保证宝宝更多的时候处在平静、愉悦的情绪状态。

## 不要随便使用抗生素和激素

过多、过频地使用抗生素会减少免疫细胞锻炼的机会，如果下次再遇到同类细菌、病毒，宝宝可能还是没有抵抗力。激素是免疫抑制剂，会直接破坏免疫功能。所以，用抗生素和激素为宝宝预防或治疗一定要严格遵照正规医院的医嘱，谨慎使用。

# 宝宝计划免疫小常识

## 防疫针并不是注射得越多越好

宝宝出生后，父母会给宝宝注射这样或那样的防疫针。多注射防疫针好吗？怎样才能知道防疫针的效果？这是许多父母关心的问题。注射防疫针确实可以提高宝宝的免疫力，加强其对传染病的抵抗力，但并非越多越好，相反有时还会产生不良后果。

首先，计划免疫程序是通过大量科学试验而制订的，不能随意更改，既不要漏注射、少注射，也不可重注射、多注射。只要按照程序执行，完全可以保护宝宝免受疾病传染。如果过多地注射疫苗，有时反而会使免疫力降低，甚至无法产生免疫力，这在医学上叫免疫麻痹，就好像我们吃200克的食物就饱了，获得的营养足以维持机体正常运转，但为了多获得营养而拼命多吃，吃500克、1000克，表面看来吃进去的食物多了，但由于胃肠不胜重负，反而会因消化不良而减少营养的吸收。

另外，各种疫苗都是用病菌、病毒或它们产生的毒素制成的，尽管经过杀灭和减毒处理，但仍有一定毒性，接种可引起一些反应。特别是在制作过程中，不可能把培养细菌或病毒生长所用的物质完全除掉，其中有的属于异体蛋白质，会引起过敏反应，轻则出现皮疹，重则发生休克。并且，这种过敏反应的发生是随着打针次数的增加而增多的。因为人体接触异体蛋白质的次数越多，越处在敏感状态，更容易发生过敏反应。因此，应严格按照接种程序为宝宝接种，切勿盲目乱打。

## 如何了解注射防疫针的效果

宝宝注射了防疫针以后到底有没有效果呢？通过以下3种方法可以了解。

### 1. 观察患病情况

宝宝注射了防疫针，2周左右可以产生特异性免疫力，注射后1个月时免疫力最强，以后缓慢减弱。如果注射2周后宝宝没有患传染病，特别是在该病流行季节或周围有这种病流行时没有被传染上，说明注射防疫针的效果很好。

### 2. 观察接种反应

接种活疫苗后，因疫苗中的细菌或病毒必须在体内生长、繁殖才能刺激免疫系统产生免疫力，所以，局部和全身会有一定的反应。比如，皮内接种卡介苗以后，2~3天后接种的部位皮肤略有红肿，但很快消失，属于非特异性反应；2周左右，局部产生红肿的丘疹，浸润硬块，有时会发生硬块软化，变成白色小脓包，以后自行破溃形成浅表溃疡，直径一般不超过0.5厘米，有少量脓液，然后结痂，痂皮脱落留有轻微疤痕，前后时间为2~3个月。如果出现这种反应过程，说明接种成功，有效果。如果接种后无任何反应，说明接种失败。

### 3. 皮肤试验

注射了防疫针后，由于体内产生了免疫力，可以中和细菌产生的毒素，故注射少量毒素在皮肤内可不发生任何反应。如果没有产生特异性免疫力，注射少量毒素即会发生红肿现象。比如，锡克氏试验就可了解接种白喉类毒素后有没有预防白喉的能力，锡克氏试验阴性说明接种成功。

## 疫苗接种的 5 大误区

**误区 1：只接种国家规定的计划免疫内疫苗就足够了，其他疫苗没必要接种**

预防接种是医学界公认预防和控制传染病最为安全、经济、有效的手段之一，建议有条件的家长在计划免疫的基础上自费选择更多种类的疫苗，如水痘疫苗、甲肝疫苗、流感疫苗等，为宝宝下一份全面的免疫保单；或者选择更新升级的疫苗替代计划内免疫疫苗，因为新一代技术使疫苗更安全有效。目前在国内外经常使用的疫苗有几十种到上百种，其中卡介苗、百白破三联疫苗、脊髓灰质炎疫苗（小儿麻痹糖丸）、麻疹疫苗和乙肝疫苗已列入我国计划免疫的程序中，称为"基础免疫疫苗"。其他国内外经常使用的疫苗主要有以下几种：

①腮腺炎疫苗。用于预防由腮腺炎病毒引起的流行性腮腺炎，即"痄腮"。一般来说，流行性腮腺炎是良性传染病，其特点是发热和腮腺肿大。我国生产的腮腺炎疫苗是减毒活疫苗，若 1 岁以内接种难以得到足够的保护性抗体，1 岁以上小儿即使已患过没有明显症状的流行性腮腺炎或是否接种过本疫苗不能肯定时均可接种。另外还有麻风腮三联疫苗，称为MMR，除可预防腮腺炎外还可预防麻疹和风疹。

②流感病毒疫苗。用于预防流行性感冒，接种对象主要是 2 岁以上所有人群，慢性心、肺、支气管疾病患者，慢性肾功能不全者，糖尿病患者，免疫功能低下者等。

③水痘疫苗。水痘散布于全世界，各地区人群均受到普遍感染，病毒具有高度传染性，在儿童中的传播占 90% 以上。主要传播途径为空气飞沫、直接接触和母婴垂直传播。近年来，无论儿童还是成人，水痘发病率均有上升趋势，但绝大多数病例是儿童。目前，美国等发达国家已经规定在儿童及成人中常规接种水痘疫苗。水痘疫苗是一种减毒活疫苗，接种对象为 1～12 周岁的健康儿童。有严重疾病史、过敏史、免疫缺陷病者及孕妇禁用。

④肺炎疫苗。用于预防肺炎球菌性疾病如肺炎等，对肺炎球菌性感染的总保护率高达 75% 以上。应当接种此类疫苗的人有老年人、2 岁以上的儿童、慢性病患者、免疫缺陷者、艾滋病感染者以及酗酒和长期吸烟者等。

⑤狂犬疫苗。用于狂犬病的预防。狂犬病是致死率达100%的烈性传染病，及时、全程接种疫苗是预防此病的重要措施之一。与任何可疑动物或狂犬病人有过密切接触史的人，如被动物包括外表健康的动物咬伤、抓伤，破损皮肤或黏膜被动物舔过等，都应该尽可能早地接种狂犬疫苗。另外，被动物咬伤机会较多或其他有可能接触到狂犬病毒的人则应提前进行预防接种。

⑥嗜血流感杆菌b型疫苗及其综合疫苗。预防由b型流感嗜血杆菌引起的侵袭性疾病。2~14月龄的婴幼儿最好在2月龄时接种第1针疫苗，间隔2个月后接种第2针疫苗。15月龄或更大月龄的幼儿只需接种1针。在12月龄之前已完成两针基础免疫接种的婴儿，应在12~15月龄期间再加强免疫1针，加强免疫与基础免疫第2针之间的间隔不得少于2个月。

⑦出血热疫苗。用于预防流行性出血热，分为单价疫苗和双价疫苗两种，前者可分别预防家鼠型出血热或野鼠型出血热，后者则对此两型出血热均有预防作用。出血热疫区10~70岁的人都应接种此疫苗。疫区的林业工人、水利工地民工、野外宿营人员等更应接种。

**误区2：接种过疫苗就能100%不生病**

没有一种疫苗的保护率是100%的，大多数常规使用的疫苗保护率在85%~95%。由于个体差异，并不是所有人都能免疫成功。

**误区3：打疫苗有副作用，影响健康**

疫苗的研发与药品一样，投资巨大，研发周期长（平均为7~10年），上市审批严格。由于疫苗的使用对象为正常健康人群，比药品的制造技术复杂，生产周期更长，安全性要求更高。在医生专业指导之下接种疫苗，正确掌握禁忌证，安全性是有保证的。事实上大多数疫苗的不良反应，如接种部位酸痛、轻微发热等，是短暂的。

**误区4：接种疫苗是小宝宝的事，成年人没有必要**

只要体内没有产生过抗体，任何年龄阶段都可能受感染。成年人是社会及家庭的支柱，更需要受到保护，早预防、早受益。尤其是与宝宝密切接触的爸爸妈妈，更要注意自身的健康，不要将疾病传染给宝宝。

**误区5：没有必要自己花钱打疫苗**

以甲型肝炎为例，据测算，患者

平均住院 45 天，住院费用约 1.2 万元，出院后完全恢复需 5 个月，要花销 3000 元，共需 1.5 万元。与其相比，接种 1 支甲肝疫苗只花很少很少的钱。疫苗对于个体预防疾病的经济效益最为显著，更重要的是，避免了疾病对健康的损害。

## 哪些宝宝不宜接种疫苗

有些宝宝是不宜接种疫苗的，否则事与愿违，还会出现严重反应。

①接种部位有严重皮炎、牛皮癣、湿疹及化脓性皮肤病的儿童应治愈这些病后再接种。

②正在发热、体温超过 37.5℃的儿童，应查明发热的原因，治愈后再接种。因为打防疫针有时会出现体温升高的反应。另外，发热往往是流感、麻疹、脑膜炎、肝炎等急性传染病的早期症状，接种疫苗后还会加重病情，使病情复杂，给医生诊断带来困难。同时，疫苗中的抗原成分与致病的细菌可互相干扰，影响免疫力的生成。

③正在患急性传染病或痊愈后不足 2 周、正在恢复期的儿童应延缓接种防疫针。

④有严重心脏病、肝脏病、肾脏病、结核病的儿童也不宜接种。因为患有这些疾病的儿童体质往往较差，对接种疫苗引起的轻度反应也承受不住。他们有病的器官不能增加额外的负担，故接种后往往会发生较重反应。另外，接种疫苗后的解毒、排泄等会加重肝、肾的负担，影响有病器官的康复。

⑤神经系统疾病，如癔症、癫痫、大脑发育不全等患儿也不宜接种疫苗。

⑥重度营养不良、严重佝偻病、先天性免疫缺陷的儿童不宜接种。

⑦有过敏体质、哮喘、接种麻疹疫苗曾发生过敏的儿童不宜接种。因为虽然疫苗中含有极其微量的过敏原，对一般儿童不会有任何影响，但对过敏体质的儿童来讲，由于其敏感性极高，极有可能发生过敏反应，给儿童带来危害。

⑧腹泻的儿童，大便每天超过 4 次者不宜服用小儿麻痹糖丸活疫苗。因为腹泻可以把糖丸疫苗很快排泄掉使其失去作用，另外腹泻如为病毒感染所致，会干扰疫苗产生免疫力。

⑨在传染病流行时，密切接触了传染病人的儿童，应及时接种疫苗。

不宜接种疫苗的儿童而又必须接种时，如被狂犬咬伤者必须接种狂犬疫苗，一定要在医生指导和密切观察下方可接种。

# 生命在于运动，宝宝也不例外

现在的父母更关心宝宝的营养和智力开发，对于宝宝适时、适度运动的重要性认识不足。应该让宝宝爬的时候没有给宝宝创造机会，许多宝宝不会爬直接就学会了走；许多父母怕宝宝磕着、碰着，抱着的时候多，让宝宝自由跑动的时候少，秋千、跷跷板、旋转木马、操场游戏等早期运动刺激越来越少；宝宝在电视机前久坐不动的时间越来越长，动手动脚的活动越来越少；在城市生活的宝宝在室内游乐场玩的时间越来越多，直接接触大自然的机会越来越少；电动玩具因为有丰富的声光电效果，更容易吸引宝宝，许多父母也愿意给宝宝买电动玩具，但这些玩具大多不需要宝宝动手动脚动脑，只是一种单纯的感官刺激；如果直接照看宝宝的人缺乏活力，那么宝宝的早期运动发展就有可能受到不良影响……运动对 0 ~ 3 岁的宝宝来说具有非常重要的意义，不仅可以增强体质，而且可以促进宝宝的智力发育，为以后的学习做准备。生命在于运动，宝宝也不例外。

## 运动可以强化宝宝全身各器官的功能

运动可使宝宝新陈代谢的速度加快，如游泳时呼吸加深加快，憋气时间长，可增加宝宝的肺活量，从而使呼吸功能得到增强。运动还可使心率从一开始的增快逐渐到缓慢而有力，增强宝宝的心脏功能。许多父母都为宝宝的吃饭发愁，总觉得宝宝吃得太少，这不吃那不吃，其实运动是提高宝宝食欲的有效方法。而且，运动还可以消耗过多的脂肪，使宝宝体形匀称。运动可以改善宝宝的胃肠道功能，提高消化酶的活性，增进食欲。运动还可加速视觉、听觉、触觉、平衡觉等综合信息的传递，使大脑支配完成的各种复杂动作更加协调，对外界环境的反应更加敏捷。

## 运动可以提高宝宝的抗病能力

经常运动的宝宝，特别是经常进行户外运动的宝宝，机体血管的调节功能协调，遇到气候变化可通过自身调节来适应环境温度，不易患感冒等疾病。游泳、抚触等锻炼可刺激宝宝的淋巴系统，增强宝宝抵抗疾病的能力，让宝宝远离上呼吸道感染、消化道感染等疾病。经常进行户外活动，阳光中的紫外线照射宝宝的皮肤，可预防维生素 D 缺乏性佝偻病。

## 运动可以促进宝宝的智力发育

伊利诺伊大学的实验表明，在丰富环境中参加锻炼的老鼠与没有参与锻炼的老鼠相比，它们的大脑产生了更多的神经元联系，脑细胞周围也具有了更多的毛细血管，强化了小脑等脑的所有重要器官。运动让脑得到氧，还给脑提供高营养物质，促进其生长，在神经元之间形成更多的联系。运动对于认知的影响比我们以前所知道的要大得多，有许多证据表明，早期运动刺激对于宝宝的阅读、写作和注意力均有很大影响，宝宝越小，感知觉的刺激对宝宝的智力发育越重要。经常进行体育运动的宝宝和那些不爱运动的宝宝相比，入学后学习成绩更好，学习的态度也更加积极。然而，与几十年前相比，今天宝宝坐在婴儿车里看电视、坐在学步车里或者被系在汽车座椅上的时间越来越长。国外的一项统计表明，1960年，2 岁幼儿待在车里的时间大约是200 小时，而今天他们待在车里的时间大约是 500 小时。我国的情况也类似。研究证明，手眼协调运动、指物、摇摆、计数、跳跃和投球游戏能促进宝宝神经的结构性生长。

## 运动可以使宝宝更快乐

有研究表明，身体运动和接受刺激较少的婴儿可能无法发展出运动 - 快乐的脑联系，这样的宝宝长大了，通过正常的娱乐活动渠道难以获得快感，就会发展对更强烈刺激的需要，暴力就是其中之一。如果能让宝宝充分地运动，儿童就会发展得很好。

# 适时激发，让宝宝动起来

　　父母可以实施许多锻炼计划促进宝宝的身体发展。要知道，肌肉技能的发展对将来学习书写和数学是非常重要的。

　　身体发展的基本规律是：大肌肉发展在前，小肌肉发展在后。手臂和双腿控制的大肌肉运动，如爬、走等是宝宝较早、较容易达到的目标，而手和脚完成的小肌肉运动，如控制手腕和手指进行画、切、穿珠子、搭积木等则需要1岁以后才能慢慢掌握。

　　身体发展的个体差异是很大的，对于不同的技能，差异可能在1～6个月。所以家长必须根据自己宝宝的

发展状况，帮助宝宝进行一些适当的大肌肉运动和小肌肉训练。

## 大肌肉训练

### 1. 0~6个月

宝宝最先发展的是头颈部的肌肉。出生不久，在仰卧的时候能够左右转动头部；2个月左右，能在俯卧时抬起头，抬头的时间越来越长；3个月的时候，如果你竖直地抱着宝宝，他能控制自己的头，能抓住你的手指坐起来；5~6个月的时候能从仰卧姿势翻身成为俯卧姿势，这时，他不用支撑也能够坐稳；8个月时开始

学着爬。如果你的宝宝的发展并没有精确地遵照这个时间表，并不意味着宝宝有问题。每个宝宝的发展都不可能完全一致，只要父母能适时适当地帮助他进行大肌肉训练，一定能够让宝宝发展到最佳状态。

父母可以这样做：

• 慢慢地移动一个有光亮的物体（如手电筒），从宝宝面部的一侧移到另一侧，他会转动头部追踪光亮。在逗弄宝宝的时候，用同样的方法移动你的脸。

• 在宝宝头的一侧摇动拨浪鼓，当宝宝的头转向拨浪鼓时，把拨浪鼓拿到另一边摇。把拨浪鼓换成你的声音，用同样的方法锻炼。

●晃动物体，让 3 个月的宝宝抓握。

●4 个月左右，宝宝开始微笑甚至大笑，你也用微笑或大笑回应，锻炼宝宝的面部肌肉。

●让宝宝平躺，提起他的腿，轻轻摇动。锻炼的时候可以哼唱舒缓的儿歌。

●放一面不易破碎的镜子在宝宝身边，方便他经常看见自己。

●轻轻按摩他的四肢和身体其他部位。

### 2. 6~12 个月

宝宝能滚，能爬，能拉着物体自己站起来，在别人帮扶下能走动。当他坐着的时候能左右转动身体，能向前倾斜捡起一个物体。父母要保证家里每个地方对宝宝都是安全的，因为宝宝开始探索家里的每个角落了。

父母可以这样做：

●在地上不同的地方放玩具，鼓励宝宝爬行拿到玩具。

●把玩具放在沙发上，宝宝会拉着沙发站起来得到玩具。

●牵着宝宝一起来回走动，滚动一个球。

●和他一起玩积木，让他用积木敲击地板。

●鼓励宝宝做一些简单的姿势，

如拥抱、拍手、跺脚等。

●让宝宝将沙发上的小靠枕挪个位置。

## 小肌肉训练

### 1. 0~6 个月

宝宝能跟随移动的物体转动眼睛。他聚焦最好的距离大约是 25 厘米，正好是你给他喂奶时他与你的距离。当他吃奶时会盯着你，在大脑中形成你是他的母亲的链接。3~4 个月，宝宝开始试着抓握物体，也会用一只手的手指摸另一只手的手指。5 个月时，宝宝开始把玩具从一只手转移到另一只手。6 个月，他的视觉与成年人差不多了。6~8 个月，他的抓握技能提高，并且开始学着使用腕力。

父母可以这样做：

●提供拨浪鼓或其他能"吱吱"发声的玩具，让他抓玩。

●抓握技能提高后开始给他玩积木。

●7 个月时，给他一些柔软易化的用手抓食的食物，他会努力试着用拇指和食指夹起食物。逐渐地，他能够吃其他用手抓握的食物。这种训练一定要注意让婴儿坐好，当他吃东西

的时候父母要在旁边看着。

• 开始对他使用一些简单的手势，他理解之后也会开始使用这些手势。

• 在地板上向宝宝滚动一个球，鼓励他把球滚回来。

### 2. 6~12个月

这时，宝宝对任何事情都十分好奇，他能拿到什么就探究什么。他喜欢从容器中把东西拿出来，也愿意试着搭积木，然后大笑着把搭好的东西推倒。他故意把东西掉到地上，看着自己能把东西从椅子上扔到地上，感觉好玩极了。他现在已经很好地掌握了钳抓（大拇指和食指夹紧）技能。他喜欢重击他的玩具弄出声音。

父母可以这样做：

• 给他一个玩具电话玩。假装给他打电话，和他谈话。

• 和他一起玩积木，他可能允许你搭好几块，然后他会推倒你搭的东西，你可以捡起几块再搭，玩的时候和他谈话。

• 买一些硬纸板的宝宝书，每天给他读，让他自己翻页，试着指出书上的物体。

• 当宝宝9个月左右能咀嚼下咽时，给他一些稍微结实一点儿的食品让他自己拿起来吃。

• 给他洗澡的时候盆里放个塑料杯子，这样他可以把杯子装满水再倒出来。

• 吹泡泡给他看，让他试着抓住。

● 给他一块海绵让他挤压。

## 宝宝运动宜与忌

● 由于婴儿皮肤薄，和婴儿做运动时妈咪应剪短指甲以免伤着宝宝。

● 做运动时尽量给宝宝穿柔软的衣服，以不妨碍宝宝自由活动为原则。

● 宝宝吃完饭后不宜立即做运动。

● 室外活动避免长时间太阳直接照射，以免对宝宝皮肤造成伤害。

● 体格锻炼要根据婴幼儿的生理特点循序渐进，逐步延长锻炼时间。锻炼的方式由简单到复杂，让宝宝逐渐适应。

● 对不同健康状况的宝宝选择锻炼的方法、时间、强度时应有所区别。比如，体弱儿的体格锻炼应较健康儿缓慢，时间相对要短，在锻炼过程中还要注意仔细观察。

● 开始时应做适当的准备活动，运动量逐渐增加，使宝宝的心血管系统有足够时间提高其活动水平，同时消除肌肉、关节的僵硬状态，以减少外伤的发生。锻炼后的整理活动可使神经系统由紧张恢复到安静，以防止运动性休克的发生。

## 运动游戏让宝宝更健壮

运动游戏是宝宝体育启蒙的第一课，怎样合理选择运动游戏呢？

①娱乐性、趣味性、模仿性强的游戏。可选择模仿各种动物行走的游戏，如兔跳、螃蟹行、蚯蚓爬、狗跑、鸭步。培养宝宝参加体育运动的兴趣，激发宝宝经常锻炼的积极性。

②适合此年龄段宝宝身心特点的游戏。婴幼儿大脑皮层兴奋过程占优势，并易于扩散和转移，情绪波动大，心理状态不稳定，如贪玩、好动、注意力极易分散、理解能力差，因此，应选择动作简单、节奏明显、说唱动相结合的游戏。

③集体性游戏。婴幼儿从整天围着家长或阿姨转，逐渐发展到对同龄儿童表现出强烈的兴趣，集体性游戏可促使他们考虑自己与他人的关系，学会如何更好地与同伴协作。可选择传递球游戏、接力游戏、追逐游戏、攻防游戏等。

④多种器官共同作用、共同完成的身体活动游戏。1～3岁可选择眼、手协调的游戏，如投水平目标、投垂直目标、手指体操、捏橡皮泥等；眼、脚协调的游戏，如踢定点球、踢

滚动球、踢球打目标等；听觉游戏，对语言、音乐等刺激作出反应等；本体感觉游戏，如侧滚、驮物爬、两腿两足夹物走、拍球等。2~3岁的宝宝每天可做走步练习，开始时走150米~200米，3岁时能走250米~300米。早上送宝宝入园可早些出门，让宝宝走到幼儿园。路上不要让宝宝过分出汗，可根据气温增减衣服。园外散步时，到达目的地后要让宝宝坐在干燥的地方充分休息，然后再带回来。

●在气温不太低的时候，应尽量让宝宝在室外玩。每天可有5个小时左右在室外度过。可充分利用沙场、水池（组织愉快的集体生活）、滑梯、儿童三轮车等做游戏。此外，每周上3次左右的体操课，每次做15~18分钟的体操也是不错的选择。

## 发掘属于宝宝的活动量

活动量指什么呢？简单来说，活动量指的是宝宝在一天的活动中所表现出的动作节奏快慢以及其活动的多少。宝宝活动量的大小是由脑部控制的，宝宝的身体需要通过活动获得刺激。有些父母可能会发现，有时候让宝宝活动之后，他反而能够安静下来。因此，不必刻意减少他的活动量，否则可能会对宝宝产生负面影响。

活动量大的宝宝动作快、好动，几乎没有安静下来的时候。一般来说，可以从宝宝吃饭、洗澡、换尿布、睡觉以及平常的活动来观察其表现。安静的乖宝宝无论是喝奶、洗澡还是换尿布时，他都表现得很安静，很乖巧，倾向进行静态的活动，例如看书、玩积木，照顾起来相对较为轻松。

对于活动量小的宝宝，父母必须多陪宝宝玩，以亲子共玩的活动为主，但应遵循以下原则：

①循序渐进。一开始带宝宝进行活动时不必要求时间太长，以后每天适当增加活动的时间，不要一下子就强求宝宝做很长时间的活动。

②每天要固定抽出半小时左右的时间与宝宝互动。

对于活动量大的宝宝，家长要让他有机会消耗精力，引导他进行安静的活动，培养宝宝的规律作息。引导原则如下：

①限定他的活动时间。让他固定玩30分钟左右，在这段时间内让他尽情地玩，时间到了之后就必须结束游戏，让他明白每天玩乐的时间是固定的。

②不要勉强宝宝。在亲子互动的过程中，若发现宝宝不愉快就应该停止。

# 注重生活细节，安全又健康

宝宝一天一天长大，开始会爬、会走，开始有了自己的小小世界。这个时候，家长要特别注重生活细节。只有注重生活细节，安全健康才有保证。

宝宝从会坐、会爬到会走，活动能力慢慢增强，活动范围也在逐渐扩大，不安全的因素随之增多。从小小的婴儿用品到家中的每一个角落，在宝宝眼里都是那么神秘、有趣，都令他跃跃欲试。为宝宝营造一个安全、舒适的家居环境，帮助宝宝逐渐适应生活，对他一生的成长都是非常重要的。

## 宝宝的居家安全小用品

研究指出，60%左右的意外事故是完全可以通过合适的预防措施避免的，这里为家长推荐一些家庭必备的安全生活用品。

### 1. 婴儿指甲钳

婴儿专用的多功能安全指甲钳，两侧镶有护柄，适于婴儿薄、小的指甲，它比一般指甲钳更安全。

### 2. 安全线圈夹

家用电器的电线应该缩到最短，不用时一定要拔掉插头，把电线收好。使用安全线圈夹，将灯具或其他用具的多余线缆卷起可避免宝宝拉扯。为了防止宝宝将手指伸进电源孔的事故发生，最好使用插座套或者用绝缘胶布将不常用的电源插孔遮盖起来。

### 3. 安全剪刀

不锈钢安全剪刀顶端的圆头设计令家长在帮小孩剪发时不会伤到宝宝，宝宝自己使用它时也不会碰到自己。

### 4. 安全门卡、窗户安全夹

要设置门吸，有条件还应该使用安全门卡，以防止突然关闭的房门将宝宝手指夹伤。如果家中装有玻璃门或落地玻璃窗，应选用安全玻璃或者钢化玻璃，并且在玻璃上贴上透明安全膜和安全夹，最好贴上彩色的花纹纸，让宝宝注意到玻璃的存在。

### 5. 安全桌角保护套

在没有经过圆角处理的桌角上设置桌角保护套，可以防止宝宝受到尖利边角的伤害。

### 6. 抽屉绊

抽屉绊的设置既可以避免宝宝在拉开抽屉的时候夹伤手指，又能防止抽屉掉落砸伤宝宝。

## 宝宝的安全衣物

为宝宝选购衣服时，我们往往考虑最多的是服装的色彩、款式，但你是否想过有些服装也会像某些家装材料一样成为隐藏在宝宝身边的杀手呢？即使是纯天然原料，在染色、制衣等加工过程中，如果使用的染料不当，对服装也会造成污染，对人体的

健康有害。怎样为宝宝选择服装是年轻家长的必修课之一。

### 1. 宝宝的衣服要宽松

不要把宝宝束缚在紧紧的衣服里，宝宝需要常常练习他新学习到的动作，只有宽松的衣服才能让宝宝有自由施展的机会。

### 2. 式样要简单

在宝宝未满 1 岁之前式样简单、容易穿脱的衣服会更受宝宝的欢迎。

### 3. 100%棉织品是首选

纯棉布料不但柔软舒适，而且吸水性强，透气性好，不会刺激宝宝的皮肤。

### 4. 尽量不要选择有扣子或拉链的内衣

尤其是金属或塑料质地的扣子和拉链，它们容易弄伤宝宝娇嫩的皮肤，最好选择系带的内衣。

# 宝宝居家安全知识

宝宝可以自由走动之后，家里的一些布局便成了带有危险色彩的陷阱，家长们可要特别注意了。

## 客厅的安全

客厅是宝宝做游戏、看电视的主要场所，也是电器集中的地方，因此要注意一些细节上的安全，以免因小失大，对宝宝造成伤害。矮茶几上不要放置热的或重的东西。

①茶几应收拾整洁，不要把打火机、火柴、缝纫用的针、剪子、酒等危险品放在茶几上，也不要放在任何宝宝可以够得到的地方。

②电视机、录像机、VCD等电器不要放在宝宝能够到的地方，不用时最好切断电源。

③电线应沿墙根布置，也可以放在家具背后。不用的电器应拔去电源。尽量用最短的电线接电器。

④容易被打碎的东西不要让宝宝碰到，尤其是热水瓶等危险品。

⑤家里不要种植有毒、有刺的植物。

⑥家具、门、窗的玻璃要安装牢固，避免碰撞引起的破碎。

⑦墙上的搁物架一定要固定好，位置以宝宝够不着为宜。

## 卧室的安全

卧室是宝宝的主要生活场所，家长要注意卧室的整洁以及空气的纯净，不要随意乱放物品，每天早晨要定时开窗换换新鲜空气。除此之外，还有许多需要妈妈们注意的事情：

①床架的高度要适当调低，床边摆放小块地毯，以防婴儿不小心从床上摔下来。

②电线的布置以隐蔽、简短为佳，床头灯的电线不宜过长，最好选用壁灯，减少使用电线。冬天不要把

电取暖器放在床前，以免衣被盖在上面引起失火。夏天不要把电扇直接放在床前吹。

③玩具放在较低的地方，宝宝不必费力地踩着凳子拿。但不要放在地板上，以防宝宝不留心摔倒。

④存放在衣柜里的樟脑丸要放在高处，以防被宝宝当作糖果误食。

## 厨房的安全

厨房是一个家庭里电器最多、器具最凌乱的房间，宝宝在此活动时会有许多隐患，因此要特别注意安全。

①橱柜尽量选用导轨滑动门，别用玻璃门，以防宝宝开门时被玻璃划伤。

②刀、叉、削皮刀等锋利的餐具应放在宝宝够不着的地方或把它们锁起来，火柴、打火机等放在安全的地方。

③做饭时不要让宝宝在身边玩耍，如果年龄小可以用学步车、婴儿车等把他固定在一个安全区域里。

④不要让宝宝靠近炉灶，以免绊倒时被烫伤。烧水或煎炸食物时应有人看管，锅把要转到宝宝够不到的方向。

⑤热的食物和饮料不要放在宝宝的身边，以防宝宝两手抓食物时被烫。

⑥地面溅上水渍、油渍时要及时清理，以免宝宝滑倒。

⑦不要使用台布，宝宝会有意识地拉扯台布，导致桌上的东西掉下砸在宝宝身上。

⑧电器要严格按照说明使用，电线要尽可能短。使用电熨斗时注意不要让宝宝靠近，以防他抓电线时把熨斗打翻或被砸到。

⑨垃圾袋要放在隐蔽处，不要让宝宝够到。购物的塑料袋也要放好，以免宝宝蒙在脸上引起窒息。

⑩不要给宝宝使用易碎的杯、碗、勺。

⑪清洁剂、洗涤剂等用品应放在宝宝够不到的地方。

## 卫生间的安全

卫生间的空间很小，但它容纳的东西却不少，每天家人都要在这里进行大量的活动，洗澡、如厕、洗衣、洗脸、刷牙、刮胡子……宝宝也免不了要去卫生间，这就需要我们做一些预防工作。

①确保卫生间的门能从外面打开，以防宝宝被锁在里面。

②使用防滑垫或防滑地板，防止宝宝滑倒。

③便池的盖子要盖好，预先教育宝宝那是危险和脏的地方，不要随便乱动。

④浴缸旁要设置把手，浴缸垫应防滑。

⑤浴室暖风机、加热器等电器要放在宝宝够不着的墙上。

⑥化妆品不要随意乱放，剃须刀也应放在宝宝够不着的地方。

⑦清洁剂、消毒剂、漂白粉、柔顺剂、洗衣粉……应锁在柜子里，橱柜不要安装在便盆上，以免宝宝爬上去打开。

⑧电线要布置好，以免潮湿引起短路。

保护小宝宝不受伤害，这是每位做家长的义不容辞的责任，以上这些问题对父母来说可能不算什么，但对蹒跚学步的可爱宝宝却至关重要。

## 六大典型隐患

①电源插座——危险指数：★★★★★

电视机、DVD、音响……一般这些电器都放置在客厅中，各种电线、电源插座也都随之统统暴露出来，而且一般距离地面都不太高，宝宝很容易触摸得到。更让人担忧的是，似乎电源插座上的那些小孔、小洞对宝宝有无穷的吸引力。

对策：电视机、DVD机等比较重的电器要远离桌边（或桌子足够高），并将电线收藏好；在电源插座上安上安全电插防护套，或者用强力胶带封住插座孔，也可以使用安全电插座，这种产品更为常见，当没有电插头插入时，它的插眼是自动闭合的。

②门——危险指数：★★★★

当门被大风吹刮或无意推拉时，很容易夹伤宝宝娇嫩的手指。此外，现在房间的门把手多采用金属材质，有些还带有尖锐的棱角，宝宝经过的时候很容易碰伤小脑袋。小小一扇门危险可不小。

对策：在家中所有门的上方装上安全门卡，聪明的妈妈也可以自创一招：用漂亮的厚毛巾系在门把手上，一端系在门外面的把手上，另一端系在门里面的把手上。当风吹过时，即使把门吹动也不会关上。还可以用棉花、棉布做成漂亮可爱的门把手套，套在门把手上，这样宝宝就不会受到门的伤害了。

③茶几——危险指数：★★★★

不仅仅是茶几边缘，家中楼梯、桌椅、橱柜、梁柱等尖锐的地方统统都是危险源。在宝宝学习坐、爬、站、走的过程中，它们的危险指数急速上升。此外，很多茶几设计得相对较低，方便了父母，也方便了宝宝触摸茶几上的东西，这可不是好事。

对策：桌角、茶几边缘等这样的家具边缘，尖角要加装防护设施（圆弧角的防护垫），或者装修的时候选择边角圆滑的家具；矮茶几（或其他相对较矮的家具）上不要放热水、刀（剪、针）等利器和玻璃瓶、打火机等危险物品，万一被宝宝抓到，可能会对他造成很大伤害。

④地板——危险指数：★★★

打磨得光亮整洁的石质地板比较坚硬，而且相对比较容易打滑，对要多多练习爬行、站立、行走的宝宝来说难度相当大，很容易摔倒。而且，坚硬的地板更容易磕伤宝宝的头部，并伤及胳膊和腿。

对策：地板不要打蜡，蹒跚学步的宝宝会更容易跌跟头；地面溅上水或油渍的时候要及时清理，以免增加地板的滑度；在宝宝活动比较频繁的区域铺上泡沫塑料垫，即使摔倒，危险度也会降低。

⑤抽屉——危险指数：★★★★

天知道为什么宝宝对抽屉这么好奇。每次妈妈打开抽屉，小家伙就放下手头上一切活儿，乐颠颠地过来往里面瞅，有时候甚至自己动手去开抽屉。滑动自如的抽屉成了继门之外夹伤宝宝手指的第二元凶。此外，妈妈们往往会把家中的危险品藏在抽屉中，例如剪刀和刀叉之类尖锐的器具，一旦被宝宝拿到，后果不堪设想。

对策：可以使用抽屉扣，防止宝宝任意开启抽屉；橱柜中的小抽屉可以使用安全锁，将橱柜抽屉的一侧与橱柜侧面相连的转角处装上安全锁。

⑥楼梯——危险指数：★★★

现在，家中有楼梯的家庭越来越多，一不注意宝宝就摸爬到了楼梯上，很容易造成从楼梯上滚落下来的危险。

对策：最好在楼梯处装上高矮两道安全栏杆，高的防止宝宝翻落下来，矮的方便宝宝攀爬时抓扶。

# 宝宝洗澡安全知识

宝宝爱洗澡吗？宝宝洗澡喜欢乱打乱闹吗？给宝宝洗澡时如果家长也紧张、惊慌，会将不安的情绪传染给宝宝，是应当绝对避免的。新手父母掌握好以下几个原则，不论新生儿还是会坐、会站、会走的小宝宝，都可以洗个温暖又舒适的澡。

## 沐浴准备很重要

帮宝宝沐浴时，不论浴室或是房间都应门窗紧闭，室内温度约25℃~28℃，避免宝宝受凉。冬天可在旁边准备电热器或电暖器，以增加室内温度，但要放在安全距离之内，以免宝宝烫伤。另外要提醒家长的是，要避免地板湿滑，这样家长就不会因为自己滑倒而伤害到宝宝。放洗澡水应遵循先放冷水再放热水的顺序。浴室中若有电器要记得拔掉插头，以免宝宝有触电的危险。

## 预防溺水

绝对不可以把宝宝单独留在浴室！专家指出，即使浴缸里只有少许的水也有可能造成宝宝溺水。溺水是我国1~4岁儿童意外死亡的第一位死因，占50%。全神专注地帮宝宝洗澡是必要的，所以帮宝宝洗澡前不妨将厨房的煤气关掉，同时把电话切到录音状态，不然就干脆把无线电话带入浴室。若非得离开浴室，必须把宝宝带在身边，千万不可以将他单独留在浴室。

此外，也不可以在水槽里蓄水，即使只有6厘米深的水都有可能使宝宝面临溺水的危险。对活动力强、好奇心重的学步期宝宝来说，马桶甚至是泡尿布的水桶，同样也有溺毙的危险。专家建议最好选择有盖的水桶，并养成如厕后随手盖上马桶盖的习惯。当然最重要的还是不可让宝宝单独留在卫生间内，以避免意外发生！

## 铺上防滑垫

被水打湿的浴缸或地砖会变得非常滑，所以不管是抱着宝宝，还是让宝宝在浴室里爬、走，一不小心很可能会使宝宝受伤。建议家长最好在浴室的地砖或浴缸的底部铺上防滑垫或防滑毯（如果宝宝有洗澡专用的座椅或座环，建议也套上防滑垫为宜），并养成一有水渍就马上擦干的习惯，让地板保持干燥，以减少滑倒的危险。

帮宝宝洗澡时以手臂托住宝宝的手臂下方，稳固地撑住宝宝的身体，让其头部保持在水面上；宝宝洗完澡、还没擦干前身体会湿湿滑滑的，记得抱宝宝出浴缸（浴盆）前先以大浴巾裹住他，以增加抱起时的摩擦力，防止宝宝从你的手里滑落。

## 不能给宝宝洗澡的 6 种情况

①打预防针后暂时不要洗澡。宝宝打过预防针后，皮肤上暂时会留有肉眼难见的针孔，这时洗澡容易使针孔受到污染。

②遇有频繁呕吐、腹泻时不要洗澡。洗澡时难免搬动宝宝，这样会使呕吐加剧，不注意时还会造成呕吐物误吸。

③发热或退热48小时以内不建议洗澡。给发热的宝宝洗澡，很容易使宝宝出现寒战，甚至有的还会发生惊厥；如果洗澡时稍不注意就会使全身皮肤毛细血管扩张充血，致使宝宝身体的主要脏器供血不足。另外，发热后宝宝的抵抗力极差，洗澡时很容易遭受风寒引起再次发热，故主张退热48小时后再给宝宝洗澡。

④发生皮肤损伤时不宜洗澡。宝宝有皮肤损伤，诸如脓包疮、疖肿、烫伤、外伤等，这时不宜洗澡。因为皮肤损伤的地方有创面，洗澡会使创面扩散或受污染。

⑤喂奶后不应马上洗澡。喂奶后马上洗澡会使较多的血液流向被热水刺激后扩张的表皮血管，而腹腔血液供应相对减少，这样会影响宝宝的消化功能。另外，由于喂奶后宝宝的胃呈扩张状态，马上洗澡也容易引起呕吐。所以，在喂奶后1～2小时洗澡为宜。

⑥低体重儿要慎重洗澡。低体重儿通常指出生体重小于2.5千克的宝宝。这类宝宝大多为早产儿，由于发育不成熟，生活能力低下，皮下脂肪薄，体温调节功能差，很容易受环境温度的变化出现体温波动。所以给这类特殊的宝宝洗澡要慎重，尽量选择天气晴朗、无风的日子进行，洗澡水的温度和洗澡的速度要控制好。

那么，是否给宝宝洗澡，除了宝宝自身的因素外，还要考虑周围环境的因素，尤其是气温。给宝宝洗澡时的环境温度以26℃～28℃为宜，水温以40℃～42℃为宜。

# 宝宝饮食安全知识

每到节假日期间，因为饮食不当而前往医院就医的宝宝就多起来，不仅仅有因为吃坏肚子腹泻的、吃得太多积食、便秘的，还有许多是因为在进餐时不小心造成的一些意外，如食物呛入气道引起窒息、烫伤、戳伤、跌伤等，这些意外事故往往会对家庭和宝宝造成不可弥补的永久伤痛。那么，如何确保宝宝的饮食安全，避免这些意外发生呢？

1. 宝宝进餐时不要逗笑或惹哭。亲朋好友聚餐，热闹非凡，但对宝宝来讲，还是需要一个相对安静的进餐环境，让他专心吃饭。若在宝宝吃饭时逗引其大笑或打骂恐吓，宝宝就容易将食物误吸入气管，引起窒息。

2. 吃饭时不要将热汤、热粥、热水瓶等放在桌边，防止宝宝烫伤。

3. 宝宝吃饭时不要在他面前铺餐巾。宝宝好奇、探索性强，喜欢去拉

餐巾，容易将桌上的热汤、热菜一起拖拉下来被烫伤。也不要让宝宝拿筷子当玩具玩耍，一旦不慎容易戳伤眼睛和身体。

4. 外出就餐时尽量给宝宝安坐在有靠背的专用座椅上，并用围带护身，这样既能避免宝宝坐不稳跌跤，又方便父母哺喂。而且，在外就餐时一定要有父母专门看着宝宝，不要让宝宝一个人在餐厅内奔跑，以免撞到送菜的服务员，热汤水洒到宝宝身上

引起烫伤。

5. 有些零食对年龄较小的宝宝来说是不适宜的，如花生、瓜子、小糖丸及各类带核的食物，应避免这些食物不慎吞入气管发生意外；也不宜多给宝宝吃各类膨化食品、蜜饯类食品。

6. 对宝宝来说，不宜吃生食，如生鱼片、醉螃蟹等，以免发生腹泻；也不宜多吃油煎或烧烤类食物，这些食物不易消化吸收。

# 宝宝玩具安全知识

宝宝的成长离不开各种各样的玩具，女宝宝喜欢的布娃娃、过家家用的软性玩具，相对来讲还比较安全，而男宝宝喜欢的玩具枪、汽车、电动玩具的安全性就要差一些了。还有一些宝宝酷爱玩子弹枪，有些甚至打伤了其他小伙伴，造成不必要的烦恼。因此，安全是你为宝宝选择玩具时应首先考虑的重要因素。许多玩具的质量问题只有在发生事故时才受到人们的重视，但往往为时已晚，对宝宝已经造成伤害。

## 玩具中的安全隐患

当前儿童玩具存在的安全隐患主要包括以下几个方面：

①标签标注不合格。根据儿童玩具强制性国家标准的规定，合格的玩具应该注明生产厂名称、厂址、联系电话、商标、主要材质或成分、使用年龄段、安全警示语、维护保养方法、执行标准代号、产品合格证等。但目前仍有不少儿童玩具未按标准要求进行标注，有的甚至是"三无"产品。

②零部件易脱落。特别是对于3岁以下儿童使用的玩具，如果其中的小零部件易脱落，容易被儿童误吞食而导致窒息。

③重金属超标。儿童玩具是导致儿童铅中毒的危险因素之一，比如油画棒、含漆的积木，还有拼图之类的，这些玩具可能含有铅。有些儿童玩过玩具后不洗手就拿东西吃，容易把这些含有铅的污染物吃进体内，造成体内的铅含量超标。

④部分毛绒玩具表面或填充物不卫生。经检测，部分毛绒玩具细菌超标，甚至有的厂家为节省成本以各种垃圾作为玩具的填充物，造成严重的卫生隐患，可能使经常接触这些不卫生的玩具的儿童出现湿疹、鼻炎以及哮喘等疾病。

### 应该怎样选择安全玩具

为3岁以下的宝宝选购玩具要考虑得更为周全，如：

①玩具不应有尖锐的角或边，以防划伤宝宝的皮肤。

②材料应不易燃、不带毒性并易于清洗、消毒。

③玩具要结实耐玩，玩具上的附件要牢固不脱落。

④玩具本身体积不能太小，以免宝宝放入口中吞咽而窒息。

⑤玩具上如有绳索，则长度不要超过30厘米，以免宝宝使用时不慎缠绕脖子而造成窒息。

⑥如果是电动玩具，应检查是否有安全保护装置，当宝宝玩的时候，如果发生意外会自动停止。

⑦所有的蜡笔、水彩笔都应该是无毒的，因为它们有可能进入宝宝的嘴中。

⑧对于儿童车或小自行车等用来骑的玩具，其车座应适合宝宝的小屁股，使他感到舒适，车座与脚踏板之间的距离也要适合宝宝的腿长，否则宝宝在座位上扭来扭去，对他的发育不利。最好选择后轮有辅轮的小车，这样不会让宝宝跌倒。

### 玩具的消毒与存放

家长必须注意宝宝玩具的卫生，定期给玩具清洗和消毒。

①给皮毛、棉布玩具消毒，可把它们放在日光下暴晒几小时。

②木制玩具可用煮沸的肥皂水烫洗。

③铁皮制作的玩具可先用肥皂水擦洗，再放到日光下暴晒。

④塑料和橡胶玩具可用浓度为0.2%的过氧乙酸或0.5%的消毒灵浸泡1小时，然后用水冲洗、晾干。

对宝宝常玩的玩具，家长要经常检查是否有破损或部件脱落，因为宝宝通常对玩具的破坏性较大。玩具若有破损应及时修理，以确保宝宝的使用安全。

开放式的、不太高的架子是存放玩具的理想工具，小孩不但可以看到他的玩具，而且可以借此学习收拾玩具。

①将较重的玩具放在底层，当宝宝去拿的时候才不会掉下来打到他，这类玩具包括积木盒、卡车、音乐玩具等。

②容易搞脏的活动用品（颜料、蜡笔、黏土、彩色笔）应该放在上层，宝宝才不会随意拿到。

③将宝宝最常玩的东西放在宝宝可以自由取放之处。

④记得经常变换玩具的位置，以保持宝宝的新鲜感和兴趣。

⑤有些玩具贮存柜的盖子相当重，如果突然关下可能会压伤小孩的指头或造成头部受伤。将其边缘垫贴上泡沫胶或泡沫胶带，以期缓冲；检查控制盖子开关的绞键，看它的性能是否良好。

⑥不要使用任何自动关闭的箱子来存放玩具，你的小孩可能会被关在里面。

⑦婴儿床上用的音乐转动玩具或悬挂式玩具可给宝宝许多乐趣——不过，安装时必须注意高度，以防宝宝被转动中的绳子绑住。放在婴儿床上给宝宝做伴的玩具必须柔软、温暖，可以抱在怀中，要检查玩具上的眼睛或扣子是否牢固地粘在上面。

## 儿童游戏区的安全

每年都有许多宝宝由于使用损坏或装配不当的游乐设备而受伤。虽然儿童跌倒和擦破膝盖乃是他们精力充沛的自然现象，但是在宝宝使用任何游戏区的设备之前，父母最好还是先检查它们的安全性能，主要可考虑以下几方面：

①注意秋千、滑梯、旋转轮盘、猿猴横杠及跷跷板的螺钉、螺栓与铁钳夹子是否拴紧。

②检查是否有生锈或锐利突出的边缘。

③沙坑内应该没有玻璃碎片、陀螺、香烟头、瓦砾等。

④禁止小宝宝玩那些不适合他年龄的设备。

⑤这些游戏区域是否铺有草坪、

沙子或橡胶垫,以防宝宝跌伤。

⑥注意秋千的绳子可有磨损,秋千支柱是否很稳固地锚定于地上,或者用水泥固定于地上,秋千的坐垫是否属于轻量型的,万一宝宝走到秋千后面或附近,那种重量型的金属垫毫无疑问会将宝宝击倒。

⑦是否有任何钩状物会钩住宝宝的衣服或皮肤。

⑧检查游戏区内的喷水器。

⑨天气炎热时检查秋千、滑梯及其他金属类设备的表面,有时它们会晒得很热,不适合宝宝玩耍。

⑩注意滑梯的表面是否太滑,若是太滑请站在你能够接住他的位置,以防万一出现意外你能立刻采取行动。

最后,建议父母尽量去那种亲子性的游戏区,以便父母也能够积极参与小孩的游戏与活动。不要呆坐在长板凳上,却希望你的小孩能从诸多游戏设备中获益。大多数的幼儿需要父母教他如何使用猿猴横杠、如何在沙坑中堆出一个"大蛋糕"、如何不畏惧喷水器,这并不是表示你必须随时随刻守在宝宝身边。我们在游戏区见过的最快乐的小孩是那些已学会如何冒险、如何熟练使用设备及如何与其他小孩相处的宝宝。

# 常见意外伤害的应对方法

据调查，在我国0~14岁儿童死亡原因排位中，溺水、窒息、跌落伤、烧（烫）伤等造成的意外死亡占第一位，意外窒息和溺水是最突出的问题，4岁以下意外死亡的儿童中有一半是因为溺水。

## 溺水的紧急处理

溺水儿童吸入大量水分和杂物，阻塞了呼吸道，造成窒息和缺氧。因此，溺水抢救的关键是要在最快的时间内让宝宝呼吸道通畅。首先迅速去除口鼻污物，拉出舌头，让宝宝面朝下，腰背部弓起，头和脚下垂，促使呼吸道中的水分流出。但时间不要太长，以免延误呼吸和心跳的抢救。其次，口对口进行人工呼吸。若心跳已停止，应在人工呼吸的同时做胸外心脏按压。在现场抢救的同时及时拨打急救电话，经过现场抢救初步复苏后应该立即送往医院。

## 跌落伤的紧急处理

婴幼儿平衡能力、自我控制和应急能力差，易从床上、楼梯上跌落。上幼儿园后喜欢追逐、打闹、爬高，更容易发生跌落伤。宝宝发生跌落后可能表达不清，家长一定要密切观察，发现异常及时就医。

①检查伤口的大小、深度、有无严重污染及异物存留。及时用冷开水或肥皂水将伤口洗净，并将异物清除，重者需消毒包扎。

②如果伤情很重，出现意识不清、休克或颅脑损伤等情况，应立即送往医院进一步检查、急救。

③如果宝宝发生骨折，最开始局部有麻木感，随着活动而疼痛加剧，出现肿胀，范围比较广，并且常有淤斑。

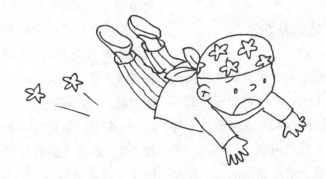

## 急性中毒的紧急处理

发生急性中毒应立刻进行治疗，时间拖得太长往往会失去抢救机会。处理的关键是消除未被吸收的毒物、防止毒物吸收、促使已吸收的毒物排出。

①消除未被吸收的毒物。如果是接触中毒应立即脱去被污染的衣服，用清水冲洗被污染的皮肤；对于不溶于水的毒物可用适当的溶剂冲洗。深入皮肤或黏膜的毒物颗粒应该完全清除。皮肤黏膜发生糜烂、溃疡者，在清洗后应敷以消炎粉或药膏以防感染。吸入中毒者应立即使其离开有毒场所，呼吸新鲜空气，吸出呼吸道分泌物。口服中毒者4~6小时都应催吐，可用手边方便东西（如筷子、

勺子等）刺激中毒者的咽部和咽后壁，使之呕吐，或让其喝大量温开水、盐水，然后再呕吐。

### 专家提示

持续惊厥、深度昏迷，服入强腐蚀剂、煤油，或有严重心脏病、食道静脉曲张的患儿不能使用催吐的方法。

②防止毒物吸收。强酸中毒可用弱碱（比如肥皂水）中和，强碱中毒可用弱酸（如稀醋、橘子水等）中和，以减低或中和毒性。牛奶、豆浆、蛋清也有中和酸碱的作用，而且可以保护胃肠黏膜，延缓毒物的吸收。

③促使已吸收的毒物排出。可静脉点滴葡萄糖溶液稀释体内毒物浓度，增加尿量，促进排泄，并有保护

肝肾的作用。

## 电击伤的紧急处理

立即切断电源是最有效的急救措施，或利用手边的绝缘物如干燥的木棍、竹竿、橡胶制品、皮带或绳子等挑开或分离电线或电器。切不可用手直接拉推患儿，也不能用潮湿的物品去分离电源。接下来要立即检查患儿的呼吸、心跳、瞳孔等重要的生命体征，如果患儿呼吸、心跳停止应该立即进行心肺复苏。许多患儿经积极抢救能恢复心跳和呼吸，然后送医院进一步救治。

## 婴儿窒息的紧急处理

婴儿窒息是出生后 1～3 个月时小婴儿常见的意外伤害，多发生在严冬季节。在我国，婴儿意外死亡率高主要是由于婴儿意外窒息死亡造成的。

【原因】

主要见于家庭照顾不周或护理婴儿的行为不正确。

①母亲躺着给宝宝喂奶过程中，母亲熟睡将乳房堵住婴儿口鼻引起窒息。

②寒冷季节，成人和宝宝睡在一个被窝，或将宝宝搂在成人的怀里，熟睡后成人手臂或被子捂住宝宝脸部，阻塞呼吸道；或将大被子盖过婴儿的头部以及外出时怕小婴儿受凉，将其包裹得太严实，由于小婴儿活动能力弱，导致窒息。

③有时，家长为防止婴儿吐奶弄脏衣被，在婴儿睡着时常常在其颈下围个大毛巾或在枕边放块大塑料布，当婴儿睡醒时无意将大毛巾或塑料布套在头上或盖在脸上，家长又不在身边，引起窒息；或家中塑料袋随意乱放，婴儿玩耍时将塑料袋套在头上引起窒息。

④婴儿吐奶时将奶汁或奶块呛入气管引起窒息。

⑤婴儿独自睡眠，成人外出时，婴儿嘴边沾的奶汁引来小猫等家禽，小猫躯体或尾部压住婴儿的口和鼻，引起窒息。

【急救处理】

①迅速解除引起窒息的原因，清除口腔和呼吸道分泌物，保持呼吸道通畅。

②对呼吸、心脏停搏者应立即进行心肺复苏。

凡窒息患儿应立即送医院进行抢救。窒息时间超过 15 分钟往往可引起不同程度的脑损伤。

## 异物损伤的紧急处理

异物可以是任何固体物质，只要其体积大小适当，均可被小儿吞入消化道，吸入呼吸道，塞入耳道、鼻道、直肠、尿道或阴道内，引起组织损伤或造成伤害。异物损伤是可以预防的，一切容易被吞下或吸入的物件都不应作为儿童玩具。小儿进食时不可惊吓责骂或挑逗，以免引起大哭、大笑将食物吸入呼吸道。要纠正小儿口内含物的不良习惯，如果不慎发生误吞、吸异物应及早就诊。

## 犬咬伤的紧急处理

家犬咬伤可引起软组织损伤，常在四肢部位，按一般损伤处理。

狂犬咬伤可引起狂犬病，是一种由狂犬病毒引起的急性传染病。狂犬病对神经组织有特殊亲和性，侵入伤口后就沿着传入神经到达中枢神经系统，并固定在脑组织中，引起一系列神经症状，部分病毒也可沿传出神经进入唾液腺内，这种唾液又可经伤口传染给他人发病，在护理时应特别注意。

①潜伏期：一般与咬伤的部位、深度以及病毒量有关，如头部被咬伤，年幼者潜伏期短，可短到 1～2 周；若四肢咬伤可长达半年以上，平均 1～2 个月。

②前驱期：约持续数小时到 2 天，发病时有低热、头痛、精神萎靡、食欲减退等，随后出现恐惧、不安和兴奋，对声、光和风比较敏感，原伤口部位有麻木、痛痒感。

③激动期：持续 1～3 天，典型的临床表现是恐水。病人不能喝水，如勉强饮水就可发生强烈的咽喉肌肉痉挛；严重者看到水或听到流水声就能激发痉挛发作。其他症状有躁动不安、极度恐惧感，口角流涎，呼吸困难，甚至全身痉挛。

④麻痹：渐趋安静，出现肌肉松弛、感觉消退、反射消失、瞳孔散大、心力衰竭和全身麻痹死亡。

【急救处理】

①伤口的处理。应争取时间尽早处理伤口，被狗咬伤后立即用大量清水、肥皂水冲洗伤口，洗净病犬唾液，伤口较深的需进行清创，切除被咬组织的表层组织，不缝合伤口或用火罐拔毒。

②狂犬病免疫血清的应用。凡需注射疫苗的病人可先肌内注射狂犬病免疫血清，但要注意预防过敏反应。

③狂犬病疫苗的使用。凡被疯狂动物咬伤、抓伤者均应立即接种人用狂犬病疫苗，再于被咬后 1、3、7、14、30 天各注射 1 针。注射完毕后第 2 周发生免疫作用。注射 7～8 天后，注射处出现红肿或全身出现荨麻疹等过敏反应，可给抗过敏药物，反应严重的可减量或暂停注射；中枢神经系统反应导致神经炎、上升性瘫痪、横断性脊髓炎、脑膜脑炎、脑脊髓炎，可按病情轻重考虑停止用药。

④对症及支持治疗。将患儿置于安静房间，避免水、光、声等刺激，适当应用安眠、镇静剂，给予足够的水和营养，加强护理。

# 宝宝心理需求细解

心理发展包括认知（感觉、知觉、语言、记忆、思维、想象等）、情感、意志和个性。认知是基础，情感和意志是行为的动力。个性心理包括个性的倾向性（兴趣、需要、动机、信念）和个性心理特征（能力、气质、性格）。儿童心理发展的基础是神经系统的发育，并与体格发育相互影响、相互促进，只有身体、心理都发育正常的宝宝才是真正健康的宝宝。

## 神经系统的发育

大脑是人体所有器官中发育成熟所需时间最长的器官，中枢神经系统更是优先发育。在胚胎中期，中枢神经系统已基本成形，胎儿每分钟可生成 25 万个神经细胞，在孕 28 周左右神经细胞就已经完全形成。宝宝出生时脑神经细胞数已与成人相同，约 140 亿个，已基本具备了成

人大脑所有的沟和回，但较浅，发育也不完善。之后，脑神经细胞的数量不再增加，大脑的发育主要表现为神经细胞体积的增大和与之相连的突触数量的增加以及结构功能的不断完善。

宝宝出生时脑的重量约为 350 克，相当于体重的 10%～12%，成人的脑重仅占体重的 2%。出生后第一年大脑重量的增长最快，6 个月时脑重达 600 克左右，9 个月时约为 700 克，比出生时增加 1 倍，已达成人脑重的 1/2，2 岁 6 个月～3 岁时可达 900 克～1010 克，相当于成人脑重的 75%。3～6 岁发育渐缓，六七岁脑重增加到 1280 克，接近成人脑重的 90%，9 岁时约 1350 克，12 岁时约 1400 克，20 岁左右停止生长。小脑在出生时发育较差，生后 6 个月达生长高峰，以后发育速度减慢，6 岁时达到成人水平。

## 感知觉的发展

感觉是脑对客观事物个别属性的反映，如客观事物的物理属性（颜色、形状、大小、软硬、光滑和粗糙等）、化学属性（气味、味道等），还包括一些最简单的生理变化（疼痛、舒适、凉热、饥饿等）。感觉是一种最简单的心理现象，是认识客观世界的起点，也是一切高级心理活动的基础。知觉是在感觉的基础上产生的，是对客观事物整体或事物间简单关系的反映。宝宝通过看、听、闻、触等感觉方式，探索外部世界，各种感觉器官捕捉到的信息经大脑加工处理成为知觉。

### 1. 视感知

新生宝宝视觉不敏感，但已有视感应功能。如果用红球在新生宝宝头上方水平或垂直移动，有75%的宝宝能用眼追随红球的运动。3~5周的宝宝视觉能集中5秒钟，注意距离为1厘米~1.5厘米；6~8周开始表现头眼协调，对水平方向移动的物体眼睛可追随转到中线；3~4个月视觉的集中时间可达7~10分钟，距离达4厘米~7厘米，能辨别彩色与非彩色，喜欢看明亮的颜色，不喜欢看暗淡的颜色，先认识黄色，然后依次是红、绿、蓝、橙；4~5个月能凝视物体，看75厘米远的物体，视力为0.1；6个月的宝宝能注视远距离的物体，要通过改变体位来协调视觉，出现手眼协调；8~9个月的宝宝开始出现视深度感觉，可较长时间看3米~3.5米内人物的活动；12~18个月的宝宝视力为0.2；2~3岁时能识别物体的大小、距离、方向和位置，两眼调节作用好，可区别垂直线和横线，视力达0.5；3~4岁能临摹几何图形；5岁时能区别各种颜色，分清斜线、垂直线和水平线，视力可达0.6~0.7；6岁以前常因判断视深度不准确而撞到东西，6岁后视深度感觉已充分发育，视力可达1.0；7岁能正确感知上、下、左、右方向；10岁能判断物体的距离和物体运动的速度，能接住远处抛来的球。

### 2. 听感知

新生宝宝听觉已相当好，2个月左右会辨别声音的方向，头能转向有声音的方向；3~4个月头耳协调，听到悦耳的声音会微笑；5~6个月能区别爸爸或妈妈的声音，能欣赏玩具发出的声音；8个月左右能区别语音的意义；1岁能听懂自己的名字；2岁能听懂简单的吩咐；3岁可精细区别不同的声音；在13岁以前听力一直在增长。

### 3. 嗅觉

新生宝宝嗅觉已很灵敏，特别是对乳味有特殊的敏感性，闻到乳香就会积极地寻找乳头；1个月后对强烈的气味可表示不愉快；7~8个月可辨别出芳香的气味；1岁后可识别各种气味。

### 4. 味觉

新生宝宝出生时味觉发育已很完善，可对不同味觉产生反应，乐于接受有甜味的东西，不喜欢苦味。4~5个月是宝宝味觉发育的敏感期。

### 5. 皮肤感觉

皮肤感觉包括痛觉、触觉、温度觉和深度觉。新生宝宝的痛觉较迟钝，出生后2个月对痛刺激才比较敏感，而且女婴较男婴敏感。新生宝宝触觉发育较好，尤其是眼、前额、口周、手掌、足底等部位，比如触及口周即可引起吸吮动作。7个月时有定位能力，能准确地抚摸被刺激的部位。新生宝宝的温度觉较敏锐，尤其

是对冷刺激。2~3岁时能通过接触来辨别物体软、硬、冷、热等属性。5~6岁时能区别体积相同而重量不同的物体。

### 6. 知觉

1岁左右的婴幼儿时间知觉和空间知觉处于萌芽状态，能意识到客体永存的观念，但对客体之间的空间关系还不理解。1.5~2岁感知觉渐趋精细，对不在眼前的客体有回忆性记忆，空间知觉和时间知觉开始发展，喜欢往高处爬或是躲在门后，知道天黑了要睡觉、天亮了要起床，但对抽象的时间关系（如前天、后天）及空间关系（如前、后、左、右）还不能正确辨别。3~4岁已经开始掌握语言，能利用记忆储存上、下、左、右、里、外等方位。5~6岁能以自身为中心分辨左右，以对方为中心判断左右一般要等到七八岁才能完全掌握。4~5岁时能区别今天、明天、昨天，并能正确运用早上、晚上的时间概念。5~6岁可以区别上午、下午、晚上和前天、后天、大后天。

4~5岁的幼儿先认识物体的个别部分，6岁才开始看见整体，但不够确切，7~8岁时既能看到整体又能看到部分，但不能将两者结合起来看。

## 语言的发育

语言是婴幼儿全面发展的重要标志，涉及认知、感觉、运动、心理、情感和环境。语言的发育还与性别、生后的教养以及是否经常与婴幼儿进行交流密切相关。

### 1. 婴儿期（出生~12个月）

此期是语言前期，主要是开始发音。新生儿第一声啼哭就表示能运用一整套发音器官，但其哭声没有什么实际意义。1个月后，婴儿会用哭的方式表示身体的状态、不同需要（疼痛、饥饿等）以及希望被注意。2~3个月龄，婴儿反复咿呀作声，但这些声音不具备信号意义。反复发声产生的听觉刺激、喉部本位感觉可使婴儿从中获得快感。5个月左右婴儿进入牙牙学语阶段，发出ba—ba—ba、

ma—ma—ma 的单音节唇音。之后学会调节和控制发音器官，逐渐产生了模仿音。8 个月龄的婴儿发声已有辅音和元音的组合，牙牙学语的频率达到高峰，开始模仿成人的发音，发出四声，并能听懂部分成人语言。11 个月左右的婴儿是词与动作条件反射形成的快速时期，会使用 1 个字，能将词作为信号而用姿势表示意思，如挥手表示再见、用小手指点图片等。

### 2. 幼儿期（1～3岁）

12～18 个月为语言初期，幼儿对成人语言的理解能力迅速发展，会用单词，词汇增加到 20 个，能使用词表达自己的愿望或与他人进行交往，如"抱抱"表示"妈妈抱抱我"。18～24 个月的幼儿逐渐学会说 2～3 个词组

成的简单句，如"妈妈坐""妈妈饿"等，词汇增加到数百个，模仿能力增强，交流的内容增多。2～3 岁是儿童语言发展的快速阶段，也是语言表达的关键期，词汇量可达 1000 个左右，喜欢与成人交谈、听故事，并能理解其内容，言语表达多情境性，缺乏连贯性。3 岁的幼儿能说出自己的姓名、年龄、性别，认识常见的物品、图画，能遵循 2～3 个连续指令。

## 注意与记忆的发展

### 1. 注意

注意是一切认知过程的开始。注意可分为无意注意（不随意注意）和有意注意（随意注意）。无意注意是

在感知发展的基础上自然发生的、没有目的的、不需要任何努力的注意，如正在吮吸的婴儿停止吮吸动作转向刺激发生的方向。有意注意是指自觉的、有目的的注意，两者在一定条件下可以互相转化。注意的发展和感知的发展有密切的联系。

新生儿在觉醒状态时可因周围环境中发生巨响、强光刺激而产生无条件定向反射，这是一种原始状态的无意注意。婴儿期无意注意为主，随着年龄的增长、语言的丰富和思维的发展，除强烈的外界刺激能引起注意外，凡能直接满足其机体需要或与满足需要有关的事物也能引起注意，如奶瓶、妈妈等。2～3个月的婴儿由于条件反射的出现，开始比较集中地注意新鲜事物，如喜欢注视人的脸部；5～6个月开始出现短时集中注意；1岁左右有意注意萌芽，凡是鲜明、新颖、具体形象和变化的事物都能自然而然地引起宝宝的注意。婴幼儿的有意注意稳定性差，易分散和转移。1岁左右的婴幼儿有意注意一般不超过15秒；2～3岁注意力能集中10～12分钟。学龄前儿童有意注意稳定性增加，但无意注意仍占优势。5～7岁能较好控制自己注意力的时间约为15分钟，7～10岁约20分钟，10～12岁可达25分钟，12岁以后能达30分钟。注意对儿童认知的发展非常重要，可通过玩具、游戏和有趣味及适合年龄特点的活动，以促进宝宝有意注意的发展。

## 2. 记忆

婴儿的记忆就像一个有许多小抽屉的巨大柜橱，科学家们总是试图打开这些小抽屉，观察里面的内容。我们想象一下，假如婴儿没有记忆，生活会是什么样子的？那简直是地狱！没有记忆的婴儿不得不经常处在认识阶段，对每天发生的行为，诸如吃奶、把勺子放在嘴里、走路等，都必须重新学习。既然他无法记住词汇，也就无法掌握语言，因此也就无法掌握任何知识。周围的人对他来说永远都是陌生的，他无法同别人建立联系。总之，根本谈不上"生活"这两个字。

幸运的是，这种悲剧般的场景与你的宝宝无关。因为，他一出生，甚至在他还没有出生时，在子宫里就有了记忆。当然，跟成年人的记忆比较起来，胎儿的记忆有很大的局限性。因为，人的记忆需要在 15 ~ 25 岁才能达到最佳状态。但是，婴儿的记忆已经完全够用了，在摇篮中他们并不需要背出乘法表或者几首唐诗才能做一个幸福的婴儿。

❋ 子宫中的记忆

还没有哪个婴儿能够写出自己的回忆录。那么，人们是如何知道刚落地的新生儿就携带着一只装满记忆的"小箱子"呢？多亏了科学家和他们的试验，让我们知道了这一点。1986

年，美国心理学家小组让刚刚出生33个小时的新生儿听他们妈妈的声音和别的女人的声音的录音，结果发现，当新生儿听到自己母亲的声音时吃奶就更加起劲，这表明他记住了在子宫中经常听到的声音。当人们让新生儿听妈妈在怀孕最后几个星期中经常听的音乐时，得出了同样的结论：婴儿的心律发生了变化，在他哭的时候听到这段音乐就会平静下来。

＊ 7个音节的短时记忆

同成年人一样，婴儿也具有两种记忆：短时记忆和长时记忆。短时记忆是指那些只能延续5～15秒的记忆，之后马上就被忘掉；长时记忆就是那些延续2分钟以后，甚至一辈子的记忆。但是，婴儿这两种类型记忆的运作方式会同成年人一样吗？以短时记忆为例，比如你合上电话本，凭着刚才看到的、在脑子里停留了几秒钟的电话号码拨号，你刚刚拨完最后一个号码就可能忘记了刚拨过的号码。不要指望这种短时记忆，它本来就是要忘记的。根据专家的研究，一次听到或者读到的东西，成年人的短时记忆只能记住7个词或者单位（句子或谚语），记忆只能延续5～15秒。在婴儿身上会是怎样的呢？长期以来，人们一直认为婴儿的短时记忆是不行的。事实上，婴儿的短时记忆也

不错，也能达到成年人短时记忆的广度——7，而这里指的是7个音节。很可能是由于婴儿不懂得词的含义，因此他不能记住整个词，而是把词分解成音节，就如同成年人听外语，很可能他只记住一连串的语音，而不是整个词。

＊ 有选择的记忆

婴儿出生后听觉记忆最出色，这不足为奇，因为在子宫中听觉就已经是运作最好的感觉器官了。婴儿是通过5种感觉——闻、触摸、看、听和尝来接受和储存信息并建立自己的记忆的。当然，有些感知还没有超出短时记忆的阶段，但是，有些感知无愧于长时记忆的称号，婴儿已经能够很实际、很有效地进行记忆加工了：他只保存对他生存和适应周围世界有用的东西，尤其是那些每天重复的东西。

＊ 如果需要会有大象一样的记忆

人们长期以来低估了婴儿的长时记忆，认为婴儿对一件事的记忆不可能超过几分钟，这种认识是错误的！科学家们发现了一个有趣的现象，让新生儿反复听一系列毫无意义的声音达数小时。24小时以后，科学家们再放出同样的声音，尽管已经过去了24小时，有些小听众，其中有的只出生2天，却完全记起了这种冗长而枯燥

的声音，表现出激怒的样子，清楚地表示他们一点儿也不想再听到同样的声音了。最新的研究表明，婴儿的长时记忆能够延续 1 个月。这已经是非常好的长时记忆了，但是这项最新的研究还需要得到进一步的证实。

无论如何，婴儿的长时记忆可以使他有一个从容的生活。当他饿的时候，他的身体蜷缩着，等待着美味的奶，这种记忆帮助他坚持着。他看见妈妈洗手了，听着玻璃奶瓶在洗碗池碰撞的声音，热奶器发出的"嘀嘀"的叫声，说明水热了。这些同准备奶有关的举动都会勾起他对上次喂奶及以前喂奶留下的幸福回忆。他开始期待，知道不久就能美餐一顿了。

**❋ 已经有连续性的记忆**

学会吃饭、走路、游泳、骑自行车等，所有这些技能都是程序记忆。程序记忆是长时记忆的重要形式之一，对宝宝也是非常有效的，这有利于他在最初几年中独自学会很多技能。实验证明了婴儿的能力：研究人员在婴儿的脚上拴上带子，带子带动着一个活动玩具。几分钟后，小机灵鬼们就知道了，通过晃动自己的脚就能带着神奇的玩具动。几天之后，同样的婴儿被放在同样的活动玩具前，但是这次没有给他们脚上拴带子。2分钟后，他们开始活动自己的脚，完全记住了接下来的步骤——怎样让玩具活动起来。

这种程序记忆很有效，但是也很有限。事实上，只要你稍微改变婴儿环境中的小细节，比如，改变摇篮里的颜色或者活动玩具的外形，他就什么也记不住了，这有点像你换了汽车可能就不会开车了一样。

**❋ 情节记忆**

长时记忆的另一种形式是情节记忆。婴儿完全能够记住他遇到过的一次非常准确的事情。你肯定有过这样的经验：如果你的宝宝在第一次接种疫苗时留下了痛苦的记忆，那么下次只要一靠近医生诊室的门他就会大哭起来。这种现象已经得到科学的证实。如果试验者对一个第一次见到的6周的婴儿伸出舌头，第二天如果他再次见到这个婴儿时，这个婴儿也会向他伸出舌头："我认识你，昨天你向我伸出舌头了。看，我今天给你伸出舌头看看！"这种情节记忆对婴儿以后学习词汇和词汇的意义将起到非常重要的作用。

依靠着情节记忆，你的宝宝在成长的过程中记住了"蜜蜂"这个词的含义。例如，他在花园里看到一只蜜蜂，你告诉他这叫"蜜蜂"，并向他解释"蜜蜂"的含义，这就建立了第一个情节；第二天，他在电视里看到了蜜蜂，围绕"蜜蜂"这个词第二个情节建立了；另外一天，他看到了蜜

罐，吃了蜂蜜，第三个情节诞生了。随着时间的推移，这些情节混合在一起，建立了"蜜蜂"的概念，最终进入了语义的记忆，语义记忆是长时记忆的第三个阶段。

在语义记忆中，婴儿不再满足于储存词汇，他还会同时积累技能和知识，当然是同他的年龄相符的技能和知识。比如，刚开始的时候，他知道奶瓶里装着奶。长大一些之后，他知道不应该触摸某些东西，因为这些东西易碎或者危险。接下来，他知道鞋是穿在脚上的，等等。

**❋ 感官帮助加强记忆**

人们发现，婴儿为了记住某种东西会动用其全部的感官。不仅如此，婴儿还会在感知记忆之间组织通道。人们做过这样的试验：让婴儿手里抓住木圆筒，然后把木圆筒藏在抻平的床单下，不让婴儿看见木圆筒，婴儿会抓住藏在床单下的木圆筒几秒钟，然后放弃。接着，试验者给婴儿1个木圆筒和1个菱形柱，婴儿会贪婪地看着木圆筒，但是他们的眼睛盯着菱形柱的时间更长。从中得出什么结论呢？这说明，婴儿记得曾经抓在手里的木圆筒，但是他是第一次看见菱形柱，他对新鲜的东西兴趣更大。

婴儿通过触摸在脑子里记住了某样东西，当他再次遇到这样东西时，

他就可以利用另外的感官，如视觉，在记忆里寻找这个东西，这使他节省了学习的精力。如果他每次都要通过视觉、听觉、嗅觉和触觉学习认识同一个东西，记忆马上就会受到侵害，那么，世界在他看来将会是完全不协调的，没有任何统一性。

✱ 捉迷藏游戏备忘录

从婴儿 2 个半月起，只要你细心观察就会发现，婴儿已经有了对不在眼前的事物的记忆。如果他正在玩一个东西，你把这个东西藏起来，他会因为看不见这个东西而表现出吃惊的样子。当然，他不会长时间地记住这个玩具，一刻钟后他就完全忘记了。

婴儿再长大一些，到了八九个月，他就能自己掀起布找回玩具。这说明在他的意识和记忆中有了连续性！但是，如果你将事情复杂化，比如你把玩具藏在两层布的下面，他会掀起第一层布，没有找到自己的东西，他很失望。然而，好像他并不想掀开第二层布，因为他已经记不住藏在布下面的是什么东西了，是绒毛熊还是拨浪鼓？

再长大一些，婴儿头脑中对视线看不到的东西的印象就越来越深了。他的绒毛玩具已经准确地刻在他的脑海中，不需要摆在眼前。即使他在 10 分钟前把绒毛玩具放在其他两个或三个玩具下面，他也会记住到哪里去把它找出来。

**专家提示**

记忆和注意两者密切相关。因此，在儿童情绪良好的情况下，可通过生动的玩具、游戏和易于理解的儿歌、故事等方法，提高宝宝的记忆能力。

## 思维与想象的发展

### 1. 思维

思维是客观事物在大脑中概括的、间接的反映，是借助语言来实现的理性认识过程，它可以揭示事物的本质和规律。思维是智能活动的核心，属于心理活动的高级形式。

思维的发展经过直觉行动思维、具体形象思维和抽象概括的逻辑思维3 个阶段。儿童的思维是在语言发展的基础上，在活动过程中通过逐渐掌握事物之间一些简单联系而产生的。婴幼儿的思维是直觉行动思维，即思维过程离不开直接的感知和动作，依靠直接接触外界的表面现象和自身动作而产生，感知和动作中断，思维就终止。如儿童玩布娃娃游戏，布娃娃被拿走，游戏活动就停止。直觉行动

思维不能主动地进行计划和思考，也不具有概念性。

　　培养宝宝的思维能力对其智力发展是一种开拓，应尽量调动宝宝的感觉器官，使其对周围的一切感兴趣，从而不断丰富他们对自然环境和社会环境的感性知识和经验，引导他们自己去发现和探索问题，并运用已有的感知经验去独立思考和解决问题。

### 2. 想象

　　想象是人感知过的客观事物在头脑中的再现，并对这些客观事物重新组合、加工创造出新客观事物的思维活动。其中既有过去深刻体验过的内容，又有以过去的体验为基础新创造出来的内容。因此，想象具有间接性、概括性、形象性和新颖性等特征。想象有不随意想象和随意想象。在刺激的影响下，人不由自主地想起某事物形象的过程为不随意想象，其特点是主题多变，有一定的夸大性，并以想象为满足。其中，无目的的、无现实内容的叫作空想。随意想象是根据自己的意向，有目的、有意识的想象。这两种想象常常互相交融、互相促进、互相转化，他们在人的创造活动中都起着重要作用。

　　新生儿无想象。1~2岁的幼儿仅有想象的萌芽，如模仿妈妈喂娃娃吃饭，画个圆圈称其为"太阳"等，原始游戏是儿童在回忆基础上的想象。3岁左右，儿童的想象内容依然比较贫乏、简单，缺乏明确的目的，仅局限于模拟成人生活中的某些动作，没有什么创造性成分。

## 情绪与社会性的发展

情绪是人们因事物情景或观念所引起的主观体验和客观表达，通过某种外在或内在的活动以至行动表现出来。情绪是一种原始的简单情感，如喜、怒、哀、乐等。情绪持续时间较短暂，外露，易观察。情感是在情绪基础上形成和发展的，是人所特有的一种高级复杂的情绪，是一种内心体验。和情绪相比，情感持续时间长而稳定，不易观察。情绪和情感都具有社会性，在日常生活中并无严格区别。

新生儿只有愉快、不愉快两种情绪，都与生理需要是否得到满足相联系。随着需要的变化和认知能力的发展，引起情绪的动因以及情绪的表达方式越来越丰富。笑是婴儿第一个社会行为，婴儿通过笑引起其他人对他作出积极的反应。3个月龄后，婴儿微笑的次数增加，对视觉刺激，特别是最初的照料者（通常为母亲）出现的时候发出更多的微笑，标志着有选择性的社会性微笑的开始。积极的情

绪增多，尤其是在亲人的怀抱中、喂饱后、房间光线柔和、温度适宜，同时伴有悦耳的音乐时，婴儿处于愉快的情绪中。6个月后，婴儿能辨认陌生人，开始对母亲产生依恋。依恋是婴儿寻求并企图在躯体上与另一个人（母亲或其他亲近的照顾者）保持亲密联系的一种倾向，主要表现为微笑、啼哭和咿咿呀呀、吮吸及身体接近依偎和跟随等。依恋情绪不是突然出现的，6～7个月的婴儿表现较为明显。此时开始产生某种恐惧感，提防和害怕陌生人，当亲人离开时有苦恼反应（分离恐惧），15～18个月龄达到高峰。依恋和怯生是婴儿早期社会性和情绪发展的中心部分。对母亲的依恋为儿童提供了安全感的基础，安全地依恋有助于婴儿采纳与父母相同的价值观和与之相应的鼓励行为，为父母以后对儿童的影响及其儿童个性的发展奠定了良好的基础，对儿童有着长期的影响。

儿童也可出现恐惧、焦虑、愤怒和妒忌等不良情绪。3岁、11岁是产生恐惧情绪的两个高峰年龄。3岁时对物体、动物、黑暗等客观环境易产生恐惧，11岁时会因为担忧、焦虑而产生恐惧。当儿童安全感、自尊心或别人对自己的爱等不能得到满足时可引起焦虑。焦虑还可由怀疑、羞耻及内疚引起。随着年龄的增长，恐惧在逐渐减少而愤怒在增加。儿童通过愤怒可以发泄自己的不满，引起别人的注意，以达到自己的愿望。妒忌是愤怒的一种结果或对不满的一种态度，女孩比男孩更容易产生妒忌；女孩产生妒忌的高峰在3岁，而男孩则在11岁。

## 个性的发展

"个性"一词是由拉丁语 persona 而来，原指演员戴的假面具，以后引申指能独立思考、有自己行为特征的人。个性是每个人处理环境关系的倾向性，是比较稳定的心理特征的综合，包括思想方法、情绪反应和行为风格等。个性又称人性，是由遗传和环境所决定的现实和潜在的行为模式的总和。因此，不同的人有不同的个性，主要表现在兴趣、能力、气质和性格等方面。

### 1. 兴趣

兴趣是人的认识需要的情绪表现。兴趣在活动过程中起很大作用，能使人积极地寻找满足认识需要的途径和方法。稳定的兴趣能充分显示一个人的个性特征。儿童的兴趣具有暂时性、不稳定性的特点。

### 2. 能力

能力是制约人们完成某种活动的质量和数量水平的心理特征。能力在活动中体现，在活动中发展。能力有一般能力和特殊能力。一般能力指从事任何活动都需要的，如学习活动需要的感知能力、理解力、记忆力和思维能力等。特殊能力需要多种能力结合，而不是某一种能力所胜任的，如音乐家必须具有听觉记忆力、曲调感、节奏感和音乐想象力等。

### 3. 气质

气质是人生来就具有的心理特征，又称"禀赋"，主要表现在心理活动的强度和稳定性（情感的强度、意志的强度、知觉速度和思维灵活性等）及心理活动的指向性（倾向于外部事物还是倾向于内心世界的自我体验）等。婴儿在出生后几周就表现出明显的个体差异，如有的爱哭，有的比较安静；有的很容易抚慰，有的很难；有的吸奶一口气吸得很长，中间有规律地停顿一下，不轻易受外界干扰，有的吸奶一口气吸得较短，停顿较多，较容易分散注意力等。也就是说，婴儿出生后很快就出现明显的气质差异。

大部分婴儿的气质可归属为三大

类型：

• 易于抚育型：饮食、大小便、睡眠都有规律；心境比较愉快、积极；乐于探究新事物，在新事物与陌生人面前表现出适度的紧张，对环境的变化容易适应。这类儿童大约占40%。

• 难于抚育型：活动没有什么节律，不容易预测和把握；对新环境反应退缩，很难适应，对新环境或陌生人很敏感，反应强烈，往往很紧张，如哭闹不止等。这类儿童大约占10%。

• 缓慢型：行为表现居于易抚育儿童和难抚育儿童之间，属于慢性子。他们对环境的变化也不容易适应，在陌生的人与物面前反应也退缩；不容易兴奋，而且反应的强度比较低；对环境刺激的反应比较温和、抑制；心境比较消极。这类儿童约占15%。

另外，还有大约35%的儿童兼有这三种气质类型中的两种或三种特点，即混合型。

### 4. 性格

性格是人对客观现实稳定的态度和习惯的行为方式，是具有核心意义的心理特征。性格并非由先天决定，而是在长期生活环境和社会实践中逐渐形成的。性格一旦形成就具有相对的稳定性，但也有一定的可塑性。心理学家认为性格形成的中心是冲突。一直受周围人肯定、积极评价的儿童往往会产生一种满意感、自信感；而经常受到否定和消极评价的儿童容易产生一种自卑感、孤独感。随着年龄的增长，儿童内在的动力与外界的环境造成一系列的矛盾，如果解决了矛盾便形成积极的性格，如果解决不了则形成消极的性格。儿童性格发展必须经历以下5个阶段：

• 信任感—不信任感（婴儿期）：此阶段婴儿的生理需要（如吃、抱等）应得到及时的满足，使他产生信任感；相反，如果婴儿的需要得不到满足，婴儿就会产生对人和世界一种不信任感和不安全感。积极或消极的影响可以延及以后的阶段，因此这阶段主要是培养信任感。

• 自主感—羞愧及怀疑感（幼儿期）：这阶段主要发展自主性。此年龄期，饮食、大小便均具有一定自理能力，又能听懂一些成人的语言，扩展了认知范围，培养了独立能力，宝宝感到了自己的力量，感到自己有影响环境的能力。如果家长对宝宝的行为限制过多、批评过多或者惩罚过多，往往使宝宝产生一种羞耻感或者自认为无能的怀疑感。

●主动感—内疚感（学龄前期）：这阶段主要发展主动性及获得性别角色。当不受父母直接控制时，仍能如受父母直接控制时那样来引导自己的行为，这样就产生了行为的主动性。如果家长经常嘲笑儿童的活动，儿童就会对自己的活动产生内疚感。此时期如果不能建立合适的性别角色也会产生过度的内疚。

●勤奋感—自卑感（学龄期）：如果学习上和社交方面通过勤奋的学习取得成就，得到别人的表扬，会变得越来越勤奋学习；相反，如果学习上遭到失败和成人的批评，容易形成自卑感。

●身份感—身份混淆（青春期）：这阶段主要发展身份感。一个人对自己体格、智能和情绪等品质感到满意，有明确的意志和目标，并预知这些品质能得到亲人的认可时就达到了个人身份的建立。青春期宝宝的体格变化、认知能力的发展和社会的要求都在变化，如果在感情问题、伙伴关系、职业选择、道德和价值观等问题上处理不当，即可产生身份紊乱。

婴幼儿的性格尚未定型，父母应特别注意其性格的养成。父母对宝宝的教育态度可影响儿童性格。对儿童教养的方法，传统上分为权威和民主两种。前者主要是采用过多的指示、命令、威胁和惩罚，而后者遇事多采用征求宝宝意见的口吻，在许可的前提下尊重宝宝的意见。权威法可能会造成儿童发脾气、不听从管教、为所欲为、固执、缺乏自信心及自尊心等；而民主的教育方法可以培养儿童独立、大胆、机灵、善于和别人交往、协作和分析思考能力。

**专家提示**

儿童个性心理特征和个性倾向决定着适应社会环境的方式和处理态度。虽然以后能对其中一些不良个性特征加以改造，但往往很难起质的变化，除非儿童的客观环境、亲身经历有极大的转折或变化，否则已经形成的行为是很难改变的。

## 意志的发展

意志是人类自觉地支配和调节自己的行为、克服困难以达到预期目的和任务的心理过程。意志过程有 3 个基本特征：

①意志行动是有目的行动；

②意志行动体现在克服困难之中；

③意志行动是以随意运动作为基础的。

意志是在生活中逐渐强化形成

的。积极的意志品质有自觉性、坚持性、果断性和自制性（包括控制自己的情绪，约束自己的言行）；消极的意志品质为依赖性、顽固性及冲动性。年龄越小积极的意志品质表现越差。

新生儿没有意志。随着年龄的增长，伴随动作、语言的发展，婴儿想用一些动作来达到某种结果（行动或抑制某些行动）时，出现了意志的萌芽，如按自己的目的抓远处的玩具，摔倒后自己爬起来等。3岁左右的儿童出现"事事都要自己干"的行动，就是意志发展的标志。

随着年龄的增长，语言和思维的发展，社会交往的增多，儿童的行动可以服从于别人或自己的目的，而不受外界环境或内部心理活动的影响。在成人教育的影响下，儿童的意志逐渐形成并发展。儿童积极意志的发展与其思维活动、个性、行为及学习能力密切相关。培养婴幼儿具有创造性的思维活动或行动，应从培养其坚强的意志着手。可通过日常生活、游戏和学习培养儿童的自制能力、责任感和独立性，促进其积极意志的发展。

# 宝宝心理需求细解

婴儿来到了人间，从落地的最初一刻就开始接受人类社会的教育，慢慢地，他将从一个生物人逐渐变为社会人，他会产生作为人所具有的各种心理活动。0～3岁的宝宝除了需要满足他们吃好、睡好、生活有规律、环境清洁卫生等生理要求以外，还要满足其心理上的需求。父母如能了解宝宝的心理需求，宝宝将会生活愉快，身心得到健康的发展。那么，这些年幼的宝宝在想些什么？他们有哪些心理上的需求呢？

## 清晨看到父母的笑脸

宝宝需要每天有一个良好的开端，早上醒来后不必马上被父母催着、赶着起床；睁眼看到的是他熟悉的、喜欢的亲人的笑脸："宝宝早，宝宝睡好了吗？太阳公公请宝宝起来啦!"几分钟后，等宝宝完全苏醒，心情愉快了，再为他穿衣、洗漱。2岁以上的宝宝可以和父母同桌进早餐，早晨这段时间虽然短暂，但宝宝却能在与父母短暂的相处中感受到亲切和愉快。

当爸爸妈妈离家去上班时要拥抱或亲吻宝宝的脸，和他皮肤接触，以满足他的情感需求；说上几句鼓励他的话，微笑着和宝宝说"再见"。清晨的这一段时间，父母的笑脸和关心会给宝宝的一天带来新的气息和良好的情绪。

可是，不少上班族的父母往往忽视宝宝的心理需求，只顾自己赶时间，遇到自己起床晚了，上班时间快到了，更是心急，情绪不好，动作和语言难免粗鲁甚至暴躁。这样的情景十分常见：爸爸妈妈慌慌张张地做事，嘴里急急忙忙地催促宝宝："快！快点儿起床。""怎么这么慢？快点儿吃饭呀！"要不就抱怨宝宝："你天天拖拖拉拉的，害得我上班总是迟到。"这样慌张糟糕的开始，使宝宝感受到

的不是亲切而是烦躁；看到的不是笑脸，而是紧张厌烦的表情。宝宝接受了不良的刺激，情绪消极，这会影响他一天的正常生活。

## 与父母说话玩耍

3岁前的宝宝特别依恋父母，常想和父母亲近，说说玩玩。因此，爸爸妈妈下班回家后应该花一点儿时间听听宝宝的述说、提问，并为宝宝念儿歌、讲故事、唱唱歌或和他做游戏。所花的时间并不多，爸爸妈妈自己也可轻松一下，放松在外工作一天的紧张情绪，又能给宝宝带来快乐和

安慰。宝宝的心理得到了满足，反而会很高兴地独自去玩或帮父母做一些小事情。

有的爸爸妈妈上班忙工作，下班忙家务，晚上还要读夜校，有的要看电视或打麻将，只顾及宝宝的生活需求，忽视宝宝的心理需要，不把宝宝的情感要求放在心上。当宝宝拿了玩具找父母玩或对父母说话时，听到的回答是："别来打扰我，你自己去玩吧！"有的甚至嫌宝宝干扰了他而骂宝宝："真讨厌，你没看见我正在忙吗？"一心想和爸爸妈妈亲近，结果父母十分冷淡，宝宝肯定会非常难过和沮丧，发脾气哭闹也是难免的。有

的爸爸妈妈埋怨宝宝不乖，却没有想到原因其实就在父母自己身上。

## 在和睦的家庭中生活

和睦的家庭是宝宝幸福的摇篮，宝宝需要在父母恩爱、家庭成员和睦、相互尊重的环境里生活，这是宝宝身心健康发展的必要条件。父母不和，家庭成员之间经常发生矛盾，出言不逊，行为粗鲁，这些都会让宝宝紧张、担忧。如果父母将怒气出在宝宝身上，把宝宝当成出气筒，更让宝宝感到委屈、不知所措。尤其是父母矛盾激化到闹离婚的时候，互相争夺宝宝，以宝宝喜爱之物引诱他站在自己一方，反对对方，使宝宝不知该何去何从，分不清是非，易形成自私、虚伪、说谎及见风使舵的不良行为，严重的会影响宝宝的个性发展，并使宝宝的心灵受到伤害。

## 得到父母的尊重

每个宝宝都有自己的需要和兴趣爱好，他们都希望得到父母的尊重。宝宝从小受到尊重才会产生自尊心，长大后也会尊重别人。因此，家庭中应该有民主气氛，父母要求宝宝帮助做事应该用请求或商量的语气，不可强迫、命令，宝宝做完事后父母要对宝宝说"谢谢"。父母做错了事或说

错了话要承认错误，若错怪或冤枉了宝宝事后应该向宝宝道歉。

宝宝难免会有错误和过失以及不能令人满意的行为习惯，爸爸妈妈应该循循善诱，帮助他改正缺点与错误，千万不要在众人面前议论、指责宝宝。这将会强化不好的行为，也会伤害宝宝的自尊心。

有的父母把宝宝当玩物，无意识地随便戏弄宝宝，如看宝宝长得白白胖胖很可爱，叫他"小胖猪"，宝宝长得瘦叫"小猴子"。宝宝反应迟钝一点儿、调皮一些父母一烦就骂他是"笨蛋""浑球"。这都是对宝宝人格的不尊重。宝宝虽小，但他们也有自己的人格尊严，一旦人格受到侮辱，心里就会产生不愉快的情绪。而且，万一宝宝丧失了人格尊严的心理要求，带来的后患更是无穷的。

# 春季篇

一年之计在于春！世间万物概莫能外，处于发育期的宝宝尤其如此。赶快行动起来！你是爸爸，就让你的每个关爱都是明媚的阳光；你是妈妈，就让你的每个呵护都是温润的春雨。春养、春补、防病、护理……让宝宝成长为"春苗"中茁壮的那一棵吧。

# 春季，宝宝断奶的好时机

相信你是一位恪尽职守的母亲，屈指一数，坚持母乳喂养，已快满1年了。提醒你，快趁着这春暖花开的日子，实施你的断奶计划吧。

为什么推荐春季断奶呢？奥妙在于春天气温适宜，病菌相对较少，活力也较低，加上宝宝食欲佳，活动方便，睡眠也好，不易生病，容易接受普通膳食。冬季则不然，气温低下，病毒、细菌繁殖迅速，乍一断奶会让宝宝失去母乳中丰富抗体（如分泌型IgA、乳铁蛋白等）的保护，患上感冒、咽喉炎、肺炎等呼吸道感染性疾病的风险大增；对母亲不利，因为夜间你得给宝宝温牛奶喂养，既影响睡眠又有遭受病菌偷袭之虞。夏季同样不妙，气温高，湿度大，是脱水症、夏季热以及中暑等暑热伤身病症的高发季节，而母乳可通过增强神经系统的调节功能，减少或避免上述病症侵犯宝宝；同时气温太热，宝宝代谢加快，体内消化酶减少，引起食欲下降，食量减少，致使养分的摄取量降低，进而削弱身体的抵抗力，给腹泻、痢疾、伤寒等肠道传染病入侵以可乘之机。所以冬夏两季不宜断奶，即便宝宝该断奶了也要适当延长母乳喂养时间，推迟到春季或秋季实施。另外，即使是在春季或秋季，如果宝宝生病、出牙，或是换保姆、搬家、旅行等时段也不要忙着断奶，因为勉为其难会增大断奶的难度。

## 断奶前的准备

宝宝到了断奶期，如何做才容易让他接受，且不影响发育质量是非常讲究的。一份最新调查敲响了警钟：国内宝宝出生时的生长指标（包括身高、体重、胸围、头围等）丝毫不逊于欧美的同龄宝宝，但周岁左右则开始出现差距，追根溯源，在于国内宝宝的断奶期喂养不够科学，拉了生长

发育的后腿。为避免这类情况的发生，断奶前的准备工作务必做到位。

1. 带宝宝到医院儿童保健科做一次全面的体格检查，只有他身体状况良好，消化能力处于正常状态才可考虑断奶。

2. 充分发挥父亲的积极性，增加父亲的照料时间，如让其白天吃奶时间尝试带宝宝外出，夜间醒来要喝奶，可把母乳挤出来用奶瓶喂，给宝宝一个心理上的适应过程，逐步增加对爸爸的感情，减少对妈妈的依恋，以确保断奶成功。

3. 优选断奶期食品，此乃是保证断奶期喂养质量不下降的关键，所选食品必须拥有较高营养价值的蛋白质和热能，并对矿物质和维生素进行一定量的强化，且为宝宝所乐于接受。优选原则是：①营养素种类齐全，比例恰当；②不含任何激素、糖精与色素；③口感好，容易消化吸收；④原则上是切碎煮烂，忌油炸、刺激性食品。举例：奶制品（首推配方奶粉，次为全脂奶粉，每天约500毫升~600毫升）、米面制品、粥类、营养汤（如鲫鱼汤、紫菜汤、豆腐蛋汤、番茄猪肝汤、胡萝卜汤等）。另外，美国有关专家研究认为，谷物并非宝宝断奶后最佳的食物初体验，因为婴儿吃谷类食物后血糖会迅速升高，可能导致其长大后出现肥胖等健康问题，肉食才是最佳食物，可供参考。

4. 食物味道多样化。断奶期也是味觉发育的关键期，宝宝从呱呱坠地

的那一刻起，便已具备辨别味道的本领，两个月后就能对味道加以区别。宝宝进入断奶期后感觉性更强，不断品尝各种新食物，并对味道形成自己的独特记忆与爱好，进而形成比较完善的味觉。故适时地提供各种味道的食品，让他拥有广泛的味道体验，做到五味俱全（如甜、咸、苦、酸、辣味），可有效地避免日后偏食、挑食等不良饮食习惯形成。

5. 补点儿益生菌。断奶期的宝宝易受湿疹等过敏性皮肤病之害，补点儿益生菌有助于菌群平衡，而菌群平衡可以使宝宝免疫系统不发生对平衡失调所作出的过敏反应。

6. 食具也要"与时俱进"。如6个月后添加辅食不妨教宝宝使用小勺；10个月时可让他一手抱碗另一手拿勺试着进食；到了两三岁，当宝宝喜欢模仿父母吃饭的动作，有拿筷子的要求时，家长应当因势利导，毫不犹豫地鼓励他换用筷子进餐。

## 断奶程序建议

断奶期的喂养至少有两大使命：一是顺利完成宝宝从纯母乳到普通食品之间的转变；二是提供全面、足量的养分，保证宝宝的生长发育不偏离正常轨道。为此，育儿专家设计的断奶程序值得参考。

给宝宝断奶是一个循序渐进的过程，不能说断就断，要有一个断奶预备期，目的是使宝宝能逐渐习惯吃母乳以外的食物，以便让他的消化功能逐渐适应。这个预备期应从生后第6~7个月算起，如第6~7个月起开始教小宝贝练习用小勺喂食，并加辅食，起初可喂蛋黄、米粉等食品，8~9个月时可酌加稀饭或面条，逐渐减少母乳喂养次数，循序渐进，到10~12个月时预备已比较充分，就可以断奶了。

断奶伊始，先给宝宝减掉一餐母乳，并相应增加辅食量。注意：减哪一餐母乳很有讲究，须知宝宝对母亲乳汁非常依恋，最好从白天喂的那餐奶开始删减，因为白天有很多好玩的事吸引着他，不会特别在意妈妈；早晨和晚上却不同，他需要从吃奶中获得慰藉感，先不要减这两餐。持续1个星期左右，待他习惯后再减去早晨那一餐奶。再隔1星期，可以考虑减晚间那一餐奶了……如此步步推进，逐渐过渡到完全断奶，辅食变为主食。

断奶期食品要尽量多样化，每天的食谱至少要由以下4种食品组成：1种主食，如稀饭、面食；1种蛋白质辅食，如豆类、肉类、禽肉、鱼、蛋、奶类等；1 种含矿物质及维生素的辅食，如蔬菜、水果；1 种能供给能量的辅食，如 5 克～10 克油，10 克～20 克糖。每天进食 5 次，3 餐之间加两次点心，再加奶，每天吃一点儿鲜鱼、肉、豆、蛋，以保证宝宝生长发育的需要。在食品制作上也要色香味俱全，不断变换花色品种以提高宝宝对主食的兴趣。

另外，断奶过程中妈妈既要让宝宝逐步适应饮食的改变，又要态度果断坚决，不可因宝宝一时哭闹就下不了决心；也不可突然断一次，又让他吃几天，再突然断一次，反反复复带给宝宝不良的情绪刺激，容易造成宝宝情绪不稳，出现夜惊或拒食，甚至为日后罹患心理疾病埋下隐患。宝宝刚断奶时哭闹不安，要给予更多的关爱，可多带宝宝到室外活动，分散其注意力；对吸吮要求强烈的宝宝可选用安抚奶嘴，以满足其吸吮的需要。

再者，宝宝断奶时可能引起母亲体内荷尔蒙发生变化，出现一些如沮丧、易怒等负性情绪，需要及时给予化解，必要时可以看心理医生；有的母亲可伴有乳房胀痛、滴奶等烦恼，可采用热敷并将奶水挤出等措施，以防引起乳腺炎。

# 春补，为宝宝发育加油

春天如约而至，莺歌燕舞，万物生长，也是宝宝发育的难得机遇。新妈妈们赶快行动起来，为你的宝贝发育加油，时不我待哦！

## 多安排促高食品

世界卫生组织一项调查资料显示：春季宝宝长得最快，身高增幅平均达到7.3毫米，比长得最慢的9月份多4毫米。这得益于日光照射的时间增加，而日光中的紫外线可以促进皮肤合成更多的日光荷尔蒙——维生素D，此种维生素能加速骨骼生长，促进个头蹿高。另外，春季也是宝宝脑发育的黄金时段。

为配合这一生理变化，父母为宝宝规划食谱时，要在坚持食物品种多样、营养均衡的前提下向3类养分倾斜：一是赖氨酸、精氨酸和牛磺酸等氨基酸，又称为必需氨基酸，它们为宝宝生长必不可少的物质，但不能在体内合成，宝宝最容易缺乏。那么，哪些食品富含这3种氨基酸呢？

日本的身材研究专家川田博士力荐5种食物，即牛奶、沙丁鱼、菠菜、胡萝卜与柑橘。国内专家认为，小米、荞麦、脱脂奶、蚕豆、花生、油菜、芹菜、番茄、草莓、牡蛎、动物肝、鸡肉、海带、蜂蜜等促高作用显著。俄罗斯专家则推崇野菜，据他们观察，常吃野菜的宝宝平均身高高出一般宝宝5%。

### 专家提示

咖啡（所含咖啡因可溶解骨头里的钙）、糖食（过多会导致钙质代谢紊乱，妨碍骨骼的钙化作用）、碳酸饮料（含磷过多，可引起体内钙、磷比例失调）、快餐食品（蛋白质、维生素缺乏）等已被证明有害于身高与脑发育，应予以限制。

另一类养分是矿物元素，尤其是钙，乃是骨骼生长的原材料，宝宝每天需 700 毫克 ~ 800 毫克，供给量每日不少于 1000 毫克。含钙丰富的食物有芝麻、黄花菜、萝卜、胡萝卜、海带、芥菜、田螺、虾皮、豆制品、骨头汤、鱼虾等，而每天至少保证 250 毫升牛奶，是最适合宝宝的补钙食品。

再一类是不饱和脂肪酸，为大脑和脑神经不可缺少的"建筑材料"，摄入不足将影响智力发育，"脑黄金"的誉称由此得来。核桃、茶油、橄榄油、芝麻、兔肉、鲜贝、鱼肉等为其"富矿"。

## 别冷落滋补食品

春季细菌、病毒等致病微生物活跃，因而成为宝宝易与痄腮、麻疹、水痘等传染病结缘的高峰期，可借助某些食物来提升宝宝的免疫系统实力，增强其抗御病菌的能力。大枣、桂圆肉、蘑菇、香菇、木耳、莲子、薏米、百合、山药等"药食同源"的食物堪当此任，它们既含有丰富的营养素，又都味甘性平，是宝宝强身壮体的天然食物滋补佳品，可提高身体的免疫力。

另外，油菜（具有清热解毒之功，可防治口角炎、口腔溃疡及牙龈出血等疾病）、荠菜（特别是野生的荠菜，可防治麻疹、流脑等春季传染病及呼吸道感染）、菠菜（可防治贫血、唇炎、舌炎、口腔溃疡、便秘）、芹菜（可增强骨骼发育，预防软骨病、便秘）等，也都是防病高手，皆可纳入宝宝的食谱之中。

### 专家提示

不可随便给宝宝吃补药，药补不如食补。油菜以早春的最好。菠菜洗净后，要先在开水中焯一下，捞出后再做菜，以减少有害物草酸的含量。荠菜可切碎加入粥里，或用荠菜炒鸡蛋、烩豆腐干，或做成荠菜春卷、馄饨、肉丝汤等，这可以帮助宝宝开胃。

## 补足优质蛋白

在宝宝的生长进程中，蛋白质是第一功臣。随着发育进度的提速，器官与组织对蛋白质的需求也随之增长。但宝宝的胃口有限，故要选择优质蛋白质，如鸡蛋、鱼虾、鸡肉、牛肉、奶制品及豆制品等，发挥其"以一当十"的效益。主食则应以大米、小米、红小豆等为主角，辅以红枣、桂圆肉、蘑菇、香菇、黑木耳、枸杞

子、山药、薏米等营养丰富的食材，发挥促长之功。

> **专家提示**
>
> 牛、羊肉等食物性味偏于温热，不宜吃得太多。鱼虾要预先将鱼刺等清除干净。蛋、肉、鱼尽量不用油炸。

## 维生素和矿物质，一种不能少

宝宝春季对维生素的需求量也明显增加，如春季气候干燥，多风，容易发生口角炎、牙龈出血、皮肤粗糙等，这恰为维生素与矿物质提供了用武之地——维生素 $B_2$ 是防治口角炎的好手，维生素 C 可有效地防止牙龈出血，而供足维生素 A 则皮肤不会干燥。因此，富含这些养分的芹菜、菠菜、油菜、番茄、青椒、卷心菜、花菜、胡萝卜、山芋、土豆等均在必吃食品之列。

> **专家提示**
>
> 维生素都有怕高温的特点，为了减少其流失，蔬菜烹调可多样化，最好用猛火，时间不宜长，一次不要烧得太多，以现做现吃为好。

## 脂肪以植物类为优

脂肪既可滋润身体，使宝宝面色光润，又是热量供应大户，还能提供大脑发育必需的特殊脂质，如 20 碳 5 烯酸与 22 碳 6 烯酸等，故安排足够的脂肪类食品也势在必行。但要注意选择，以植物脂肪为主，如烹调蔬菜加适量菜籽油、橄榄油；多吃一些富含植物性脂肪的食物，如核桃粥、黑芝麻粥、花生粥，或将花生米、核桃仁、松子、葵花子等作为零食来食用。

> **专家提示**
>
> 少吃动物脂肪，也不宜用多吃油炸食物的方法来增加植物脂肪的供给。

## 含自然糖分的食物好

春季气候转暖，夜短昼长，机体的代谢机能趋于旺盛，户外活动时间增加，热量的消耗随之加大，宝宝容易产生饥饿感。为此，适当增加糖类的供给以及进餐的次数也有必要。换言之，不妨给宝宝吃点儿零食，如花生米、红薯干、栗子、葡萄干、果脯、蜂蜜水等含有自然糖分的食品。除早、中、晚3次正餐外，上午10点、下午4点是吃零食或吃加餐的最佳时间。

> **专家提示**
>
> 少吃加工类糖食，如糖果、饼干等。

## 来点儿粗粮或杂粮

粗粮、杂粮既可以拓宽宝宝摄取养分的渠道，又增加了食物的多样化，对促进食欲、提升宝宝胃口和增强消化吸收能力都有帮助，不妨来一点儿，包括玉米、小米、糯米、绿豆、黄豆等。

> **专家提示**
>
> 粗粮普遍存在口感不好及吸收差的劣势，而宝宝的消化器官稚弱，功能较差，为解决这一矛盾，父母在制作时要细致，不妨熬成粥，或与细粮混吃，使宝宝乐于接受。

## 营养汤水有妙用

春季气候干燥，宝宝容易上火，故补水也很重要。为了避免白开水淡而无味的不足，可以根据宝宝的生长特点与口味，选用葱、萝卜、红枣、陈皮、山楂干、枸杞、菊花、芦根、荸荠等食材合理组合，熬制成集保健、防病与营养等三重功效于一体的汤水，使宝宝乐于享用，收到一举数得之效。如白葱胡萝卜水（食材有葱、胡萝卜、冰糖）、野菊花芦根水（食材有野菊花、鲜芦根、冰糖）、红枣枸杞橘皮汤（食材有红枣、枸杞、冰糖）、南杏润肺汤（食材有南杏、北杏、蜜枣、猪肺）、鲫鱼豆腐汤（食材有鲫鱼、嫩豆腐、姜、葱、盐）、

> **专家提示**
>
> 食物颜色不同，所含的养分种类及比例也不一样，最好将2~3种不同色彩的食物混搭，既可以通过食物的色彩来吸引宝宝进食，还能均衡营养，一举两得。

浮小麦猪心汤（食材有浮小麦、大枣、猪心、桂圆肉）、参术大枣汤（食材有党参、云苓、白术、大枣、鲜鸭肾）等。

### 排毒食物也给力

祖国医学认为，春季是阴气渐弱阳气渐强的时期，冬季进补后不少"垃圾"积聚于体内，正好趁春季将其排出。所以，多吃点儿黄瓜（清热解渴、利水排毒）、黑木耳（含植物胶质，可吸附残留在胃肠的"垃圾"并排出体外）、莲藕（通过利尿作用加速体内废物排出）、地瓜（富含纤维质，促进肠胃蠕动，加快宿便排出）、绿豆（清热解毒、除湿利尿）、白萝卜（利尿排便）等排毒食物大有裨益。

**专家提示**

以下几种食物春季要少给或不给宝宝食用，列入黑名单的有大棚草莓（大多使用了过量的催熟剂等激素）、甘蔗（多为秋季的存货，储存了一个冬天后极易变质，甚至霉变）、香蕉（常用过量的二氧化硫来催熟）、葡萄（多用乙烯等催熟剂浸泡催熟）等，以免伤害宝宝稚弱的身体。

# 春季，为宝宝量身定做养肝餐

春季是养肝的黄金季节，肝是宝宝体内的重要消化器官与"化工厂"，践行着物质代谢、解毒排毒等多项生命职能，但婴幼期发育不完善，功能娇弱稚嫩。祖国医学形象地将肝喻为春天的树木，要想在春天蓬勃兴旺，必须像树木那样"施肥浇水"，于是"养肝餐"就这样应运而生了。与"施肥浇水"要"因树而异"一样，"养肝餐"也应辨证分型，不可吃大锅饭。

## 肝血不足型

宝宝症候：两目干涩，或夜盲或视物不清，面白无华，口唇、甲床欠红润。

中医评说："肝主藏血""肝开窍于目"。意思是肝有贮藏血液和调节血量的作用，肝血不足症候（包括肝藏血不足或调节作用削弱）首先表现于眼睛，食养重点在于供足有养肝血功效的食物。

推荐食物："以血补血"效果最佳，畜禽血当为首选，如猪血、鸭血等。蔬菜中菠菜最优，其他如大枣、桂圆肉、蘑菇、香菇、木耳、鸡蛋、鱼虾、鸡肉、牛肉、奶制品和豆制品等也不错。主食上多选用大米、小米、小红豆等。

### ☞ 食谱举例

**1. 鸭血豆腐汤**

豆腐100克，鸭血1小块，小白菜120克，香油适量。小白菜洗净后在沸水焯过切碎。鸭血、豆腐切成小块。砂锅内放适量清水，鸭血、豆腐放入同煮。鸭血、豆腐快熟时放入小白菜，出锅前滴入适量香油即可。适合8个月以上宝宝。

**2. 菠菜酸乳酪**

菠菜、酸乳酪各适量。菠菜煮至半熟，捞出挤干水，切成泥，与酸乳酪搅拌均匀即可。适合断奶期宝宝。

**3. 红豆大枣小米粥**

红小豆20克洗净，放入水中煮开。再加入大枣3个（去核），小米100克煮粥，调入适量冰糖即成。适合1岁以上宝宝，早晚吃最好。

## 肝筋不足型

宝宝症候：手足痉挛、肢体麻木，关节屈伸不利，甚至震颤惊风。

中医评说："肝合筋也""筋脉皆肝所主"。筋指筋膜、肌腱等组织，附着于骨骼，功能是联结关节与肌肉。换言之，肝是肢体关节运动的能量来源，肝筋充足者筋力强健，运动灵活；肝筋不足则可出现种种类似于低钙的症状。所以，供足钙质与维生素 D，强化肝筋势在必行。

推荐食物：豆制品、动物骨、鱼虾、海产品、黄绿色蔬菜、蛋黄等，含有丰富的钙与维生素 D。限吃甜食，否则易使宝宝体内的钙和维生素 D 被消耗掉，导致身体缺钙。

### 食谱举例

**1. 香椿芽拌豆腐**

嫩香椿芽适量，洗净后在沸水中焯 5 分钟，挤出水切成细末。将盒装南豆腐 100 克倒出盛盘，加入香椿芽末、精盐、香油拌匀即成。适合 1 岁以上宝宝。

**2. 水晶虾仁**

虾仁 100 克（挑选新鲜、无毒、无污染、无腐烂变质、无杂质的虾仁），吸干水分，加盐、味精和糖调味。用 2 只蛋清给虾仁上浆。炒锅上火，下油 50 克，烧至四成热时，倒入浆好的虾仁并且划散。锅留底油，加入虾仁翻炒片刻。勾薄芡、淋油装盘，可点缀少许芥蓝丁或胡萝卜丁，以提升盘内食物的色彩。适合 2 岁以上宝宝。

**3. 鳕鱼粒煎蛋**

银鳕鱼 100 克切成粒状，上浆。3 只鸡蛋打散，在油锅里摊成蛋饼状。在蛋饼上加入鳕鱼粒，煎熟出锅。适合 3 岁以上宝宝。

### 肝阴不足型

宝宝症候：口角发炎、口腔溃疡、牙龈出血、皮肤粗糙。

中医评说：血虚可致阴虚，阴虚则生内热，所以肝阴不足的宝宝虚火上升，出现上火症候。食谱宜向补阴生血、润肝降火的食物倾斜，以收到釜底抽薪的效果，恢复体质阴阳平衡。

推荐食物：主食上多选用大米、小米、红小豆等（米不要淘洗次数太多，也不宜放在热水中浸泡），适当搭配粗粮和杂粮，如玉米、麦片和豌豆。蔬菜中以菠菜最优，次为芹菜、番茄、卷心菜、花菜、胡萝卜、荠菜、香椿、苋菜等，可炒，可炖，还可以包成馄饨、饺子和春卷等，以增强宝宝的食欲。其他如芝麻、糯米、蜂蜜、乳品、甘蔗、豆腐、鱼类等既清淡又能滋阴的食物也不错。

☞ **食谱举例**

**1. 粥油**

用优质新米（包括小米或大米）熬粥，待粥好后上面浮着一层细腻、黏稠、形如膏油的物质，就是粥油，是米汤中的精华部分，具有很强的滋补作用，可以和参汤媲美，且易消化，非常适合宝宝比较稚弱的消化系统。为了获得优质的粥油，煮粥所用的锅必须刷干净，不能有油污。煮的时候最好用小火慢熬，不能添加任何作料。适合宝宝空腹食用。

**2. 鲜奶玉米糊**

速溶玉米片4勺，猕猴桃半个，葡萄粒适量，鲜奶1杯。水果洗净，去皮、去籽后切成小丁。玉米片放在碗中，加入准备好的水果丁，倒入热奶即成。适合6个月以上宝宝。

**3. 鲫鱼粥**

鲫鱼1条（先在锅中煎一下，以减少腥味），放在煲汤袋里（也可用干净纱布包裹），与大米100克煮约1小时。待粥熟时捞出鲫鱼，加盐适量调味喂食。适合8个月以上宝宝。

## 澄清养肝的几个误区

毋庸讳言，民间一些春季进补传言，或以讹传讹，或盲目跟风，出现了不少误区，亟待澄清。

### 误区1：以肝补肝

中医评说：宝宝肝脏尚处于发育中，功能不成熟，而肝脏是人和动物最大的解毒器官，动物体内的各种毒素都要经过肝脏来处理，所以市售动物肝脏中均暗藏着多种毒素，给宝宝吃会加重肝脏的负担。另外，动物肝中维生素A与矿物元素铜的含量也太高，超过了鸡蛋、鱼肝油和牛奶，不宜给宝宝多吃，患有肝病、肾病的宝宝尤应少吃或暂时不吃。如果一定要吃，以鸡肝、鸭肝等较温和的动物肝为宜，且一餐限在1只之内为妥，如鸡肝粥、番茄炒鸭肝等。

### 误区2：补养"多多益善"

中医评说：天下父母无不期盼自己的宝宝健壮聪慧，恨不得把所有营养丰富的食物都塞进宝宝的肚子。虽说饮食是气血生化之源，但脾胃对食物的受纳、腐熟、吸收及转输起着更为重要的作用。因此，饮食养肝务必根据宝宝的脾胃功能强弱"量力而行"，做到"补而不过""补而不滞"，恰到好处，蛮养、猛补的做法不仅无益，反而可能有害。

### 误区3：只吃补品，其他食物一概免谈

中医评说：宝宝健康以营养平衡为前提，补品固然能强肝，但也有上火的弊端，搭配一些能开胃、助消化以及提升抵抗力的食物大有必要。宝宝有性别、年龄、体质、口味、代谢以及食物敏感性等差异，不能笼统地按照标准化的养肝食谱来安排一日三餐，更不能偏执于某一类或某一些食物，否则会陷入食物品种单一、调养脏腑狭窄的困境中。中医食养的精髓在于整体调理，辨证施养，所以食物多样化、营养比例均衡的膳食原则，仍然要贯穿于养肝餐中，任何情况下饮食都不能偏废。

# 春季，宝宝"火灾"的高发期

有过育儿体验的妈妈都知道，春季宝宝容易"上火"。其实，人体里原本就有"火"，没有"火"体温就不能维持在37℃左右，人也就难以生存，这就是所谓的"生命之火"。换言之，"火"是生命存在的必备条件，处于生长发育阶段的宝宝尤其不可少。不过，"火"一旦超过正常范围成了"灾"，那就有害了。君不见当日历翻到春季，不少宝宝出现面红目赤、咽燥声嘶、疖肿四起、口腔糜烂、烦躁失眠、鼻衄出血、舌红苔黄、尿少便干、发热出汗等反常现象，这就是体内之"火"太旺的结果。

切莫小看"上火"，时间一长会导致宝宝抵抗力下降，招来口角炎、鹅口疮、上呼吸道感染、鼻衄、中耳炎、消化不良、肠胃不适等多种病症，将宝宝变成林黛玉那样的多病之身。

那么，春季宝宝为何"火灾"高发呢？中医的解释是：春季尤其是早春乍暖还寒，冷热无常，气候干燥，宝宝属纯阳之体，体质偏热，很容易出现阳盛火旺，加上过量进食高蛋白、高热量的奶粉、肉类或甜饮料，而自身的脾胃功能又不健全，消化不畅，易造成食物阻滞产生内热，"火灾"就应运而生了。

所以，新妈妈千万不要被烂漫春光的表象所迷惑，应该擦亮眼睛，识别宝宝的"火灾"症候，及时采取灭"火"措施才是。

## 测测看宝宝的"火灾"概率

中医学认为健康宝宝的机体阴阳处于平衡状态，出现"火灾"意味着阴阳失衡，内热过盛，身体被推向了疾病的边缘。你不妨对照以下7个问题，测一测你的宝贝距离"火灾"还有多远——

①饮食情况：A. 多以油炸、膨

化食物为主。B. 高蛋白高营养食品。C. 清淡、蒸炖为主。

②大便情况：A. 干燥，像羊粪球。B. 浅黄色。C. 金黄色，质软，不成形。

③小便情况：A. 少黄。B. 带点儿黄色。C. 无色清亮。

④睡眠情况：A. 夜晚睡觉不安宁。B. 偶尔哭闹。C. 睡眠好。

⑤身体情况：A. 不太好，经常感冒。B. 免疫力下降。C. 好。

⑥口腔情况：A. 口唇、颊黏膜与舌可见大小不等的疱疹、糜烂或溃疡。B. 口臭。C. 没有异常。

⑦胃口情况：A. 挑食、厌食，不愿吃饭。B. 不愿吃饭，不愿喝水，肚子饱胀不适。C. 胃口好，饮食正常。

计分方法：选 A 得 2 分，选 B 得 1 分，选 C 得零分。

总分累计：得 0～3 分者"火灾"指数为☆，意味着宝宝处于最低级别，较安全；得 4～8 分者"火灾"指数为☆☆☆，属于中度上火，得出手灭"火"了；得 9～14 分者"火灾"指数为☆☆☆☆☆，属于重度上火，应该强化灭"火"措施，否则接下来就是口角炎等疾病临身了。

## 对症灭"火灾"

宝宝的"火源"有外来与内生之分，如感冒时的发热、嗓子痛等属于外生之"火"；而心、肝、胃等脏器所生之火则为内"火"。内生之火又有虚火与实火之别，奥妙在于正常人体阴阳是平衡的，如果阴液正常而阳热过亢，表现出来的就是实火；阴液不足就显得阳热过盛，表现出来的就是虚火。

### 1. 心火

中医云，"心开窍于舌"，所以心闹"火灾"主要是口舌出状况。如虚火表现为舌边尖红、低热、盗汗、口渴、心烦、多梦或睡不着觉等；实火则表现为反复发生口腔溃疡、口角糜烂、干裂、嘴唇起疱疹、尿少且黄，甚至有热辣刺痛感等。灭火器：冰糖莲子汤、百合银耳玉竹汤。

### 2. 肝火

中医云，"肝开窍于目"，所以肝火主要表现为头痛、头晕、眼干、眼痒、眼屎多、好哭、多动、脾气大、舌苔增厚，有时有胸肋刺痛感。灭火器：川贝冰糖梨汁、枸杞菊花茶等。

### 3. 胃火

中医云，"胃开窍于口"，所以胃火主要表现在牙及牙龈。虚火为便秘、腹胀、舌红少苔、饮食量少等；实火为口臭、牙痛、牙龈红肿、牙根发炎、口干、上腹不适、大便干硬等。灭火器：鲜萝卜汁、绿豆粥、西瓜汁、番茄汁等。

### 4. 肺火

中医云，"肺开窍于鼻"，所以肺火主要表现为鼻咽干燥、咳嗽胸痛、潮热盗汗、手足心热、失眠、舌红等。灭火器：白萝卜、白木耳、大白菜、芹菜、菠菜、冬笋、香蕉、梨、苹果、百合、杨桃、枇杷、白开水等。

### 5. 肾火

中医云，"肾开窍于耳"，所以肾火主要表现为头晕、耳鸣、发脱齿摇、睡眠不安、手足心热、形体消瘦、腰腿酸痛等。灭火器：玄参生地炖猪腰（猪腰1对，玄参12克，生地20克炖汤食用）、黄柏山萸杞子饮（枸杞子30克，黄柏、山萸肉各10克煎汤饮用）等。

## 防"火"金点子

中医倡导"治未病"，与现代医学提倡的"预防为主"不谋而合，新妈妈们务必设法将宝宝的"火灾"苗头浇灭在萌芽状态中，过一个平安祥和的春季。

①优化居室环境，将室内温度保持在18℃~22℃，湿度保持在55%~60%，防止宝宝皮肤及鼻咽腔黏膜干燥。

②母乳喂养。母乳含有丰富的营养物质和免疫抗体，是婴儿最理想的灭火器。如无条件，应在育儿专家的指导下选用配方奶。婴儿母乳喂养6个月后，应酌情补充富含膳食纤维的谷类、蔬菜、水果等辅食。

③优选奶粉，并正确调配。首先要避开含棕榈油酸和硬脂酸等长链饱和脂肪酸成分的奶粉，因为棕榈油酸和硬脂酸可与钙质结合形成钙皂，导致大便较硬而引发胃肠上火，宜尽量选用精制植物油配方奶粉，则可避免宝宝的"火灾"。其次要按照正常比例冲调，或在奶粉里添加适量葡萄糖，有预防上火之功。另外，吃奶粉的宝宝要在餐前半小时补充一些白开水，约为喂奶量的1/2，具体为：出生第1周30毫升；第2周45毫升；1

个月后 50 ~ 60 毫升；3 个月时 60 ~ 75 毫升；4 个月时 70 ~ 80 毫升；6 个月时 80 ~ 100 毫升；8 ~ 12 个月时 100 ~ 120 毫升。

④为断奶宝宝调好春季食谱。如动物性蛋白应尽量选择脂肪少的鸡蛋、瘦肉、鱼、豆类等食物，并多用清炖、清蒸等烹调方法；适当多安排新鲜蔬果，如卷心菜、菠菜、青菜、芹菜、莴笋、茭白、莲藕、萝卜、木瓜、葡萄、西瓜、梨、葡萄柚、柚子、椰子、橘子、柿子、山竹、番茄、百合等；山楂、山药等健脾开胃、消食化积的食物也不可少；绿豆粥、荷叶粥、莲子汤等更值得推荐。至于热燥辛辣、油腻煎炸之品，如羊肉、狗肉、油炸鸡、辣椒、胡椒、大蒜、巧克力、果脯、龙眼、荔枝、芒果、榴莲等则应限制，最好少之又少或暂时远离。

⑤自制药茶。用绿豆、鲜藕、甘蔗、大白菜根、荸荠、鲜茅草根、鲜芦苇根等熬茶，让宝宝每天多次饮用，对预防上火效果良好。特别注意不要盲目给宝宝服用人参、当归等补品，这些药材均属热性，可能成为"火灾"的导火线。

⑥春捂要适度，衣服不可过厚，以免影响体内热量散发而诱发"火灾"。

⑦睡眠时间少、玩耍过度等情况也容易导致"上火"，故确保宝宝睡眠充足（每天不应少于 10 个小时）也是一招，因为睡眠中身体各方面的机能都可得到充分的修复和调整。另外，适当进行户外睡眠也有助于"灭火"。

⑧鼓励宝宝多到户外互动，促使体内积热发散，提高抗病能力。

⑨不良情绪如焦躁、冲动、生气等，可导致身体生理机能出现偏差，进而诱发或加重"上火"。不妨利用玩具、游戏以及儿童影视节目等方式，调节宝宝的情志，稳定其情绪，亦有一定的"灭火"作用。

# 升级免疫力，令春季传染病走开

春天如期归来，带来鲜花、阳光与温暖的同时，病毒、细菌等也蜂拥而至，致使麻疹、腮腺炎、风疹、水痘、流感等传染病高发，将宝宝特别是体弱儿推向险境之中。所以，升级宝宝的免疫力势在必行。

## 完善免疫力非朝夕之功

宝宝体内的免疫系统如同电脑的"防毒软件"，保护着小小生命不受病毒、细菌等致病微生物的偷袭。不过，这款"软件"生下来并不完美，而是与语言、动作等系统一样，需要通过一个较为漫长的时间段来完善。就说语言吧，生下来只会哭，以后从牙牙学语逐步发展到自由说话；动作呢？也是从爬行、站立到蹒跚学步到健走乃至跑步、跳跃，一步一个脚印地"走"过来的。父母对宝宝语言、动作的这种完善过程一般都能坦然地接受，唯独对免疫力的发展缺乏耐心，总希望爱生病的宝宝能在一夜之间强壮起来，成为任何病魔都击不倒的"金刚不坏身"，这显然不符合实际。

实际情况是，宝宝的免疫系统与语言、动作发育的进程一样，也要经历一个由弱到强的过程。如果不接受这个过程，而是心存幻想，企图找到一个迅速飙升的秘方，如同宝宝一生下来就能像刘翔那样成为世界跨栏冠军一样不可能。如果滥服保健品，反可能惹来副作用等意外之灾。

换言之，父母应该建立这样的观念：宝宝的免疫力由弱到强是一个正常的生理过程，在某一个时间段抗病力较低，容易与感冒乃至某些传染病结缘不足为怪，大可不必忧心忡忡，冷静、沉着应对才是。

## 生病对免疫系统是一种锻炼

免疫系统聚集着多种免疫活性物

质，如同一群"战士"，"战斗力"是在一次次抗击入侵之敌的实战中逐渐提高的，入侵之敌包括病毒、细菌、支原体等致病微生物。所以宝宝在成长进程中时不常发热、咳嗽，或拉肚子没啥了不起，反倒给免疫系统提供了锻炼的绝好机会。有研究资料为证，周岁内发过热的婴儿日后罹患哮喘病的机会明显减少，与感冒常打交道的宝宝也不易遭受癌症之害。可以说，适度感染是宝宝免疫系统成熟完善的有效途径之一，不可轻易给宝宝戴上"免疫力低下"的帽子。

当然也要看到，部分宝宝或先天不足，或后天滞后，比起同龄的小伙伴来特别容易生病，如反复发生呼吸道感染，或者一次生病后迁延难愈，这就意味着免疫力低下了，需要采取强化措施，不能等闲视之。

那么，如何来判断宝宝的免疫系统是在完善之中还是低下呢？请记录观察宝宝一年感冒的次数。正常情况下，0～2岁的宝宝一年最多感冒7次，3～5岁最多6次，6～13岁最多5次（感冒时间相差一周以上才算两次感冒）。如果超出上述标准，或者各年龄段患支气管炎或肺炎的次数分别超过每年3次、2次、1次，就可以诊断宝宝是反复呼吸道感染，免疫力确实低下了，需要积极寻找原因与

采取措施来应对。

## 均衡营养是免疫力之本

宝宝的免疫力虽说大多取决于遗传基因，但后天的影响力也很大，特别是营养具有决定性的作用。从这个意义上说，宝宝强大的免疫力是吃出来的。

周岁内婴儿的最佳营养来源是母乳。事实证明，非母乳喂养的婴儿6个月以后就容易反复发生呼吸道感染或腹泻了，而母乳喂养者6个月以后很少生病。奥秘缘于母乳所拥有的种种优势，除了营养成分比例适当，易于消化、吸收和利用外，更可贵的是蕴藏有很多免疫成分，如分泌型免疫球蛋白、乳铁蛋白、双歧因子、活性免疫细胞等。故坚持母乳喂养，可为小宝贝补充足量的抗病活性物质，维持免疫力于强势状态。

周岁以后基本上以普通食物为主了，安排食谱时应遵循均衡原则，并注意向那些富含免疫成分的食品适当倾斜。

● 蛋白质：能制造免疫的主力军——白血球与抗体。推荐食物：鸡蛋、牛奶、肉类等。

● 核苷酸：既是人体内遗传物质DNA（脱氧核糖核酸）及RNA（核

糖核酸）的组成成分，又是体内不可缺少的能量"供应商"，对升级免疫"软件"大有助益。推荐食物：鱼、肉、海鲜、豆类等。

• 维生素 A：保持呼吸系统正常运作、口鼻黏膜健康、增强器官及肺组织表层的抗病能力。推荐食物：番茄、南瓜、木瓜、红葡萄、樱桃等。

• 胡萝卜素：能在体内转化为维生素 A。推荐食物：胡萝卜、柑橘、番茄等。

• 维生素 C：能除去破坏细胞组织的"自由基"，增强机体免疫力，防止病毒入侵。推荐食物：猕猴桃、番茄、橙子、草莓、柠檬等。

• 维生素 E：能增加抗体，清除滤过性病毒、细菌和癌细胞，并能维持白血球的恒定与战斗力。推荐食物：植物油、豆类、肉类等。

• 锌：抑制病毒的增殖，增强人体细胞免疫功能，特别是吞噬细胞的实力。推荐食物：海鲜、蛋类、豆类。

• 硒：直接提升免疫力。推荐食物：谷类、肉类、奶类。

• 铁：提高体内 T、B 淋巴细胞的数量与质量，防止吞噬细胞与自然杀伤细胞功能降低。推荐食物：畜禽血、奶类、蛋类、肉类等。

• 多糖：对非特异性与特异性免疫功能皆有促进作用，能有效提高宝宝的抗病力。推荐食物：蘑菇、刺五加、黄芪、枸杞等。

## 污染削减免疫力

一份调查显示：生活在污染较重地区的宝宝，免疫力不到清洁地区同龄宝宝的 1/3。污染物包括飘入室内的沙尘、灰霾、重金属、臭氧、氮氧化物等大气污染物；粉尘、皮屑、棉絮、纤维、重金属等人体自身代谢物及各种生活废弃物的挥发成分；气味、寄生虫、细菌、病毒、霉菌、毛、屑等宠物污染物；甲醛、氨、苯、臭氧和放射性物质氡等建材装饰材料；以及化妆品、灭虫剂、喷香剂、清洁剂等日常生活用品。应对措施有：

①开窗换气。每天至少 2 次，选择在上午 9～11 点、下午 3～5 点等空气污染相对较低的时段进行，每次不得少于 45 分钟，保证宝宝室内空气流通与新鲜，降低污染物的浓度。

②带宝宝多到空气清新的公园、绿地等处做户外活动，以增强体质，提高抗污染能力。

③家庭装修，特别是宝宝居室的

装修，要选择绿色环保材料，且在装修半年内避免宝宝入住。

④每星期室内消毒 1 次，如食醋熏蒸法等，以减少空气中病原微生物的数量。

⑤鼓励宝宝多吃蔬菜、水果、海带、猪血等具有抗污染功能的食物。

⑥父母或亲友不要当着宝宝的面，或在宝宝的居室里抽烟。

## 免疫调节剂也给力

合理使用免疫调节剂，对调整宝宝的免疫力大有裨益。免疫调节剂分为特异性与非特异性两大类。特异性免疫调节剂针对性强，可增强对某种特定传染病的抵抗力，具体措施就是接种疫苗。如接种肺炎疫苗，可使宝宝体内产生针对肺炎球菌的特异性抗体，从而防范肺炎发生；接种乙型肝炎疫苗，机体可产生一种抗乙型肝炎病毒表面抗原的抗体，进而明显降低乙型肝炎的感染机会；其他如麻疹、百日咳、白喉、脊髓灰质炎等春季高发的传染病，都可以用相关的疫苗来防患于未然。以麻疹、腮腺炎、风疹三种疾病为例，只需打 1 针"麻腮风"三联疫苗，即可收到"一石三鸟"之效。由此不难明白，在春季及时按计划打疫苗，是令传染病远离宝宝的绝妙之招。

比较起来，非特异性免疫调节剂就要稍逊一筹，但也不失为一个简便易行的办法。由于这类调节剂并非针对某一种微生物，而是泛泛所指，故可增强一部分免疫功能。目前应用较多的有丙种球蛋白针（增强抗体功能）、转移因子与胸腺肽（增强 T 淋巴细胞与自然杀伤细胞功能）；牛膝多糖等多糖类（增强白细胞的吞噬功能）。还有一些则属于多功能免疫调节剂，如卡介苗、多糖核酸等。不过，免疫功能正常的宝宝不必多此一举，就像体温正常者无须使用退热药一样。只有出现了免疫功能低下的情况，方可酌情选用之。如 6 个月后的小宝贝，从母体获得的抗体已经耗用殆尽，自身制造这种抗体的能力一时又跟不上，致使呼吸道感染反复发生，补充转移因子或胸腺肽可谓"及时雨"。若反复发生肺炎球菌感染，提示抗体功能低下，丙种球蛋白针较为适宜；若反复发生的是革蓝氏阴性菌感染和葡萄球菌感染，则提示吞噬细胞功能低下，多糖类可助一臂之力；发生的若是真菌或病毒感染，常见于细胞免疫功能低下，多糖核酸等有一定功效。为求做到有的放矢，在为宝宝选择非特异性免疫制剂之前，最好到医

院进行免疫功能测试，如查一下免疫球蛋白、T淋巴细胞、NK细胞、吞噬细胞功能，再具体选用合适的制剂，切忌盲目使用。否则，不仅无助于增强宝宝的抗病力，反可能招灾惹祸。比如滥用胸腺素，可能招致宝宝的胸腺发育停滞，甚至萎缩，反而损害了体内正常的免疫系统，实不足取。

## 走出认识误区

在提高宝宝免疫力方面，缺乏育儿知识的父母往往存在一些认识误区，有必要加以澄清。

### 误区1：环境越干净越好

有一种现象不知你是否知道：生活在卫生条件较差地区的宝宝，发生感染的可能性，反而低于那些生活在非常干净的环境中（如拥有清洁地板、呼吸经过过滤的空气等）的同龄儿。这种现象支持了医学界的一种说法，"少许脏东西对儿童有益"，因为"脏东西"可让宝宝接触少量细菌或病毒，刺激免疫系统，产生相应的抗体并贮存下来，一旦有大量病菌侵犯，机体就有足够的抵抗力。如果生活环境过于优越，平时根本接触不到致病微生物，机体就失去产生抗菌物

质的机会，遭受不测的风险会更大。英国科学家通过长期观察就发现了类似的秘密——那些过分讲究卫生，每天洗手5遍以上的儿童，其哮喘的发病率比那些"脏"一点儿的儿童高出5倍以上；在过分清洁的环境中长大的宝宝，抵抗某些感染性疾病的能力反而不如生活在一般环境中的宝宝，如溃疡性结肠炎、节段性回肠炎等消化系统的感染性疾病，过分清洁的宝宝得病的可能性明显增大。但这并不是为懒爸爸、懒妈妈提供借口，说宝宝越脏越好，科学家们的观点是"适当脏一点儿"，也就是说讲究清洁卫生不要过度，不必过分苛求宝宝"一尘不染"，允许宝宝适度与脏东西接触，对提升宝宝的抗病能力是有好处的。

### 误区2：将希望寄托在保健品上

就目前而言，不少宣称以提高免疫力为主要功效的保健品，其实并没有理论与临床上的科学依据，与其盲目选择疗效并不肯定的保健品，还不如改善宝宝的膳食结构更为可靠。

### 误区3：迷信丙种球蛋白，认为打一针宝宝就万事大吉了

刚才说过，丙种球蛋白属于非特

异性免疫调节剂，有一定的抗病毒作用，但只限于麻疹、腮腺炎、肝炎等少数几种，在人体内的存留时间也很短暂，只有 1 个月左右，1 个月后抗体就消失殆尽了，而宝宝自身的免疫系统由于没有机会接触病毒，反而失去了成熟的机会。另外，丙种球蛋白是一种血液制品，有可能引起血源性传染病，如乙型肝炎、艾滋病等，故随意给宝宝打丙种球蛋白针的做法既不科学，也有风险。

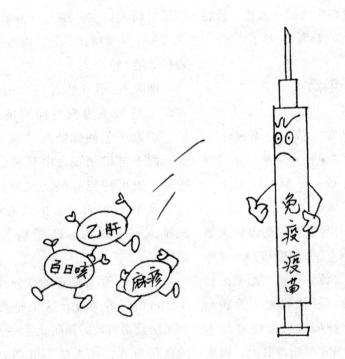

# 感冒：宝宝春季"第一病"

冬去春来，一元复始，从宝宝受害的概率或频率之高来看，春季"第一病"的桂冠都应该授予感冒。新妈妈们，做好严阵以待的准备了吗？

## 感冒不是小毛病

感冒属于常见病，但不是小毛病，对宝宝的"杀伤力"绝对不可等闲视之。这样说，至少有以下4大理由。

理由1：引起感冒的病毒种类繁多，约130种以上，如鼻病毒、合胞病毒、腺病毒、流感病毒、副流感病毒、埃可病毒、冠状病毒、肠病毒等。宝宝在一种病毒感染痊愈后不久，又可能被另一种病毒盯上，以致在短时间内被感冒"死缠烂打"。据统计，幼儿平均每年会感冒8～10次，学龄宝宝更多，可达到12次之多。

理由2：感冒病毒传播快，家里及托幼机构中只要有一人携带有病毒或患病，往往殃及多人。英国专家一项最新研究证实，在人口密集区域，患者一个喷嚏可在5分钟内将感冒病毒传播给150个人。

理由3：感冒病毒的攻击力强，常以上呼吸道为据点向周围发难，除了引起人们熟知的扁桃腺炎、喉炎、颌下淋巴结炎、中耳炎、肺炎等外，尚可侵犯心脏、颈椎、面神经以及胰岛等器官，招致心肌炎、颈椎脱位、面瘫、糖尿病等疾患临身。

理由4：感冒病毒的变异性太高了，可谓千变万化，这也是人类至今无法获得有效的预防武器——疫苗的奥秘所在，使人防不胜防。时下使用的流感疫苗主要是针对特定型流感病毒的，对感冒无效，最多只能起到缓解症状、缩短病程等辅助作用。

所以说，在感冒病毒面前没有旁

观者，几乎所有宝宝都有受害的风险，以下几种宝宝的风险尤其大，新妈妈可要加倍提防哦。

• 营养差的宝宝，如佝偻病、营养不良以及贫血患儿，体内免疫力低下，最容易与感冒结缘，甚至反复罹难，医学称为"复感儿"。

• 过度喂养的宝宝。宝宝脾胃功能不足，吃得过多容易患消化不良，致使内热蓄积过多而诱发感冒。

• 讨厌喝水的宝宝。水参与人体的所有代谢，喝水少必然影响到体内代谢废物的及时排泄，为感冒病毒入侵制造了机会。

• 穿得太多的宝宝。新妈妈总是担心宝宝受凉，将其里三层外三层地包裹成"大粽子"，小脸经常捂得红扑扑的。殊不知宝宝好动，穿得过多

容易出汗，一旦停下来，汗水变成冷水，导致受凉而引发感冒。

• 活动少的宝宝。活动少则食量小，消化和吸收能力弱，免疫力随之减低，加上身体的平衡性、协调性、柔韧性和耐力得不到锻炼，导致整体素质下降，自然成为感冒病毒偷袭的目标。

• 睡眠少的宝宝。睡眠与人体的免疫系统功能息息相关，睡眠长期不足免疫力必然下降，给感冒病毒入侵以可乘之机。

• 不爱洗手的宝宝。手是携带、传播感冒病毒的媒介之一，婴幼儿处于探索期，双手到处摸，容易将沾染的病毒带到口、鼻等处而致病。所以，在感冒的高发季节，洗手是预防交叉感染的第一关。

●胆小的宝宝性格内向，不爱表达，常将不开心的事郁积于心中，同样会降低抗病力，致使感冒经常找上门。

## 感冒与"流感"是两种病

说了感冒这么多厉害之处，但比起"流感"（流行性感冒的简称）这个"大巫"来，又只能算是"小巫"了。所以，尽管感冒与"流感"都属于呼吸道感染，却是两种疾病，切忌混为一谈。

其一，"流感"的病原体比感冒病毒的传染性强得多。"流感"病毒包括甲、乙、丙三型毒株，可造成局部甚至大范围暴发流行，患者往往成批出现。感冒多为单发或散发，不会形成大流行。

其二，"流感"症状比感冒重得多。感冒以鼻咽部发炎等局部症状为主要表现形式，初期有咽干、咽痒、咽痛或灼热感，发病同时或数小时后出现喷嚏、鼻塞、流清涕等；全身症状较轻，如低热或不热、轻度食欲下降与身体酸痛等。"流感"则相反，局部症状（鼻塞、流鼻涕、咽痛）轻微，全身症状很重，如高热（39℃以上）、明显头痛、全身痛、乏力、咳嗽等。

其三，"流感"的并发症比感冒更多更重。感冒的并发症常见有中耳炎、颌下淋巴结炎、扁桃腺炎等，病情相对较轻，多无致命之忧；"流感"的并发症，如肺炎、心包炎、脑炎、急性心肌炎等，可能威胁生命。

其四，感冒一般5~7天痊愈，而"流感"的病程往往超过7天，甚至更长。

## 感冒疗法大解析

感冒治疗包括4个要点：第一要点是病因治疗。感冒病原90%以上为病毒，细菌、支原体仅占10%，故合理使用抗病毒药物才是治本之关键。第二要点是对症处理，减轻发热、咽痛、肌肉酸痛、鼻塞、咳嗽等症状，让患儿感觉舒服一些。如发热酌用扑热息痛等退热药；鼻塞用1%呋喃西林麻黄素滴鼻（每次每侧鼻孔滴入1~2滴）；咽痛用复方硼砂溶液漱口，或华素片、银黄含片、溶菌酶片等含化，或气雾吸入；止咳用小儿止咳糖浆、急支糖浆等。第三要点是综合疗法，如督促患儿休息；居室通风，空气新鲜；适当多喝水，吃清淡并富有营养的饮食；睡觉前用温水泡脚等。第四要点是酌情使用中医中药，加速患儿康复。

其中，抗病毒药物的正确选用最为重要，常用三氮唑苷与双嘧达莫。三氮唑苷又名病毒唑，对多种病毒有效，享有"广谱抗病毒药物"的誉称。用法：每天每千克体重 10 毫克~20 毫克，分 3 次口服；或按每天每千克体重 10 毫克~15 毫克进行肌肉注射或静脉点滴。或用病毒唑片，7 岁以下每 2 小时含服 2 毫克，每日 6 次，夜间停服。或试用 0.5% 病毒唑滴鼻，每 1~2 小时 1 次，也可气雾给药。双嘧达莫别名潘生丁，有抑制病毒增殖的作用，治疗感冒发热的患者多在 48 小时内体温降至正常值，其他症状也明显减轻，有效率达 90% 以上。用法：每天每千克体重 3 毫克~5 毫克，分 2~3 次口服。

忌用成人抗感冒药，如"速效伤风胶囊""感冒通""安痛定"等。这些药物含有对肝、肾、骨髓等器官有害的成分，而宝宝的器官功能尚在发育中，容易发生毒性反应，引起黄疸、血尿、白细胞减少等损害。含有阿司匹林类的感冒药危害尤其大，可造成患儿与"瑞氏综合征"结缘。瑞氏综合征是一种罕见的、可致命的疾病，受害宝宝可出现发热、惊厥、频繁呕吐、昏迷、肝功能受损，甚至死亡。所以，医学专家敲响警钟：不要给 16 岁以下的宝宝使用阿司匹林。

## 5 种情况需动用抗菌药

刚才说过，感冒多为病毒作祟，应以抗病毒药物为主，不要劳驾抗生素。因为抗生素只对细菌、支原体有效，对病毒无能为力，盲目投用非但无益，反可能招来肝肾毒性等不良反应。但若出现特殊情况，如少数感冒（约 10%）可能由细菌"兴风作浪"，也可能在病毒入侵之后，细菌趁火打劫（大约 40% 的感冒在三五天后继发细菌感染），尤其是随着病程的迁延，感染向下蔓延到气管、支气管甚至肺部，引起了支气管炎或肺炎，"劳驾"抗生素就大有必要了。美国著名儿科感染专家弗兰克博士提出，5 种情况下有必要使用抗菌药，可供参考。

第 1 种情况：患儿发热、寒战，是细菌感染的标志性表现，需要动用抗生素。但要注意排除"流感"，因为"流感"病毒也可能引起类似症状。此时不妨观察一下周围疫情，若患儿扎堆出现，意味着处于"流感"流行期，可能并不需接受抗生素治疗，不过来年务必打 1 针流感疫苗。

第 2 种情况：患儿流出黄绿色鼻涕。一般来说，感冒病儿通常会流清鼻涕，如果鼻腔分泌物呈绿色或黄

色，则细菌感染的可能性增大，应考虑使用抗菌药。

第3种情况：患儿诉说嗓子疼，检查咽部可见咽喉红肿，咽部黏膜上有白点，乃是细菌感染的又一特征。另外，如果宝宝只有嗓子疼，没有流鼻涕、打喷嚏等其他感冒症状，要高度警惕链球菌感染的可能。因为链球菌感染可能诱发风湿热或肾炎等变态反应性疾患，不妨做个咽拭子检查，明确病原菌，更有针对性地选用抗生素，如青霉素类、头孢菌素类。

第4种情况：患儿的感冒症状老是不见好。一般感冒属于自限性疾患，持续5~7天即可痊愈。如果患儿的病毒感染挥之不去，迁延时间太长，甚至超过10天以上，可能演变成鼻窦炎等严重问题，同时可能并发细菌感染，也要考虑使用抗生素。

第5种情况：细菌培养证实有细菌生长。化验师提取患儿鼻腔或口腔、咽喉的黏液，放入试验室的培养基中，若有细菌生长即可确认为细菌作祟，并做药敏试验，找到对细菌敏感的抗菌药，用药更有针对性，此招被视为决定是否真的需要抗生素治疗的"铁证"，缺点是需要2~3天时间，可能延误治疗。此时不妨退而求

其次，为宝宝查个血常规，如果白细胞总数或中性白细胞数量明显升高，亦可提示细菌感染。此法简单方便，从患儿手指或耳尖取1滴血，几分钟后即可作出是否使用抗菌药的判断，从而为患儿赢得治疗时间。

另外，医学实践显示，6个月以下婴儿（容易继发细菌感染）、高热患儿（体温高达39℃以上，不能肯定为病毒感染）以及经常罹患扁桃体炎的宝宝，也要考虑使用抗菌药。

## 对症选用中成药

中成药也可为感冒患儿尽一份力，并因副作用相对于西药较少的优势而受到家长的欢迎。但中成药很多，要根据症状来选用，不可"眉毛胡子一把抓"，也不能"捡到篮子里就是菜"，本文介绍比较常用的4种。

### 1. 小儿解表颗粒

由金银花、连翘、蒲公英、黄芩、防风、紫苏叶组成，功在宣肺解表、清热解毒。常用于感冒初期，如恶寒发热、头痛咳嗽、鼻塞流涕、咽喉痛痒等。用法：1~2岁每次4克，每天2次；3~5岁每次4克，每天3次；6~14岁每次8克，每天2~3次，温开水冲服。

### 2. 小儿感冒颗粒

由广藿香、菊花、连翘、大青叶、板蓝根、地黄、地骨皮、白薇、薄荷、石膏组成，功在清热解表，用于感冒伴发热者。用法：1岁以内每次服6克；1～3岁每次服6～12克；4～7岁每次服12～18克；8～12岁每次服24克，每天2次。

### 3. 小儿清解冲剂

由金银花、连翘、地骨皮、青黛、白薇、地黄、广藿香、石膏组成，功在除瘟解毒、清热退热，用于高热不退、汗出热不解、烦躁口渴、咽喉肿痛、肢酸体倦者。用法：1岁以内每次服5克；2～4岁每次服10克；5～7岁每次服15克；7岁以上酌增或遵医嘱，每天3次。

### 4. 小儿咽扁冲剂

由金银花、射干、金果榄、桔梗、玄参、麦冬、牛黄、冰片组成，功在清热利咽、解毒止痛，适用于咽喉肿痛、口舌糜烂、咳嗽痰多、咽炎、喉炎、扁桃体炎者。用法：1～2岁每次4克，每天2次；3～5岁每次4克，每天2～3次；6～14岁每次8克，每天2～3次。

**专家提示**

用上述中成药治疗2～3天，症状不减或病情加重者，应尽快到医院儿科就诊。

"胃肠型上感"除了应服用治疗"上感"的药物外，还应同时服用一些消食导滞解表的中药，如藿香正气丸、加味保和丸、珠珀猴枣散等。

## 借助于食疗之功

治疗宝宝感冒也可采用食疗方法，但要像中医学讲的那样分清寒热，辨证投用食疗方才可收到理想效果。

### 1. 风寒型感冒

症候特点：发热、无汗、身痛、恶寒、咳嗽、痰多且稀、鼻涕清稀、舌苔白、尿多、不爱喝水等，多见于感冒初期。

食疗方：多安排辛温发汗散寒之食品调配药膳，如葱白、生姜、大蒜、豆腐等。另外，鸡汤含有人体所需的多种氨基酸，可以有效地增强宝宝的抵抗力，并有助于将病毒排出体外，但性味偏于温补，适宜于体质较弱的宝宝，肥胖宝宝不宜，否则会加

重病情。

### 2. 风热性感冒

症候特点：发热较重，头胀痛，咽喉肿痛、口渴、咳嗽吐黄痰，鼻涕黏稠、舌红苔黄，爱喝水。

食疗方：多选择有助于散风清热的食品，如绿豆、萝卜、白菜、白菜根、薄荷、茶叶等。另外，梨的性味偏于寒凉，对风热型感冒伴有的咳嗽、胸痛、痰多等症状有效，可用鲜梨汁与大米适量煮粥趁热食用。至于高脂肪、高蛋白及辛辣刺激的食物，则宜少吃，以免病情加重。

### 3. 表里两感型上感

症候特点：高热，头痛眩晕，四肢酸痛，咽喉肿痛，大便干燥等。

食疗方：食谱宜清淡不油腻，既可满足营养的需要，又能增进食欲，还要保证水分的供给，所以小米、山楂、猕猴桃、红枣、食醋、乌梅干等食品大有裨益。

### 4. 胃肠型感冒

症候特点：发热、恶心、头痛、四肢倦怠、腹泻、腹胀、腹痛，频繁吐奶或呕吐。

食疗方：富含钙、锌元素及维生素的蔬菜、水果，如萝卜、梨、猕猴桃、蘑菇，以及菊花、绿豆加红糖代茶饮等值得推荐。另外，由于感冒引起胃肠道消化酶分泌紊乱，致使消化功能减退，胃肠痉挛，所以患儿会发生腹痛、呕吐，不妨服用一些活菌制剂，如妈咪爱、丽珠肠乐等，尽快恢复胃肠道的菌群平衡。

## 全方位严阵以待

虽然现在已有流感疫苗了，但我们仍然要通过一些措施来强健宝宝的体质，提高宝宝的免疫力。

- 调整食谱，给宝宝适当多安排一些有抗感冒作用的食物，如萝卜、蘑菇（富含"干扰素诱生剂"可促使体内产生"干扰素"）、番茄、胡萝卜、水果（富含抗氧化剂番茄红素、胡萝卜素和维生素C）、绿叶菜（调节酸碱平衡，提升免疫力）、牡蛎、猪肝、鸡肝、花生、鱼、鸡蛋、牛肉、黑芝麻（富含锌，增强细胞的吞噬能力发挥杀病毒作用）、野菜（含有抗病毒的特殊成分，如蕨菜素、鱼腥草素、蒲公英素等，马兰头则与抗病毒药板蓝根相似）等。

- 少带或不带宝宝去娱乐场所，以及车站、地铁、商场、超市等热闹地方。非去不可者务必戴上口罩。

- 穿戴合理。根据气候、室内温

度随时增减衣裤，以宝宝面色正常、四肢温暖和不明显出汗为度。如新生宝宝（出生 28 天内）在室内要比父母多穿一件；2~3 个月大时，在室内可以和父母穿一样多的衣服，在室外多穿一件；更大一些的宝宝，在室内可以比父母少穿一件，室外穿得和父母一样即可。但家长要注意宝宝脚的保暖，穿好鞋袜，因为脚与上呼吸道黏膜有着密切的神经联系，一旦脚部受凉很容易引发感冒。

• 督促宝宝讲卫生，如户外活动归来、进食前一定要洗净小手，并保持室内空气流动与新鲜。

• 鼓励宝宝多到户外活动，接触新鲜空气和阳光。户外活动是提高呼吸道黏膜抗病能力的最有效手段。宝宝每天至少应有 1 小时户外活动时间，大宝宝每周应进行不少于 3 次的体育锻炼。

• 宝宝出汗要当心。当宝宝玩得满身大汗时，千万不要脱衣服，应该把汗擦干或及时更换内衣，并穿上外衣。

• 确保宝宝的睡眠时间和睡眠质量，保证在每晚睡眠至少 10 小时或以上，晚上 10 点前上床，杜绝贪看电视或玩游戏熬夜。

• 适时接种疫苗，如流感疫苗、肺炎疫苗等。

# 宝宝春咳，重在排痰

豪豪几天来莫名其妙地咳嗽，听咳声好像嗓子里总是有痰，妈妈给他吃了几种消炎药、止咳药也不见改善，看来只得带宝宝去医院就医了。

## 痰的真面目

痰，其实就是人体呼吸道的分泌物。正常情况下，呼吸道黏膜上的黏液腺可分泌少量黏液，作用是保持呼吸道的湿润，加上随呼吸而潜入的空气粉尘、烟雾等刺激，健康宝宝平时也可有少量清稀痰液，不足为虑。另外，春季气候干燥，"燥邪"也可侵害呼吸道而引起咳嗽，称为燥咳，特点是干咳无痰，或有少量黏痰。除开这两种情况，较多的痰液主要来自病原微生物——病毒或细菌等对宝宝呼吸道的入侵，引起呼吸道黏膜发炎，产生分泌物，并与身体与病菌作战后的残留物混杂在一起，共同组成了痰

液。换言之，痰液一般都是呼吸道感染后的产物，且不同的感染性疾病所产生的痰液颜色与性质也不一样。现举例说明：

• 黏液痰：为无色或淡白色透明的黏液状痰，多见于上呼吸道感染、急性支气管炎、肺炎早期。

• 黏液脓性痰：为淡黄色块状痰，常见于上呼吸道感染、支气管炎及肺炎恢复期。

• 浆液痰：痰液稀薄透明带有泡沫，量较多，容易咳出，多见于较轻的支气管扩张症。

• 浆液脓性痰：痰分3层：上层为泡沫脓块，中间为稀薄浆液，下层为浑浊的脓渣及坏死物质。晨起痰量特多，常见于较重且合并感染的支气管扩张症。

• 脓性痰：为黄色或黄绿色的块状痰，且较黏稠，或呈不透明的脓液状，多见于肺脓疡、支气管扩张或空洞型肺结核。

- 铁锈色痰：痰呈褐色如同铁锈，或像阴沟里的泥土色，主要见于大叶性肺炎。
- 绿色痰：提示肺炎合并绿脓杆菌感染。
- 巧克力色痰：多为阿米巴肺脓疡。
- 烂鱼肚样痰：多见于肺吸虫病。
- 白色粉丝状痰：多见于肺部霉菌感染。

知道了这个秘密，家长就可以通过观察宝宝痰液的变化，大致判断出春咳幕后的"真凶"，避免选用治疗药物（如抗生素等消炎药）的盲目性，增强针对性，从而收到药到病除的最好效果。

## 排痰最重要

刚才说过，痰液多为呼吸道感染后的产物，混杂有大量已经死亡与活着的致病微生物。成人的气管及肺内的纤毛系统已经发育完善，有能力将痰液运送到咽喉部，并刺激大脑产生咳嗽反射而咳出，对呼吸道如同大扫除，发挥清洁作用。所以说咳嗽是人体的一种保护性反射动作，对痰液的及时清除很有帮助。宝宝则不然，纤毛系统尚处于发育中，导致咳痰的能

力尚差，致使痰液堆积在呼吸道内，有造成感染扩散进而恶化成肺炎等重症感染的危险。故对于春季咳嗽的患儿，排痰比止咳更重要，尤其不可贸然使用可待因及罂粟壳类镇咳药，否则将抑制有保护作用的咳嗽冲动，加重痰液潴留。

那么，如何有效地为咳嗽患儿排痰呢？关键是针对引起春咳的感染性疾病（如急性支气管炎），选择敏感的消炎药，如青霉素、头孢菌素、阿奇霉素等来控制感染，只要将呼吸道感染控制住了，痰液就容易排出，咳嗽随之缓解。同时施以下述举措，排痰效果会更好。

### 1. 体位法

用几个枕头叠成一个有斜度的平面（倾斜度为 20 ~ 30 度），让宝宝俯卧在枕头上，头低脚高，利用地心引力，使肺部的痰液自呼吸道流出。也可让宝宝侧身睡在枕头上（左侧卧或右侧卧皆可），头低脚高。变动体位的目的是要让肺部不同位置的积痰都容易排出来，但每个体位不要停留太久，持续 5 分钟即可，如果患儿出现不适现象，应立即停止。

### 2. 拍痰法

先让宝宝俯卧在有斜度的平面

上，头低脚高，妈妈（或爸爸）一只手护住宝宝，另一只手窝起手掌，用空心掌轻拍宝宝上背部的左右两边，每个部位拍 3～5 分钟。通过空气及手掌的震动力，促使积痰松动而排出。

### 3. 饮水法

晨起、两餐之间及入睡前，给宝宝饮用 25℃ 左右的白开水 1～2 杯。喝水可稀释黏液分泌物，并能改善血液循环，促使毒素从尿中排出，还可湿润咽喉部，既有利于痰液咳出，又能减轻呼吸道症状，加快康复。

### 4. 蒸汽法

在大口罐或茶杯中倒入适量开水，抱起宝宝，让其口鼻对着上升的水蒸气吸入，注意不要烫伤宝宝。蒸汽吸入可使积痰稀释便于咳出，并能减轻气管和支气管黏膜的充血和水肿，缓解咳嗽。

### 5. 药物法

在医生指导下使用祛痰药，痰少黏稠可用氯化铵、桔梗、远志糖浆等；痰多黏稠宜用沐舒坦、痰易净、吉诺通等；痰黄黏宜用祛痰灵、猴枣散等；痰白黏宜用杏仁、半夏露、川贝糖浆等。但可待因及罂粟壳一类镇咳药不得使用，以免抑制咳嗽中枢不利于咳痰。

## 食疗也给力

食疗对春咳也给力，对"燥咳"尤为有效（像豪豪那样服用消炎药、止咳药无效者）。中医学将宝宝春咳分为热咳、寒咳、燥咳等几种，区别的方法是看舌苔：舌苔发白，手脚发凉为寒咳；舌苔黄，面色发红，咽喉肿痛，小便黄属热咳；舌红少津、口干咽痛、喉痒、声音嘶哑、干咳不止为燥咳。

☞ **食谱举例**

### 1. 寒咳食疗方

姜糖大蒜水（生姜、红糖适量，与2~3瓣大蒜煮汤饮用）、烤橘子（大橘子每次吃2~3瓣，小贡橘1次1个，每天2~3次）、麻油姜末炒鸡蛋（麻油一小勺，姜末适量，加鸡蛋1个炒匀，每晚临睡前趁热吃1次）、花椒冰糖梨（梨1个，挖掉梨核放入花椒20粒、冰糖2粒，蒸半小时左右，分2次吃完）等。忌寒凉食物，如绿豆、螃蟹、蚌肉、田螺、蜗牛、柿子、柚子、香蕉、猕猴桃、甘蔗、西瓜、甜瓜、苦瓜、荸荠、慈姑、海带、紫菜、生萝卜、茄子、芦蒿、藕、冬瓜、丝瓜、地瓜等。

### 2. 热咳食疗方

冬瓜煨汤、炒丝瓜、炒藕片、炒苦瓜等。忌辛辣上火食物，如羊肉、狗肉、乌骨鸡、鱼、虾、枣、桂圆肉、荔枝、核桃仁、辣椒、樱桃、蚕蛹等。

### 3. 燥咳食疗方

杏仁炖雪梨（甜杏仁15克，雪梨1个，冰糖20克，加水蒸食，早晚各1次）、川贝粉炖雪梨（雪梨洗净去核，放入川贝粉6克，加水蒸食，每天1次）、蜂蜜萝卜汁（白萝卜300克，洗净榨汁，加蜂蜜一匙调匀，每次服用60毫升，每天3次）、豆浆饮（黄豆浸泡磨汁，煮沸后加糖饮用，每天清晨空腹饮1小碗）、葱白粥（糯米1两煮粥，熟时加姜、葱、醋拌匀，趁热喂食）。

# 春季出疹性传染病大解读

春回大地，万物复苏，病毒、细菌也活跃起来，宝宝遭受传染病之害的危险随之增大。不少传染病有一个共同点：病孩的皮肤冒出形形色色的疹子，谓之出疹性传染病。不同的传染病，其疹子的色泽、形态不一样，各有特点。一般可以从疹子的特点大致判断病情的真凶，为就医提供线索。下面，将春季常见的出疹性传染病的疹子来一番大解读，供家长参考。

## 幼儿急疹

致病真凶：可能是病毒。

疹子特征：宝宝热退之时出疹，先见于颈部及躯干，很快遍及全身，腰部及臀部较多（鼻颊、膝下及脚掌等处一般没有），大小如粟粒，淡红似玫瑰（故又称婴儿玫瑰疹），多在24小时之内出齐，持续1~2天后消退，不留痕迹。

伴随症状：突发高热（体温高达39℃～40℃），食欲稍有减低，持续三五天后体温骤降，精神即刻好转，疹子开始"闪亮登场"，即"热退疹出"——此特点是与其他出疹性疾病（如麻疹、猩红热）的最大区别。

处理要点：

●休息，多喂白开水或菜汤、果汁。

●高热用物理方法（如温水擦浴）或药物（如扑热息痛）降温，烦躁或惊跳酌用镇静剂（如安定、冬眠灵等）。

●抗生素无效，不要用，用也没有效果。

## 手足口病

致病真凶：肠道病毒。

疹子特征：疹子通常"亮相"于手（手指背面与指甲两侧）、足（脚趾背面与脚跟边缘）及口腔（唇内侧、舌面、颊黏膜、齿龈处）等三部位，"手足口"病由此得名。初为红色斑点，持续24小时变为疱疹，疱疹内充满混浊液体，溃破后形成浅表性溃疡，溃疡四周发红。疹子数量从几个到数十个不等，严重时可累及手掌、足底、肘部、膝部和臀部等处。

伴随症状：轻度发热，口腔及咽

喉不适或疼痛。疱疹破溃后症状加重，如不吃奶、流口水、哭闹、烦躁等。经5～7天治疗可恢复。个别病孩可能出现心肌炎、脑膜炎、脑炎等并发症，后果严重。

处理要点：

●休息，多喂水。

●消毒漱口水漱口，保持口腔清洁。

●保护皮肤不使疱疹溃破，让其自然吸收干燥结痂。

●选用抗病毒药物（如病毒灵、潘生丁）、维生素类、解热镇痛剂或清热解毒的中草药制剂。

●出现并发症者应住院治疗。

## 水痘

致病真凶：水痘带状疱疹病毒。

疹子特征：宝宝发热后24小时出疹，先发于前额，再向躯干、四肢蔓延，呈向心性分布。初为红色斑丘疹，迅即变为米粒至豌豆大的圆形水疱，周围红晕明显，水疱中央呈脐窝状。经2～3天水疱干涸结痂，痂脱而愈，不留疤痕。若因搔抓继发感染者，可留下轻度凹痕。由于疹子分批发生，故在同一处皮肤可同时见到丘疹、水疱和结痂。

伴随症状：起病较急，发热，头

痛，全身倦怠。整个病程2～3周。

处理要点：

• 保持皮肤清洁，避免搔抓，防止细菌感染。

• 酌情使用无环鸟苷、干扰素等抗病毒药物，肌肉注射维生素 $B_{12}$ 等。

• 禁用激素，以免病毒扩散。

• 接种水痘疫苗有一定预防效果。

## 麻疹

致病真凶：麻疹病毒。

疹子特征：宝宝发热3天左右出疹，从耳后、颈部沿发际边缘向下发展，24小时内遍及面部、躯干及上肢，3天内累及下肢及足部，疹子全部出齐。初为稀疏不规则的红色斑丘疹，压之褪色，疹间肤色正常，重者皮疹融合，皮肤水肿，甚至导致面部浮肿变形。持续3天左右，疹子按出现的顺序消退，留下糠麸状脱屑及棕色色素痕迹。

伴随症状：高热、流涕与眼泪，颊黏膜上有"科氏斑"（为直径约1毫米的灰白色小点，外有红色晕圈，预示即将出现疹子），可能伴发喉炎、肺炎、脑炎等并发症。

处理要点：

• 卧床休息。

• 给予易消化且富有营养的食物，补足水分与维生素，尤其是维生素 A。

• 保持皮肤、黏膜清洁。酌用退烧、镇静、止咳的药物，并发肺炎给予抗生素。

• 接种麻疹疫苗是最佳预防措施。

## 风疹

致病真凶：风疹病毒。

疹子特征：宝宝发热1～2天后出疹，从面颈部开始24小时蔓延全身。初为稀疏的红色斑丘疹，以后面部及四肢疹子可以融合，类似麻疹。出疹第二天开始，面部及四肢皮疹可变成针尖样红点，如猩红热样皮疹。疹子一般在3天内迅速消退，留下较浅的色素痕迹。

伴随症状：发热，咳嗽、乏力、胃口差、眼发红；耳后、枕部淋巴结肿大，伴轻度压痛。与麻疹不同，风疹全身症状轻，病孩饮食玩耍如常。

处理要点：

• 休息，饮食清淡且易消化，防止搔抓皮肤（瘙痒可用炉甘石洗剂）引起细菌感染。

• 酌情给予退热、止咳药物。

• 并发支气管炎、肺炎、中耳炎

或脑膜炎时须选用抗生素，必要时住院治疗。

## 猩红热

致病真凶：溶血性链球菌。

疹子特征：宝宝发热1天左右出疹，初见于腋下、颈部与腹股沟，24小时内蔓延全身。疹子为针尖大小的鲜红色小丘疹，触之如粗砂纸，疹间肤色潮红（与麻疹不同）。面颊部潮红无疹，口周皮肤苍白，谓之"口周苍白圈"。腋窝、肘部、腹股沟等皮肤皱折处疹子密集，颜色深红，其间有针尖大小的出血点，称为"帕氏征"。持续6~7天后面部脱屑，躯干和手脚大片脱皮。

伴随症状：起病急，高热（38℃甚至40℃以上），咽及扁桃体显著充血甚至化脓。舌红，舌乳头红肿如草莓，称为"杨梅舌"。颈部及颌下淋巴结肿大，有触痛。

处理要点：

•休息，补足营养。

•选用青霉素或红霉素。

•少数患儿可能在病后2~3周发生风湿热、肾炎等变态反应性疾病，要注意防范。

## 川崎病

致病真凶：尚不清楚。

疹子形态：宝宝发热数天后出疹，分布于躯干、会阴部以及手掌及脚底。常为多形性红色斑疹，亦可呈荨麻疹样皮疹，瘙痒，但无水疱或结痂。出现于手掌及脚底的则为红斑。持续10天左右消退。

伴随症状：本病以皮肤黏膜出疹、淋巴结肿大和多发性动脉炎为特点，又称皮肤黏膜淋巴结综合征。突发高热，眼睛发红（结合膜充血），心脏炎，冠状动脉炎，关节肿痛等。病程短则2周，长者可达3个月。

处理要点：

•住院治疗，使用司匹林、γ-球蛋白、激素等药物。

•个别患儿发生冠状动脉病变（如冠状动脉瘤），需用手术治疗。

# 春天眼病多

春天，宝宝不仅麻疹、水痘等传染病高发，眼病也往往来凑热闹，作为父母可要小心再小心哦。

## 红眼病——过敏惹的祸

周末，俊俊在爸爸的陪同下去公园玩了半天，滑滑梯，荡秋千，非常开心。回家后不久就感觉眼睛发痒、怕见阳光、白眼仁充血、流泪，妈妈见了心疼得不得了，赶忙带他去医院看眼科。眼科大夫说俊俊得了春季卡他性结膜炎，俗称红眼病。

医生的话：春季卡他性结膜炎多与过敏有关，又有过敏性结膜炎之称。乃因宝宝直接或间接地接触了某些致敏物质，如花粉、光、热、灰尘、螨等，加上宝宝本身又属于过敏性体质，从而引起过敏反应，表现在眼部的就是卡他性结膜炎了。这种结膜炎的特征是：宝宝本身就有过敏史，如有哮喘、湿疹或药物过敏（俊

俊就对青霉素过敏）等，发病有明显的季节性，常在春、夏季发生，随气温升高症状逐渐加重，到秋后逐渐减轻。

主要症状是眼睑和结膜奇痒，宝宝反复用手揉擦眼睛，眼屎增多，眼里好像卡了什么东西，或有火烧火燎的感觉。检查可见患儿睑结膜充血、肥厚，冒出大小不一的扁平乳头，恰似鹅卵石铺成的路面，充血消退后，球结膜呈现污秽的棕黄色外观。医生可用结膜刮片查找嗜酸性粒细胞办法，给予确诊。

治疗可用0.5%的醋酸氢化可的松或0.25%的强的松龙眼药水滴眼，每隔1～2小时1次，一般1～2天症状即可减轻。其他如2%的色甘酸钠滴眼液（属于肥大细胞膜稳定剂）也有效果，每天滴眼4次左右。同时勤给宝宝洗手，制止他用手揉擦眼睛。

预防对策：避免接触过敏源。对

于有过敏体质的宝宝，春暖花开之际尽量少带他到户外活动，也不要带宝宝去郊游，尤其是不要到花卉盛开的地方去。如果一定要外出，可让宝宝戴上深色眼镜与口罩，以减少花粉、阳光和烟尘等致敏因子的刺激。另外，可在医生指导下对患儿进行花粉脱敏注射，有效率可达90％。

### "挑针眼"——莫要误作霰粒肿

立春后没几天，奶奶发现宝贝孙子的眼睛不对劲儿，仔细一看，只见孙子的眼皮边缘冒出了一个小疙瘩，红红的——原来得了"挑针眼"。

医生的话："挑针眼"是俗称，医学名字叫"麦粒肿"，是眼睑边缘或眼睑内的急性化脓性炎症。由于形状、大小很像麦粒，所以称为麦粒肿。

宝宝为何与麦粒肿结缘呢？原来，睫毛的毛囊和其他部位的毛囊不同，多了一个皮脂腺的开口。皮脂腺分泌的皮脂，经毛囊沿睫毛向外排出，以滋润眼睑皮肤，这本来是一件好事，但皮脂腺的分泌物却又为细菌的入侵与生长（大多为金黄色葡萄球菌）提供了营养物质。而宝宝又多有用手揉眼的不良习惯，手上沾染的细菌、病毒趁机钻进睫毛毛囊或睑板

腺，并兴风作浪——麦粒肿就这样"应运而生"了。

"挑针眼"起病之初眼睑红肿，明显压痛，几天后在睑缘部位形成一个小小的硬疙瘩，3～5天后软化，形成黄色脓点，可自行穿破，排出脓液，一般1周左右痊愈。

注意不要与睑缘上另外一种不祥物混同，这就是霰粒肿。霰粒肿又称睑板腺囊肿，是睑板腺出口阻塞致使分泌物潴留而引起的肉芽肿。此种肿块与皮肤无粘连，触之不痛，小的可以自行吸收，较大的则长期不变。前者可以不予理会，任其自行吸收消散，较大者则需要借助于手术刀将其切除。

如何治疗呢？首要一条是不可捏挤，因为人的面部血管和供应脑部的血管互相沟通，如果用手挤压麦粒肿，脓液中的细菌很有可能通过血液流窜入脑，引起脑膜炎等颅内感染，导致生命危险。早期可滴抗菌素眼药水；局部做湿热敷，促进血液循环，帮助炎症消散。已有脓头冒出时，应在足量使用抗菌素的基础上切开脓头，放出脓液。

预防对策：教育宝宝注意用眼卫生，杜绝用脏手擦眼的不良习惯，以免"引狼入室"。

## 角膜炎——多种病毒为患

妈妈到郊外写生，敢敢缠着去玩了半日，第二天就出现了轻微的着凉现象，随后眼睛发红、流泪、疼痛，到医院检查，大夫说宝宝得了角膜炎。

医生的话：春天病毒活跃，对宝宝的眼睛特别是角膜构成威胁，角膜炎高发的奥秘即在于此。角膜指的是眼里的黑色部分，俗称黑眼仁。发炎可由多种病毒引起，常见有单纯疱疹病毒、带状疱疹病毒、麻疹病毒、腮腺炎病毒、风疹病毒、腺病毒、水痘病毒等。

角膜炎患儿往往以"着凉"为序曲，然后逐渐有眼红、眼痛、畏光、流泪、异物感等症状"闪亮登场"。严重者会造成黑眼仁损害，其中少数病儿可因角膜浅溃疡或深层角膜炎症遗留斑翳，株连视力，导致视力降低。治疗时使用抗病毒眼药水或眼膏点眼或涂眼，直到炎症消失。

预防对策：春季气温乍暖还寒，要注意保暖，防止宝宝着凉；鼓励宝宝适当多运动，保证充分的睡眠，同时调整食谱，增加富含维生素（如维生素A、维生素C等）与微量元素（如锌等）的食物，以增强宝宝抗御病毒感染的实力。

## 烂眼边——不可等闲视之

东东虽刚满3岁，却已是个"老病号"了，每到桃红李白的季节，上下眼皮就变得红红的，左邻右舍都说东东得了烂眼边。

医生的话：烂眼边的医学名称叫睑缘炎，是发生在睑缘的皮肤、睫毛毛囊及其腺体的炎症。祸起沾染了尘土和病菌多，以眼屎增多、睑缘充血、肿胀、肥厚、糜烂、溃疡或鳞屑等为主要表现。按其临床特征分为鳞屑性睑缘炎、溃疡性睑缘炎、眦角性睑缘炎（发生于内外眼角）等3种类型。炎症多累及双眼睑缘，病情顽固，时轻时重，反复发作。若不及时治疗，一方面炎症可能向眼内蔓延，引起结膜、角膜发炎；另一方面可以造成眼睫毛脱落或形成慢性泪囊炎等并发症。

治疗须按临床类型不同而分型处置。如鳞屑性睑缘炎，先用2%的碳酸氢钠溶液清洗睑缘后除去痂皮，以抗生素皮质激素眼膏涂擦睑缘，每日2~3次；溃疡性睑缘炎，清除痂皮后挑开脓疱，拔去患处睫毛，涂以抗生素或磺胺眼膏；眦角性睑缘炎者，则须用0.5%的硫酸锌液点眼，局部涂以抗生素眼膏。这些都属于医疗行为，只有医生才能胜任，家长不可自行其是。

预防对策：教育宝宝注意眼部清洁卫生，戒除用手揉眼的习惯。春季外出戴深色眼镜，以避免烟尘风沙刺激。若存在营养不良，要积极治疗，特别要注意补足维生素 $B_2$ 等 B 族维生素。屈光不正的宝宝应及时到医院眼科进行矫正。

# 迎战鼻炎，让宝宝尽享明媚春光

春季，宝宝最容易遭受鼻炎的困扰。症结主要有两点：一是宝宝的鼻子形态发育和生理功能尚不完善，对环境的适应能力较差，抵御疾病的实力较弱；二是不少父母误以为鼻子发炎是个小毛病，不当一回事，未能及时治疗，导致病情迁延，甚至引起多种并发症。

## 祸及四邻危害大

鼻炎是常见病，但绝对不是小毛病。鼻子处于面部五官的中心，其炎症可向周围众多器官发难，进而祸及全身健康。请看医学专家列出的清单：

### 1. 祸及智力

鼻炎特别是慢性炎症，可蔓延到周围的鼻窦，形成鼻窦炎，导致头痛、头胀、记忆力减退。同时，慢性炎症造成鼻腔狭窄而影响通气，呼吸不畅，可使肺膨胀不全，吸氧量减少，导致身体长期慢性缺氧及二氧化碳潴留，影响脑的正常发育而累及智力。

### 2. 祸及听力

鼻炎患儿常有大量鼻涕，如果擤鼻涕的方法又不当，加上咽鼓管较成人短而直，鼻涕里的病原微生物很容易通过咽鼓管侵入耳内，引起中耳炎，表现为耳心痛、耳鸣，甚至造成鼓膜穿孔，耳朵流脓，导致听力受损。

### 3. 祸及眼睛

鼻子与眼睛之间有一条暗道，谓之鼻泪管，用途是将眼里多余的泪水排向鼻腔。如果鼻腔里有炎症，则可通过鼻泪管逆行而上，引起结膜炎（俗称红眼病）。反复发作可影响视力。

### 4. 祸及咽喉

鼻腔与咽腔一脉相通，鼻腔发炎常可累及咽腔而引起咽炎，再向下可蔓延到喉部，诱发喉炎。

### 5. 祸及肺脏

鼻腔是呼吸的主要器官，对吸入的空气有调温及过滤作用。但患鼻炎后常有不同程度的鼻塞，导致呼吸不通畅，宝宝不得不用嘴直接吸入空气，未经鼻腔湿润、加温、过滤的空气长驱直入，刺激咽喉、气管、支气管乃至肺泡，进而引起扁桃体炎、支气管炎、肺炎等一串炎症。

### 6. 祸及胃肠

鼻炎对咽喉部的刺激，可致宝宝恶心、食欲不振，影响进食量。天长日久，对宝宝体格发育及身体免疫力也会产生不利影响。大量鼻涕如向后抽吸而咽入腹内，可刺激胃黏膜，引发胃炎。

### 7. 招惹哮喘

一项调查表明，66%的哮喘是由鼻炎引发的，特别是过敏性鼻炎往往是哮喘反复发作的主要原因。

### 8. 丑化容貌

鼻炎导致鼻塞，迫使宝宝张口呼吸，而长期的张口呼吸可使嘴唇变厚，牙齿向外突出，鼻梁扁平，硬腭高拱，牙齿排列不齐，形成"鼻炎面容"，导致容貌变丑。

## 7种鼻炎的真相

### 1. 急性鼻炎

多由感冒发展而来，肇事者多为病毒，并可有细菌"趁火打劫"。

发病特点：以全身不适、乏力、低热、鼻腔及鼻咽部发痒、干燥、灼热感、打喷嚏等症候开始，接踵而来的便是鼻塞、嗅觉减退、清水样鼻涕，全身症状加重，体温上升，头痛及四肢关节痛。以后逐渐进入恢复期，鼻塞缓解，鼻涕逐渐减少，全身症状明显减轻。整个病程为7~10天。

父母出招：

①及时就医，力求彻底治愈，防止演变成慢性鼻炎。注意，就医别走错了门，应到医院的耳鼻喉科，不是儿科。

②督促宝宝休息，多喝白开水或蔬果汁。

③及时清除鼻内分泌物，保持呼吸通畅。必要时于喂奶和睡前，用温湿巾敷前额，或用0.5%的麻黄素液滴鼻，每次一侧鼻孔滴一滴即可。忌用滴鼻净，以免招致不良反应。

### 2. 慢性单纯性鼻炎

慢性鼻炎中最常见的类型，祸起急性鼻炎未经合理治疗，或者反复发作所致。

发病特点：间歇性或交替性鼻塞，白天或活动后减轻，晚上或久坐后加重。睡觉侧卧时，上侧鼻腔畅通，下侧鼻腔堵塞不通气。鼻涕呈黏液性，嗅觉减退，时常诉说头晕、头痛。

父母出招：
①防范感冒。
②改善鼻腔通气功能，如用生理盐水滴鼻，必要时短暂使用麻黄素滴鼻液。
③理疗、针灸。
④加强营养，锻炼身体，提高机体抵抗力。
⑤中医药调理。

### 3. 慢性肥厚性鼻炎

慢性鼻炎的又一种类型，较为少见。缘于急性鼻炎反复发作，或局部长期使用刺激性药物。与慢性单纯性鼻炎不同的是，出现鼻甲肥厚、黏膜增生等病理变化。

发病特点：持续鼻塞。头晕、头胀痛、记忆差等症状较慢性单纯性鼻炎要重。鼻涕黏稠，量较少，不易擤出。由于经常鼻塞而用口呼吸，常并发慢性咽炎。

父母出招：
①医生可能考虑用鼻甲封闭注射、冷冻、激光、微波、手术切除等治疗。
②中医药调理。

### 4. 萎缩性鼻炎

鼻腔黏膜及骨质萎缩而引起鼻腔炎症。

发病特点：鼻腔黏膜干燥不适，嗅觉明显减退或丧失，鼻内大量黄绿色脓痂堆积，有一股恶臭气息散发出来。宝宝常用手挖鼻痂，常损伤黏膜而出血。由于鼻腔宽大，当吸入冷空气时，头痛、头昏明显。

父母出招：
①预防感冒。
②避免长期使用血管收缩类药物滴鼻，如麻黄素等。
③定时用生理盐水清洗鼻腔。
④多吃富含维生素的食物，尤其是维生素A和维生素D等，如动物肝、胡萝卜、柑橘类水果等。必要时

在医生指导下服用维生素药物制剂。

⑤中医药调理。

### 5. 干燥性鼻炎

以鼻内干燥感为主要表现的慢性鼻病，多发生于体质虚弱以及经常吸入污染气体的宝宝。

发病特点：鼻内干燥，或有刺痒、异物感，常引起喷嚏，易出血。患儿经常揉鼻、挖鼻，以减轻不适感。

父母出招：

①改善生活环境，避免长期吸入干燥、多灰尘及刺激性气体。

②平衡饮食，纠正营养不良。

③使用有营养及润泽鼻腔作用的制剂，如生理盐水等。

④不吃辛辣、煎炸等刺激性食物。

⑤保持室内空气湿度，尤其是北方冬季的室内，尽量安装具有净化空气功能的加湿器等。如受条件限制，可在宝宝床头放一盆水。

### 6. 干酪性鼻炎

鼻腔或鼻窦内阻塞，积聚的干酪样物质刺激鼻黏膜，促使黏膜糜烂，久而久之侵蚀骨质，最后导致鼻内、外变形。

发病特点：病程进展缓慢，嗅觉逐渐减退，伴有头昏、易倦等不适感。

父母出招：

①请医生彻底清除鼻腔或鼻窦内的干酪样物，并作鼻腔冲洗。

②鼻腔保持干净，保持卫生。

③监督宝宝不随意掐挖鼻腔，不拔鼻毛。

④生活环境力求空气新鲜，注意防止污染。

⑤忌食刺激性食物，避免被动吸烟。

### 7. 嗜酸细胞增多性鼻炎

属于先天性鼻病，多从出生后1岁多开始发病，持续到青春期后逐渐减轻，最后消失。这类宝宝体内补体结合系统紊乱，反应性增高，分泌过多的嗜酸细胞，过多的嗜酸细胞需经鼻腔排出，通过鼻腔时导致鼻黏膜水肿，腺体分泌亢进而出现炎症表现。

发病特点：流出大量蛋清样鼻涕，鼻涕多少随着体内分泌的嗜酸细胞的数量而变化，即体内嗜酸细胞分泌多时，鼻涕也多，反之则少。同时有鼻塞、头痛、头晕、耳鸣等症状，随着年龄增长而出现打喷嚏现象。

父母出招：

①在医生指导下，使用丙酸倍氯

米松气雾剂或醋酸曲安缩松滴鼻剂等。

②中医药调理。

## 澄清两个问题

问题1. 宝宝鼻炎为何反复发作？

究其奥妙有三：一是环境污染升级，细菌、灰尘悬浮于空气中，而鼻子一天24小时都在呼吸，致病菌与污染物不断地随之潜入鼻腔，一旦宝宝抗病力减弱便兴风作浪而引起炎症复发；二是患病的鼻腔自我排毒功能下降，如鼻黏液不能正常分泌，鼻纤毛的摆动减弱，不能及时将潜入的致病菌与过敏原排掉；三是迄今为止的治疗方法只能消除或减轻炎症，不能恢复鼻黏液与鼻纤毛的功能。显然，不可把鼻炎的治愈希望全部寄托在医生身上，应同时注重宝宝日常生活的养护与调理，将"预防为主"的方针落到实处。专家建议抓住以下细节：

①宝宝抵抗力低下是鼻炎反复发作的重要原因。故要督促宝宝多到户外活动，接受日光浴，呼吸新鲜空气，提升机体的抗病实力。

②教会宝宝擤鼻涕。一般人习惯用手绢或纸巾捏着宝宝的双鼻孔擤鼻涕，这样会造成鼻涕倒流进鼻窦，患上鼻窦炎。正确之举是：用手指压住宝宝一侧鼻孔，稍用力外擤，鼻孔的鼻涕即被擤出，用同法再擤另一侧。

③除非过敏体质，宝宝外出要少戴口罩，尤其是冬春等气温低的季节。因长期戴口罩会使鼻子变得娇嫩、脆弱，经不起寒冷刺激，一遇天气变化，便易发炎。

④避免灰尘、油烟污染，家中父母勿吸烟，少去公共场所。

⑤勤做按摩，父母定时用手指指肚按摩宝宝鼻翼两旁的穴位，每天2~3次。

⑥需要使用滴鼻液者，要主动接受专科医生的指导，选择药液的渗透压、pH值与浓度适宜的制剂，不可擅自行事。

问题2. 如何用盐水清洗宝宝鼻腔？

盐水清洗是保持宝宝鼻腔卫生、提高鼻腔抗炎能力、防止炎症复发的有效方法之一。注意：所用盐水最好是药店购买的0.9%的生理盐水，这种浓度的盐水符合人体生理，最适合鼻纤毛运动，而且卫生干净；用前最好稍微加热；使用专门的洗鼻工具，如洗鼻壶等，具体操作程序应请教专业人员。

# 低钙惊厥——春阳引发的险情

谁都说春天的阳光胜黄金，可有几人知道黄金般的春阳会惹祸呢？这不，又一位抱着小宝贝的新手妈妈急匆匆地走进了儿童医院急诊室，心有余悸地向接诊大夫诉说："囡囡本来在怀抱里乖乖地晒太阳，突然间嘴角就一咧一咧地抽起筋来，好吓人哦。"

其实，春季类似的例子可不少，尤其是早春时节，医院儿科因抽筋来就诊的宝宝骤然增多，原来宝宝"低钙惊厥"的高发时段到了。

## 抽筋的祸根是缺钙

春天的阳光引起了宝宝惊厥？表面看是这样，实际上远非如此简单。要弄清个中真相，得先来认识两种营养素——钙质与维生素D。

先说钙，它是宝宝体内一种含量最多的矿物质，99%以上分布在骨骼与牙齿中（这便是骨骼与牙齿非常坚硬的奥秘所在），余下不到1%的钙留在血液中，称为血钙。血钙在甲状旁腺、维生素D等的调控下，与骨钙保持着一种动态平衡，相互之间不断更新，并维持在正常水平（每100毫升血液含钙9毫克~11毫克）。正常的血钙水平具有重要的生理使命，那就是抑制神经与肌肉的兴奋性，防止过度兴奋而收缩。如果宝宝的血钙水平下降到每100毫升血液钙质低于4毫克时，则抑制作用减弱，神经与肌肉的兴奋性就会增高，并发生不由自主的收缩，抽筋现象就应运而生了，医学称为低钙惊厥。换言之，宝宝之所以发生惊厥，血钙水平失去平衡为其祸根。

那么，血钙水平为何会降低呢？这就牵扯到维生素D了。维生素D的生理功能在于促进肠道对食物中钙质的吸收，增加体内的钙储备，并将血液中的钙质向骨骼转运。它的来源有两个途径：一是从食物中摄取，如动物肝肾、黄绿色蔬菜、鱼肝油等，称

为外源性维生素 D；二是在阳光紫外线作用下，人体皮肤中的维生素 D 原（医学称为 7－脱氢胆固醇）转化成维生素 D，又称为内源性维生素 D。

说到这里，我们就能大致理出春季宝宝高发惊厥的症结了：当宝宝在冬季出生后，由于日短夜长，日照少且弱，加之天气寒冷，很少接触阳光，导致内源性维生素 D 合成不足，又没有及时添加鱼肝油，外源性维生素 D 也减少，致使体内总的维生素 D 亏损，钙的吸收率与钙向骨骼的转运量遂趋于低下，于是出现轻度佝偻病的症候，但血钙水平因获得了来自旧骨脱钙（在甲状旁腺的干预下）而处于正常或接近正常的水平，故除了有多汗、易惊、睡眠不安等佝偻病初期表现外别无他恙。一旦到了春暖花开时节，宝宝户外活动增加，接触阳光的机会多了，内源性维生素 D 合成增多，血钙向骨骼转运的速率提速，加上旧骨脱钙减少，导致血钙水平暂时性下降而发病。这一点与某些患儿在注射大量维生素 D 后，因为事先未补足钙剂而发生惊厥的道理如出一辙。

不难明白，春季发生惊厥的祸根是缺钙，阳光仅扮演了导火线的角色，这就是低钙惊厥的真相。归纳起来，有以下几个特点。

①大多在冬季出生，未能及时补充鱼肝油等富含外源性维生素 D 的食物。

②宝宝往往伴有轻度佝偻病症状。

③春季发病率最高，以 3～5 月份发病数最高。

④早产儿、人工喂养儿（钙摄取不足）和长期腹泻（钙的排泄量增加）的婴儿尤其高发。

## 惊厥的表现有三类

低钙惊厥发作时的病状可概括为三类，险情各有不同。

### 1. 无热惊厥（佝偻病性低钙惊厥）

患儿多为 2 ~ 6 个月的婴儿，常表现为两眼上翻、面肌与口角抽动或四肢抽搐，可有或无意识丧失、大小便失禁，发作后多疲乏入睡，醒后一切如常，没有后遗症。整个发作过程中体温正常，这一点足以与高热惊厥、流行性脑膜炎等感染所致发热惊厥区别开来。

### 2. 手足搐溺

常见于 2 岁以上幼儿，往往哭闹不安，稍有一点声音就容易受惊发作，发作时两侧手腕屈曲，大拇指紧贴掌心，其他手指伸得笔直；或者是两条腿伸直交叉，脚趾向下弯曲，足背弓起，像跳芭蕾舞，发作持续几秒钟至几分钟不等，然后自行缓解。发作时意识清楚，频繁发作者每天可多达 10 次以上。

### 3. 喉痉挛

好发于周岁内的婴儿，发病时声门与喉部肌肉强力收缩，导致吸气困难，发出可怕的喉鸣音，严重的神志不清，甚至窒息死亡。此种类型最为危险，需立即送医院抢救，不过发生率很低。

一旦惊厥发作，尤其是喉痉挛，应立即看儿科急诊，医生会酌情使用镇静剂与钙剂控制惊厥，以缓解病情。

## 预防需从孕期做起

与其他疾病一样，低钙惊厥是完全可以预防的，预防的关键举措是供足钙质与维生素 D，而且预防工作须从母亲孕期做起。如孕妈妈在十月怀胎期间常到户外活动，多晒太阳，适当多吃些奶、蛋、动物肝、豆类、坚果、海产品等富含维生素 D、钙和蛋白质等养分的食物；孕晚期还应酌服适量鱼肝油，确保胎儿储存足量的维生素 D 与钙，以满足其出生后发育的需求。

婴儿出生满月后，可根据天气和日光情况，每天抱到户外或阳台上晒太阳。注意：玻璃窗能阻挡紫外线通过，所以隔着玻璃窗晒太阳是无

效的。

冬季出生的宝宝于出生后 1～2 周即应加服鱼肝油滴剂,从 1 滴开始,服后若无腹泻发生,可每隔 3～5 天增加 1 滴,待逐步适应后加至 3～5 滴;同时补充适量钙粉,每日限在 0.5 克内。早产儿、双胞胎或发育特别快的婴儿,口服鱼肝油的剂量应加倍,但不应超过 5 滴,以防鱼肝油中毒。服用鱼肝油时要注意宝宝的大便,如果大便多而稀,是消化不良的表现,应少量、慢慢地增加,使胃肠道有个适应的过程。如果没有服用鱼肝油,特别是有佝偻病表现以及人工喂养的宝宝,在春天到来时应先服一段时间的维生素 D 和钙片,再抱到户外晒太阳,就不会发生低钙惊厥了。

# 春风吹来糖尿病

乐乐刚满 5 岁，胃口一直不太好，但在春季一次重感冒痊愈后，胃口突然好得惊人。奇怪的是吃得虽多，身体却一天天瘦下去，皮肤也失去了光泽，到医院检查，医生诊断为糖尿病。

糖尿病？乐乐父母一听傻了眼，不就是吃得多、喝得多、尿得多的那种病吗？那是父母最常得的嘛，小小的人儿怎么也遭此厄运呢？

其实，乐乐的父母只知其一不知其二。糖尿病的确多发于成人，但绝非成人的专利。特别是现代环境的恶化以及生活方式的西化，糖尿病与其他成人病一样（如高血压）逐渐向幼儿园、托儿所蔓延（儿童发病数量已占到全部糖尿病人数的 5%，且每年以 10% 的幅度上升），年龄已不再是宝宝的优势。另外，儿童糖尿病的季节特点也逐渐明朗，春季已成为一年中的高发时间段之一。

## 春季中招的奥秘

首先是病毒偷袭。病毒直接破坏胰岛 β 细胞，或通过触发胰腺的自身免疫反应使 β 细胞受损，降低胰岛素的分泌，造成糖的转化与利用障碍，最终形成糖尿病。春季乍暖还寒，气温极不稳定，一些如柯萨奇病毒、腮腺炎病毒、心肌炎病毒等均可使抵抗力差的儿童中招，此乃春季宝宝糖尿病高发的症结所在，也是儿童糖尿病与成人糖尿病的区别之一，乐乐就是典型例子。

其次是遗传因素。调查资料显示，父亲患有糖尿病，子代蹈其覆辙的可能性为 5% ~ 10%；假如父母都患有此病，宝宝受累的机会则在 10% 以上。

第三，孕期因素不可忽视。高龄产妇生下的宝宝患糖尿病的风险比较高，产妇年龄每增加 5 岁，所生宝宝

患糖尿病的机会可增加25%。另外，孕妈妈精神压力大，过量食用高糖、高蛋白、高脂肪食物，或食用土豆等块茎状蔬菜，都可增加所生宝宝攀上糖尿病的风险。

此外，肥胖难辞其咎。3岁以上的肥胖男孩和女孩，罹患糖尿病的可能性是同龄人的2倍；另外，高身材的儿童与平均身高的儿童相比，遭受糖尿病之害的危险性也会增加。

当然，不科学的喂养也造就了相当数量的小糖尿病患者。比如高蛋白、高脂肪（如洋快餐的火爆）以及高糖分（如高碳酸饮料的受宠）食谱的流行，即与近年来糖尿病的迅猛飙升有关。

## 贵在早期发现

儿童糖尿病容易被父母疏忽，确诊时不少病情已比较严重。奥妙在于不少儿童糖尿病患者"三多一少"（多尿、多饮、多食及消瘦）症状不明显，即使有了多食、多饮等症状，父母往往以为是"好事"而疏忽；儿童糖尿病发病比较"诡秘"，以发热、呼吸困难、精神不振为首发症状的儿童糖尿病，常被误诊为上呼吸道感染、支气管炎等。为此，父母要擦亮眼睛，注意捕捉以下早期的"蛛丝马

迹"。

- 宝宝奶量或饭量增大，但体重却未见相应增加，或者反见降低。

- 宝宝突然对水特别有"感情"，饮水的次数与量明显增多。同时出现夜尿增加，或者又发生尿床现象。

- 宝宝的抵抗力变得低下，容易生病，经常发热、咳嗽，皮肤伤口不易愈合，女宝宝外阴瘙痒。

- 宝宝皮肤明显粗糙，长出许多棘状小疹子，肤色暗黑，好像没洗干净。

如果宝宝出现上述任何一种情况，即应想到糖尿病的可能，及时到医院检查，医生会根据血糖、尿糖与糖耐量等化验结果作出得病与否的判定。

## 治疗要规范

儿童糖尿病发病比较快，症状也来得较急，容易向糖尿病酮症酸中毒等重症发展，必须遵照医嘱规范治疗。治疗原则有以下3条。

- 合理用药，在医生指导下正规使用胰岛素。

- 调整食谱，减少糖、盐、脂肪含量高的食物比例，多食用具有降血糖作用的蔬菜、水果等，如南瓜、苦瓜、豌豆、茶叶、橄榄叶。

●科学运动。运动不可不做，也不可过量，宜通过散步、体操等温和运动，帮助身体多消耗一些血糖与脂肪，促进血液循环来缓解病情，争取早日康复。

## 预防才是硬道理

糖尿病虽然麻烦，但可治更可防。当春天到来之际，父母不妨从以下细处做起。

1. 增强宝宝的抗病力，包括合理营养，多吃富含维生素与矿物元素的食品，按照程序接种疫苗，并注意保暖防护（如不要过早过快地脱减衣裤），防止受凉，消除来自病毒的威胁。

2. 提倡母乳喂养，母乳可以提升宝宝体内一种称为 22 碳 6 烯酸的水平，进而增强调控胰岛素分泌的能力。断奶后则要着力培养良好的饮食习惯，坚持平衡膳食，少接触洋快餐、碳酸饮料，把好病从口入关。

3. 鼓励、督促宝宝多运动，父母多参与，如全家爬楼梯、在家里玩动物游戏、骑小车、跑步、跳绳等。不要让宝宝经常泡在电视机前，每天看电视的时间要控制，最多 1 小时。

4. 适量补充维生素 D。研究资料显示，哺乳期宝宝如果不补充维生素 D，罹患幼年型糖尿病的概率将增加 7 倍多。补充剂量掌握在每天400 单位～800 单位为宜。

5. 父母要特别关注那些具有糖尿病易患因素的宝宝，如有糖尿病家族史或肥胖的宝宝，要定期检查血糖、尿糖，力争早发现、早治疗。父母平时要多关注和掌握宝宝的健康状况，特别是在 5～7 岁及 11～13 岁这两个发病高峰期，定期带宝宝去医院体检更有必要。

# 春防虫病正当时

春回大地，万物活跃，各种昆虫也赶来凑热闹，对宝宝的安全构成威胁。所以，像防病那样重视防虫，应该是称职父母不可或缺的基本功。

## 一防恙虫病

周末，父母带着可可到城郊踏青，放风筝，吃野餐，一家人开心极了。回家没几天，可可突然发起高热来，父母以为是郊游受了风寒，便带宝宝到社区医院打点滴，却不见效果。不得不到市中心医院检查，原来可可得了恙虫病，是郊游时坐在地上野餐惹来的麻烦。

恙虫病的祸首是一种称为恙虫的昆虫，常孳生于地势比较低洼、潮湿和杂草丛生的地方，如公园、草地等处；另外，鼠、鸟、兔等也是其喜欢寄居的场所。当宝宝接触宠物或在公园、草地等处玩耍、野餐时，就有可能受到恙虫的叮咬而患病，可可就是一个典型例子。

遭到恙虫叮咬后，约50%的患儿会出现症状，主要有以下几个表现。

①全身性症状：高热、头痛、头晕、四肢酸痛、食欲差等。

②皮肤症状：一般于发热的第2~6天，皮肤冒出大小不一的暗红色斑或突出于皮肤表面的丘疹，大多分布于胸、腹、背、四肢及面部，称为恙虫疹，没有瘙痒。之后会演变成水疱，水疱溃破坏死，几天后溃破的地方出现边缘隆起、外围红晕的溃疡。再过1~2天中央结成黑痂，又称为"焦痂"，臀部、腰背和外生殖器等部位尤为常见，乃是恙虫病的一大特征。

③全身淋巴结肿大，靠近焦痂的淋巴结肿大尤为显著，可大如核桃，有压痛，能移动，但不化脓，消退也较缓慢。

应对要点：及时到医院就诊，医

生可根据病史（野外活动史）及焦痂等典型表现进行诊断，并给予积极治疗，如使用氯霉素、强力霉素等，可使患儿迅速减轻症状恢复健康。如果贻误诊治，也可因多器官功能衰竭而致命。

防范举措：尽量少到恙虫潜伏的乡间草丛或公园草坪游玩。郊游时应穿长衣长裤，并扎紧袖口和裤脚，防止恙虫叮咬。外露的皮肤可涂抹驱避剂，如邻二甲酸二甲酯或花露水遮掩体味，趋避昆虫。若要坐在草地上，可铺上塑料布或台布，以隔开身体和草叶的接触。接触过灌木、草地后回家要马上清洗身体，发现有问题尽快到医院就诊。家中要做好灭鼠工作，并尽量远离宠物。

## 二防蜱虫病

据媒体报道，截至 2011 年 6 月底，国内半年时间共报告"蜱虫病"患者近 300 人，其中 10 多人死亡。提示蜱虫的危害近在咫尺，绝对不可小视。

说蜱虫可能知之者不多，若说"草扒子"或"草别子"你应该知道是什么了。这种昆虫偏爱阴暗潮湿的环境，常常蛰伏在浅山丘陵的灌木丛、草丛、植物中，或寄宿于牛、狗、耗子等动物的皮毛间。一旦人体接触草木或宠物，蜱虫就可能"移民"到身上，并滞留在腋窝、脖子后、腹股沟等潮湿部位吸血。蜱虫仅

米粒大小，但吸血后可增大 8 倍～10 倍，相当于指甲盖大小。据统计，全世界已知蜱类 800 余种，国内已发现 110 余种，分布于国内大多数省市，父母不可不防。

蜱虫的危害绝对不在恙虫之下，甚至超过之，它可携带 83 种病毒、31 种细菌、32 种原虫，可传播诸如森林脑炎、出血热、斑疹伤寒、莱姆病、回归热、鼠疫、布氏杆菌病、野兔热等数十种传染病，传播疾病之多仅次于蚊子。更可恶的是，蜱虫比蚊子更具攻击性，蚊子叮了人就撤，而蜱虫还会接着进攻，钻进人的体内，攻击器官，如攻击心脏引起心肌炎，损伤免疫系统出现关节疼痛等。最新的医学研究还显示，蜱虫尚可传播一种叫作"严重发热伴血小板减少综合征布尼亚病毒"的新病毒，可引起高热（达 39℃ 以上）、疲乏、结膜充血、腹泻、腹痛、白细胞减少、血小板减少（表现为出血）、蛋白尿和血尿等反应，严重的可导致死亡。

蜱虫还挺"狡猾"，叮咬人体时没有疼痛感觉，仅造成叮咬处皮肤充血、水肿，若不仔细检查常难以发现，故有一定的隐蔽性。所以，父母要细心观察宝宝，一旦发现宝宝有不适等异常表现，要及时去医院。

应对要点：及时察看宝宝的伤情，发现蜱虫切忌自己硬拔，也不要盲目地拿烟头烫。因为蜱虫的头角是倒钩型，会牢牢地钩住皮肤，且口器是张开的，病毒主要在唾液里，越刺激它，反而会让更多的带毒唾液进入体内。明智之举是马上送医院，由医生酌情处置。即使没有发现蜱虫，但宝宝去过山区或接触过宠物，身上突然有虫咬的疤痕或出血，又突然发热，也应尽快到医院就诊，只要及时发现和诊断"蜱咬病"，患儿一般都能得到妥善救治，不用过于担心。

防范举措：春季注射疫苗。带宝宝外出游玩宜穿紧口、浅色、光滑的长袖衣服，尽量不在草地、树林等环境长时间坐卧，暴露的皮肤可喷涂驱蚊液，远离狗等宠物（约 5% 的宠物狗身上有蜱虫），以防止蜱虫的附着或叮咬。

## 三防螨虫病

开春没几天，东东身上莫名其妙地起了不少红疙瘩，痒得他不住地搔抓。父母以为得了湿疹，便用药膏涂抹，但涂了好几天也不见效。到医院检查，医生说东东得的不是湿疹，而是螨虫叮咬所引发的皮炎。

螨虫个子很小，长 0.1～0.2 毫米，类似蜘蛛或头虱，属于肉眼不易看见的微型寄生虫，专靠刺吸人体皮肤组织细胞、皮脂腺分泌的油脂等为生。螨虫喜湿热畏光，春季气候温暖而多湿，因而成为螨虫繁殖的旺季，宝宝很容易感染。

螨虫种类很多，已查清的就达50多万种，常见的有尘螨、粉螨、蠕螨、疥螨、甜食螨、革螨等，其中尘螨的分布最广，对宝宝的威胁也最大。螨虫是一种很强的过敏原，其分泌物、粪便、蜕皮和尸体都是"毒"，过敏性体质宝宝不慎接触或吸入后即可发生过敏性疾病，表现在呼吸道的就是过敏性鼻炎、过敏性哮喘；表现在皮肤上的就是过敏性皮炎，东东可谓典型例子，因而出现瘙痒、红斑、皮疹等症状，瘙痒感尤其剧烈，且多为持续性，夜间为甚。医学资料显示，出生仅28天的新生儿就可能感染螨虫，新生儿80%～90%的哮喘病都是拜螨虫所赐。

应对要点：在医生指导下进行治疗，如瘙痒重者可用含硫黄的炉甘石洗剂外搽，皮疹范围大者可酌情服用扑尔敏、息斯敏等抗过敏药物，因搔抓而发生感染者则需用抗生素。但父母不可自行涂药，如花露水、红花油、清凉油、风油精等，否则皮疹、红肿会加重，甚至出现大疱，并有液体渗出。症结在于螨虫皮炎属于炎症反应，而花露水之类涂剂大多含有薄荷、樟脑等成分，非但不能改善反会加重过敏反应，致使病情"雪上加霜"。

防范举措：

●螨虫喜欢潮湿、温暖的环境，勤开门窗通风，保持空气的干燥有助于将其消灭。如遇到湿度大的天气，还可用空调机抽湿，将湿度指标控制在50%以下。

●勤于清洗床上用品，并"隔离"过敏原。棉麻织物是螨虫最喜欢的"居所"，所以要经常给衣物清洁除尘，一般每7～14天用50℃左右的热水清洗1次床上用品，同时将清洗后的枕头、床垫、被褥等套入防螨套内。防螨套是用有弹性、透气且很细的织物纤维或合成材料做成，气孔小于10微米，螨虫及其过敏原无法通过，从而形成有效的阻隔层，保护宝宝免受其害。

●做清洁采用"湿式作业方式"，用湿抹布或特制的除螨抹布打扫灯罩、门窗、窗台、家用电器，避免扬起灰尘，从而减少螨虫借助空气潜入宝宝呼吸道的机会。另外，宝宝室内最好不铺地毯，也不要摆放挂毯及其

他容易堆积灰尘的东西。

● 食物别储存过多。饼干、奶粉、白糖、片糖、麦芽糖、糖浆等食品也为螨虫所钟爱,不要储存过多,储存时间也不要过长,并注意密闭保存,尽量避免螨虫染指。

● 远离宠物与花草。宠物与养花的肥料都带有螨虫,而且有些花草散发出的香味可能诱发过敏,故不让宝宝接近宠物与花草才是上策。如果宝宝特别喜欢宠物,务必记住定期给宠物杀虫、消毒。

● 必要时使用安全有效的植物性杀虫剂消杀螨虫,若有条件,请专业技术人员定期到家中防治效果更好。

# 春游绷紧防毒之弦

春季带宝宝出游好处多多，既可享受日光浴，亲近大自然，还有利于开阔视野，增加知识的积累，可谓身心双赢的好事情。不过，好事情要办好，请家长务必绷紧防毒之弦。

## 赏花防花毒

不少植物出于自我保护的需要，不同程度地含有毒素，所以在姹紫嫣红中混杂着不少"面善心恶"者，若不小心很容易遭其毒手。请看黑名单：

- 杜鹃花。又名映山红，多见于南方。其中的黄色杜鹃花含有四环二萜类毒素，人中毒后可引起呕吐、呼吸困难、四肢麻木等症状。
- 含羞草。含有含羞草碱，频繁接触可引起眉毛稀疏、毛发变黄，严重者可能导致毛发脱落。
- 夹竹桃。其茎、叶、花朵都有毒，分泌的乳白色汁液含有一种叫作夹竹桃苷的有害物质，误食会导致人体中毒。

- 水仙花。叶与花的汁液可使皮肤红肿，进入眼睛会致盲。鳞茎内含有拉丁可毒素，误食可引起呕吐，黄水仙花的毒性尤为厉害。
- 郁金香。花中含有毒碱，人在其周围待上2小时，就会头昏脑涨，严重者可致毛发脱落。
- 一品红。全株都有毒，误食茎、叶有中毒致死的危险。
- 马蹄莲。花中藏毒，含大量草本钙结晶和生物碱，误食可引起昏睡等中毒症状。
- 飞燕草。全株有毒，种子尤甚，所含有的萜生物碱可引起人体神经系统中毒。
- 虞美人。全株有毒，果实的毒性最强，可引起中枢神经系统中毒。

此外，五色梅、洋绣球、天竺葵等花草及其汁液，可使接触的皮肤产生红肿、斑疹等过敏症状；松柏类、

玉丁香、接骨木等可散发出异味，诱发气喘、胸闷等不适感。

防范对策：

①踏青赏花"动眼不动手"，不要碰触、抚摸、掐摘、揉搓花草，更不可随意将花草放入口中嚼食。

②过敏体质宝宝最好戴上口罩，穿上长袖长裤，尽量避免与花草直接接触，回家后用热水洗脸洗手，保持皮肤洁净。

## 蜂毒非小事

春季里各种小生命活跃起来，蜂类也不例外，如蜜蜂、黄蜂、大胡蜂和竹蜂等，它们都带有毒刺，蜇你一下可够人受的，会将毒素注入你的身体。蜂毒主要含蚁酸、神经毒素和组胺等，可引起人体溶血、出血和中枢神经损害。毒力以蜜蜂最小，黄蜂和大胡蜂较大，竹蜂则最强。一般健康人同时受到5只蜜蜂蜇刺，即可发生局部红肿和剧痛，持续几天后可恢复。若同时遭受100只以上蜜蜂蜇刺，会使机体中毒，心血管功能紊乱；同时遭受200只以上蜜蜂蜇刺，可因呼吸中枢麻痹而死亡。

防范对策：

①外出踏青不抹香水、发胶和其他芳香的化妆品，以免招蜂引蝶。

②携带的甜食和含糖饮料要密封好，防止毒蜂跟踪；不要乱捅蜂巢，以免招惹蜂群的攻击。

③若不小心触动了蜂巢，引起蜂群骚动，不可立即逃跑，应就地蹲下，屏息敛气，用随身携带的草帽（无草帽可用衣襟）遮掩颜面或头颈，耐心静候10~20分钟，待蜂群活动恢复正常后再离开。

④若不幸遭受蜂蜇，应立即小心拔出毒刺，然后选择适宜的洗液冲洗伤口。如系蜜蜂蜇伤，可用肥皂水或干净的清水冲洗；如"凶手"系黄蜂，最好改用食醋洗涤；如系大胡蜂和竹蜂所为，由于毒性猛烈需用季德胜或南通蛇药涂抹或外敷，并立即到医院治疗。

## 蛇毒猛于虎

俗语云"三月三，蛇出洞"。随着天气变暖，蛇的活动逐渐活跃。无毒蛇问题还不太大，有毒蛇可危险了，因为经过冬眠后蛇毒的浓度更高。

防范对策：

①春游路线尽量安全，避开草茂石多的地方。

②在蛇密度高的地区行走，宜穿长裤、长靴与袜子，加强下肢防护。

③父母可手提一根长木棍为宝宝开路，边走边抽打周围的草木，大多数蛇类闻声会很快离开，收到"打草惊蛇"的效果。

④如果不慎被蛇咬伤，不要仓皇逃走，而是要停下来，采取以下措施：首先辨别是无毒蛇还是有毒蛇。如果是毒蛇，立即用带子紧扎伤口上部（每隔15分钟松1次），同时用水冲洗，并用力挤出毒液。然后尽快上医院（争取在2小时内），在转运途中要注意保暖、多喝水。有条件者可携带野外急救包，其中的真空吸毒器，可起到暂缓蛇毒发作的效果，为救治赢得时间。

## 病毒可夺命

春季气温趋暖，形形色色病毒日趋兴旺，其中有一种流行性出血热病毒与野外活动的关系最为密切，容易使你患上流行性出血热等传染病。流行性出血热病毒的携带者是鼠类，特别是野鼠，故该病的流行区域多在鼠类出没的农村，尤其是山间田野接壤的地方，以每年初夏5、6月份或晚秋10、11月份为流行"旺季"。但是近年来疫区有所扩大，流行季节也提前到春季，因而对春游踏青的人们尤其是宝宝构成了威胁。

防范对策：

①不可在山林或草丛中躺卧或睡觉。

②不要在草坪上晾晒衣被、毛巾、手绢。

③野外归来先要清扫掉衣服上的尘土，并洗净手脚后再进屋。

④外出宜穿长袖长裤，戴手套，尽量减少外露皮肤，避免接触病毒，以保安全。

# 春季皮肤病大盘点

春光虽明媚，皮肤却多灾。新手妈妈们，照看好你的小宝贝，谨防皮肤病暗中作祟。

## "奶癣"

"奶癣"非癣，是一种过敏反应性皮肤病，医学称谓叫湿疹，大多在宝宝出生后40天左右发病。症结在于初出娘胎的婴儿，体内的免疫系统对环境、饮食和生活习惯有一个逐步从陌生到顺应的过程，在这个适应过程中会不同程度地出现一些"小事件"，表现在皮肤上的就是湿疹。所以相当多的宝宝会遭受湿疹困扰，仅是轻重上的差别而已。一般到出生6个月以后逐渐减少，2岁以后大多会远离湿疹之害了。春季散发的花粉、尘螨、粉尘，或鱼、虾、蟹、花生等致敏性食物为主要诱发因素。另外，接触化纤类衣裤与被褥也有一定风险。

皮肤表现：可概括为两大特征，一是皮疹，常见对称性"亮相"，急性期以丘疱疹为主，有渗出倾向，慢性期以苔藓样变为主，易反复发作；二是瘙痒。干燥型湿疹以红色丘疹、皮肤红肿、糠皮样脱屑和干性节痂为主，瘙痒明显；脂溢型湿疹以皮肤潮红，淡黄色脂性液体渗出，黄色痂皮多见，主要分布于头顶、眉际、鼻旁及耳后等处，痒感较轻；渗出型湿疹多发于较胖的婴儿，红色皮疹间有水疱和红斑，可向躯干、四肢以及全身蔓延，容易继发感染，痒感重。另外，少数患儿的皮疹好发于肛门周围，并有蛲虫赶来凑热闹，故又有"蛲虫湿疹"之称。

防治要则：

• 轻者不必理会，较重者（如瘙痒重，累及睡眠；或疹子渗液明显）可在医生指导下使用药物。一般限于激素类药膏、炉甘石类洗剂等外用药，只有严重者才考虑口服药物。使

用激素药膏要注意用量与时间，以中效、弱效激素药连用2周为宜。面颈部宜用弱效激素，如1%的氢化可的松霜，0.025%的地塞米松霜；中效激素可用于躯干或四肢，如0.1%的去炎松霜与糠酸莫米松霜等。用药宜采用间歇递减方式进行，即在用药控制症状后，可以减少用药次数及量，如由每天2次改为每天1次，再到隔天1次，隔两天1次，逐步撤药，再以一些缓和的中药膏代替，切忌突然停药，以免症状反弹。不宜在皮肤破损及糜烂处用药，也不要滥用抗生素或偏方、秘方，以防不测。

● 调整饮食，以母乳喂养为主，母乳中的有效成分有助于防止食物抗原通过肠黏膜吸收，从而减轻症状。辅食以蛋黄、猪肝、胡萝卜、绿叶蔬菜等为主，为皮肤供足维生素。另

外，哺乳母亲也要忌食辛辣等刺激性及海鲜、奶类、禽蛋等易过敏的食物。

● 补足水分，如多喂水，外出穿披风抵挡大风，或预先使用一些油性婴儿护肤品。

● 适度洗浴。洗澡以每天1次或隔日1次为妥，水温最好在36℃～39℃，不用清洁剂，尤其勿用碱性强的肥皂，洗澡不要超过10分钟。如果湿疹严重或有渗出时暂停洗浴，尤其不要让患病部位接触到水，有结痂者可用植物油（如橄榄油）擦拭，使痂皮逐渐软化。

● 营造一个好环境，整洁、卫生、通风，不过热也不过潮，尽量减少屋尘、螨、羽毛、人造纤维、真菌（地毯、宠物）等过敏原。

● 患儿少晒太阳，以免汗液刺

激。衣服应宽松，棉织品最合适，不要让毛衣、毛毯、化纤等接触皮肤。

● 湿疹期间暂不接种各类疫苗，以免加重病情。

## "头垢"

一些婴儿满月前后，某天突然变成了"大花脸"，其实是患上了一种皮肤病——婴幼儿脂漏性皮肤炎。病因尚未弄清，可能与小宝宝皮脂腺分泌旺盛，或营养缺乏，或被一种喜欢与脂肪共生的皮肤芽胞菌感染等因素有关。好在并发症少，且可自然痊愈，一般约6周病情好转，最迟1岁前痊愈，痊愈后也不再复发，仅仅暂时有碍观瞻而已，不必紧张担忧。

皮肤表现：多在小宝宝出生后2周~6个月出现状况，炎症常发于脂漏部位，如眉心、鼻侧、头顶、双颊及身体皱褶处，表现为红疹显露，伴有黄褐色痂皮，重则凝集结痂，甚至流出组织液，皮肤摸起来干干的、粗粗的。大多没有痒感或有轻微痒感，且吃、睡、活动以及精神状态如常，民间称其为"头垢"。

防治要则：

● 症状轻微者做好清洁卫生就够了，如用生理食盐水或冷开水湿敷患

部，再涂上婴儿油，待痂皮软化后轻轻擦掉；选择含燕麦成分的清洁品；使用标示抗脂漏性皮肤炎的洗发精等。

● 较重者，如脸颊冒出红疹，或并发细菌、念珠菌等感染，应请医生开药膏局部涂抹，如抗生素或抗念珠菌的药膏。

● 脱屑者可在一般清洁步骤之后，用婴儿油涂抹患处数分钟，再用软质牙刷轻轻搓刷，最后用清水洗净即可。

## 沙土皮炎

医学称为幼儿丘疹性皮炎，或摩擦性苔藓样疹，好发于2~10岁的宝宝。由于宝宝皮肤娇嫩，受到水、沙土、肥皂等的多次刺激摩擦后，防御机能降低，加上阳光照晒以及汗液的浸渍，导致发炎，俗称沙土皮炎。

皮肤表现：手背、手腕处出现许多密集的针尖或粟粒大小的丘疹、小水疱，伴有灼热、刺痒感，患儿往往睡眠不安。少数宝宝的皮疹可扩散到前臂，甚至大腿、臀部等处，通常1个月左右可逐渐自愈。

防治要则：

● 尽量减少局部刺激，不让宝宝玩水、沙土或肥皂泡沫。

●避免接触毛类及化纤类衣裤或玩具。

●酌用炉甘石洗剂止痒，也可用鲜马齿苋洗净后煎水洗搽患处，每日2~3次。

●皮肤若出现红肿、糜烂等较重病变，需在医生指导下使用外涂药及口服药治疗。

## "虫斑"

你的宝宝有这种现象吗？一到春季脸上就冒出一片或几片圆形或椭圆形的斑片来，初为淡红，后转淡白，边缘清楚，覆盖少量细小鳞屑，并有轻度瘙痒感。民间认为，此斑乃是宝宝肚子里有蛔虫寄生的标志，故有"虫斑"之称。其实并非如此，儿科医生化验了不少长有"虫斑"宝宝的大便，并未找到蛔虫卵，经打虫药治疗后也不消退，倒是在补足B族维生素及维生素A和维生素D后逐渐变淡而消失。原来，这种以表浅性干燥鳞屑性浅色斑为特征的变化，实际上是一种皮肤病，医学谓之单纯糠疹，与春季多风、过度清洗、维生素缺乏等因素关系密切。

皮肤表现：色素斑好发于面部，对称分布，少数宝宝可发生在颈、肩及上臂。最初为大小不等的1个或数个1~4厘米的圆形或椭圆形淡红斑。1~2周可自行消退，消退后变为浅色斑，表面干燥，覆盖少量细碎灰白色糠状屑，有轻微瘙痒及皮肤紧绷感。部分宝宝遗留的浅色斑可持续相当长的时间，但最终都能恢复正常肤色。

防治要则：

●重在保护，如涂抹50%的甘油等。

●不要随意服用打虫药，除非化验粪便发现蛔虫卵。

●补充多种维生素，如施尔康、善存等。

●避免吹风，不用碱性强的肥皂洗脸。

●多给宝宝安排富含维生素的新鲜蔬菜、水果等。

## "桃花癣"

每逢杏花与桃花盛开之际，一些宝宝颜面便冒出红斑及丘疹来，状如杏花或桃花，夏秋后消退，百姓谓之"杏斑癣"或"桃花癣"。其实与杏花、桃花毫无关系，仅是一种时令上的巧合，也不是癣，而是一种接触性皮炎（又称过敏性皮炎或颜面再发性皮炎）。祸首是空气中的花粉、灰尘等过敏物质飘落在皮肤上，经日光照

射溶解后被皮肤吸收而诱发的变态反应。

皮肤表现：宝宝脸上冒出一些淡红色、圆形小红斑，表面有细小鳞屑附着，有时会出现瘙痒。除面部外，上臂、颈和肩部等处也可见到，好发于过敏体质的宝宝。

防治要则：

• 在医生指导下外用硅霜、苯海拉明霜等抗过敏药物，严重者可用皮康霜、醋酸祛炎松、尿素软膏等。

• 多给宝宝安排水果、蔬菜等食物，保证多种维生素的供给。生葱、辣椒、生蒜等刺激性食物则应远离。

• 带宝宝外出春游，尽量避免风吹日晒，归来要把落在脸上、颈部、手背的花粉、灰尘等过敏性物质清洗干净。

## "风丹"

医学称为荨麻疹，祸起春季大风光临，带来花粉、尘螨、羽毛等过敏原，引起宝宝皮肤、黏膜的小血管扩张及渗透性增加，随之出现局限性水肿反应。

皮肤表现：宝宝体表突然冒出很多大小包块，由少到多，成片出现，持续数分钟到数小时之内又突然消失，瘙痒剧烈，愈后不留任何痕迹。

防治要则：

• 寻找过敏原，并避开之。

• 少吃或不吃刺激性食物，如海鲜、羊肉、巧克力、花生、芒果、香菇、糯米等。

• 休息，多喝水，吃一些清热解毒的食品。

• 外出戴口罩，穿长袖长裤，尽量不要将皮肤裸露在外，以避开过敏原的袭击。

• 痒感明显者可外用止痒药物，如强生婴儿清新花露水、炉甘石洗剂等。症状重者及时看医生。

## 汗疱疹

汗疱疹又称出汗障碍疹，对称性地发生于手或脚的侧面（汗腺特别发达的地方），多见于夏季。由于不少父母出于对"春捂秋冻"的片面理解，过度强调"春捂"，导致毛孔堵塞，致使汗疱疹提前到了春季发病。

皮肤表现：患儿头面部出现米粒大小、带小白头的疹子，常有瘙痒感。

防治要则："春捂"要适度，确保室内空气流通。已发生汗疱疹者，局部可用1%的明矾溶液湿敷，外搽炉甘石洗剂止痒，待其自然痊愈。

## 光敏性皮炎

多见于春末夏初，阳光逐渐增强，一些特殊体质的宝宝对紫外线过度敏感，在皮肤上发生急性光毒性反应，谓之光敏性皮炎。

皮肤表现：暴露在阳光下的脸、颈、手臂等部位，出现弥漫性丘疹、红斑、水疱、脱屑等变化，伴有瘙痒感。

防治要则：

· 防晒，外出涂抹具有良好阻挡紫外线作用的防晒霜，戴宽边帽或用遮阳伞；外出时多在树荫下活动。

· 多喝水。

· 少吃或不吃具有增强光敏作用的食物，如油菜、紫云英、小白菜、芥菜、苋菜、田螺、蒲公英、无花果等。

# 以"捂"应变——宝宝春装的奥秘

若问新手妈妈们：春季最容易出差错的是啥事儿？她们会异口同声地回答：给小宝贝穿衣服呗。的确，春季气温多变，往往上午阳光明媚，暖风习习，下午就变成了冷气袭人的阴雨天，如同寒冬杀来的"回马枪"。这种暖春与倒春寒变幻频繁的怪天气，常让脱下臃肿冬装的宝宝大吃苦头，给感冒、支气管炎甚至肺炎等呼吸道疾患入侵以可乘之机。因此，有必要采取一些措施加以应对。

## 以"捂"应变

老祖宗早就总结出了一套应变的妙招："捂"，父母如此，宝宝亦然。当你在为小宝贝脱冬装之前，就要准备好"捂"的用品——春装。春装的材质当以棉、毛、绒为主，如毛线衣裤最好是用细的纯毛毛线织成，防止腈纶线过敏；外衣宜用棉布、绒布、灯芯绒布做成单衣或夹衣；

裤子以背带裤为好，可免去束胸的弊端。另外，披风或斗篷等可供外出穿用。帽子也宜用纯毛细毛线织成，若为过敏体质，可换用棉布小帽。至于服装颜色，应以淡雅为主，如粉红、淡黄、果绿、浅蓝等中间调和色，过于鲜艳的服装在阳光下会有强烈反射，可刺激宝宝的眼睛，影响视力。

具体如何穿戴需根据宝宝的年龄来筹划，以下方案可供参考。

### 1. 0~3个月

小宝贝大部分时间都在睡觉，几乎没有活动能力，当以柔软、舒适、厚薄适中、方便穿脱的开裆连衣裤为妥。

### 2. 4~6个月

小宝贝会抬头翻身了，睡眠时间也比之前有所减少，柔软、轻薄、保暖的棉衣裤较为适宜。

### 3. 7~9 个月

小宝贝能坐会爬了，甚至可能扶着墙壁走路。不妨在棉衣裤外面加上一个厚薄适中的羽绒背心，既保暖又方便穿脱。

### 4. 10~12 个月

小宝贝直立行走能力加强了，不可穿得太臃肿，以免限制活动。在暖软、舒适的运动式衣裤外，加一个羽绒袄或丝棉小背心就很好。

### 5. 2 岁

小宝贝会跑会跳了，活动量大大加强。粗棉布运动棉衣和中厚的背心可派上用场，裤子膝盖处也可适当加厚，方便于活动。但不要穿得太多，以免玩出汗后引发感冒。

## 春捂有章法

一个简单的"捂"字，包含着丰富的章法，可以概括为 9 条，新手妈妈们可要把握好哦。

1. 突出重点，做到"三暖"，即背暖、肚暖、脚暖。换言之，小宝贝的背部、肚子以及两脚是春捂的重点部位。道理很简单，背暖可保护支气管与肺脏等呼吸器官，减少罹患感冒的概率，小小背心可为此效劳；肚暖则可避免胃肠遭受冷空气刺激，防止受凉腹痛，且有一定保护脾胃功能的功效，围上肚兜堪称绝妙之法；脚暖

也可保护呼吸道，因为脚底是阴阳经穴交会之处，"寒从脚起"刺激呼吸道，是导致感冒发生的原因之一，故鞋袜务必要给宝宝穿到位。

2. 把握时机。春捂要有提前量，如冷空气到来前的24～48小时就应开始给宝宝增添衣物。另外，气温低于15℃，或者昼夜温差达到8℃、9℃等，都是春捂的日子。为此，父母要随时留意天气预报，做到未雨绸缪。

3. 捂够时间。增添的衣裤在气温回升后不要立即脱掉，最好再捂7天左右，小婴儿免疫力差，最好捂14天以上以便身体逐渐适应。

4. 把握分寸，捂得要适度。首先，给宝宝脱减冬装要慢，比父母稍晚为好，如父母已经减掉衣服但未感到冷，再给宝宝减衣服不迟，而且要一件一件地脱，切忌脱得太多太急。记住：春捂的要旨不是穿得多，而是脱得慢。其次，究竟穿多少要根据宝宝的活动度、环境温度以及室内室外等方面全面考虑，做到早晚有别、动静有别、室内室外有别。一般原则是：新生儿比父母多穿一件，满月以后或者大一点儿的婴儿，与父母差不多，两三岁尤其是特别好动的男孩，甚至要比父母穿得少一点儿。如果你实在拿不准穿衣量，可以这样做：你穿与宝宝差不多厚薄的衣服，静坐一会儿，倘若既不感觉冷，也不感觉热，说明宝宝穿的衣服厚薄较为合适。另外，随时摸摸宝宝的锁骨，如果锁骨是温热的，说明衣服穿得刚好。

5. 不要捂出病。最简单的测试方法是摸摸宝宝的后背，如果后背有汗，甚至衣服都已经湿了，说明衣服穿得太多，应适当减一点儿。长时间捂得过热，如整个春季都让宝宝穿着厚厚的冬装，也会引发疾病，轻者面部发红，手心出汗，代谢下降，缺乏食欲或便秘；重者可患上汗疱疹（在头面部出现米粒大小、带小白头的疹子）或感冒。

6. 在家中不要急着给宝宝换上单鞋，让冬天的棉鞋多"服役"几天；袜子也要稍厚一点，避免脚部受凉。如果房间气温较低，可以继续开空调，保持室内温度高一点。

7. 宝宝运动宜穿吸汗、透气好、宽松的衣裤，做跳蹦蹦床等运动量较大的游戏前要先减少衣服。当宝宝玩得满身大汗时不可立即脱衣，因为"先捂后脱"比"先脱后捂"更容易患上感冒，最好是先用清洁的干毛巾把汗擦干后再换衣服。另外，出汗后马上洗澡也是感冒的一大诱因，同样要先用干毛巾擦干后再洗澡。

8. 晚上睡觉别穿针织内衣内裤或

比较厚的睡衣，以短睡衣、小背心为佳，被子厚薄适中，避免宝宝踢被子而着凉。白天睡觉时也要脱去外衣，盖上薄被，醒后马上把外衣穿上。如果白天在父母的怀抱中、推车中、自行车后座或汽车座椅上睡着了，要注意避免受风。当宝宝刚睡醒时不要马上抱到户外去，应在室内活动一会儿，待身体活动开了再去室外。

9. 带宝宝出行要做好充分准备。无论是到较远的郊外，还是附近的公园和游乐场，父母都要做到心中有数，如打算到什么地方？逗留多长时间？那里的环境、气候如何？需要带多少衣服？等等，以免临时出现意外而手足无措。

# 春季，让宝宝多做促高运动

可以说运动一年四季都应该是宝宝必做的"功课"，而春季更有特殊意义。世界卫生组织专家调查结果表明，宝宝的生长速度在一年四季中以春季最快，5月份尤为突出，此月平均长高幅度达到7.3毫米，比长得最慢的9月份快4毫米，与老祖宗的"一年之计在于春"可谓不谋而合。因此，促高便成了宝宝春季运动的特殊使命之一，而运动也的确不辱使命。医学研究显示，运动能通过增进食欲、提升睡眠质量、加速血液循环（为骨骼组织提供更多的氧气与养分，使骨骼生长旺盛）、促进生长荷尔蒙的分泌（运动后半小时，生长激素的分泌量达到最高峰，特别是运动后的睡眠，生长激素可呈脉冲式分泌）等途径，加速宝宝的身高增长。记住：春季运动可使宝宝的身高来一个跨越式的增长，效果比盲目购买增高类保健品强得多。

那么，春季如何运动方能实现这一目标呢？请看运动医学专家奉献的妙招。

## 多做促高运动

首先要提醒父母，不是所有运动都有促高作用，有些项目甚至对宝宝身高的增长不利，包括负重运动、举重、哑铃、拉力器、摔跤、长距离跑步等。有益于促高的运动主要有以下3类。

### 1. 弹跳运动

如跳绳、跳起摸高、跳远、跑步等，通过牵拉肌肉和韧带，促进四肢生长。

### 2. 伸展运动

如单杠引体向上、仰卧起坐、前后弯腰、体操和种种悬挂性运动，可刺激骨骺软骨增生，有助于脊柱骨和四肢骨的伸展延长。

### 3. 全身性运动

如体操、篮球、排球、羽毛球、足球和游泳等，有利于全身骨骼的生长。

选择的技巧：一要根据宝宝的性格、体质特点与爱好选择，别用父母的兴趣强迫宝宝做他不喜欢的运动，否则会影响他的情绪，对长高反而不利；二要根据宝宝的年龄及运动发育水平，选择力所能及的项目，别好高骛远，盲目超前；三要循序渐进，不能急于求成，因为长期过量超负荷运动会造成软骨损伤、肌肉劳损，从而给宝宝的发育蒙上阴影。

不过，1岁以内的婴儿例外，因为他们尚无做上述促高运动的能力，不妨遵循其发育过程，相机做被动运动（如施行抚触）、抬头（出生后3个月左右）、翻身（5个月左右）、扔物（6、7个月，扔小木块、乒乓球、羽毛球、软的海面球或布球等）、坐（6、7个月）、爬（7、8个月）、站（10个月的婴儿多能由父母扶着站立，以后能让父母扶着双腋窝站着跳跃）等活动，形成环环相扣的动作发展阶梯。

1岁以上宝宝则可在上述促高运动中选择，如一两岁的宝宝可练习赤脚走、跑跳、拍球、双腿跳；两三岁的宝宝以跳绳、蹦床、单腿跳、荡秋千、滑滑梯等为主；幼儿期（3～6岁）以调整运动能力的项目为主，如过独木桥、舞蹈、体操和结合游戏进行的跑跳等；少儿期（7～12岁）多做室外活动，如晨起慢跑（5～7分钟）、单杠悬垂（每次20～30秒）、跳起摸高、登20～30米高小坡或楼梯（重复2～4次）、跳跃（每天200次以上）、游泳（20～30分钟）以及球

类活动（如篮球、排球）等。

## 把握运动方法

运动方法包括运动时间、运动服饰、运动强度以及运动量的把握：

### 1. 运动时间

早晨6点左右是空气污染的高峰期，日出后植物开始进行光合作用，氧气逐渐释放，空气被逐渐"改良"，故太阳出来后再带宝宝运动较好，如上午8~9点，下午4~5点，都是适合宝宝运动的时间段。两个时段较为适合。

### 2. 运动服饰

宜穿通透性好的服装，以利于汗液挥发，可有效降低感冒和汗斑的发生。衣服松紧适度，鞋子松软轻便，让宝宝的运动更轻松、灵活。

### 3. 运动强度

以保证宝宝的心率达到每分钟120~140次，或宝宝微微出汗、手足发热、面色红润为度。

### 4. 运动量

宝宝在不被强迫情况下的运动都不会被累到，所以应让他们自己来决定何时停止。一般说来，只要运动后感觉心情舒畅、精神愉快，虽然有轻度的疲劳，但没有气喘吁吁、呼吸急促等不良感觉，就说明运动量比较适合。

## 运动前后注意要点

为了确保运动的安全，最大限度地发挥运动的促高效用，父母要帮助宝宝做好运动前后的相关事宜，至少有4点：

①做好热身运动。运动前父母要和宝宝一起活动全身，为运动热身，如揉揉面部、耳朵，搓搓手、转转手腕和脚腕，扭扭腰部与四肢等，待全身肌肉、关节完全活动开后，再做稍强点的运动，目的是避免扭伤和拉伤。

②运动后要"冷身"，就是做做放松运动，如肌肉放松、心肺放松等，尤其是做比较剧烈的运动时，因为突然停下来休息，心、脑等器官可能供血不足，容易出现头晕、恶心等缺氧症状。

③运动后吃喝有度。一是适量喝水，由于运动出汗增加了体内水分的流失，故及时补水很有必要，但又不能喝太多，否则会使血液稀释，加上出汗已丢失了部分盐分，致使血液盐

含量降低，容易发生低钠血症而引起肌肉抽筋等现象；二是不宜立即进食，因为运动时血液多集中在肢体肌肉和呼吸系统等处，胃肠的血液量减少，蠕动随之减弱，如果运动后立即进食有引起消化不良之虞。

④运动后不要立刻脱衣服，否则汗湿的内衣就会变冷，湿冷的衣服沾在身上很容易感冒。最好在运动前或运动时脱衣服，运动后及时加上。如果出汗，家长可用干毛巾擦干宝宝身上的汗水，并换上干净的衣服。

# 宝宝春困，化解有妙法

贝贝妈妈："贝贝这几天午睡特别长，原来最多睡两个小时，现在可以从下午1点多睡到四五点，有点担忧。"

多多妈妈："听幼儿园老师说，多多这几天上课老是打瞌睡，好像总也睡不够似的，怎么回事呢？"

别担心，宝宝就是与父母一样被"春困"缠上了。究其奥秘，春季的天气变化难辞其咎。现代医学的解释是：人体的血液循环往往受到天气的影响，一旦环境气候变化，人体随之出现相应的生理反应。就说冬天吧，皮肤毛细血管受到寒冷刺激，血流量减少；大脑和内脏的血流量相对增加，大脑供氧量充足，所以头脑清醒，精神倍增；入春后气温逐渐升高，皮肤毛细血管由收缩变为扩张，血液涌向体表，流向脑部的血液减少了，大脑处于相对的缺氧状态，脑细胞的兴奋性下滑，随之出现无精打采、昏昏欲睡的现象，"春困"就应运而生了。

传统医学则认为，春季空气潮湿，湿气潜入宝宝体内困住了脾胃，导致血气不畅，经脉不通，因而出现疲乏、嗜睡、食差、烦躁、哭闹等"春困"症状。

尽管中西医对于"春困"的原委说法各异，但结论是相同的，那就是"春困"不是病，而是人体生理机能随自然气候变化而出现的一种生理现象，不足为虑。

## 识别冒牌货

"春困"也有冒牌货吗？答案是肯定的，请看黑名单：

头号冒牌货非"甲减"莫属。"甲减"的全称叫甲状腺功能减退，祸起甲状腺"怠工"，导致荷尔蒙分泌减少，造成全身代谢活动下降，身体的运作变得"迟钝"起来，宝宝便出现精神差、疲倦、昏沉欲睡等症候，如果又在春季发病，很容易被误认作"春困"。不过，"甲减"不只有"春困"症候，还会累及宝宝的发育、容貌与体态，如身材矮小、智力低下以及愚钝呆滞的外貌与贫血、便秘等症状。做一次甲状腺功能检查（检测血中甲状腺激素 T3、T4 的水平），"凶犯"即可大白。

二号冒牌货当推过敏。主要见于过敏体质宝宝，或因食用了野菜、春笋、蚕豆等春发食物，鼻黏膜与喉部受到刺激，进而累及呼吸而出现头昏脑涨等症状；或因吸入尘螨、霉菌、花粉等过敏原，诱发了过敏性鼻炎，出现严重鼻塞，减低呼吸量，造成慢性缺氧，或影响睡眠质量而致白天嗜睡、困倦。明智之举是到医院做一次过敏原测试，找到肇事者，并设法避开，烦恼可望得到解决。

三号冒牌货则数低钾症。食量低、挑食或腹泻、呕吐的宝宝，容易攀上低钾症，而钾是生命的必需离子，一旦缺乏也会出现类似"春困"的表现。但宝宝若出现较重且持续的疲倦感、肢体沉重感，甚至一时半刻无法动弹，就不能用"春困"来解释了，很可能系低钾所致，务必及时去医院就诊。

说到这里不难明白，对于宝宝的健康而言，冒牌货比真春困糟糕得多，更需要认真对待。

## 化解有妙法

一旦宝宝像贝贝、多多那样出现了"春困"现象，父母最该做的事就是带上宝宝去一趟医院，请儿科大夫评估"春困"的真伪。若为冒牌货，应及时寻找幕后真凶（如甲减、过敏、低钾等），并给予规范化治疗，直至痊愈；若为真"春困"，则不必紧张，这不过是作为季节变化在人身上的一种反应罢了，没什么可怕的。当然也不可放任自流，因为真"春困"也会给宝宝的身心健康带来一些消极影响，在医生指导下予以化解还是大有必要的。那么，如何化解呢？

首先是向食物借力，按照"天人合一"的原则调整食谱，使之适合春季的特点。西医主张向富含蛋白质、维生素（如维生素C）以及矿物质（如钾、钙等）的食物倾斜，前者如奶、鱼、禽、蛋、豆制品等，后者如胡萝卜、菜花、卷心菜、甜椒、芹菜、马兰、春笋、樱桃、草莓、猕猴桃、柑橘、香蕉等。中医认为春困是湿困脾胃所致，对策是健脾除湿，具有健脾除湿功能的食物当唱主角，如淮山、芡实、莲子、鲤鱼、赤小豆、薏米、扁豆、冬瓜等，尤以藕、荸荠等为佳。

### 👉 食谱举例

> ＊ 莲子百合粥（莲子、干百合各15克，鸡蛋1个，白糖适量煮粥食用）。
>
> ＊ 芡实鲫鱼汤（芡实、淮山各15克、鲫鱼1条熬汤饮用）。
>
> ＊ 白菜干节瓜煲猪骨汤（白菜干、节瓜、猪脊骨、猪瘦肉、生姜等各适量熬汤喝）。

其次要睡好觉。一要按时，保证宝宝晚上9点前入睡，并睡足时间；二是消除噩梦，提升睡眠质量，如在室内添置一盏小夜灯，让宝宝有一种安全感，不给噩梦以可乘之机；三是适当午睡，以下午1点到2点为宜，时间控制在30分钟到1小时内，以免影响夜间睡眠。

再者，要鼓励宝宝多做户外运动，根据宝宝的运动能力选择韵律操、跳跃、游园、踏青、登山、慢跑、球类、放风筝等等项目，活跃精神，促使气血畅达，可有效化解困意。但不要做快跑等过量、过激的爆发性运动，否则会使皮肤血管急速扩张，血液流向体表，反而加重头昏脑涨与困倦感。

另外，情绪伤害、心理压力也会给睡眠品质减分，导致白天委靡、困倦。父母要随时留意宝宝的"心病"，如在幼儿园或日常生活中受到挫折，包括小测验没考好，回答问题不正确，与同学聊天被嘲笑等，都可能加大压力，造成睡眠不安。此时须耐心帮宝宝出谋划策，解决遇到的问题，使宝宝心情舒畅，精神愉悦，"春困"就会"不药而愈"了。

# 宝宝春季疫苗计划

疫苗是保障宝宝健康的最有效利器！有资料为证：在全球范围内，疫苗每年保护了300多万患儿免于传染病导致的死亡，80多万患儿免于残疾。所以，值此一元复始的新春时节，为小宝贝接种疫苗的时候到了，家长切不可错过了。

就目前的临床应用看，宝宝的疫苗分为计划内与计划外两类，计划内疫苗自在必种之列，计划外疫苗亦应酌情选择接种。以下几种疫苗尤其不可遗漏。

## "麻风腮"疫苗

疫苗特点：属于联合疫苗类，注射1针与分别注射3针（即麻疹、风疹、腮腺炎疫苗）的效果相同，减少了注射次数，也减轻了宝宝的痛苦和总体不良反应，值得推荐。对3种疾病的抗体成功率皆在95%以上，抗体水平

可维持11年或以上。

预防疾病：麻疹、风疹、腮腺炎。

接种理由：麻疹、风疹与腮腺炎是宝宝春季高发的3种传染病，麻疹容易并发肺炎，腮腺炎可引起睾丸炎（卵巢炎），对宝宝的威胁较大。

接种对象：1岁以上，初次接种后需在小学一年级、中学一年级和大学一年级各加强1次。

接种方法：在上臂三角肌外缘附着处皮下注射，剂量0.5毫升。如果宝宝已经得过上述3种病中的任何一种，则选择其他两种联合疫苗或单种疫苗接种。

### 专家提示

接种疫苗后观察30分钟，确认一切正常后再回家，并注意适当休息，多喝水，注意保暖，避免剧烈活动。

不良反应：注射部位出现短时间的烧灼感及刺痛，个别宝宝可能出现发热（38.3℃或以上）、喉痛、恶心、呕吐、腹泻或皮疹。

接种禁忌：对新霉素和鸡蛋过敏者；患有免疫缺陷病，或正在接受免疫抑制剂（如强的松）治疗者；家族或自身有惊厥史和脑外伤史者；发热，或处在各种疾病的急性期者；患有活动性结核、血液病、恶病质和恶性肿瘤者，皆不接种。

## 甲肝疫苗

疫苗特点：分国产疫苗与进口疫苗两种，国产疫苗属于减毒活疫苗，注射1针可获得4年以上的保护期；进口疫苗属于灭活疫苗，接种后可维持20年左右的防病效果。

预防疾病：甲型肝炎。

接种理由：春季是甲型肝炎的流行季节，大约70%的患者在春季发病，所以甲肝疫苗是春季必种的疫苗之一。

接种对象：1岁以上，尤其是上托幼机构前应接种。

接种方法：国产疫苗每次注射1毫升。进口疫苗18岁以下注射0.5毫升，19岁及以上注射1毫升，6~12个月后加强注射1次。

不良反应：接种部位轻微疼痛，或局部红肿硬块。极少数有发热、头痛、恶心、食欲不振、疲倦等反应，大多会在48小时内消失。

> **专家提示**
>
> 注射疫苗后应观察半小时，提防过敏反应，回家后72小时之内有异常反应或迟发性过敏反应者，应尽快到医院诊治。

接种禁忌：发热（腋温超过37.5℃）者；患有急性传染病、免疫缺陷或其他严重疾病者；过敏体质者，均不宜接种。

## 卡介苗

疫苗特色：属于减毒活疫苗，采用无毒牛型结核杆菌制成，安全有效。

预防疾病：结核病。

接种理由：宝宝春季易发结核病，包括急性粟粒性结核以及结核性脑膜炎等重症结核，故卡介苗也被列为春季主要接种的疫苗之一。

接种对象：宝宝出生后的24~48小时即应接种，在12~16周期做结核菌素试验，目的是监测疫苗是否已产生免疫反应，如果接种失败，可及时

进行补种。

接种方法：上臂外侧三角肌中部皮内注射0.1毫升。

不良反应：接种部位可有红色结节，伴有痛痒感；以后结节可变成脓包、溃破、结痂皮，并自行脱落，留下一个小疤痕。

**专家提示**

对于红色小结节所形成的脓疱或溃疡不可挤压或包扎，只要保持清洁即可。如果接种部位肿胀厉害有感染情况，应到医院检查。

接种禁忌：发热者；患有结核病、急性传染病、肾炎、心脏病、湿疹、免疫缺陷症或其他皮肤病者不予接种。

## HIB（B型流感嗜血杆菌）疫苗

疫苗特色：全称是B型流感嗜血杆菌多糖结合疫苗，简称HIB疫苗。B型流感嗜血杆菌是流感嗜血杆菌家族中的一种，具有极强的侵袭力，以往曾认为与"流感"有关而得名（后来证实"流感"是由流感病毒引起的）。早在20世纪80年代HIB疫苗就问世了，90年代前后开始在美国和欧洲一些国家的儿童中使用，现国内也已生产。接种后抗体阳性率高达99%，其中97%可达到长期保护水平。

预防疾病：B型流感嗜血杆菌引起的肺炎和脑膜炎。对其他型别的流感嗜血杆菌，或致病微生物引起的肺炎、脑膜炎则无效果。

接种对象：5岁以下宝宝，其中不满周岁婴儿感染的比例要占总病例的60%，所以HIB疫苗应从生后2~3个月时开始接种，早接种早受益。

接种理由：B型流感嗜血杆菌通过空气飞沫传播，是导致儿童肺炎与脑膜炎的首恶，每年在全球可夺走38万~50万条小生命，接种疫苗可将宝宝受害的危险降低90%以上。

接种方法：在臀部外上方1/4处，或上臂外侧三角肌附着处，肌肉注射0.5毫升。自3月龄开始，每隔1个月或2个月接种1次（0.5毫升），共3次，并在18个月时加强1次。若为6~12月龄婴儿，每隔1个月或2个月注射1次（0.5毫升），共1次，并在18个月时加强1次。至于1~5岁幼儿，仅需注射1次（0.5毫升）即可。

不良反应：发热，接种局部红斑和肿块或硬结，多在接种6小时后出现，1~2天后逐步减轻或消失。

接种禁忌：发热，急性疾病，特别是感染性疾病或慢性疾病活动期应暂缓接种。对破伤风类毒素过敏者，严重心脏病、高血压、肝病、肾脏病患儿不能接种。

## 乙脑疫苗

疫苗特色：一种季节性疫苗，包括乙脑灭活疫苗、乙脑减毒活疫苗两种。

预防疾病：乙型脑炎。

接种理由：乙型脑炎病毒引起急性脑实质发炎，由蚊虫叮咬传播，常发生在蚊虫肆虐的夏秋季节。接种疫苗后需要 1~2 个月才可产生保护性抗体，所以应提前到乙脑流行前的 4~5 月份接种。

接种对象：1 岁及以上宝宝。

接种方法：上臂外侧三角肌附着处皮下注射 0.5 毫升。1 岁时打第 1 针，以后在 2 岁、7 岁时各加强 1 次。

不良反应：接种部位红肿、疼痛，1~2 天内消退。少数有发热，一般均在 38°C 以下。少数有头晕、头痛、不适等自觉症状，偶有皮疹。

接种禁忌：发热；患有脑及神经系统、心、肾及肝脏等疾病；以往对抗生素、疫苗有过敏史；活动性结核病；有过敏史或抽风史；有免疫系统缺陷，近期或正在进行免疫抑制治疗等不宜接种。

## 狂犬病疫苗

疫苗特色：甲醛灭活疫苗，分为预防性接种（未被动物伤害）与治疗性接种（被犬、猫等动物咬伤后）两种。

预防疾病：狂犬病。

接种理由：春季属于猫、狗等动物的发情期，性情暴躁易怒，极易伤人而引发狂犬病。人感染后一旦发病，病死率100%，而接种狂犬病疫苗可有效地保护患者。

接种对象：家有宠物以及喜欢接触宠物的宝宝，或者被宠物咬伤、抓伤或舔及皮肤的患儿。

接种方法：预防性接种的程序是出生时、出生后7天、28天各注射一个剂量的疫苗，次年再加强1针。全程免疫后14天进行抗体水平测试，若未达标应加强1针，再测抗体水平。动物咬伤后的免疫程序为：肌肉注射5针，即第0（动物咬伤时）、3、7、14、28天各注射2毫升，如咬伤程度严重，或伤处近中枢神经还可加倍量注射疫苗。

不良反应：注射部位疼痛、红肿、硬结、瘙痒，甚至水肿、淋巴结肿大。

专家提示

注射疫苗期间不宜剧烈运动，避免过劳，加强营养，提高抗病能力。

接种禁忌：若是预防性接种，则急性病患儿、过敏体质者、使用免疫抑制剂者应推迟接种。若用于治疗性接种，以挽救生命为首要原则，则无禁忌证。

## 三条忠告

忠告1：除上述疫苗外，其他如脊髓灰质炎疫苗、百白破三联疫苗、流感疫苗、肺炎疫苗、乙肝疫苗等计划内或计划外疫苗，也应酌情接种，不可随意漏掉。

忠告2：无论哪种疫苗，保护率都不可能达到100%，一般为85%~95%，而且由于个体差异，不是所有宝宝都能免疫成功，所以接种疫苗后依然要注意在生活中加强预防。

忠告3：如何知道疫苗接种是否成功呢？一个是看防病效果，如果接种2周后宝宝并未患上所预防的那种传染病，而且是在流行季节，表明接种的效果较好。另一个是看接种后的表现，如接种卡介苗后出现接种部位红肿、溃破、结痂，并留下一个凹进去的小疤，说明接种成功。还有一招是测定血液中抗体的增长情况，如果抗体达到较高的浓度，即为接种成功。

# 春季户外睡眠好

春天，宝宝需要更多的睡眠，因为春季是宝宝生长速度最快的季节。来自世界卫生组织的一项研究显示，宝宝在春季（3~5月份）的3个月中，身高增长值相当于秋季（9~11月份）3个月的2~2.5倍。可你知道吗？宝宝的生长离不开体内生长激素的"催化"，而生长激素的分泌高峰又是在睡眠中（超过半量的生长激素是在夜间熟睡时分泌的）。所以，春季多给宝宝一些睡眠时间，有利于宝宝长得"高人一等"。

如何让宝宝多睡呢？"户外睡眠"是个好办法。医学研究表明，户外睡眠既是一种睡眠，也是一种锻炼，可给宝宝带来许多室内睡眠得不到的好处。

首先，户外睡眠能更多地享受日光，日光能增强宝宝钙的吸收、利用与代谢，有助于防治佝偻病，这一点在俄罗斯特别受重视。

其次，户外空气新鲜，氧流量充足，容易让宝宝进入深度睡眠，从而促进生长激素分泌与脑发育。

再次，户外睡眠还能增强宝宝呼吸道对冷刺激的适应和抵抗力，进而有效地减少上感等呼吸道疾病的发病概率。

另外，户外睡眠增加了宝宝与大自然亲密接触的机会，有利于愉快情绪和独立性格的培养，算得上一种身心皆受益的睡眠方式。

## 做好睡眠准备

"户外睡眠"需要做好充分准备，大致包括以下几方面：

● 优选场所：以朝南、安静、空气洁净流通、温暖、背风的环境较好，如阳台、院子、公园等地，再准备一辆小推车，将宝宝放在小推车里，避免太阳直射面部。注意，不要选择花前与树下，因为花瓣或树叶会掉落，影响宝宝的睡眠质量，甚至造

成花粉过敏。

●**睡眠时机**：在温度适中时，如上午 10～11 点、下午 2～3 点较妥。

●**睡眠用品**：小婴儿要备好尿布（或纸尿裤）、婴儿湿巾、乳液和软膏（涂抹尿布区用）、塑胶袋（用于装脏尿布）以及成人用的消毒巾（用来清洁双手）；若喂牛奶，还要准备一瓶饮用水。较大婴儿要备好婴儿食品、餐盘汤匙、围兜、点心水果、稀释的果汁、遮阳帽、安抚用品（如玩具以及宝宝最喜爱的书）等。另外，还要准备点父母自己需要的食品、书籍、纸巾与饮用水等。

东西准备好了，是否马上开始户外睡眠呢？答案是否定的。道理很简单，户外睡眠不可一蹴而就，必须循序渐进。换言之，在打算户外睡眠的

一个星期之前，先给宝宝来一番"预热"，然后才向户外搬迁。一般可分为三步走：

第一步：开窗睡眠。将宝宝卧室的门窗打开，降低室温，如室温在 18℃～20℃，可以每 3～4 天降低 1℃，幼儿室温可降低至 14℃，营造一点儿"室外"的氛围，让宝宝开始慢慢地适应室外的环境。注意：风雨天、宝宝患病时以及睡前及起床时应关好窗户，以免受凉；睡眠中要有人照看，随时观察睡觉情况及气温变化，并做好护理工作。

第二步：待宝宝适应开窗睡眠后，将其睡床从室内移向阳台。

第三步：阳台睡眠也适应了，再让宝宝躺在婴儿车里，推到户外睡眠。宝宝身上要比室内多盖一条毯

子，有微风时可戴上睡帽。父母可轻摇小车或轻拍婴儿促其入睡，并随时将手伸进包被中检查温度，不可太冷太热，防止感冒或中暑。宝宝睡醒后，不要急于抱起，要温柔地叫他的名字，同他说说话，然后推回屋内，等他醒一会儿再打开小被，抱起来喂一点温开水，让宝宝尽快地恢复状态。

注意睡眠安全：

①把握好户外睡眠的月龄，一般要待小婴儿满月后方可开始户外睡眠，不要太早。

②宝宝身体不适、精神不佳时，空气质量差或者风较大时，不要做户外睡眠。睡觉过程中若出现起风、下雪等状况，应立即抱回房间，不可在外逗留。

③安全使用手推车，如打开时一定要全开，刹车时要锁住，并给宝宝系好安全带。

④宝宝户外睡眠过程中，一定要有人全程陪同，不能将宝宝一人丢在车里而无人看管。

⑤宝宝睡着后要将椅背调平，让他睡舒服些。

⑥防止晒伤。不要以为宝宝只有待在阳光下才有可能晒伤，户外睡眠中也要防晒。若在婴儿车里睡眠，必须放下帘子或者撑起遮阳罩；不在婴儿车里睡眠的宝宝要戴上遮阳帽，否则阳光会伤害到宝宝稚嫩的皮肤和眼睛。

⑦合理掌握户外睡眠的时间，一般从每次 30 分钟开始，逐渐延长，最长每次不超过 2 小时。

夏季篇

酷暑，细菌，蚊蝇……夏季对于宝宝而言
有许多"天敌"，稍有懈怠，便可能陷入危
机中。别怕，只要你把握好养与护两支桨桡，
就一定能让宝贝平安地度过夏天。

# 全方位打好防蚊之战

每逢夏天，总有讨厌的"不速之客"会闯进人类的生活圈，给我们特别是宝宝带来威胁，这就是蚊子。蚊子之害不仅在于嗡嗡的刺耳鸣叫声，也不止是叮咬皮肤后引起痒痛等不适感，重要的是它乃传播诸多疾病的"急先锋"。列在这张黑名单上的有疟疾、丝虫病、乙型脑炎、登革热以及乙型肝炎等。为保护宝宝的健康，全方位打一场灭蚊之战势在必行。

## 第一枪从早春打响

从表面看，蚊子的火暴季节是在炎炎夏日，实际上早春已经拉开了序幕——其幼虫在水中孳生，并逐渐发育为成蚊，故灭蚊之战的第一枪应在早春打响。

灭蚊之战的突破口应选在整治生活环境方面，堵死、填平、铲除蚊子繁殖、生存的洞穴、潮湿低地、杂草以及积水之处，如庭院内外的瓶、罐、花盆和池洼，目的在于从根本上清除蚊子的源头。同时，辅以化学药物杀灭之。具体"战术"有两种：

一是借助于化学药物之功，如敌百虫、敌敌畏、溴氰菊酯、氯菊酯等杀虫剂。对付蚊子幼虫，可将1%的敌百虫直接投入花盆等积水处，将其消灭在萌芽状态中。对付长大的蚊子，则不妨采用空间喷雾、滞留喷洒与药物浸泡等多种办法。如用0.3%的敌敌畏乳液或0.4%的氯菊酯乳液在室内外喷雾，一般15平方米房间喷雾5~10秒钟，再关闭门窗30分钟即可。或者将2.5%的溴氢菊酯均匀喷洒在室内墙壁与天花板等处（用量为每平方米面积0.02~0.05克），一旦蚊子停落其上可因接触毒物而死亡，灭蚊效果可保持2~4个月。对于门帘与纱窗，则可用2.5%的溴氰菊酯或10%的氯菊酯乳油（用量分别为每平方米面积 25 毫克与 500 毫克）浸泡，灭蚊效果可维持 3 ~ 6 个月。但要注意，婴儿与孕妇住的房间不宜喷洒杀虫剂。

二是家庭里的泡菜坛口边缘等积水处，不能使用敌百虫，不妨滴加少许食用油，或者加入 10 克 ~ 20 克食盐，可收到异曲同工之效。

## 合理使用蚊香

目前市场上供应的蚊香有两类：一类是盘式蚊香，一类是电热蚊香。蚊香之所以能驱灭蚊子，起作用的是所含的杀虫剂——溴氰菊酯，而溴氰菊酯对人体的神经系统有某种毒性（主要损伤大脑中谷氨酸递质系统），长期接触可能引起神经麻痹、感觉异常以及头昏等症状。

比较起来，电热蚊香优越一些。它没有盘式蚊香燃烧时的明火与烟气，对人体的刺激性较小，驱蚊药片或驱蚊药液的各项毒理学指标均很低，即使接触时间长一些也不会产生毒性作用，驱蚊效果也较好。不过，为了确保婴儿健康，无论哪种蚊香最好都不要使用。

## 保护婴儿之招

上面介绍的一些战术，不少皆为"儿童不宜"，那么如何保护婴儿平安度夏呢？以下几招可供参考：

①搞好室内外的清洁卫生，消除蚊子孳生、繁殖的环境，尽量减少蚊子的来源。

②利用蚊子怕光、怕声等弱点，每天傍晚暮色初起时敞开门窗，打开

灯光与电视机或收录机,迫使蚊子从各个黑暗角落飞出室外,再关上纱窗、门帘。室内可安装橘红色灯泡,或用透光的橘红色玻璃纸套在灯泡上,开灯后蚊子会因惧怕橘红色光线而逃离。注意光线不宜过强,否则会影响宝宝的正常睡眠。

③睡床挂上蚊帐,最好选用密封性能好的拉链蚊帐,不让蚊子接近婴儿,床上用品及蚊帐最好用白、红、蓝色,避免紫色与黑色,奥妙在于紫色与黑色等暗色调最易招惹蚊子,而白色则令蚊子生厌。不过,宝宝睡觉爱活动,如果小胳膊、小腿、小脸挨着蚊帐,蚊子会通过蚊帐的空隙叮咬宝宝。解决的办法是在小床的四周挡上一层高度为30厘米~50厘米的薄布,这样就安全了。

④花草驱蚊。夜来香花开在夜晚,飘出阵阵清香,令蚊子远离。茉莉花香浓郁,夏季置于室内,能杀死结核、痢疾、白喉杆菌,蚊虫避而远之。七里香、食虫草、逐蝇梅、驱蚊草等也有一定驱蚊作用。放置多少呢?一般15平方米房间摆放两盆中大型植物或3~4盆小型植物就够了,

切忌"多多益善"。

⑤宝宝洗澡后,取2片~3片维生素 $B_1$ 溶化于热水之中,再用棉球蘸水擦洗面、颈、手、腿等暴露部位的皮肤。维生素 $B_1$ 散发出一种特殊气味,蚊子闻之后可逃之夭夭。也可在室内放置几盒打开盖子的清凉油,清凉油的气味同样有驱蚊作用。

⑥宝宝外出,可用六神花露水涂抹外露皮肤,或者喷洒在小床的周围,避免蚊子靠近。

⑦消灭蚊子的土办法也可采用,如挑几只空酒瓶,瓶中盛入3毫升~5毫升啤酒或糖水,分别放置于室内各个角落等蚊子躲藏与出没的地方,蚊子闻到甜味后会飞入瓶中,将其粘住而丧生。也可在清晨,将吸尘器的管口对准墙角里的蚊子,突然打开开关,将蚊子吸入而置于死地。

⑧一旦宝宝被蚊子叮咬致伤,父母也不要紧张,可按以下办法处理:先用清水冲洗,再用镊子清除留下的毒毛,最后涂上止痒药膏或止痒药水即可。如果叮咬处发生了感染,则应请医生处置,以保安全。

# 调好胃口好度夏

夏天一到，父母的新烦恼也到了，那就是宝宝的胃口滑坡，出现缺乏食欲、厌食或食量减少等问题。症结主要有三：一来气温居高不下，机体为了调节体温，较多血液流向体表，内脏器官供血相对减少，以致影响胃酸分泌，导致消化功能减低。二来天气闷热，宝宝休息、睡眠不佳，神经中枢处于紧张状态，体内某些内分泌腺体的活动水平发生改变，进而影响到胃肠的活动。三来夏季出汗较多，唾液分泌减少或变稠，产生口渴的感觉而大量饮水，使本已减少的胃液又被冲淡。三者相加，宝宝的食欲怎不锐减呢？

不过也别着急，不妨试试以下10招，它们可以帮助调好宝宝的胃口，平平安安度过夏季。

## 添好辅食

胃口好坏与舌头上的味蕾是否发达有关，而味蕾发育的敏感期为出生七八个月后，故抓住敏感期，在坚持母乳喂养的同时，加入各种辅食，让宝宝接受多样化的味道刺激，对其味觉的培养非常重要。比如蔬菜汁、水果汁、土豆泥、肝泥、鱼泥、蛋羹、豆汤等，只要不影响消化，都可以每天搭配起来做一点让宝宝品尝，这样断奶之后吃以粥为主食的饭菜就比较顺利了。周岁后，宝宝已经长出不少牙了，则应相应增加食物的硬度，如将水果蔬菜切成小块状，粥改成米饭，让宝宝感觉有嚼头，否则有可能出现厌食现象。

另外，夏天的饭菜要做得清淡一些，最好每餐都有开胃菜，如番茄蛋汤、凉拌黄瓜、香菜豆腐丸、糖醋鱼等，并做好颜色搭配，以诱惑宝宝的食欲。夏天气候炎热，要做好早餐这顿饭，尽量变化花色品种，不能天天都是牛奶鸡蛋，也可吃点莲子芡实粥（芡实可以健胃），其实小米粥、玉米粥、

红枣鸡蛋汤、酸奶配面包等，午睡起来喝一碗绿豆汤或吃一些水果，既能防暑又能补充能量，也应经常做给宝宝吃。

## 吃点儿"苦"

酸、甜、苦、咸……恰恰就是最令人讨厌的苦味最有助于胃口的改善。首先，苦味以其清新、爽口的味道刺激舌头上的味蕾，激活味觉神经，在增进唾液分泌的同时刺激胃液和胆汁的分泌，从而提升食欲，增强消化。同时，苦味可通便排毒。中医认为，苦味属阴，有疏泄作用，对于由内热过盛引发的烦躁不安有泄热宁神的作用，使体内毒素随大、小便排出体外，宝宝不仅胃口变好，而且少生疮患病。另外，苦味尚可泄去心中烦热，使头脑清醒，更好地发挥功能，因而有一定的益智作用。

苦味食品以蔬菜和野菜居多，如莴笋、生菜、芹菜、茴香、香菜、苦瓜、萝卜叶、苕菜等。在干鲜果品中，有杏仁、桃仁、黑枣、茶叶、薄荷叶等。在粮食和豆类食品中，有糯米、荞麦、大豆豉等。另外，还有食药兼用的五味子、莲子芯等，用沸水浸泡后饮用为宜。五味子适于四季，冬春季饮用更好。莲子芯最适于夏季饮用。

入睡。

## 给点儿醋

做菜时适当加一点儿香醋、米醋等作料，可使宝宝胃酸变浓增多，发挥生津开胃、增强胃肠蠕动、促进消化之功，进而提升宝宝的胃口。在做猪蹄、排骨、鲜鱼时，适量加些食醋，还会使骨质中的碘、钙、磷等营养物质最大限度释放出来，溶入汤水中，便于完全吸收；在蔬菜里加醋能帮助吸收营养，如加醋的菜可提高人体营养吸收率70%，宝宝无疑受益匪浅。

## 睡好觉

充足的睡眠可使神经调节功能处于最佳状态，胃肠分泌消化酶较为充分，肠胃的蠕动适当，从而使宝宝拥有良好的食欲。

宝宝每晚睡眠应保证在12小时以上，并坚持午睡。为此，看电视要有节制，应有选择地看与儿童有关并寓有教育意义的内容，不应超过2小时。睡眠要定时，最好不要超过晚上10点。室内要有充足的新鲜空气，除非太热，一般在睡眠后不宜开空调。晚餐不要吃得过饱，也不宜吃零食，睡前不要过度兴奋，保证宝宝安静

## 选对鞋

日本医学界一份报告称，宝宝穿太紧的鞋会妨碍血液循环和新陈代谢，影响食欲，导致厌食或挑食，故给宝宝一双合脚的鞋很重要。另外，引导宝宝赤脚在草坪、沙滩等处多活动，有利于激发食欲。

## 补足锌

锌元素对食欲的影响，主要体现在以下方面：其一，唾液中味觉素的组成成分之一是锌，锌缺乏时会影响味觉；其二，锌缺乏可降低味蕾的功能；其三，缺锌会导致舌头黏膜增生和角化不全，使大量脱落的上皮细胞堵塞舌乳头上的味蕾小孔，食物难以接触到味蕾，味觉变得迟钝。

肉眼观察宝宝的舌象，可以看到舌面上一颗颗小小的突起，称为舌乳头。与正常宝宝的舌乳头相比，缺锌者多较扁平，或呈萎缩状态。有些缺锌宝宝，出现明显口腔黏膜剥脱，如同地图舌，补锌后随着地图舌的恢复，食欲也有改善或明显改善。因此，食欲不好的宝宝不妨到医院查一查头发中的锌含量，若明显低于正常值，应

在医生指导下，通过牡蛎、豆类等食物或药物予以补足。

## 少冷饮

夏季炎热，宝宝大多难以抵御冷饮的诱惑。父母要注意了，在进食冷饮的时机与量上务必严加控制，否则将会株连食欲。原因在于：一是冷饮中含糖量颇高，过量食用导致血糖浓度升高而抑制食欲；二是宝宝的胃肠功能还比较薄弱，过食冷饮会造成胃肠功能紊乱，食欲下降便是顺理成章的事了。

正确之举是，宝宝一天的冷饮进食量不要超过100克，也不要安排在餐前1小时以内食用，以免影响主餐。

## 喝点儿粥

大宝宝喝点粥也大有裨益。以下几款可供选择。

### 食谱举例

**1. 草莓绿豆粥**

食材：大米100克，绿豆30克，草莓50克，白糖适量。

做法：绿豆淘洗干净后，用清水浸泡4小时。糯米淘洗干净，与泡好的绿豆一并放入锅中，加入适量的清水。旺火煮沸后，转为微火，煮至米粒开花，绿豆酥烂。加入干净草莓和白糖，再稍煮一会儿即成。

**2. 红豆薏米粥**

食材：红豆20克，薏米20克，大米50克。

做法：红豆、薏米、大米淘洗干净，放入锅内，加水煮粥食用。

**3. 荷叶粥**

食材：新鲜荷叶1张，粳米30克，白糖适量。

做法：荷叶洗净煎汤，滤取荷叶汁，与粳米一起煮成稀粥，添加白糖适量调味。

### 4. 胡萝卜粥

食材：胡萝卜50克，大米50克。

做法：胡萝卜洗净切片，与大米一起放入锅内，加水煮粥。

### 5. 苹果橘瓣粥

食材：苹果50克、橘子半个，大米50克，白糖适量。

做法：苹果去皮切块，与大米一起放入锅内加水煮粥。粥快熟时放上几片橘瓣，加少许白糖食用。

### 6. 莲藕肉末粥

食材：莲藕50克、猪里脊肉30克、大米50克。

做法：粳米、莲藕、猪里脊肉淘洗干净。莲藕去皮，切成果粒状。猪里脊肉切成小粒。大米放入开水中，煮至八分熟时加入里脊肉粒和莲藕粒，用小火熬成粥。

## 几则食疗方

以下几则方剂方可助一臂之力：

方1，苹果、柠檬各1个，栗子粉和蜂蜜各1汤匙。苹果去皮，切成小块，掺适量水煮几分钟，盛入碗里。柠檬榨汁，再将栗子粉和蜂蜜溶解，搅拌均匀后一起加入碗中。酸酸甜甜的水果口味，加上鲜艳缤纷的水果色彩，肯定能让宝宝大开胃口。

方2，炒麦芽、焦山楂、炒神曲各10克，炒内金5克，炒莱菔子6克。研为细面，加白面和水调成糊状，睡前敷于宝宝的肚脐上，外用纱布固定，次晨取下，每日1次，5天为1疗程。

方3，炒白术、炒扁豆、砂仁、佩兰、鸡内金各5克，焦山楂、谷芽各10克，甘草3克，水煎服，每天1剂，分3次服完。

## 几点小技巧

●注意饭菜的色、香、味、形，经常换着花样吃，最好安排一周的食

谱，可避免单调无味。饭菜太咸或太凉都会引起宝宝反感而拒绝。

• 有意用童话故事、比喻、示范等办法，引导宝宝理解食物的好处，如"吃了鸡蛋会长高长胖"，"吃番茄小脸会长得红彤彤"，"猪肝真好吃，多吃猪肝眼睛会亮晶晶的，嘴唇会红红的"，从而激发宝宝对各种食物的兴趣。

• 必要时饿宝宝一二顿，空腹是产生食欲的重要原因，当小孩饥饿时，平时不爱吃的东西似乎吃起来也特别香。如果这种体验有节奏地反复进行，可使食欲得到很好的发展。

• 注意宝宝吃饭时的心理因素和环境因素。比如，送到宝宝面前的食物最好比他的食量小，不够吃再添，这比一下子端给他一大碗，使他没吃前就觉得没法对付好得多。环境也有影响，当宝宝不好好吃饭时，不妨调换一下吃饭的场所。

• 健脾开胃。中医学认为，胃口不好与小儿脾胃功能差有关，可服用健脾和开胃的药，如小儿康等。也可带宝宝去中医处做按摩，效果也不错。

# 夏季多吃健胃餐

宝宝平安度夏，健胃餐功不可没。一方面气温高抑制胃肠的消化液分泌，导致胃口变差，进食量减少；另一方面身体大量出汗，消耗增加，对养分的需求增多。化解这一"两难"矛盾的利器非健胃餐莫属，为人父母者学会这一招很有必要。

## 健胃食物看过来

对宝宝健胃有帮助的食物不少，除大米（健脾和胃、强壮肌力）、玉米（补中健脾、除湿利尿）、小麦（养心益肾、除热止渴）、粟米（补中益气、增强食欲）等主食外，还有众多食物值得推荐：

绿豆富含植物蛋白以及钙、铁、磷等矿物质，可补足大量出汗而导致的电解质流失，并有解毒作用。红豆膳食纤维较多，具有生津利尿、消胀润肠之功，有防止便秘之效。

鸭肉清热补虚，宜于瘦弱食少、胃肠功能差的宝宝；鹅肉补虚和胃，对消瘦乏力的宝宝有好处；鹌鹑既补五脏又利湿热，宜于营养不良、食欲不振的宝宝食用；鳝鱼补虚损、强筋骨，慢性病患儿尤为适宜；小排骨瘦嫩少油，炖烂后容易咀嚼，富含蛋白质与血红蛋白多，对贫血改善大有助益。总之，宝宝夏季餐桌也不能太清淡，荤食不可或缺，关键在于合理地选择肉食品种。

瓜类以西瓜为首选，能消烦止渴、解暑利尿。冬瓜不含脂肪，且有减肥之功（抑制糖类物质转化为脂肪），特别有利于"小胖墩"。黄瓜利尿作用强，可帮助清除血液中的有害物质，收到排毒效果。

荷叶清暑去热，可防止皮肤生痱子或疖子。

马齿苋清热解毒、止痢消炎，有防治腹泻、肠炎等作用。

薏米除湿健脾，且消化吸收率高，适合有低热不退、口干舌燥、疲倦乏力等苦夏症状的宝宝。

虾皮钙含量高，是宝宝补钙的最佳来源。缺点是虾皮含盐太多，宜挑选不太咸的虾皮，或用水将咸味冲淡后再烹调食用。

蛋黄为维生素 A、维生素 D、维生素 E、维生素 K 与维生素 $B_2$ 的"富矿"，是宝宝口角炎、腹泻等夏季多发病的"克星"。

苦味食物如莴笋、生菜、芹菜、茴香、香菜、苦瓜、萝卜叶、苔菜、莲子芯等，可刺激舌头上的味蕾，激活味觉神经，在增进唾液分泌的同时刺激胃液和胆汁分泌，提升食欲增强消化。

牡蛎富含锌，锌能增强味觉而提升食欲，并有减少感冒、腹泻等感染性疾患的作用。

香醋、米醋等是最佳的调味品，可使宝宝胃酸变浓增多，发挥生津开胃、增强胃肠蠕动、促进消化之功。

其他如酸奶、鲜奶、萝卜、番茄、蘑菇、大枣等也有开胃之功，都是宝宝度夏的美味佳肴。

## 健胃食谱大推荐

健胃食物如此之多，不妨根据宝宝的体质情况，分别组合而配制成相应的食谱，每天调换着喂养，既能更新口感，又有助于营养均衡，可谓一举两得。请看以下推荐的食谱。

### 🖙 食谱举例

**1. 汤类**

薏米汤（绿豆、红豆、薏米等煮汤，少许白糖调味）、番茄玉米汤（小排骨、玉米、番茄等煮汤，少许盐调味）、冬瓜虾皮汤（虾皮、冬瓜、黄瓜等煮汤，少许盐调味）、鲜鱼汤（鲜鱼加食醋煮汤、盐少许调味）、牡蛎汤（鲜牡蛎肉、紫菜等煮汤，加入葱、姜、盐等调味）。

**2. 糊类**

鲜奶麦糊（鲜奶、燕麦片、熟蛋黄搅拌成糊，少量白糖调味）、蛋黄酸奶糊（鸡蛋、肉汤、酸奶做成糊）、番茄鳝鱼糊（鳝鱼肉、番茄搅拌成糊，加入适量蜂蜜）、牛奶玉米糊（牛奶、玉米粉拌成糊，加入适量蜂蜜）、鱼菜米糊（鱼肉、绿叶菜、大米粉拌糊，加食盐少量调味）。

### 3. 粥类

西瓜粥（西瓜、大米、橘饼煮粥，适量冰糖调味）、刺梨粥（刺梨、大米煮粥，适量冰糖调味）、香蕉粥（香蕉、糯米煮粥，适量冰糖调味）、番茄粥（番茄、大米煮粥，适量白糖调味）、荷叶粥（大米煮粥，熟后用一张洗净的鲜荷叶盖在粥上，再煮5分钟，去掉荷叶调入白糖）、鸭肉海带萝卜粥（鸭腿、海带、萝卜、大米煮粥，少许食盐调味）。

## 吃好健胃餐的5条小妙计

①抓好早餐。清晨较为凉爽，是宝宝一天中胃口最佳的时候，应适当增加饭菜的质与量，尤其是蛋白质摄入量，如绿豆粥一碗，煮鸡蛋一只，喝粥时适量吃点咸菜，以补充因排汗损失的水分，保持体内电解质平衡。午餐可吃些含水分高的水果，如西瓜、番茄。晚餐则要有可口的汤或稀粥，以补足一天的水分，消除口渴感，如冬瓜汤、凉拌面、炖排骨、海带丝等。

②注意维生素A、钾、钙等微量营养素的供给，必要时可在医生指导下服用鱼肝油等药物制剂。

③铁补充不宜过多。美国专家发现，夏季嗜吃高铁食物的宝宝易发生沙门氏菌感染，罹患腹泻的概率因之增加3倍。症结在于过多铁质进入肠道，可促发致病菌的过度繁殖所致，所以畜禽血、禽蛋、豆制品、猪肝等高铁食物不要吃得太多。

④甜食过多可升高血糖浓度，促使汗液污染的皮肤上细菌生长，进而引起疮、疖、痈肿或痱子等皮肤炎症性疾患，应予以限制。

⑤饮料更要少喝。如喝可乐过多易致钾元素流失，体质变弱，皮肤遭蚊虫叮咬后不易痊愈；喝酸梅汤过多可升高胃酸浓度，损害稚嫩的胃黏膜，诱发胃溃疡；吃冰激凌过多既损害牙齿，又可诱发肠套叠。比较起来白开水最养人，最符合生理要求，最易进入细胞与组织，且在代谢过程中是一种很好的溶剂，体内废物溶解其中，通过尿的形式排出体外，应作为宝宝度夏的最佳饮料。其次，现榨的蔬果汁也值得推荐。

# 夏季注意补足4种矿物质

炎夏来临，妈妈又要为宝宝的食谱操心了。在此提醒你，别忘了补足以下4种矿物质。

## 钙

补钙理由：与冬季比较，夏季宝宝同样容易缺钙。奥妙在于夏天虽然日照充分，但气温太快，限制了宝宝到户外活动的机会，接受日照的概率下降，比冬季多不了多少，维生素D的合成减少，导致钙质的吸收与利用率降低。其次，夏季炎热，体内的消化液分泌减少，宝宝食欲普遍减低，摄入的钙质减少。加上宝宝的代谢快，出汗多，致使钙元素随汗液大量流失。另外，美国研究人员发现，钙能使病菌"瘫痪"而失去"行走"能力，所以夏季补钙可减少宝宝罹患感染性腹泻的概率。

缺钙信号：宝宝夜啼，夜惊，烦躁，不活泼，厌食，颜面、耳后生湿疹，枕后及背部多汗。

补钙食物：奶、鱼、豆类、绿叶蔬菜、动物骨。

## 食谱举例

### 1. 油菜海米豆腐羹

豆腐200克切丁，海米30克用开水泡发后切成碎末，油菜100克择洗干净切碎。油放入锅内，下入葱花炝锅，投入豆腐、海米末，翻炒几下再放油菜。炒透后加入盐，勾芡，最后放入味精和麻油即成。

### 2. 莲子鲜奶露

莲子 5 克（浸发）放入沸水中焯 1 分钟，捞起倒入盅内，加开水蒸半小时，至六成熟时加白糖 5 克，再炖半小时后取出。锅内放入 100 毫升白开水，加白糖 20 克，烧沸后先下鲜奶 50 毫升，后下莲子（连汤），再烧至微沸，湿淀粉勾芡即成。

### 3. 虾皮豆腐羹

豆腐 100 克捣成泥状，放入虾皮（剁碎），打入鸡蛋，加适量葱花、细盐调匀，倒入适量水搅成稀粥状，上屉蒸 15 分钟即成。

## 锌

补锌理由：夏季也是缺锌的高发季节，到医院看病的小患者中，低锌者高达 60% 以上。锌缺乏的原因与缺钙类似，如食欲差引起锌摄入减少，出汗或腹泻导致体内锌元素大量流失等。另外，锌有一定的抗病毒作用，补足锌可收到减少病毒性肠炎发病的效果。

缺锌信号：宝宝胃口变差，不主动进食，睡觉盗汗；吃奇怪的东西如纸屑、生米、墙灰、泥土、沙石等，谓之异食癖；指甲出现白斑，手指长倒刺，出现地图舌（舌头表面有不规则的红白相间图形）；多动，反应慢，学习能力下降；容易感染病毒，反复发生呼吸道与消化道感染，如扁桃体炎、支气管炎、口腔溃疡、腹泻等。

补锌食物：蛋黄、牛肉、羊肉、猪瘦肉、动物肝、花生、黄豆、胡萝卜、牡蛎等。据测定，动物性食物的含锌量高于植物性食物，且动物蛋白质分解后所产生的氨基酸能促进锌的吸收，吸收率一般在 50% 左右；而植物性食物所含锌，可与纤维素结合成不溶于水的化合物，从而妨碍人体吸收，吸收率仅 20% 左右。

## 食谱举例

**1. 虾米花蛤蒸蛋羹**

虾米切碎，用黄酒浸泡10分钟。新鲜花蛤蜊洗净，开水烫后使壳打开。鸡蛋打碎加盐，加虾米、花蛤蜊、温水与葱花，大火蒸至结膏即可。

**2. 西蓝花牛肉泥**

西蓝花5朵去掉根部老皮，放入开水中烫2分钟，关火焖3分钟。牛里脊肉100克煮至熟烂。然后将西蓝花与牛肉一起切粒混合，加少量盐调味即成。

**3. 碎牡蛎饭**

牡蛎200克去壳，用盐水洗净并除去水分。大米100克焖饭，焖到一半时放入切碎的牡蛎，一起蒸熟食用。

## 铁

补铁理由：气温高造成宝宝食量减少而消耗过多，是缺铁的主要原因。

缺铁信号：宝宝精神差，烦躁，嘴唇、指甲发白，舌炎，异食癖（喜食泥土、墙皮等），免疫力下降。

补铁食物：猪肝、瘦肉、蛋黄、畜禽血、黄豆、芝麻酱、木耳、蘑菇、海带、紫菜等。动物性食品铁的吸收率较高，达到10%～20%，植物性食品相对较低。同时食用维生素C丰富的果汁与蔬菜汁，能提升食物中铁的吸收率。

## 食谱举例

### 1. 芝麻肉丸

猪瘦肉 50 克剁泥。胡萝卜 30 克蒸熟剁泥。黑芝麻 10 克炒熟。肉泥与胡萝卜泥混合，加入葱姜水、花椒水、盐、酱油及鸡蛋液，用湿淀粉搅匀做成丸子，均匀蘸上黑芝麻。锅内放油烧热，下入肉丸炸熟捞出。

### 2. 猪肝瘦肉粥

鲜猪肝、猪瘦肉各 50 克洗净，剁碎，加油、盐适量拌匀。大米 100 克洗净，煮至粥将熟时加入拌好的猪肝、瘦肉，续煮至肉熟后加油盐调味即成。

## 钾

补钾理由：夏季也容易缺钾，因为钾一样易随汗水流失；加上天气炎热，宝宝能量消耗增多，而能量代谢需要钾的参与，钾的消耗也随之增多了。

缺钾信号：宝宝倦息无力，头昏头痛，食欲不振，容易中暑。

补钾食物：香蕉、草莓、大葱、芹菜、毛豆、土豆、牛奶、木瓜、紫菜、绿豆、禽类、鱼、瘦肉。

## 食谱举例

### 香蕉百合银耳汤

干银耳 15 克泡水 2 小时，拣去老蒂及杂质后撕成小朵，加适量水入蒸笼蒸半小时取出。新鲜百合 30 克瓣开洗净去老蒂。香蕉洗净去皮，切成小片。然后与冰糖 20 克、适量水放入炖盅中，加调料入蒸笼蒸半小时即可。

# 夏季提防"热伤风"

妈妈带乔乔到外婆家过周末，外婆知道外孙怕热，便将空调全天候开放，乔乔算是过足了"空调瘾"。可回家后的第二天就起不了床，发热、恶心、嗓子疼。大夫检查后告诉乔乔妈妈，乔乔得了"热伤风"，祸首就是空调机。

"热伤风"是夏季感冒的俗称，男女老幼皆可受害，比起冬春季的感冒（冷伤风）更麻烦。所以，了解一些相关知识大有必要。

## "热伤风"与"冷伤风"的3处不同

感冒因季节不同分为"热伤风"和"冷伤风"。冬春季节高发的"冷伤风"与"热伤风"至少有三大差异：

病机差异。中医认为，"冷伤风"主要是保暖不当，感受寒邪所致；"热伤风"通常是在体内存有内热的情况下感受风邪使然，包括夏天空调温度太低，长时间吹电风扇，睡觉踢被子等，且多伴有程度不同的暑湿症候。

病原差异。西医认为，"冷伤风"的祸首多为呼吸道合胞病毒、腺病毒以及轮状病毒等肠道病毒，"热伤风"的罪魁则多为感冒病毒、副流感病毒。

症状差异。"冷伤风"以打喷嚏、流鼻涕为主，常伴有喘息性支气管炎、急性水样腹泻等症状；"热伤风"则多表现为咳嗽、鼻塞、流涕、咽痛、发热，且发热较重，宝宝易并发高热惊厥等险情的概率更大。

## "热伤风"3种类型

"热伤风"表现多样，轻者仅有鼻塞、流清涕、打喷嚏等鼻部症状，或伴轻度咳嗽，一般3～4天内即可痊愈。如果病变扩展到咽部，则多有发热、咽痛、扁桃腺肿痛等；重者则

有高热、畏寒、头痛、乏力、食欲减退、频繁咳嗽、咽部充血、疱疹或溃疡、扁桃腺渗出等症候。少数炎症还可波及颌下淋巴结、鼻窦、中耳和气管等处，引起颌下淋巴结炎、鼻窦炎、中耳炎、气管炎等。对于宝宝，常见的3种类型如下。

### 1. 疱疹性咽炎

祸首为柯萨基病毒，常在幼儿园、托儿所等场所发生小范围流行。患儿突发高热（体温可达39℃以上），口腔软腭上和扁桃腺、悬雍垂处冒出小疱疹，初期呈灰白色小丘疹，周围绕以红晕，以后变成发亮的疱疹，破溃以后形成小溃疡。宝宝因为咽痛而

流涎、拒食、哭闹、不能睡眠。一般7天左右痊愈。

### 2. 咽结膜热

祸首为腺病毒（主要是腺病毒1型、3型与7型）。患儿发热、嗓子痛，咽部充血，两眼发红（滤泡性结膜炎），耳前淋巴结肿大等。由于发热、咽部与眼结膜发红等三大症候同时存在，所以谓之"咽结膜热"。一般持续5~6天痊愈。

### 3. 胃肠型感冒

多为病毒作祟，患儿既有发热、头痛、咽痛等感冒症状，又有恶心、呕吐、腹痛、腹泻等胃肠道症状，检

查大便常规正常，说明发热不是肠炎引起的。

## "热伤风"应对有方

无论父母还是宝宝，一旦与"热伤风"挂钩，除了卧床休息、多喝水、合理饮食等一般感冒处置措施外，重在把握好以下要点。

### 1. 选好感冒药

"热伤风"与"冷伤风"一样多为病毒肇事，不要乱用抗生素，当以抗病毒的感冒药为主。不过，感冒药较多，诸如藿香正气软胶囊、金银花露口服液、导赤丸、午时茶、银翘解毒片、感冒清热冲剂等，如何选择呢？

藿香正气口服液。适用于外感风寒、内伤湿滞引起的头痛昏重、脘腹胀痛、呕吐、泄泻，以及外感表证合并胃肠道症状，即临床表现有恶寒发热，又出现胸膈满闷、恶心呕吐、肠鸣泄泻者。宝宝3~7岁每次服2毫升~4毫升，7岁以上每次服3毫升~5毫升，每日2次。服药期间不要吃甜食，包括水果、饮料等。因为甜食有生湿作用，而藿香正气类感冒药是解湿的，两者作用相互抵消，药效会降低。注意，阴虚火旺者忌服。

午时茶颗粒。适合感受风寒之恶

寒发热，内有食滞或伴泄泻呕吐的胃肠型感冒患者。

金银花露口服液。适合暑热口渴、皮肤痱毒患者。

导赤丸。适合暑热便秘、口渴心烦、口舌生疮的病人，但周岁内宝宝需慎服。

可用一个最简单的方法，以嗓子疼痛为参考。如宝宝嗓子疼，鼻涕、痰为黄色，可选用带解毒字样的感冒药，如银翘解毒片等；而嗓子不疼、鼻涕和痰为白色，怕冷，可选用带清热字样的感冒药，如感冒清热冲剂。

> **专家提示**
>
> "热伤风"一般比较复杂，往往是几种感冒交替进行。如果服用感冒药2~3天后症状未见好转，务必去医院就诊。

"热伤风"对症服用藿香正气口服液等2~3天，症状缓解即可停药，不必继续服药以巩固疗效。因为病症好了，继续服药既不能发挥药效，而且对身体有害。

暑天感冒时，人们爱用十滴水、六一散、仁丹之类。殊不知这几种药是治疗中暑的中成药，对"热伤风"只能治标不能治本，对付"热伤风"还是以抗感冒药为好。

### 2. 正确应对惊厥

惊厥主要见于 3 岁以下的婴幼儿，夏天气温高，本来就处于发热状态的宝宝，其体温容易在短时间内急剧上升而出现高热（体温超过38.5℃），不仅增加机体的新陈代谢，而且会极大地消耗营养物质，并导致中枢神经兴奋性增高，出现抽风，医学称为高热惊厥。

①怎么知道高热惊厥发作了？可从 4 个方面观察：宝宝高热 39℃ ~ 40℃，同时出现抽风；父母呼叫宝宝的名字，他不能应答；宝宝翻白眼；或嘴里"咔嗒""咔嗒"作响。

②如何防止宝宝惊厥？调查显示，初次高热惊厥后约有 40% 的患儿会复发，而反复惊厥发作可能伤害宝宝大脑。因此，一旦发现宝宝出现高热，须立即采取以下相应措施降温。

多喝水。防止脱水，并降低体温。

物理退烧。方法很多，如用32℃ ~ 36℃的温水擦浴，促使皮肤表面毛细血管扩张，增加血流量，加速热量散发。再如取冰块砸成核桃大小的碎块放入盒中，用水冲一下，溶去锐利的棱角，装入塑料袋中（双层），冰块装至一半再注入适量冷水以充填冰块间隙，然后压出空气，扎紧袋口，外裹旧布或毛巾。将冰袋置于患者的前额、两侧颈部，以尽快降低头部温度，避免高热对大脑的影响。也可放在腋窝、腹股沟（大腿根部）等处。另外，可用温水（37℃左右）泡澡，每次 10 ~ 15 分钟，4 ~ 6 小时泡 1 次。

药物退热。当患者的体温超过38.5℃时，可及时使用药物退热，成人可用阿司匹林；宝宝酌用对乙酰氨基酚（泰诺林、百服宁等）或布洛芬（美林）口服，也可去医院打退热针。

**专家提示**

病毒感染的婴幼儿不要使用阿司匹林，否则会出现昏迷、抽搐等症状，医学上称为瑞士综合征。

## 3 种情况要及时看医生

与父母比较，宝宝的病情更复杂些，若出现以下情况之一，需及时看医生。

①一些宝宝呈现流涕、咽痛、发热、全身不适等症状，服药后出些汗体温就会下降，但过几个小时体温又上升，接连重复数天。

②有些患儿热退了，但咳嗽、头痛、关节痛、呕吐等症状不见好转甚至加重。

**专家提示**

上述两种情况说明宝宝患的不是单纯的感冒，或者根本就不是感冒，再按感冒服药可能贻误病情，必须及时到医院查明病因治疗，以免病情加重。

③宝宝出现惊厥。轻度感冒一般持续 1～2 天可自行缓解，如果宝宝反复高热不退超过 3 天或以上，且伴有寒战、头痛甚至惊厥，或反复咳嗽超过 5 天以上者，均应求医或住院治疗。

## 6 招预防"热伤风"

①坚持体育锻炼，以增强体质，提升免疫力。对于反复患感冒的宝宝，可请中医大夫按摩穴位或实施捏脊疗法。

②少去或暂时不去超市、商店、影剧院等人流密集场所。感冒高发季节最好戴口罩，宝宝更应如此，以减少遭受传染的机会。

③合理使用空调，定时开窗通风，讲究个人卫生，勤洗手、口、鼻。

④室内可用食醋熏蒸，每立方米空间用醋 10 毫升，加水 40 毫升，加热熏蒸两小时。

⑤不挑食、不偏食，多食富含锌、铁及维生素 C 丰富的食物。

⑥试试食疗方。"热伤风"多属于风热型感冒，以下食疗方有一定防治效果。

### 食谱举例

**1. 菊花芦根饮**

菊花 10 克，芦根 21 克（鲜者加倍），水煎或开水沏，代茶饮。

**2. 桑菊饮**

桑叶、菊花、金银花各 15 克（宝宝酌减为 9 克），薄荷、淡豆豉各 10 克（宝宝酌减为 6 克），芦根 20 克（宝宝酌减为 15 克）水煎，1 日内分数次饮服；用开水沏，代茶饮。

### 3. 薄菊粥

薄荷、菊花、金银花各15克（宝宝酌减为9克），桑叶、淡竹叶各10克（宝宝酌减为6克），水煎，沸后5分钟滤出药汁，加入粳米150克（宝宝酌减为100克）煮粥，每日分2次服食。

### 4. 薏米扁豆粥

薏米、白扁豆各30克，粳米200克，共煮成粥，每日分2次服食。

### 5. 西瓜番茄汁

西瓜洗净，对剖，取瓤去子汲汁。番茄用沸水冲烫，去皮、子，汲汁。最后将两汁混合，一日内随意饮用。

### 6. 菊花粥

干菊花15克择净去蒂，磨成细末备用。粳米100克洗净入锅，加水煮粥。待粥熟加入菊花末和适量冰糖，再煮数沸即成。

### 7. 金银花粥

金银花15克洗净，加水煎汁约150毫升，加入洗净粳米50克，小火煮粥，加冰糖调味服食。

### 8. 鲜芦根粥

鲜芦根100克、竹茹15克分别洗净。生姜10克洗净切片。鲜芦根100克切断，与竹茹15克（洗净）、生姜10克（洗净切片）放入锅内同煎取汁。去渣取汁液，加入洗净粳米100克，煮成稀粥服食。

# 又到肠病毒肆虐时

当温度计里的水银柱慢慢伸向夏季，一类称为肠病毒的"别动队"也悄悄地逼近你的宝宝。其疫情规律大致是：5月份感染率逐渐上升，6月和7月达到顶峰，以后缓慢下降，到9月份再次凸显高峰。看看日历吧，又到肠病毒肆虐的季节了，父母切不可大意啊。

## 肠病毒的狰狞面目

肠病毒是一群病毒的总称，由67种不同类型的微小核糖核酸病毒所组成，如同一个大家族。所有成员在生化特性、流行病学及致病途径上有不少共同点，如主要在肠道内栖居并繁殖后代，再从粪便中排出，成为致病的凶犯。所以，科学家将这个大家族冠名为"肠病毒"。它们的生命力相当顽强，即使在肮脏的污水环境中也能生存，在室温下可存活数天，在4℃时存活期则高达几个星期。更为糟糕的是它们一不怕酸，二不怕胆汁，人体消化道中的防御屏障（如胃酸）对立都无可奈何，当它们潜入人的口腔之后，可顺利通过胃液而感染肠道，进而引发疾病。

这个"大家族"有67种病毒，大家最熟悉的一个成员就是脊髓灰质炎病毒，是引起小儿麻痹症的祸首。其他还有柯萨奇病毒、埃可病毒等。每一种大类型又可分为若干小类型，就说柯萨奇病毒吧，即可细分为柯萨奇A病毒23型、柯萨奇B病毒6型等，此外还包括68、69、70、71型等四种新型病毒，其中71型最为可怕，大有后来居上的势头，乃是20世纪70年代初由美国加州的科学家首先发现的，可怕之处在于它喜欢侵犯人体的神经系统，进而置人于死地。

## 肠病毒引发多种病

肠病毒以整个人类为侵犯目标，

尤其"钟情"7岁以下的宝宝，3岁以下的婴幼儿特别危险。它们往往随粪便排出，污染水源以及蔬菜、水果等食物，由于宝宝大多未建立良好的卫生习惯，很容易与这些污染物接触，随之通过口腔潜入人体内，医学上称为粪—口传播。宝宝就这样被感染上了，成为地地道道的"带毒者"，而带毒的宝宝又可因托儿所或幼儿园，通过密切接触（如玩具、食具等）传播给其他宝宝以及家中成员，造成肠病毒感染的扩散与流行。

肠病毒潜入人体以后，一般经过3～5天的暗中活动（少数可长达2周），使宝宝逐渐出现感染症状。由于肠病毒成员复杂，各有损招，因而致病的方式与引起的疾病五花八门。

既可以一种病毒引起某一种疾病，如脊髓灰质炎病毒引起小儿麻痹症（医学上称为脊髓灰质炎），埃可病毒引起无菌性脑膜炎，肠病毒70型引起红眼病（医学上称为急性出血性结膜炎）等；也可以一种病毒引起多种感染，如柯萨奇病毒可引起心肌炎、流行性肌痛、疱疹性咽峡炎、手足口病和脑膜炎等5种疾患。另外，不同类型的病毒也可以造成同一种疾病，如柯萨奇病毒A16型和肠病毒71型都可以引起手足口病，埃可病毒和柯萨奇病毒都可引起流行性肌痛等。

比较起来，最常见的除大家所熟悉的小儿麻痹症外，主要有以下3种形式：

●疱疹性咽峡炎。表现为发热，

口腔咽喉部出现水疱，数量由两三个到十多个不等，水疱破溃后变成溃疡。一般发热持续 2～4 天消退，口腔溃疡 7 天左右恢复，大多有惊无险。

● 手足口病。主要病变与疱疹性咽峡炎相似，除发热外，就是有大大小小的水疱"亮相"，只不过这些水疱不止限于口腔，还出现在手、脚等部位，手足口病因之而得名。祸首是柯萨奇 A16 型和肠病毒 71 型，如果是前者尚不足虑，假如是后者可得加倍小心。刚才说过，71 型肠病毒对人体神经系统特别感兴趣，可让病孩与脑炎、脑膜炎等神经系统重症结缘，后果严重，需要及时住院治疗。

● 无菌性脑膜炎。表现为头痛、呕吐、颈部僵硬与疼痛，症状比较严重，也需要住院治疗。

## 肠病毒感染三大特点

第一个特点，大多数宝宝感染肠病毒后没有症状，或只有轻度发热或类似感冒的症状，只有少数情况下可以引起疱疹性咽峡炎、手足口病、脑膜炎等类型。即使这样，多数类型（如疱疹性咽峡炎）也有一个自然病程，持续 7～10 天后便可康复。虽然 71 型病毒所致的感染较重，但发生概率很低，大约只占几千分之一；至于死亡率更低，仅几万分之一。

第二个特点，肠病毒几年会有一次大流行，3 岁以下的小宝宝最容易遭殃。即使宝宝被肠病毒感染过，体内产生了一定的免疫力，但一来这种免疫力的持续时间短；二来肠病毒种类又多，不同类型病毒感染后没有或很少有交叉免疫力；三来不同的病毒类型又可在同年流行，故宝宝一年间发生两三次肠病毒感染并不鲜见。因此，加强防范势在必行，每个为人父母者都不可心存侥幸。

第三个特点，与其他病毒一样，人类目前尚没有对付病毒的特效药。好在大多数肠病毒感染病情较轻微，经过一段自然病程后可完全康复，父母只需给予对症护理即可，如鼓励宝宝多饮水，多休息；用冷开水漱口，保持口腔与皮肤清洁；加强营养，给予凉稀饭、牛奶、豆花、蛋羹等食物；发热宝宝可降低室温，或采用温水浴等物理降温方法，高热者可在医生指导下使用退热药；出现不吃不喝、尿少色深、眼眶凹陷、嘴唇干燥等脱水征象时，可到医院输液补水。当然，如果病情较重，比如宝宝高热不退、嗜睡不安、严重呕吐、意识不清或抽搐、严重咳嗽、呼吸急促等，应疑及 71 型肠病毒感染，需要立即住院治疗，延误不得。

## 预防才是硬道理

对付肠病毒感染与对付其他传染病一样，上上之策就是预防。棘手之处在于肠病毒种类太杂，迄今为止只有脊髓灰质炎病毒可以通过疫苗接种来预防（口服糖丸），余下的大多数肠病毒还得依靠综合防范措施来解决。医学专家建议从以下细处做起。

1. 培养宝宝勤洗手的习惯，这是远离肠病毒的最佳举措。研究显示，用清水及肥皂洗手 15 ~ 30 秒钟，即可消除九成以上的致病微生物，包括肠病毒在内。洗手时，父母要特别留意宝宝的大拇指、指间及指缝等处，千万不要遗漏这些地方，宁愿多花时间，也要把宝宝的双手洗净。

2. 经常消毒。肠病毒虽然生存能力强，不怕冷，但怕热，当加热到 60℃ ~ 85℃ 时活不过 1 分钟。另外，甲醛或含氯的消毒剂可使之失去活力，紫外线也可将其杀死。因此，家庭、托幼机构可经常利用煮沸、消毒剂以及紫外线等肠病毒的"克星"，对宝宝的用品（餐具、玩具、衣被等）消毒。

3. 教育宝宝注重卫生，如不吸吮、啃咬玩具，不用手触摸眼睛、鼻子、嘴唇等部位，食前洗手，不喝生水，堵塞肠病毒入侵的途径。

4. 增强宝宝的抗病力，此乃拒肠病毒于体外的根本之道。如加强营养、均衡饮食及足量运动等。

5. 少带宝宝去公共场所凑热闹，以减少接触感染，必要时戴口罩；室内要通风，注意居家环境的清洁及室内空气卫生等。

# 夏季6种发热疾病防治攻略

夏季是小儿传染病的高发季节，因而成为小儿发热尤其是突发高热的主要原因，如以蚊子为传播媒介的乙脑，以及病从口入的肠道传染病菌痢、伤寒等。另外，上呼吸道感染也常来凑热闹，但往往以特殊类型"闪亮登场"，如疱疹性咽喉炎、咽结合膜热等。父母要及早作准备，以保护宝宝平安度过一年中最热的几个月。

## 乙脑防治攻略

乙脑的全名叫流行性乙型脑炎，乃是夏季最凶险的一种传染病，病原体是一种嗜神经性病毒，通过蚊虫叮咬吸血传播，流行于6～10月份，集中于7月、8月和9月三个月，10岁以下儿童最易受害，其中2～6岁的宝宝发病率尤高。

主要症状：

高热、头痛、呕吐、嗜睡或昏迷、惊厥。

处理要点：无特效疗法，主要针对高热、抽风、呼吸衰竭等三大症状，采用中西医综合的方法综合治疗。如退热，使用镇静药控制抽风，保持呼吸道通畅、吸氧以及投用呼吸兴奋剂（如洛贝林、可拉明），帮助患儿渡过难关。

预防策略：

• 接种乙脑疫苗。

• 灭蚊、防蚊，如使用电热蚊香、蚊帐等。

## 菌痢防治攻略

菌痢全称细菌性痢疾，小儿夏季最常见的肠道传染病之一，祸首为痢疾杆菌。通过污染食物与水，由口而侵入肠道。

主要症状：

①发热、呕吐、腹痛、腹泻、拉脓血便。

②若出现脸色发白、频繁抽风、昏迷、休克，则属于菌痢中的特殊类型——中毒型菌痢。多见于体格健壮、营养情况较好的 2～7 岁宝宝，这是因宝宝的机体对细菌毒素产生异常强烈的反应，引起急性微循环障碍所致。

处理要点：

①选用有效的抗生素，最好两种抗生素联用。

②给予易消化、高热量、高维生素饮食。

③补足水分，防止脱水。

预防策略：

关键在于注意饮食卫生，如宝宝的食物要新鲜，饭前便后洗手，食具按时煮沸消毒，不与菌痢患者接触等。

## 伤寒防治攻略

夏季容易殃及小儿的又一种肠道传染病，凶犯为伤寒杆菌，通过污染水与食物侵入肠道，随后潜入血液，引起血液中毒症状。

主要症状：

①高热，体温可达 39℃～40℃，持续 2～4 周。

②头痛、乏力、腹痛、腹泻。

③发病第二周，体表凸现疹子，呈粉红色斑点状，分布于腹部和胸部，又称玫瑰疹。

④发病后第二周或第三周可出现肠出血和肠穿孔。

处理要点：

①隔离患儿，卧床休息，进食流

质食物，用物理方法退热。

②选用伤寒杆菌敏感的抗生素，如氯霉素、头孢菌素、阿莫西林等。

③注意观察，做好并发症的防治。

预防策略：

• 搞好粪便、水源和饮食卫生管理。

• 教宝宝养成不吃不洁食物、不喝生水等卫生习惯。

• 接种伤寒疫苗。

## 手足口病防治攻略

手足口病是由肠道病毒（柯萨奇病毒 A 群 16 型）引起的一种传染病，通过接触患儿或其用过的物品而经口传播，也可由呼吸道传播。每年的 5、6 月份为发病高峰，5 岁以下的小儿受害概率大。

主要症状：

①发热，嘴痛，牙龈红肿。

②手、脚、口腔等部位出现水疱性丘疹，表现为突出于皮肤表面的红色斑点，故名为手足口病。口腔内的疱疹破溃后成为溃疡，患儿疼痛难忍，时时啼哭、烦躁、流口水，不能进食。

③属于自愈性疾病，一般在 1 个星期内康复，大多不留后遗症。皮肤

疱疹多不溃破，也不留下疤痕。少数重症患儿可能合并心肌炎、脑炎等而危及生命。

处理要点：

①本病除非有细菌"趁火打劫"，不要动用抗生素，可试用抗病毒药物，如病毒唑、利巴伟林等。

②根据病情酌用维生素、解热镇痛剂。

③在中医师指导下应用清热解毒的中草药制剂。

④注意保持皮肤与口腔卫生，不要抓挠皮肤疱疹，尽量不使其溃破，让其自然吸收，干燥结痂。

⑤多饮水，饮食宜清淡，易消化，忌食海鲜、香菜等发物。

预防策略：

• 教育宝宝勤洗手。

• 加强对儿童玩具以及用品的消毒处理。

• 患病期间宝宝不要上幼儿园和学校或参加其他集体活动。

## 疱疹性咽喉炎防治攻略

疱疹性咽喉炎是一种特殊类型的上呼吸道感染，流行于每年的 5 月末到 7 月初，即春夏之交，祸首是一种称为柯萨奇 A 群的病毒，主要侵犯 2～4 岁的幼儿。整个病程持续 4～5

天，无并发症，有惊无险。

主要症状：

①高热，体温可达 39℃ 左右。大多数病儿体温持续 2～3 天后方才下降，少数仅维持 1 天就降至正常。但部分患儿在发热的初期可发生抽风。

②呕吐。

③咽部疼痛，患儿不愿进食，甚至连牛奶也不想喝。

④咽喉深处上方两侧可见许多小水疱，水疱破裂后变成米粒大小的红色圆点。

处理要点：

没有特效药，主要是对症处置，如选择抗病毒药物，用物理或药物的方法退烧，防止高热惊厥等。一般 1 周左右痊愈。

预防策略：

• 教育宝宝养成勤洗手的好习惯。

• 宝宝出汗后要及时擦干，并换内衣。

• 不要偏食。

• 避免穿得过多。

• 多到室外活动。

• 避免因贪看电视或玩游戏而熬夜。

• 家里人患了感冒，尽量避开宝宝。

• 防止宝宝睡觉时着凉，如踢开被子。

• 反复感冒的宝宝，可接种肺炎疫苗。

## 咽结合膜热防治攻略

咽结合膜热是又一种特殊类型的上呼吸道感染，与疱疹性咽喉炎一样流行于夏季，致病凶犯是腺病毒 3 型或 7 型。与秋冬季上呼吸道感染不同的是，咽结合膜热以发热、咽炎、结膜炎为特征，没有一般的鼻塞、流涕、喷嚏、咳嗽等感冒症状。

主要症状：

①高热。

②咽痛，咽部充血，可见白色点块状分泌物，周边无红晕，易于剥离。

③眼部刺痛，发红，球结膜出血。

④部分患儿伴有恶心、呕吐、腹泻等消化道症状，颈及耳后淋巴结增大，病程 1～2 周。

处理要点：

与疱疹性咽峡炎一样属于自限性疾病，治疗的目的在于预防继发感染及并发症，如中耳炎、鼻窦炎、扁桃体炎、喉炎、支气管炎及肺炎等。

①隔离患儿，避免交叉感染。

②保证患儿休息，多喂水，供给

丰富的维生素 C, 进食易消化的半流质食物, 不要吃过热的食物, 以免加重口腔的疼痛。

③抗病毒治疗, 使用三氮唑核苷 (病毒唑), 也可口服有清热解毒作用的中成药如新雪丹、清热解毒口服液、板蓝根颗粒等。

④继发细菌感染者需要选用抗菌药, 如青霉素类、头孢菌素类及大环内酯类抗生素等。

⑤体温超过 38℃ 可口服退热药, 如扑热息痛、布洛芬糖浆等, 亦可用冷敷或温水擦浴等物理降温方法。如果患儿体温持续在 39℃ 以上, 要及时到医院就诊, 以免发生高热惊厥。

预防策略:

同疱疹性咽喉炎。

# 夏季特殊发热的应对之道

夏季，烈日炎炎，气温居高不下，可谓天热地热人也热。如果此时又因某些特殊原因引起体温升高，那就是"火上浇油"了，退热的难度肯定要大于其他季节。所以民间有"夏季热难退，冬季咳难止"的说法，不是没有道理的。不过，你也别紧张，本章告诉你宝宝夏季最容易遭遇的几种发热以及应对之道，做到心中有数，就不至于临阵手足无措了。

## 中暑发热

中暑是指身体所产生的热量无法由正常渠道排出，进而发生一连串症状。夏季尤其是三伏天多见，任何年龄段的人都可能中招，4 岁内的婴幼儿风险最大。

发热奥秘：环境温度过高，加上宝宝的体温调节中枢没有发育成熟，不能及时有效地调节而使体温快速升高。

主要症状：

①发热。以高热为主，体温往往达到 38℃ ~ 39℃，重者可达 41℃以上。

②病初出汗较多，继而因丘脑下部和汗腺功能失调，皮肤反而无汗，干而灼热，面部潮红。

③口渴，精神委靡或烦躁不安，重者惊厥、昏迷。

④严重者并发脑水肿、呼吸衰竭、循环衰竭和重要脏器功能损害。

应对要点：

①改变环境。在户外应立即将宝宝移到通风、阴凉、干燥的地方，如走廊或树荫下。在家中可打开电扇或空调，尽快散热，但不要直接对着宝宝吹。

②快速降温，使宝宝的体温降至 38℃以下。如用凉凉的湿毛巾冷敷患儿头部，洗温水浴（水温一般比宝宝体温低 3℃ ~4℃），喝含盐的饮料和凉开水，以补足水分和盐分等。

③酌情口服人丹、十滴水、藿香正气液等药物。以藿香正气液为例，12岁以上宝宝每次服10毫升，每日3次；6～12岁每次5毫升，每日3次；3～6岁每次3毫升，每日3次，1～3岁每次1毫升，每日3次；1岁内每次0.5毫升，每日3次。注意：过敏者不要服！

预防之招：

宝宝居室通风透气，将室温保持在24℃～28℃，湿度60%～65%较为理想。

按时作息。越是气温升高，越要让宝宝严格按照以往形成的作息规律起居，如果晚间睡得晚，白天也不好好睡觉，就会扰乱宝宝的生物钟，削弱耐热能力，稍稍受热就会发生中暑。

户外活动要适度，宝宝穿戴要清爽，薄厚适度，并戴上一顶轻便的遮阳帽以保护头部，不要在暴烈的阳光下或湿热的环境中长久地玩耍或做剧烈运动，最好在阴凉处活动。

炎热季节让宝宝比平时更多地摄取流质，如多喝温开水，吃些清热祛暑的粥类，如绿豆粥、鲜藕粥、竹叶粥、菱角粥等。

自驾游别把宝宝放在停驶的汽车内，即使是停在阴凉地也不可。因为阳光会不停地移动，可能过了一会儿汽车就完全暴露在强光下，车内的温度就会急剧上升。

## 夏季热

夏季热又称暑热症，是炎夏酷暑时节婴幼儿常见的发热性疾病，属于小儿特发性高热症中的一种类型，多见于半岁至3岁的宝宝。

发热奥秘：婴幼儿身体发育不完善，体温调节功能差，不能很好地维持产热和散热间的动态平衡，以致排汗不畅，散热慢，难以适应夏季酷暑环境而致体温升高。

主要症状：

①发热。有3种类型：一种患儿长期发热，体温经常在38℃～39℃，多在半夜至早晨体温上升，午后稍有下降，一般状况良好，多见于人工喂养的婴儿；另一种患儿呈低热状态，白天发热，尤以午后发热明显，夜间体温正常；再一种患儿除发热外，还伴有一些如周期性呕吐、食欲不振、消化不良、咳嗽等症状，多见于过敏性体质婴儿，热程多持续1～3个月，即使用解热药，也无法使体温下降，只有在气候凉爽或雨后，体温才有所减低。

②患儿烦躁，易哭，唇干舌燥，口渴，饮水多，尿多，无汗或少汗，

皮肤干燥灼热。

③血常规、大小便常规及其他功能检验皆正常，无明显病理改变。到秋凉之后，上述症状可不药而愈。

④本病无传染性与免疫性，下一年可复发，有的患儿可持续2～4年，但症状多比上年度轻，病程亦较短。

应对要点：

①夏季热可不药而愈，也不会留下后遗症，但仍需加强护理、对症处置，否则也会影响患儿的生长发育。

②保持皮肤清洁卫生，勤洗澡、勤换衣服和尿布。患儿少汗或无汗时可洗温水浴，每天1～2次，促使皮肤血管扩张，易于散热。

③饮食调理。食谱宜清淡，少吃油腻和刺激性食物，补足营养，以高蛋白、高维生素而又易于消化的流质、半流质食物为主，如乳类、蛋类、肉类、新鲜蔬菜、水果等，适当补充含卵磷脂、神经脂和微量元素锌的食物，如蛋黄、瘦肉、鱼类等，以促进神经系统的发育和完善。

④选服中药。如六一散、金银花露或金银花、杭菊花煎汤代茶饮，能消暑热，解烦渴。也可自制防暑清凉饮料，如三鲜饮（鲜荷叶、鲜竹叶、鲜薄荷各30克，加水煎煮约10分钟，放适量蜂蜜搅匀，冷却后代茶饮）、金银花山楂饮（金银花、栀子、山楂

各15克，甘草5克，水煎，凉后当茶饮）等。

⑤观察病情变化。若患儿体温持续超过40℃，伴有惊跳、嗜睡，甚至惊厥、昏迷等严重神经系统症状者，应及时向医生求助，不可延误。

预防招数：

加强居室防暑、降温、通风、散热，保持凉爽与空气新鲜。若使用空调，室内外温差不宜过大（不超过7℃），并要注意定时通风换气。

调整宝宝衣裤，不要穿得过多过紧，以柔软、宽大、透气、吸汗性能好的衣裤为佳。

常给宝宝吃些具有解毒、消暑、止渴的食物与饮料，如西瓜、冬瓜、绿豆汤、乌梅水、金银花露等。婴儿不要在盛夏断奶，等到秋凉后再断不迟。

加强锻炼，多带宝宝到室外阴凉通风的地方玩耍，增强其身体素质和适应气候的能力。

## 游泳池热

据媒体报道，某游泳馆游泳班发生百余名儿童发热事件，后经疾控机构调查发现，原来祸起腺病毒感染，6个月以上的婴儿和学龄儿童最容易受到偷袭。

发热奥秘：一种名叫腺病毒的老牌病毒污染了游泳池水，宝宝游泳时带有病毒的池水侵入眼睛、口腔等处的黏膜而发热，医学谓之咽结膜炎，俗称"游泳池热"。

主要症状：

①感染腺病毒后 3～6 天发病。突发高热，体温常在39℃或以上。

②患儿嗓子发红，眼睑（单侧或双侧）红肿，眼结膜充血，扁桃体肿大。

③可伴有乏力、头痛、肌肉痛、精神委靡、缺乏食欲等全身症状。

④个别患儿可能出现肺炎、肠炎等合并症。

应对要点：

①轻症患儿应居家休息，避免进入公共场所或参与社交活动，患儿接触过的物品应擦拭消毒或煮沸消毒后再使用。

②保持患儿安静，用温水浴、冷敷或冰枕等物理方法降温。若效果不好，可酌用解热药美林或泰诺林。

③本病属于病毒感染，无特效药，更不可滥用抗生素，可在医生指导下服用板蓝根等中药抗病毒制剂。

④多饮水。

预防招数：

加强游泳池的卫生管理，严格执行卫生消毒制度，定期消毒并监测水质，保证游泳池设施完善并能正常使用，做好有可能引发疾病传播者的健康筛查，禁止发热者、腹泻病人、眼结膜炎患者或皮肤病患者入池游泳。

注意个人卫生，养成勤洗手、不共用洗漱用品等良好卫生习惯。不去卫生条件差、不规范的游泳池及浴池等场所。

游泳时注意戴泳帽、泳镜等个人防护用品，不要租用馆内的游泳衣（裤）。

减少跳水次数，避免让游泳池的水进入眼睛与口腔。游泳后用清水彻底清洗全身，并要刷牙、漱口。

养成入池前后滴眼药水的习惯。

游泳结束后感觉眼睛或喉咙不舒服者，要及时到医院检查治疗，避免病情延误。

# 夏季也要防过敏

春季已近尾声，芒芒的过敏性结膜炎症状日渐减轻，父母郁闷的心情轻快了许多。可没想到，进入夏季以后，芒芒又被湿疹缠上了，成天吵着挠痒痒。父母的眉头又皱了起来——难道夏天也和春季一样成了过敏症的高发季节了吗？

其实，过敏症一年四季都可发生，尤其是过敏体质宝宝，只不过引起过敏的物质（医学称为过敏原）有一些变化罢了。春季百花盛开，花粉自然坐上了致敏原黑名单的头把"交椅"，而到了夏季花粉渐少，在黑名单上的"坐次"后移，但其他致敏原依然存在，如食物、灰尘、宠物等。故提醒父母，夏季对宝宝过敏症的防范依然不能放松。

## 食物过敏——热带水果首当其冲

日常食物中，容易诱发宝宝过敏的有海鲜、笋、香菇、牛奶、番茄、大麦、野菜、水果、果仁、大豆、花生、巧克力等。另外，有些过敏并非食物本身，而是祸起食品制作过程中添加的消毒剂、防腐剂等成分。

食物过敏按过敏症状来势的快慢分为两种类型：一种是过敏症状来得快，如呕吐、腹痛、腹泻等，在进餐后2小时内即可"闪亮登场"，医学称为速发型过敏反应；另一种则来得较慢，进餐后2小时至2天内，过敏症状才姗姗而至，如血尿、哮喘、荨麻疹等，谓之缓发型过敏反应。食物过敏不仅诱发腹痛、腹泻，引起脱水与营养缺乏，时间一长还可能损害肠胃功能，不可疏忽。

夏季是水果上市的旺季，尤其是水果以多汁、高糖的特色而广受宝宝欢迎，如芒果、伊丽莎白瓜、火龙果、山竹、木瓜、菠萝、草莓等。殊不知这些水果中含有特殊成分，可刺激皮肤引发皮疹等过敏性皮肤病，谓之"水果疹"。以芒果为例，就含有

果酸、氨基酸、各种蛋白质等刺激皮肤的物质，加上宝宝吃水果不得法，常将浆汁弄到脸上、滴到身上，而宝宝皮肤较薄、抵抗力差，故患上水果疹的概率往往高于成人。

防范措施：

①停食过敏食物，选好替代品，防止营养摄取不足。例如牛奶过敏，不妨用豆浆、豆奶等营养价值差不多的食品来代替。

②减少肉类、海鲜等动物性食品，多吃糙米与蔬菜，以改善宝宝的过敏性体质。奥妙在于糙米、蔬菜所供养的红细胞生命力强，又没有异体蛋白进入血液，所以能防止过敏症状发生。

③少吃冰冻食品或饮料，多吃红枣。得益于红枣拥有的抗过敏秘密武器——环磷酸腺苷，能阻止变态反应发生。食用方法有3种：红枣10枚，水煎服，每日3次；生食红枣，每次10克，每日3次；红枣10枚，大麦100克，加水煎服，每日服2～3次，服至过敏症状消失为止。注意：大枣先掰开再煎，煎时不宜加糖，一次不要服食过多。

④注重饮食均衡，别让宝宝养成挑食、偏食习惯，以减少诱发过敏的机会。宝宝越是不喜欢吃的东西，偶尔进食更容易过敏。

⑤慎食芒果、菠萝等热带水果。一旦出现"水果疹"，应立即停食，并将其脸、手洗净。如果过敏症状严重，如嘴唇、口周、耳朵、颈部出现大片红斑，甚至有轻微水肿，应及时到医院就诊。

## 污染过敏——室内是重点

宝宝的皮肤是夏季过敏症的"重灾区"，荨麻疹、湿疹、特应性皮炎等都会赶来凑热闹，罪魁之一就是空气污染。道理很简单，宝宝呼吸速度快，且肺部尚在发育中，加上呼吸道狭小，吸入的空气相对较多，因而受害更大。

空气污染包括室外污染（如工业"三废"）与室内污染（如灰尘、烟雾、宠物皮屑、尘螨、霉菌等）。人们往往有个错觉，认为室内空气优于室外，可以避免室外很多过敏原；加之夏季日光强烈，故让宝宝待在室内的时间很多。实际情况恰恰相反，室内环境大多闷热潮湿，尘螨和霉菌等常见的过敏原大量繁殖，可使室内的空气污染高出室外4～5倍。就说尘螨吧，常寄生于床垫、枕垫、地毯、沙发、窗帘及绒毛玩具上，加上其排泄物以及死亡后脱落下的皮屑，人们的肉眼又难以发现，因而成为最危险的室内过敏原。某些宝宝哮喘发作不断，祸根即在于此。

防范措施：除了有赖于全社会的环境保护外，家长可做好以下细节。

• 提醒宝宝少去马路或交通枢纽处玩耍。

• 父母勿在家中吸烟，有条件者可安装空气清新器。

• 远离宠物与毛绒类玩具。

• 避螨。方法有：使用床罩，少用或不用绒毛毛毯及丝质床单；以木制品或塑料制品代替填充式家具；被褥、枕头等定时拿到强烈的日光下曝晒；使用凉席前先卷起竖在地上用力敲打，并用开水烫洗。

• 清扫灰尘。

• 最好不用地毯。如果非用不可，至少在进入夏季前用地毯专用洗涤剂进行一番清洗，并定期吸尘。

• 室内经常除湿，每天定期通风。

## 冷空气过敏——空调惹事端

健健家中装上了空调，本想度过一个舒适的夏季，可不久健健就出现了状况：鼻子痒痒的，老是打喷嚏，不时有清鼻涕流出。医生诊断为过敏性鼻炎，至于过敏原，医生了解到健健家里新近装了空调，便建议父母暂

时关一段时间看看。果然，关闭空调几天后，健健的鼻炎竟不药而愈了。

原来，健健的鼻炎是对冷空气过敏所致。夏季何来冷空气呢？源头就是空调机。不少家庭贪图凉爽，喜欢将空调温度开得很低，而宝宝稚嫩的身体却难以耐受。空调房间气流的方向经常变化，气流速度的加快会导致空气热量不断变动，干扰人体嗅觉，削弱身体对空气中的病菌、过敏原和异味的反应力与抵抗力；同时空调房间湿度又大，对眼、鼻等器官的黏膜产生不利影响，导致过敏性鼻炎找上门来。

防范措施：空调有利有弊，关键在于趋利避害。

• 空调温度不要调得太低，宜设定在28℃以上，使室内外温差保持在7℃左右。

• 空调凉风不可对着宝宝直吹，一次时间不要太久。

• 随时给宝宝增减衣服。

• 定期停用空调机，打开门窗通风换气，一般应每隔3小时通一次风，每次通风不少于半小时。

• 当宝宝要离开空调房间，宜先在阴凉处活动片刻，作为过渡，再到室外活动，让身体对温度变化有一个适应过程。

## 药物过敏——莫疏忽中草药

夏季也是宝宝的患病高峰期，而治病又离不开药物——药物过敏的问题就这样严峻地摆在了家长的面前。

药物过敏不仅发生率高，而且危害性也大，皮肤出现药疹，或者发热还是轻的，重者可出现血压下降、喉头水肿、呼吸困难等险情，医学上称为过敏性休克，来势凶猛，稍有懈怠即可招致生命危险。众所周知的青霉素过敏就是一个典型例子。

还要提醒家长：西药过敏固然多见，如青霉素、磺胺类、安乃近等，中草药也非"世外桃源"。尤其是近年来中草药针剂使用逐渐增多，过敏反应也较常见，黑名单上已有鱼腥草、鸦胆子、天花粉、冰片、大黄等。另外，某些中成药如六神丸、牛黄解毒片、复方当归注射液、丹参舒心片等亦有此种风险。

防范措施：

宝宝用药务必接受医生的指导，西药如此，中药亦然。对于已经证实过敏的药物一定要告诉医生，不可再用。

切忌滥用药物，严格遵照医嘱和说明书操作。不可随便给宝宝增减剂量，增加品种。那种认为多吃药就可以早点好的观点是错误的，因为多种药物可能互相影响，或抵消疗效，或招致严重的副作用，包括过敏反应。

用药过程中一旦出现皮肤瘙痒、发热或皮疹等征候，应疑及药物过敏而马上停用，并向医生咨询，换用新的药物。

# 好食物养出好肠胃

一位育儿专家说得好："无论你送给宝宝什么样的美食，都不如送给宝宝一副好肠胃。"道理很简单，宝宝吃什么都能够消化，才能吃什么都香，身体才发育得好。

何谓好肠胃呢？肠胃的天职在于消化食物，吸收营养，为身体发育提供需要的能量，排出废物。因此，好肠胃应有以下表现。

胃口好，不厌食，不挑食。

排便规律，粪便成形，不拉稀，不便秘。

发育好，体重正常增长。如出生后 4～5 个月，体重可达出生时的 2 倍，1 岁时可达出生的 3 倍或稍多，1～2 岁内全年体重增长 2 千克～2.5 千克，2～3 岁全年增长约 2 千克。

免疫功能正常，对环境的适应能力强，不易过敏，季节交替或冬春季少受或不受呼吸道与胃肠道感染之害。

宝宝的好肠胃从何而来呢？首先靠发育。肠胃发育的大致规律是：刚出母体时尚未成熟，一直持续到出生后 6 个月，加上肠道酵素分泌不足，只能接受水、奶等流体食物。6 个月以后，肠胃功能发育到可以接纳水、奶以外的食物，包括半流体以及部分固体食物。周岁以后胃肠功能已经相当强大了，足以对付普通食物。所以，育儿专家提醒妈妈，1 岁左右可以断奶，逐渐代之以普通膳食了。

其次靠磨炼。宝宝的肠胃功能虽然有其自身的发育进程，但来自外部的援手也是必不可少的，法宝之一就是科学喂养，利用不同性质的食物锻炼肠胃功能，促进其发育。以下便是专家建议的方案，可供参考。

## 母乳打头阵

小宝宝一旦离开母体，就脱离了

脐带的营养供给，需要动嘴"自力更生"了。从吸入第一口奶起，肠胃就开始运转投入工作，母乳是最适合的食物。如母乳的成分与温度都是宝宝最容易消化的，用母乳喂养很少出现消化道问题；母乳喂养的宝宝肠内环境呈酸性，有利于钙、磷等营养素的吸收。所以母乳是保护宝宝肠胃的最佳食品，应作为首选。只有当母乳不足或缺乏时，方可选择专为小宝宝设计的配方奶。

## 妈妈的口味杂些再杂些

医学研究发现，新生宝宝从母乳中即能"品尝"到母亲的"食谱"，且对味道有"记忆"。幼时"品尝"到的味道越是多样，对食品味道的记忆库存就越丰富，将来长大了对不同"食谱"的接受能力就会增强。换言之，母亲的口味越杂，宝宝的口味也就越多样化，日后形成挑食、偏食等不良习惯的可能性就会大大降低。

## 适时添加半固体与固体食物

妈妈要有"该出手时就出手"的果断，及时、大胆地给宝宝添加半固体与固体食物。以六七个月的宝宝为例，除了乳类等流质食物外，可开始尝试半固体食物，如米糊、菜泥之类。不要担心这些食物会"磨坏"宝宝娇嫩的肠胃，实际上是让宝宝锻炼自己肠胃的最好时机。5个月后闻着五谷的香气会流口水，出现对固体食物的强烈"口欲"，此时固体食物的"加盟"已是"箭在弦上，不得不发"了。固体食物的营养素含量和密度与奶水大不相同，可为宝宝的发育（包括胃肠发育）提供奶水较少或没有的养分，防止种种营养缺乏症临身。从食物性质看，固体食物比乳类粗糙，而食物越是粗糙，对宝宝口腔、胃肠壁的力学刺激就越强，肠壁肌肉的推动力也就越大，能更好地帮助宝宝发展强有力的消化道推动力，练就一副好肠胃。

不过，给几个月大的宝宝吃粗、硬的食物，可能出现吃什么样就拉什么，大便中带着整片的菜叶、整瓣的橘子，或者半干不稀，次数忽多忽少等情况，你会怀疑宝宝是不是吃坏肚子了，于是立即改变方针。其实大可不必，只要宝宝不哭不闹，照吃照玩，大便的次数并不重要，食物未经消化就整个地拉出来了也算正常，只是食物没有起到添加营养的作用，但它还是充当了锻炼肠胃的"训练器械"，慢慢地宝宝就在"训练"中适应了，大便性状也会随之好转。如果你退缩了，宝宝也就失去了肠胃锻炼的黄金时机，肠道的推动力及适应能力便会停滞不前，只要食物的冷热、硬度、数量略有变化，胃肠道都会难以适应，出现恶心、呕吐、拉稀等症状，成为一个难养的宝宝，时间一长可能引起营养亏损，导致身高、体重、智力等发育指标落后。

## 规律进食

周岁以后，宝宝的胃肠功能进一步强大，是告别母乳享受大自然丰富多彩的三餐美味的时候了，谷类、鱼肉、板栗、苹果、酸奶以及各种蔬菜，或含有丰富的多种碳水化合物，能增加肠道糖类消化酶的含量；或能刺激对蛋白质和肽类食物的消化和吸收；或能保持胃肠道正常的酸碱度；或直接提供有益菌，都是锻炼胃肠的好食物。这个年龄段的重点应是规律进食，养成按顿吃饭的习惯，使肠胃得到规律的"信号"，形成自身的"生物钟"，确保每天都能有条不紊地运转。

## 控制好零食

宝宝3岁以后，父母能吃的东西他几乎都能吃，零食、饮料可选择的余地也大了许多，一定要控制好。奥妙在于胃有一个规律，吃下的东西每3~4个小时就要排空，如果零食不断，胃里老有东西，没有饥饿感，到了吃正餐的时候就没有食欲，这便是时下一些宝宝不好好吃饭，"餐桌大战"频发的症结所在。更糟糕的是长此以往，会使得宝宝的胃肠功能紊乱，进而诱发营养不良，引起体格瘦小甚至株连智力。所以，掌控好吃零食的数量与频度，保护好肠胃的"生物钟"也是势在必行。

## 养护并举

宝宝的肠胃尚处于发育之中，养护措施也要跟上，清淡、富含维生素与微量元素、易消化的食物应成为食谱的主角，且要注意保温。以维生素A为例，对上皮细胞具有良好的保护作用，可维护宝宝胃肠黏膜的完整性，增强对病原微生物的抵抗力，防止消化不良、腹泻等疾患发生，所以胡萝卜、菠菜、柑橘等黄绿色蔬果皆在必吃之列。另外，多用以水为传热介质的烹饪方法，如汤、羹、糕等；少用煎、烤等以油为介质的烹调方法，以利于宝宝脾胃的消化吸收。也

可在中医师的指导下实施穴位调理，如按摩足三里（位于膑骨外侧下方凹陷处下四横指的地方）、中脘（位于肚脐上4寸处）等穴位，可收到强壮胃肠功能之效。

## 食谱举例

### 1. 苹果羹

苹果1个，去掉皮与核，用搅拌机打碎，加少量水，小火熬制，略呈透明状，加冰糖适量调味，以不酸为宜。适合6个月以上宝宝。

### 2. 板栗蒸糕

板栗10个煮熟，去皮捣泥，与自发粉一起和成软面团，加入适量红糖和牛奶，醒发20分钟，制成漂亮形状蒸熟食用。适合1岁以上宝宝。

### 3. 酸奶香米粥

香米50克煮粥，凉凉后加入酸奶50毫升搅匀食用。适合1岁半以上宝宝。

### 4. 肉汁黄豆萝卜汤

白萝卜、胡萝卜各50克，切成小丁，在滚水中焯一下，加盐后捞出。黄豆肉汤1碗烧开，放入萝卜丁后拌匀，小火炖30分钟即可。适合2岁以上宝宝。

### 5. 鱼肉松粥

大米100克淘洗干净，放入锅内，倒入清水用大火煮开，改小火熬至黏稠。菠菜50克择洗干净，用开水烫一下，切成碎末，放入粥内，加入鱼肉松30克，精盐适量调味，用小火熬几分钟即成。适合3岁以上宝宝。

# 护肠，贯穿夏季保健的主线

3 岁的滴滴活泼可爱，唯有一宗麻烦令父母苦恼，那就是夏天爱闹肚子，三天两头腹泻，成了医院儿科的常客。滴滴的父母很是不解：夏天怎么啦？怎么老是跟宝宝过不去呢？

其实原因很简单，不外乎"外患"与"内忧"两方面。就外患而言，天气炎热，细菌繁殖快，污染食物而潜入消化道，引发小儿肠病。至于内忧，则因小儿所需营养物质多，消化道负担重，而小儿消化道发育尚不完善，功能较弱，难以适应食物质和量的较大变化；加上免疫力也较低，从而给病菌入侵开了方便之门。

不难明白，要想让滴滴这样的宝宝平安度夏，必须在呵护他们的肠道功能方面下工夫，具体可从以下细处做起。

## 把好喂养关

夏季是腹泻的高发季节，而腹泻堪称为小儿肠道健康的首要破坏因素。为避此祸，关键之一在于把好喂养关。

周岁内提倡母乳喂养，母乳最适合婴儿的营养需要和消化能力，含有多种消化酶和抗体，可抵消大肠杆菌等病菌所分泌的肠毒素，保护肠道不受侵害。热天尽量不增添新的、不易消化的辅食。也不要在夏天断奶，应待天气凉爽一些以后再断奶不迟。

断奶后要多安排清淡爽口、蛋白质丰富且易消化的食物。油腻、多糖要限制，西瓜、水果、绿豆汤、冬瓜汤等天然防暑降温食品可多吃。

夏季蚊蝇较多，而蚊蝇又是传播病菌的能手，故不要给宝宝吃熟食与剩饭剩菜。冰箱中的食品一定要经过高温处理，遭受污染者应毫不犹豫地弃之。

少吃冰棍等冷饮品。如果过多摄入冷饮（比胃肠内温度低二三十度），轻者刺激胃肠黏膜血管收缩，导致胃

肠分泌紊乱，诱发"冷食性胃肠炎"，出现腹胀、恶心、呕吐、消化不良等症状；重者可能引起肠套叠（一段肠管套进另一段肠管之中），导致肠梗阻，危及宝宝的生命。

生瓜、生菜附有蛔虫卵，涮海鲜或畜肉、半生的淡水海螺、螃蟹等可使人感染上肺吸虫病，宝宝一定要远离。

一旦发生腹泻，应进行规范化治疗，直到痊愈。

## 讲究用水卫生

夏天尤其离不开水，给宝宝用水务必注意卫生，避免给病原微生物以任何可乘之机。

先说喝水。夏天气温高，出汗多，给宝宝补水是很自然的事，但要多给喝白开水，少喝可乐等饮料，饮料中的二氧化碳可能削弱胃肠道的杀菌能力。金银花露或者是西瓜汁等消暑饮料有滑肠之弊，容易诱发腹泻，也要谨慎。果汁（如苹果汁、桃汁、葡萄汁等）含有高浓度的果糖或山梨醇，可能将体内的大量水分吸入到胃肠，导致频繁呕吐或腹泻，少饮为妙。橙汁的果糖及山梨醇含量均较低，可适当饮用。

再说冲调奶粉的用水，最好使用温开水，而一些家长为图方便，喜欢使用饮水机中的水现配现吃。殊不知，饮水机中的水往往具有二次污染的可能，容易产生细菌，婴幼儿喝后很容易被感染而拉肚子。

勤洗手是保护宝宝健康的重要一招，无论小婴儿或大宝宝都要"一视同仁"，以堵塞病从手入的途径。以流动水洗为最佳。单用手帕或餐巾纸干擦小手只能除去看得见的污渍，不能除掉细菌、病毒等致病微生物。

最后一点是，宝宝的食具（如奶瓶、筷子、碗碟等）、玩具等在夏季易受污染，务必定期煮沸消毒。

## 保护肠道有益菌

双歧杆菌能够为婴幼儿的肠道健康提供独特的保护作用，如改善营养、增强免疫及抗感染能力、调整肠道功能等。可以说保护双歧杆菌就是保护肠功能。

至于保护的措施，小宝宝给予母乳喂养，母乳含有丰富的促进双歧杆菌生长的营养因子；大宝宝可以吃点儿酸奶，或喝点儿葡萄糖饮料。同时谨慎使用抗生素，特别是感冒或腹泻不要轻易动用（因细菌引起者例外）。若出现了肠道菌群失调的征象，特别

是在较大剂量或较长时间使用抗生素后，可在医生指导下补充双歧杆菌，如服用妈咪爱等。

## 关注肠道健康的信号

肠道虽然隐身于肚子里，外面看不见，但可以通过一些信号来大致判断其健康状态。一个信号是大便，其性状、次数与肠功能的优劣密切相关。如母乳喂养儿大便呈软膏状，卵黄色，每日 2~3 次；吃羊乳、牛乳或用其他食物喂养者，大便常呈硬膏状，淡黄色或浅白色，每日 1~2 次；较大的小儿大便呈黄色，干湿适中，每日 1~2 次。若大便每天超过 3 次以上，变成稀水或稀溏，呈黄绿色，腥臭或酸臭，表明宝宝患了消化不良或肠炎；如果变得干结，超过 2 天解 1 次大便，则属于便秘。它们都属于病态，应及时就医。

来自肠道的气体是又一个重要信号，俗称放屁。留意小儿的"屁事"，对做好宝宝的饮食调理和肠道保健亦有重要意义。如宝宝屁多，并有酸臭味儿，是消化不良的表现，应该减少喂养量或限制高蛋白与高脂肪食物；如果断断续续不停地放屁，但无臭味，多因饥饿引起肠蠕动增强所致，提示该喂食了；如果屁多粪便也多，

可能是蚕豆、豌豆、山芋等产气食品吃多了，应削减高淀粉食物，适当增加蛋白质、脂肪类食物，以免影响宝宝的发育；如果宝宝无屁也无大便，出现哭闹不安等症状，特别是多食了冷饮后，要想到得了肠梗阻（如肠套叠），及时就医为上策。

## 提防损肠药物

夏季宝宝生病多，生病就要用药。用药可得注意了，不少药物可以伤肠，应尽量避开。

位列损肠药物黑名单之首的是解热镇痛类药物，由于本身的刺激作用以及对前列腺素的抑制而损伤肠道黏膜，如阿司匹林、保泰松、吲哚美辛、吡罗昔康、布罗芬、萘普生等。

紧随其后的当数抗生素。这类药物又可分为两类，一类导致肠道菌群失调而引起伪膜性肠炎，以广谱类抗生素为最，如林可霉素、克林霉素、四环素、头孢菌素、阿莫西林、利福平等；另一类可诱发出血性结肠炎，以氨苄西林、双氯西林、红霉素、麦迪霉素等为代表，通过致敏反应引发肠黏膜出血。

此外，地塞米松等激素类药物，利血平、降压灵、胍乙定等降血压药物，甲苯磺丁脲等降血糖药，或抑制蛋白质的合成，或抑制细胞增殖与上皮修复，或直接刺激黏膜而损伤肠道，都属于"少儿不宜"。

# 夏季腹泻株连5个脏器

宝宝腹泻，表面看不过是拉拉肚子而已，实则暗藏杀机，可株连5大器官。随着腹泻旺季的到来，父母千万不可掉以轻心。

## 株连心脏→心肌炎

导致宝宝腹泻的凶犯有细菌也有病毒，而不少病毒（如柯萨基病毒、埃可病毒、脊髓灰质炎病毒、轮状病毒）对心肌细胞有很强的"亲和力"，当宝宝的抵抗力下降时就会"乘虚而入"，通过消化道黏膜经血液循环而流窜到心脏作案，造成心肌细胞炎症性损害，医学称为心肌炎。患儿多有神萎食差、头晕面白、疲乏多汗、心跳加快或减慢、胸闷、心前区不适或疼痛等症候；严重者尚可出现面部水肿、不能平卧、呼吸困难等心力衰竭表现，危及生命。

## 株连关节→关节炎

一些宝宝罹患腹泻后不久，陆续出现膝、髋、踝等处关节肿痛，乃因肠道感染引发过敏性炎症累及关节所致，谓之感染过敏性关节炎，并非病原体直接侵犯关节所造成。来自医院的信息显示：感染过敏性关节炎发病率相当高，约占所有关节炎的20%，以5~12岁年龄段的最为多见。关节症状一般在宝宝腹泻后1~6个星期内"亮相"，表现为关节肿痛反复发作，再发再愈。所幸的是预后良好，常在3个月内痊愈，不会留下关节畸形，可谓有惊无险。

## 株连大脑→脑病

腹泻引起脑病，绝非"天方夜谭"。原来，宝宝的大脑尚处于发育阶段，功能不完善，血液与大脑之间

的防御屏障（医学称为血脑屏障）不健全，致使肠道感染产生的毒素经肠道黏膜吸收入血液，并随血液循环越过血脑屏障而侵入大脑造成损害。这是宝宝夏季最易罹患的一种特殊类型腹泻，医学称为中毒性菌痢，俗称毒痢，凶犯叫作痢疾杆菌，侵袭对象多为 2~7 岁的宝宝，是细菌性痢疾中特别危重的一种。菌痢症状越重，生成的毒素越多，大脑的病变也就越严重，死亡危险也越大。即使抢救成活，也常可留下说不出话、瘫痪、智力低下、癫痫、失明等后遗症，给宝宝造成终身痛苦。

## 株连尿道→尿道炎

主要见于女婴，原因在于女性尿道有特点，如尿道口与肛门很接近，尿道较短且直，尿道括约肌作用较弱，容易发生尿道－膀胱返流等，从而给腹泻的细菌"移民"尿道以可乘之机。所以，为人父母者要有一双慧眼，一旦腹泻的女宝宝出现尿频、尿疼、尿急等症候，或尚无语言表达能力的女婴排尿时哭闹，就要想到已经不是单纯的腹泻问题，很可能尿道炎找上门来了。

## 株连肠道→肠套叠

宝宝腹泻时，肠管的蠕动节律被打乱，局部肠环肌发生持续性痉挛，导致肠的近端蠕动加剧，而将痉挛的肠段推入远端的肠腔内，如同腊肠，形成肠道梗阻，称为肠套叠。属于急腹症，病情重，危害大。表现为腹泻宝宝突然发生阵发性哭吵；没有哭吵，脸色却一阵阵发白，伴有呕吐；哭吵时双膝蜷曲、双手按抓腹部等。统计显示，有 2%~8% 的肠套叠祸起腹泻，2 个月 ~2 岁为高发年龄段。此种腹泻并发症的关键取决于发现的早晚，如在发病 24~48 小时得到正确诊治，愈后良好。延误治疗则可能造成肠坏死、肠穿孔，甚至休克、死亡。

综上不难看出，腹泻绝不是盏"省油的灯"，父母一定要有一份忧患意识，全面留意宝宝的病情，一旦出现用腹泻不能解释的症状，应及时向医生求助，争取获得最佳的治疗效果。

# "冬病夏治"，三伏是良机

随着医学知识的普及，"冬病夏治"几乎成了现代流行语，不仅成人得益，宝宝也受惠多多。

何谓"冬病"？指的是好发于冬季或在冬季加重的疾病，如气管炎、哮喘、过敏性鼻炎、咽炎等；"夏治"呢？则是指专在夏天最炎热的时段对这些病进行治疗。

中医学认为，一些宝宝总是反复感冒、咳嗽，或遇冷就打喷嚏、流涕、咳喘，根本原因就是阳气不足，属于"阳虚"体质，因而表现出手脚冰凉、畏寒喜暖、怕风怕冷、神倦易困等"寒证"症候。当一年中最炎热的时节来临，人体处于阳气旺盛、气血流通之时，若将辛温发散的药物贴敷于穴位，就可起到温阳益气、通经活络、散寒止痛的作用，进而清除体内寒气而收到治病的效果，这就是"冬病夏治"这一中医特色疗法的理论基础，并得到了现代医学的证实。现代医学研究发现，贴敷药物透过皮肤，由血管、淋巴管吸收后，确能激活体内免疫系统，产生某些特异性抗体，启动肺表面活性物质，发挥治病防病功效，用药后患儿血中的免疫球蛋白（英文缩写为Ig）变化（如IgA、IgG、IgM升高，IgE减少）就是最雄辩的证明。所以，当又一年度的伏天到来之际，"冬病"患儿的父母千万别错过了这个时不我待的治病良机。

## "冬病夏治"有章可循

"冬病夏治"的方法有穴位贴敷、针灸、推拿、按摩、拔火罐、刮痧、汤药口服或足浴等多种，以穴位贴敷法最为常用。如果患儿皮肤过敏，不宜用药物贴敷，则可改用针灸、按摩、推拿、拔火罐等其他中医手段治疗。具体到你的宝宝该用哪一种，需要由中医大夫根据具体病情和个体差异作出判断。

穴位贴敷疗法是在辨证论治的基础上，将药物敷贴在体表的特定穴位，属于中医外治法，具有药物经皮吸收及经络穴位效应的双重特点，一不打针二不吃药，既不伤肝也不伤肾，且无痛苦，操作也很简单，容易为宝宝接受，因而成为"冬病夏治"的首选方法。

治病奥秘：穴位是人体经络脏腑之气血输注的部位，用有效的中药配方加工成粉末，调制成药贴，敷于相应的穴位，通过经络传导，发挥宣肺通络、驱赶寒气、恢复阴阳平衡的作用，从而缓解或消除种种冬病的病情。

适合疾病：包括反复呼吸道感染、急慢性支气管炎、哮喘、扁桃体炎、腺样体肥大、过敏性鼻炎、鼻窦炎、慢性咽喉炎、百日咳等顽症痼疾。

贴敷时机：三伏天，气温升至一年中的顶峰，人体阳气也最旺，气血充盈，加上人体皮肤湿度、温度最高，毛孔开放程度最大，所贴药物最容易经皮肤渗入穴经脉络，并使药力直达病灶，功效最强。所以"冬病夏治"的最佳时机是三伏天，一般采用初、中、末三伏各贴敷1次，每次间隔10天的方法，又称三伏贴或三伏灸。病情重者可适当增加贴敷次数，如一个伏天连续贴6天，休息4天，再贴下一伏的疗程，这样贴较每伏只贴1天效果更好。

穴位选择：以肺俞（位于背部第3胸椎棘突下，旁开1.5寸处）、膏肓（位于背部第4胸椎棘突下，旁开3寸处）、膻中（位于胸部前正中线上，平第4肋间，两乳头连线的中点处）、天突（位于胸前胸骨上窝正中处）等穴位为主，痰多患儿可加丰隆穴（位于小腿前外侧，外踝尖上8寸，条口穴外，距胫骨前缘二横指处），脾虚加足三里（位于外膝眼下四横指、胫骨边缘处）。

贴敷方法：将白芥子、生甘遂、延胡索各1份，细辛半份，烘干磨粉，用生姜汁调成稠糊状，做成直径约为10毫米、厚约3毫米大小的饼状，放在上述特定穴位上，用30×30毫米的橡皮膏固定。从初伏的第一天开始贴，然后中伏、末伏的第一天各贴药1次。

## 贴敷注意要点

①按中医理论讲，白天贴敷效果好于晚上，因为三伏贴利用的就是三伏天里阳气最盛的原理，而白天阳气盛，晚上较弱，故要坚持白天贴敷，尤以阳气最旺盛的正午11点～下午1

点最佳，贴敷疗效最好。

②贴敷时间不宜过长。宝宝贴敷至少需要半小时以上才能起效，建议每次敷贴时间以2小时为限（成人6~8小时）。如果宝宝皮肤特别敏感，贴敷后很快就出现烧灼、疼痛等不适感，则需提前取下。

③穴位贴敷不是一蹴而就的事，需要连续治疗，以连贴3年效果最好。

④贴敷当日禁洗冷水浴，避免吹空调，禁食生冷辛辣腥膻的食物，以免赶跑"阳气"减低疗效。

⑤夏季宝宝容易产生口渴感，琳琅满目的冷饮极具诱惑力。但食冷饮后可导致温度突然改变，削弱阳气，降低呼吸道的自净排出功能，增加细菌、病毒感染的概率，使"夏治"效果大打折扣，甚至前功尽弃，所以冬病患儿应远离冷饮。同样道理，空调也应节制，因为室内外温差太大，可引起患儿呼吸道局部免疫力下降，一旦吸入冷空气便会刺激支气管发生痉挛而咳喘。为避此害，即使在伏天，空调的温度也应维持在室内外温差小于5℃~10℃的范围。

⑥哮喘发作期，肺炎及其他感染性疾病的急性发热期，应先接受正规的药物治疗，然后再由医生判断是否实施穴位贴敷疗法。

⑦正在服药治疗的患儿应继续服药，不要盲目减药，更不可停药，因为贴敷疗法不能完全取代其他治疗。

⑧穴位贴敷属于医疗行为，必须在医生指导下进行，父母不能自己买药贴随便贴敷，以免发生意外。

另外，敷贴疗法并不适合所有患儿，以下宝宝不宜。

①2岁以下婴儿皮肤过于娇嫩，难以耐受药物的刺激，容易引起皮肤损伤，不建议进行穴位贴敷。但不要错过"冬病夏治"的机会，可改为口服中药以调整阴阳，提高免疫力，可以收到与贴敷同等的效果。

②宝宝正在发热，体温超过37.5℃。

③宝宝属于过敏体质或患有皮肤病。

④贴敷穴位处的皮肤发生破损或有皮疹。

⑤"冬病夏治"只适合体质虚寒、阳气虚弱的宝宝，痔疮、湿疹、咯血等体质阳热的患儿不适合。

⑥有严重先天性心脏病等器质性疾病的患儿，也不适合做敷贴治疗。

## 常见贴敷反应的应对策略

患儿贴药后，贴敷局部多会出现

皮肤潮红以及痒、热、微痛等感觉，或皮肤有色素沉着，皆为正常反应，也是贴敷有效的一种信号。不过，如果反应太过明显，则需酌情处理。

刺麻痒感，发生率几乎100%，多在药物去除后皮肤发红起小水泡时产生。痒感可持续4～5天，甚至持续整个贴敷过程。对策：仅有局部皮肤红肿，无明显不适可不予处理；瘙痒、灼痛感等明显者，严禁搔抓，可外涂皮炎平霜、皮康霜等以减轻症状。

起泡，发生率约80%。其过程大致为皮肤发白、潮红、起小水泡，然后融合成大水泡，直径最大可达5厘米，泡内为淡黄色液体，刺破液体流出后可再产生，时间长的可持续10～15天，水泡才完全吸收结痂。对策：换穿柔软衣裤或外盖消毒纱布，避免摩擦破裂，外涂氧化锌油、万花油等烫伤软膏。水泡大者可用消毒针在底部刺破放出液体，外涂紫药水。避免抓挠水泡，以保护创面，并酌情涂搽红霉素软膏、金霉素软膏等抗生素软膏防止感染，也可用云南白药涂抹，以加快创面愈合。但禁止涂敷含激素类的药物，情况严重者需请医生处理。

瘢痕。绝大多数宝宝贴敷处结痂，痂盖脱落后不遗留瘢痕，仅少数患儿例外，可遗留下黑褐色色素沉着，且持续多年不消失。对策：贴敷前仔细询问患儿是否瘢痕体质，以及家族中有无瘢痕体质成员，并将可能产生瘢痕的情况告之父母，征求是否同意，并签下协议，以避免造成不必要的医患纠纷。

皮肤过敏。在医生指导下服用扑尔敏等抗过敏药物，必要时到医院求治。

## 配套措施及时跟进

穴位贴敷作为"冬病夏治"的特色手段发挥主要作用，若能配合其他一些方法，往往能收到事半功倍的效果。

### 1. 饮食调理

在坚持品种多样、营养均衡的平衡膳食原则基础上，适当向调补肺脾肾三脏的食物倾斜，对慢性呼吸系统疾病患儿大有裨益，如黄芪、银耳、百合（补肺）、鸭肉、瘦猪肉、鲫鱼、薏米、绿豆、党参、山药、白扁豆（健脾）、黑木耳、核桃、黑芝麻、黑大豆（补肾）等。以下几款药膳尤其值得推荐，不妨一试。

## ☞ 食谱举例

### 1. 黄芪鸽子汤

鸽子（或250克以内的童子鸡）1只，生黄芪10克，盐少许。做法：洗净鸽子（或童子鸡），用纱布袋包好生黄芪。取一根细线，一端扎紧纱布袋口，另一端绑在锅柄上。锅中加适量水煮汤，等鸽子（或童子鸡）熟后，拿出黄芪包，加入少许盐调味食用之。每周2次足矣。

### 2. 菌菇汤

蘑菇、香菇、草菇、金针菇各50克，盐少许。做法：蘑菇、香菇、草菇、金针菇洗净，加适量水煮汤，熟后加入盐等调味品食用。每周2次。

### 3. 白萝卜蜂蜜饮

白萝卜250克，蜂蜜30克。做法：白萝卜洗净，加适量水煮汤。萝卜煮熟后倒出汤水，在汤水中加入蜂蜜调匀服食。隔天1次。

### 4. 薏米绿豆汤

薏米20克，绿豆30克，糖少许。做法：米仁，绿豆加水焖煮至酥烂，放少许糖食用。每周2次。

### 2. 服点儿中药

根据患儿的病情，酌情服用补肺（如玉屏风口服液）、健脾（如参苓白术散）、补肾（如六味地黄丸、百令胶囊）等中成药，对增强免疫力很有帮助，可连服半年，再休息半年。

### 3. 运动锻炼

平时要加强体质锻炼，多进行户外活动，多呼吸新鲜空气，晒晒太阳。盛暑季节还可选择游泳或登山活动（增加肺活量），坚持每天用冷水洗脸，按摩迎香（位于面部鼻翼旁开约1厘米之皱纹中）、四白（位于眼眶下缘正中直下一横指处）等穴位，锻炼宝宝的耐寒能力，有效地改善与提高心脏、血管、呼吸和消化器官的功能水平，减少和降低冬病的发病频率与程度。

# 夏季更要防"虫灾"

春季易闹虫灾，夏季更不能懈怠。因为除了春季的恙虫、蜱虫以及螨虫等可继续作恶外，还会新添几位"不速之客"，宝宝受到的威胁有增无减。请看以下黑名单。

## 毛毛虫

蝴蝶或飞蛾构成了初夏的一道靓丽风景线，可它们的原型——毛毛虫既丑陋又可恶。毛毛虫在春夏交替之际，生长与活动最为旺盛，因其特殊的功能构造，能感受人体所散发的体温、气味、荷尔蒙（如三甲胺），加上体积小，不易被察觉，故人类尤其是宝宝遭受袭击的机会大大增加。

主要危害：虫体或其身上的小鞭毛刺激了宝宝的皮肤，或宝宝吸入了虫体的皮屑，可招致局部或全身过敏反应，以毛毛虫皮炎最常见。

典型表现：在颈部、四肢、前胸、上下背等衣服遮蔽不到的地方，冒出许多小红疹，伴有剧痒与灼热感，迫使宝宝搔抓，进而使红疹扩散到其他部位，并可引发细菌感染。

应对要点：

当宝宝身上某处冒出密密麻麻的小红疹，且不停地搔抓时，应疑及感染了毛毛虫皮炎。尽量用胶布或透明胶带反复多次粘去皮疹处的毒毛，并用肥皂水或小苏打溶液冲洗局部，以中和毒素。然后外搽炉甘石洗剂、氧化锌洗剂或1%的薄荷溶液等止痒。

症状较重者及时去医院。通常要口服西替利嗪、扑尔敏等抗组织胺药，外用肤轻松等类固醇药膏，以求缓解。如果伤口已被抓破，应酌情动用抗生素。

避免宝宝搔抓，保持患处清洁。别盲目用热水冲洗，热水冲洗虽可暂时减轻瘙痒，但仅能短时间麻痹神经，却会使体内不断释放组织胺，冲洗结束后瘙痒感会更加剧烈。

平时带宝宝到郊外，或者在公

园、花园游玩时，应穿长袖、长裤；避免在树下、花丛等毛毛虫活动区域过久停留。

## 水母

天气渐热，与水打交道的人日渐增多，其中不乏宝宝，尤其是在浮潜时，很容易碰触到水母，或遭受其攻击而受害。

主要危害：水母属于腔棘类动物，遇到人体时，触手上的刺细胞能将毒液注入皮肤内。毒液中的毒素为很强的过敏原，被其蜇伤后会引发较大的过敏反应。由于宝宝体内大多没有抗体，遭受水母攻击后症状会比父母更重。

典型表现：蜇伤处出现明显的条状红疹，瘙痒疼痛，伴有色素沉淀，持续可达数周之久，严重者可出现全身性反应与不适。

应对要点：

立即用盐水冲洗伤口，尽量将毒素冲洗出来，略作简单包扎后尽速到医院求治。如果受伤区域过大，或出现剧烈红肿、水泡及中毒现象，应马上到医院看急诊。

带宝宝外出活动前，先要了解水母容易出现的水域，尽量避开之。

水中漂浮物越多的水域，水母来觅食的概率越高，切忌盲目下水浮潜。

浮潜时宜穿潜水衣、防寒衣，防止被水母蜇伤。

## 隐翅虫

隐翅虫是一种头黑胸黄的小飞虫，白天常栖居在潮湿的草地、石下等处，夜间则多向有灯光的地方飞行，雨后闷热天气尤多。

主要危害：隐翅虫的虫体各段都含有毒素，是一种类似于强盐酸性质的毒汁，夜间飞进房间落在人体表面叮咬皮肤，或虫体被拍碎后释放出毒液，2～4小时即可引起皮炎，谓之隐翅虫皮炎或线性皮炎。

典型表现：往往于早晨起床后，突然发现皮肤上有条状或斑片状水肿性红斑、丘疹或水疱、脓包，呈单条或多条状，长短、方向不一，如同鞭子抽打样，局部有瘙痒、灼热及刺痛感。

应对要点：

立即用小苏打片20片溶于水中，或用肥皂水清洗患部，利用碱性中和酸性毒汁。红肿处可外涂炉甘石洗剂止痒。

症状严重或短期用药后无效者，需到医院皮肤科就诊。

平时应注意搞好环境卫生，夜间关好门窗，减少照明时间及照明亮度，防隐翅虫入室。

户外游玩时，可在暴露皮肤部位涂药，或及时驱赶（这种昆虫易驱赶），不要拍打虫体。

## 蚂蚁

蚂蚁司空见惯，但无论哪种蚂蚁都是有毒的，只是毒性大小不一样罢了，对宝宝是有一定威胁的，务必认真对待。

**主要危害：** 蚂蚁分泌物中含有蚁酸，蚁酸无色而有刺激气味，且有一定的腐蚀性，人体皮肤接触后有起泡、红肿、疼痛之虞。与普通蚂蚁比较，热带地区蚂蚁或森林中的蚂蚁则厉害得多，咬伤后可引起局部剧痛，还能引发全身症状。

**典型表现：** 与蚂蚁毒性强弱有关，普通蚂蚁咬后皮肤上鼓起红色小包，有疼痛感，一两个小时后鼓包通常变成水疱。严重的可能全身起风团，伴头晕、胸闷、呼吸困难，甚至休克。

**应对要点：**

若肇事者是普通的蚂蚁，仅有皮肤红肿起包，用香皂水清洗伤口（香皂内的主要成分苯酚可以中和蚁酸，

发挥缓解和治疗作用），并用冰袋冷敷半小时以减轻疼痛感。然后涂上皮炎平或可的松软膏即可。如果痛感剧烈，过敏症状严重或有全身不适，就要在进行简易消毒处理后及时到医院做进一步医学处理。

## 蝎子

蝎子多生活在野外阴暗潮湿的树根处、杂草中。蝎子的尾端有一根与毒腺相通的钩形毒刺，蜇人时毒液由此进入伤口。

**主要危害：** 蝎子的毒性强，毒液含有毒性蛋白，主要有神经毒素、溶血毒素、出血毒素及使心脏和血管收缩的毒素等。

**典型表现：** 蜇伤处常发生大片红肿、剧痛，轻者几天后症状消失。少数重者可出现寒战、发热、恶心呕吐、肌肉强直、头痛、头晕、昏睡、呼吸增快、抽搐及内脏出血、水肿等病变，甚至因呼吸、循环衰竭而死亡。

**应对要点：**

现场处理基本同毒蛇咬伤。如伤口在手脚等四肢，应立即在伤部上方约2~3厘米处，用手帕、布带或绳子绑紧；或用"南通蛇药片"以凉水调成糊状，在距伤口2厘米处环敷一

圈（药不要进入伤口），马上送医院进行医学处理。

平时要搞好室内外环境卫生，清除掉砖瓦、石块、杂草、枯叶等蝎子的栖息场所。

夜晚活动以灯光或手电筒照明，不可在黑暗中用手触摸着墙壁走。

室内外蝎子密度高时，可实施药物喷洒处理。

## 蜈蚣

蜈蚣由许多体节组成，每一节上有一对脚，第一对脚呈钩状，很锐利，钩端有毒腺口，能排出毒汁，位居"五毒"之首（其他四毒是蛇、蝎、壁虎与蟾蜍）。白天隐藏在暗处，晚上外出活动觅食。

主要危害：蜈蚣毒液含组胺样物质、溶血蛋白质及蚁酸等，咬伤人体时将毒液注入皮下，可迅速引起一系列中毒反应。

典型表现：中小型蜈蚣蜇咬后，伤处皮肤可见两个淤点（咬痕），继而出现肿胀、灼痛和刺痒感，一般较快好转消失，无全身症状。大型蜈蚣咬伤则较重，除伤处灼热、剧痛、红肿、水疱或坏死外，可因毒素吸收而引起全身中毒症状，如头昏、眩晕、恶心、呕吐、发热，甚者谵妄、抽搐、昏迷等。

应对要点：中小蜈蚣咬伤后，可用肥皂水清洗伤口，涂擦3%的氨水或5%的小苏打水，也可涂抹季得胜蛇药或如意金黄散。大蜈蚣咬伤后应立即在伤肢上端2～3厘米处，用布带扎紧（每15分钟放松1～2分钟），然后向医院转送。

## 蜘蛛

蜘蛛是夏季最活跃的小动物之一，出于猎食的需要，每个蜘蛛都带有毒性，只是多少不等而已。

主要危害：普通蜘蛛危险较小，一般不会有致命风险，但黑寡妇及棕色遁蛛等特殊蜘蛛毒力大，叮咬后可能致人死亡。

典型表现：普通蜘蛛咬伤后，伤口局部轻微疼痛，一般不会发生严重不良反应。若为黑寡妇等特殊蜘蛛所伤，往往在叮咬后数小时内出现剧烈疼痛、肿胀、瘙痒以及局部皮肤变色，个别甚至有寒战、发热、吞咽或呼吸困难等症状。

应对要点：

普通蜘蛛咬伤者，可立即用肥皂以及清水清洗好伤口，再用一块冰凉的敷布敷在伤口处。如为特殊蜘蛛所伤，可按蛇咬伤处理，如伤口在手臂

或者腿上，可用绷带绑在伤口处的上方。其他部位的伤口，可敷上一块冰凉的敷布，或在布里面加上冰块压住患处，目的都是阻止或减慢毒液的蔓延，为送医院救治赢得时间。

教育宝宝不要捉拿、玩耍蜘蛛，更不要将蜘蛛当宠物养。尤其是颜色艳丽的蜘蛛一般都有剧毒，千万不要碰触。

# 食物中毒防为先

食物中毒，指的是宝宝吃了某些带有致病菌或毒素、毒质的食物而发生的疾患。夏季气温高，病菌猖獗，加上食物中营养丰富，是各种细菌理想的生存、繁殖场所，故细菌性食物中毒最为常见。同时，宝宝缺乏生活经验，容易误食有毒的果仁，如苦杏仁、苦桃仁、李子仁、杨梅仁、白果等。另外，父母不慎给宝宝吃了未腌透的青菜、毒蕈、发芽土豆、河豚、某些鱼、贝类等含有毒素的食物而中毒，也时有所见。

与成人比较，宝宝的消化道面积相对较大，肠壁的通透性又高，吃入同等量的毒素后中毒概率更高，中毒症状更严重，产生的"次生灾害"也要大得多。欧美等国医学专家的研究显示，一次食物中毒可影响宝宝一生的健康，如孩提时代感染大肠杆菌的人，即便当时康复了，十几年后不少人患上了高血压甚至肾衰竭；感染沙门氏菌或痢疾杆菌后，容易引发关节

炎；感染空肠弯曲菌的人（即使是轻度感染），也有患上瘫痪之虞。不难明白，入夏之后防止食物中毒，对于宝宝有多么重要的现实与深远的意义。

## 食物中毒类型大展示

按照中毒的病因，可分为以下四大类。

### 1. 细菌性食物中毒

包括沙门氏菌食物中毒（祸起进食不洁的肉类、动物内脏、鱼类、蛋类等食物引起，一般在进食后 6~24 小时发病）、葡萄球菌食物中毒（源于吃剩菜、剩饭，一般在进食后 3 小时内发病，多数病儿可于 1 天后恢复）、嗜盐菌食物中毒（多发生在吃了海鱼、海蟹、海蛤蜊或盐渍食物后 8~18 小时发病）、肉毒杆菌食物中毒（常因食用罐头、腊肠、咸肉或其他密

封储存的食品所致，潜伏期为 12~48 小时或更长）、肠杆菌食物中毒（多由饮食不卫生或餐具污染所造成，常在进食后 12 小时内发病）等。

### 2. 植物性食物中毒

常见三种：一种是误食了含有剧毒的植物，如毒蘑菇、白果、杏仁、曼陀铃（又称洋金花）等；另一种是误食和接触一些野菜，如灰菜、苋菜、刺儿菜、马齿苋、槐花、洋槐叶等，裸露部位的皮肤经过日光照射而引起的日光性皮炎；再一种则是变质的蔬菜、腌制不久的青菜、隔夜菜水等引起的高铁血红蛋白血症，包括肠原性紫绀症、硝酸盐与亚硝酸盐中毒等。

### 3. 动物性食物中毒

如误食河豚、鱼胆、鱼肝引起的中毒；被赤潮、绿潮污染的贝类、泥螺、牡蛎携带污染的毒素引起中毒等。

### 4. 冰箱食物中毒

因为食用从冰箱中直接取出的食物而发生腹泻、呕吐、发热等中毒症状。

### 食物中毒的症状与应急处理

发生食物中毒后，一般都或轻或重的有以下症状。

● 恶心、呕吐、腹痛、腹泻，或

伴有发热。

● 重症食物中毒可在短期内出现手脚发冷、面色苍白、出汗、痉挛、青紫等症状，甚至危及生命。

● 若为肉毒杆菌中毒，除胃肠症状外，宝宝还可有眼睑下垂、瞳孔散大，看不清东西或把一个物体看成两个等症状；严重的不能说话，吞咽和呼吸困难，体温下降。如不迅速抢救，常可引起死亡。

● 吃了没有腌透的蔬菜，除上述的一般中毒症状外，皮肤和黏膜还会出现青紫色。

● 误食苦杏仁、桃仁等中毒（即人们常说的氰化物中毒），轻者表现为恶心、呕吐、头痛、头晕、四肢无力、精神不振等症候，严重者体温过低、昏迷、呼吸困难，最终可死于呼吸肌麻痹。

● 毒蕈中毒后早期可出现呕吐、腹痛、腹泻等胃肠道症状，严重者可发生脱水、酸中毒、休克、昏迷、肝肾功能损害，甚至死亡。

宝宝一旦出现食物中毒症状，父母不要惊慌失措，应该当机立断地采取一些行之有效的现场急救措施，为到医院救治赢得时间。

①如果估计食物中毒发生的时间在 2～4 小时内，可用手指或筷子刺激宝宝的咽后壁以催吐，使胃内残留的食物尽快排出，防止毒素进一步吸收。如果进食时间在 4 小时以上，可给宝宝吞饮大量的淡盐开水，以稀释进入血液的毒物，并配合指压的方法催吐。

②对疑已变质或有毒的食品除立刻停止食用外，应妥善保存，供医生急救时分析处理，同时可送到当地卫生检疫部门鉴定毒物的性质。

③食物中毒的原因错综复杂，产生的中毒症状轻重不一，应在简单的急救处理后马上送医院做进一步诊治，以免延误病情。

## 食物中毒防为先

食物中毒完全能够预防，建议父母从以下细处做起。

①对于吃母乳的婴儿，不要在夏季断奶或者更换奶粉；母亲喂奶前要用肥皂洗手，并用洁净的凉开水清洗乳头；婴儿吃不完而挤出的母乳，务必用清洁的塑胶筒、奶瓶或母乳袋等容器储存，并放入冷藏室保存（储存母乳的容器必须消毒），冷藏时间不能超过 24 小时；如需 24 小时以上保存，应使用可密封的冷冻专用袋，在解冻后尽快让宝宝吃掉（即便是冷冻，也不宜长时间保存）。

②喝配方奶的宝宝，配方奶应保

存在冷而干燥的地方，不要储存在冰箱中；冲泡前母亲先洗干净手，并确定奶瓶、奶嘴、瓶盖等冲调器具已煮沸消毒；营养丰富的配方奶是细菌最佳繁殖地，必须现冲现喝；冲奶粉不要使用饮水机烧水（未达沸点或煮沸时间不够），应将自来水煮沸1~2分钟，再凉凉至适当温度（40℃~60℃）冲调奶粉；用过的奶瓶、奶嘴、奶瓶盖及时清洗，煮沸消毒，然后晾干，放入专门的盒子备用；配方奶粉开罐后一个月内必须食完，盒装的配方奶开盒后2周内吃完，绝对不给宝宝吃剩奶。

③不要采摘、捡拾、购买、加工和食用来历不明的食物，死因不明的畜禽或水产品，以及不认识的野生菌类、野菜和野果。也不要给宝宝吃生鱼片、烤制的生蚝、醉蟹、醉虾和腌制的水产品，因为这些水产品中大多含有一些细菌、微生物和寄生虫，最易引起中毒。

④冰箱冷藏室温度应保持在5℃以下。从冰箱里取出来放置2小时以上的熟肉以及禽类腌制品，不要再给宝宝食用。冰冻的肉类与禽类，在烹调前应彻底化冻，再充分均匀加热煮透。化冻的禽肉及鱼类不宜再次保存，鱼、肉等罐头食品保存期不要超过1年。

⑤尽量不要给宝宝吃市场上的加工熟食品，如各种肉罐头食品、肉肠、袋装烧鸡等，这些食物中含有一定量的防腐剂和色素，容易变质，特别是在炎热的夏季。饭菜要现做现吃，避免吃剩饭剩菜。

⑥正确加工。有些食物本身含有一定毒素，如扁豆含有红细胞凝集素，豆浆含有皂素，这些天然毒素比较耐热，只有加热到100℃并持续一段时间后才能破坏，所以都需要煮熟才能食用。至于发了芽的土豆，可产生大量的毒素龙葵素，绝对不要给宝宝食用。

⑦选对炊具。不能用铁锅煮山楂、海棠等果酸含量高的食品，否则会产生低铁化合物，致使宝宝中毒。

⑧母亲要养成良好的个人卫生习惯，烹调食物和进餐前要注意洗手，接触生鱼、生肉和生禽后必须再次洗手。厨房卫生严格把关，保持环境的清洁，对制作辅食的材料要精挑细选。另外，制作辅食的器具以及宝宝的餐具，洗净之后要定期进行消毒，如菜板等工具可用煮沸的水反复冲洗；奶瓶和餐具等可放入煮沸的水中煮10分钟左右；抹布洗干净之后，再放到日光下暴晒1个小时以上，以确保膳食安全，以截断食物中毒的源头。

# 食疗摆平"苦夏症"

## 难熬的苦夏

夏季如期来临，一些妈妈的心不由自主地悬了起来：宝宝又要遭受"苦夏"的折腾了。别担心，只要科学调整喂养，宝宝就能轻松度过最炎热的几个月，让"苦夏"变成"甜夏"。

何来"苦夏"？主要是宝宝身体组织器官尚未发育成熟，各项生理功能很不健全，不能耐受夏季暑热之气所招致的种种不适感。多发生于 1～3 岁年龄段，5 岁以上较少见。发病时间多集中在每年的 6 月、7 月、8 月三个月。另外，"苦夏"还有一定的复发性，凡得过一次"苦夏"的宝宝，第二年很可能"重蹈覆辙"。"苦夏"的症状主要有：

低热。随着气温的升高，宝宝体温也上升，并随着气温的升降而波动。少数宝宝甚至低热不退，长达 1

～3 月之久，随着气候逐渐转为凉爽，体温才自然下降到正常，所以又称为夏季热。

瘦弱懒动。宝宝精神疲倦，发育减慢，身体瘦弱，面色萎黄，喜卧懒动，精神差，不愿说话。

口渴无汗或少汗，喜欢喝水。

食欲不振，胃口差，偏爱冷饮。

脾气暴躁，心烦爱哭，口中有酸臭味，大便稀溏。

## 轻松度苦夏

夏季是宝宝肠胃的脆弱期，原则是少吃多餐，以清热、利湿、易消化的食物为主，切忌暴饮暴食。记住以下几个要点。

①补足矿物质。一是钙，缺乏导致宝宝夜啼，夜惊，烦躁，不活泼，厌食，颜面、耳后生湿疹，枕后及背部多汗。补钙食物：奶、鱼、豆类、绿叶蔬菜、动物骨。二是锌，缺乏可

致宝宝胃口变差，不主动进食，睡觉盗汗；吃奇怪的东西如纸屑、生米、墙灰、泥土、沙石等，谓之异食癖；多动，反应慢，学习能力下降；容易感染病毒，反复发生呼吸道与消化道感染，如扁桃体炎、支气管炎、口腔溃疡、腹泻等。补锌食物：蛋黄、牛肉、羊肉、猪瘦肉、动物肝、花生、黄豆、胡萝卜、牡蛎等。三是铁，缺铁宝宝精神差，烦躁，嘴唇、指甲发白，舌炎，异食癖（喜食泥土、墙皮等），免疫力下降。补铁食物：猪肝、瘦肉、蛋黄、畜禽血、黄豆、芝麻酱、木耳、蘑菇、海带、紫菜等。四

是钾，缺钾信号：宝宝倦怠无力，头昏头痛，缺乏食欲，容易中暑。补钾食物：香蕉、草莓、大葱、芹菜、毛豆、土豆、牛奶、木瓜、紫菜、绿豆、禽类、鱼、瘦肉。

②蔬菜类多吃瓜果。如西瓜（冰镇西瓜例外）、苦瓜（清暑涤热、明目解毒）、黄瓜（气味甘寒、清热利水）、草莓（清暑、解热、润肺化痰、利尿止泻、助消化）、番茄（清热解毒、凉血平肝、解暑止渴）、乌梅（解热、除烦、止泻、镇咳）、鲜藕、荸荠等健脾化湿、消暑清凉的食物，均应列入食谱。

③多食粥。粥属于暖食，符合"春夏养阳"的中医养生原则，如荷叶粥、冬瓜粥、百合粥。小米、糯米、绿豆、扁豆、莲子等都是入粥的好食材。

④夏季宝宝能量消耗多，进补大有必要，但宜选择鱼（如鲫鱼）、鸭、豆腐等作为补品的主力军，忌用油腻食物，谓之清补，以确保宝宝获得充足的营养素。

⑤补充益生菌。益生菌能使食物中的大分子蛋白质、脂肪分解，帮助机体消化吸收，同时能提升食欲，促进生长发育。

⑥适时吃水果。水果是天然补充各种维生素的上佳食品，但何时吃何种水果是有讲究的，不然效果只能适得其反。换言之，你应该了解宝宝的"水果时钟"。比如，早餐后吃点儿西柚，西柚果肉含有天然叶酸和丰富的果胶成分，可有效预防贫血等营养不良性疾病，并能迅速"唤醒"大脑，让宝宝精神焕发地开始新的一天。上午11点左右吃点儿香蕉，香蕉含有很多的钾，对心脏和肌肉的功能有益，并有助于提高宝宝的记忆力。午餐后吃点儿菠萝，菠萝含蛋白酶，有助于消化。下午4点吃点儿山楂，无论是鲜山楂还是其制品，均有防暑降温、增进食欲等功效。晚餐后吃点儿

柿子，柿子含有丰富的纤维素、钙、维生素C、胡萝卜素、糖、蛋白质及铁、碘等微量元素，对宝宝发育有益，但不能过量。

⑦培育宝宝定时定量的进餐习惯，注意食物的色、香、味、形，创造进餐时的安静愉快气氛，都是增进宝宝胃口的好方法。

⑧远离含糖饮料，节制冷饮和甜品。糖分是天然的食欲抑制剂，它能很快被血液吸收，使人产生饱腹感。过多摄入含糖饮料或贪恋冷饮，会让宝宝吃不下饭，从而加重苦夏症状。

⑨药膳也可尽绵薄之力。比如，绿豆25克，莲子肉10克，红枣10个（去核）、薏米100克，分别洗净后煮粥，每天进食1~2次；鲜荷叶2张，鲜丝瓜叶3张，鲜竹叶10克，加水煮开后，加少许冰糖煎汤饮用；粳米、苦瓜（切丝，再用开水焯一下）各100克煮粥，待粥将熟时加入猪里脊肉（切丝）50克，煮开5分钟后加盐调味食用。

⑩中医药调理。宝宝苦夏常见两种证型，各有不同的方药调理。

●脾胃虚弱型。表现为无精打采、缺乏食欲、脸色发黄、大便稀薄、舌苔白腻，较多见于体质娇弱的宝宝。可用西洋参、薏米、山药、大米一起煮粥，每天让宝宝喝一些，坚

持 7 ~ 10 天。西洋参的补益作用较为平和，补气而不生热；薏米既可以健脾，又可以祛湿止泻；而山药能健脾益胃，助消化。

●暑湿困脾型。表现为很热、不爱动、缺乏食欲、小便发黄、大便干燥、舌苔黄腻。可用荷叶、金银花、扁豆、绿豆、大米煮粥。荷叶有消暑利湿、健脾升阳的功效；扁豆可以和中益气；金银花和绿豆是清解暑热的好食材。如果宝宝无明显发热，可以每天煮食，有助清热消暑。如果宝宝明显发热，妈妈应该尽快带宝宝去医院检查，以防感染性发热。还可用藿香、佩兰、青蒿一起煮水给宝宝喝，这种水代茶饮，芳香化湿、理气祛浊，可以有效改善苦夏症状。如果宝宝症状明显，妈妈还可以给宝宝服用一些有针对性的药物，比如脾虚腹泻明显的宝宝，可以用参苓白术散；恶心、缺乏食欲、腹部胀满的宝宝，也可以用藿香正气水等。

# 4 种皮肤病困扰宝宝

炎炎夏日，宝宝的皮肤成了"重灾区"，至少有 4 种皮肤病会乘机发难。作为父母，你知道如何帮助宝宝摆脱皮肤病的困扰吗？

## 痱子"一马当先"

病因：夏季气温高、湿度大，宝宝出汗多，加上皮肤发育尚不完善，汗液不易蒸发，进而浸渍表皮角质层，导致汗腺导管口闭塞，汗液储留其中，内压不断增高而发生破裂，汗液随之渗入周围组织引起刺激，于汗孔处发生疱疹和丘疹，痱子便"应运而生"了。

症状：痱子的势力范围多为额头、脖子与胸背等处，产生痒、痛等不适感而使宝宝烦躁不安，影响进食与睡眠。医生将其分为 3 类：

### 1. 红痱子

因汗液在表皮内稍深处溢出而形成，为圆而尖形的针头大小密集的丘疹或丘疱疹，有轻度红晕。皮疹常成批出现，自觉轻微烧灼及刺痒感。皮疹消退后有轻度脱屑。此型最多见。

### 2. 白痱子

汗液在角质层内或角质层下溢出而成，在颈、躯干部发生多数针尖至针头大浅表性小水包，壁薄，微亮，内容清，无红晕，也无不适感，摩擦易破裂，干后有极薄的细小鳞屑。

### 3. 脓痱子

痱子的顶端有针头大浅表性小脓疱，常发生于皱襞部位，如头颈部、四肢及会阴部。虽为小脓包，脓包内一般无细菌，但脓包溃破后细菌可乘机侵入而引起感染。

治疗：无需特殊治疗。为防止感染，可用苍耳、白矾、马齿苋各 12 克，加水 200 毫升，煎 20 分钟，凉凉后清洗痱子，早晚各 1 次。

预防：室内凉爽通风。讲究卫生，勤洗澡，勤换衣服，保持皮肤干燥。洗澡最好用温水，同时选用碱性弱的婴儿沐浴液，不要用肥皂，以减少刺激。避免用力擦洗有痱子的部位，防止擦破痱子而形成糜烂面。洗完后用柔软毛巾轻轻抹干，再扑些爽身粉或痱子粉，以减轻刺痒感。衣服最好轻薄、柔软、宽大，以棉布做成的为宜，以减少对皮肤的摩擦。对1岁以内的婴儿，父母不要整天背或抱，可以在凉爽通风的地方铺一草席，让宝宝自己爬着玩。多给宝宝喝些清凉饮料，如绿豆汤、绿豆稀饭、小豆粥等，多吃青菜和瓜果，既可消夏解暑，又可补充水分及维生素。

## 黄水疮"凶相毕露"

病因：学名脓包疮，由细菌（如葡萄球菌、链球菌等）偷袭引起的化脓性皮肤病，有一定的传染性。夏季之所以高发，原因有3点：一是儿童的皮肤薄嫩，皮脂腺发育不成熟，皮肤表面缺乏脂质膜保护，对细菌入侵的抵抗力差；二是夏季气候温热潮湿，皮肤多汗，细菌容易繁殖，而皮肤经汗液浸渍之后容易受伤，给细菌侵入打开了通道；三是宝宝夏季易生痱子、湿疹、虫咬皮炎等皮肤病，细菌潜入而引起脓包疮。

症状：好发于宝宝的面部，如口周、鼻周及四肢暴露部位，初起时为点状红斑或小丘疹，之后迅速变成小水疱，周围绕有红晕，很快变成脓包，易溃破，破溃后形成糜烂面，脓水流到之处，便会生疮，"黄水疮"因之而得名。一般没有发热等全身症状，但若治疗不及时，可使感染加重，甚至并发急性肾炎。

治疗：及时到医院皮肤科寻求治疗，治愈后不会留下疤痕。

预防：保持卫生，勤洗澡。避免与患儿接触。患有皮肤瘙痒性疾患应及时治愈，防止搔抓而引起细菌感染。

## 念珠菌"乘机发难"

病因：祸起抗菌药（如头孢类广谱抗生素）以及激素类软膏（如肤氢松软膏等）的广泛应用甚至滥用，致使一种真菌——念珠菌侵害宝宝的皮肤，医学称为念珠菌皮肤病，夏季尤其多发。

症状：病灶呈扁平苔藓样改变，外观很像痱子，而且好发部位多在有皱褶及多汗的部位，并有轻度痒感，往往被人们误为痱子，故又有大热痱的俗称。其实不是痱子，只要稍加留意，就可区别。比如念珠菌病的皮肤损害比痱子要大，皮损顶端较为扁平（痱子的皮损顶端较尖）等。必要时可请医生在皮损处取鳞屑做显微镜检查，即可真相大白。

治疗：在医生指导下投用念珠菌的克星——制霉菌素。方法是用制霉菌素软膏外搽，每日 2 ~ 3 次。

预防：同痱子。

## 虫咬皮炎"频繁偷袭"

病因：夏季气温高，宝宝往往赤身露体，致使体表皮肤大部处于暴露状态，给自然界昆虫提供了侵犯的机会，诸如虫咬、刺蜇等，进而引起种种皮肤病，医学上统称为虫咬皮炎。列在黑名单上的凶犯有虱子、跳蚤、臭虫、蚊子、毛虫、隐翅虫、蚂蚁、蜈蚣、蝎子等。

症状：虫咬皮炎多发生在宝宝的头、脸、手、脚等暴露部位，症状可分为轻、中、重三度：轻者只有点状红斑、小丘疹、小风团、瘙痒；中度有水肿性红斑，丘疹、风团较大，还有结节、水疱及痒痛；重者可有大风团、红斑水肿、大疱，直至出血性皮疹，如紫癜、瘀斑及血疱，自感剧痒及疼痛，并可出现全身症状，如畏寒、发热、恶心、呕吐及手脚麻木等，甚至导致休克而丧生，皮肤坏死溃烂。当然，生活中最多见的还是轻症。

治疗：一旦发生了虫咬皮炎，立即用肥皂水或清水冲洗患处，尽可能取出或拔除毒刺，外搽 10% 的氨水或 1% 薄荷炉甘石洗剂，或者虫咬药水。皮肤红肿可用 3% 的硼酸溶液湿敷。已感染化脓的病灶可用抗菌素软膏外涂。如果皮肤坏死，或继发感染，甚至引起全身中毒症状者，应及时请医生处置。

预防：防蚊点蚊香，最好用电热蚊香（家有婴儿则任何蚊香都不宜，可借助于透气性好的蚊帐防蚊）；提高警觉性，不让宝宝到毒虫出没的地方玩耍；经常清扫室内，及时消灭虱子、跳蚤与毒虫。

# 科学穿戴好度夏

夏季宝宝穿什么，怎样穿，颇有讲究。原因在于服装与生长发育、活动游戏以及智力、情绪发展等都有密切关系，不能仅凭父母的主观喜爱来决定，要多从宝宝的健康、舒适、活动自如、穿脱方便、美观大方等角度考虑，并结合夏季的特点，尽量达到"天人合一"的目标。

## 夏季穿戴8原则

①不能太"暴露"。宝宝皮肤娇嫩，用来遮挡紫外线的黑色素细胞发育不成熟，而夏季阳光中紫外线太强，容易晒黑甚至灼伤皮肤，变得粗糙难看，甚至引起红、肿、痛或光过敏等皮肤病。

②选用吸湿性较强的耐洗涤的纯棉面料，尽量避开化学纤维款式。化学纤维吸水性差，出汗后汗水留在皮肤，微生物容易繁殖，发生腐败、发酵，诱发过敏和湿疹。同时，化学纤

维混入的氨、甲醇等化学成分，对皮肤刺激性大，内裤内衣更要坚持这一条。

③谢绝装饰品，尤其不要有金属附件，如拉链、明扣等，否则可能伤及宝宝的皮肤。以暗扣为好，系带的衣服也是不错的选择。

④服装款式要舒适合体，简洁明快，但又不失活泼浪漫的风格。不宜穿紧身装，如健美裤、拉链裤、喇叭裤、松紧带裤等，以免排汗不畅，或拉伤会阴皮肤，或束缚胸腹部发育。

⑤颜色应以淡色、明亮色为主，稍小的幼儿不妨鲜亮一些，大点儿的宝宝色彩一定要和谐悦目，红色、嫩黄、淡蓝、淡绿、素色小花面料为夏季首选。红色最值得推荐，因为红色光波最长，可大量吸收日光中的紫外线，防晒作用更大。

⑥衣裤要易于穿脱，如前襟开口处钉暗扣、纽扣或以蝴蝶结装饰，使宝宝有兴趣自己穿衣、脱衣，培养良

好的生活习惯。如女孩适宜穿宽松的裙子或短裤，男孩则以背心短裤为主，也可穿短袖衬衫。

⑦衣裤可配上贴花与刺绣，以培养宝宝的审美情趣与创造性，表现他们的天真与可爱。

⑧不宜穿高档衣裤，否则容易让宝宝产生不应有的虚荣心理。

## 穿衣的讲究

首先要把握好穿衣量。无论什么季节，宝宝穿衣只要稍多于成人就可以了，较胖小儿还应较成人略少一点儿。只要穿戴舒适，手清凉，脸色正常，表明穿戴合理。另外，日本流行的"裸保育"值得借鉴，而夏季正是施行此道的黄金时间，适宜于3岁以上的宝宝。方法是只给宝宝穿一条短裤或少量衣服，平均每平方米体表面积穿衣量为140～160克，此法可加强体温调节能力，提高身体免疫力。

其次是穿什么，应由具体场合来取舍。举例：

居室内：以纯棉短打为主，如短裤短袖，短装连体哈衣等，透气、舒适、方便。

空调间：真丝衣裙等。真丝衣裤有一定的保暖作用，在适宜的温度下感觉爽滑舒适，冰凉宜人。

户外：吊带背心配长袖外套，戴宽边软帽，防紫外线。

草地：牛仔衬衫加卡其布长裤，可以防止蚊虫或其他昆虫叮咬。

水边：泳衣加大浴巾，浴巾既可

及时擦干水分或汗水，防止受风着凉，还能当围巾保暖，甚至可以撑开来充当遮阳伞防晒。

幼儿园：宜多带一件衣服备用，如穿裙子可带一件长袖衣服，穿长袖衣服则带1件短袖衣服，以应付天气的突然变化与园内气温调节，如空调、风扇。

睡眠：小宝宝以睡袍或连体宝宝装较为理想，大一点儿的宝宝以及脚的睡衣套装为佳，有一定保暖功效。

## 戴帽的讲究

夏天不少父母让宝宝的头部裸露，认为光头更凉爽，其实不利于散热。在家里尚可，外出时最好戴一顶透气性好的遮阳帽，既可以挡住强烈的日光照射，使眼睛、皮肤感到清凉舒适，还能防止中暑。

首选有小孔的草帽，不但遮阴，而且能通过帽子的小孔将头发里的热量散发。其次当推布凉帽或大沿纱帽。另外，帽子款式需参考宝宝的脸形与年龄，如长脸不宜戴尖帽，扁脸不宜戴平顶帽等。有人将红色衣裤加一顶遮阳帽，称为夏季的最佳搭配，确有道理。

## 穿裤的讲究

宝宝的裤子应以宽松、合身，利于安全、发育为标准，如背心式连衣裤或背带式童裤等。至于开裆裤应根据年龄与活动能力来取舍。

周岁小儿已能下地走动，却未形成大小便习惯，也不会穿脱衣服，穿开裆裤还是必要的。开裆裤具有穿脱方便、夏季凉爽等优点。不过，隐患不容疏忽，最大的险情是将会阴部及生殖器官暴露在外，容易受到伤害，农村宝宝尤其危险。这样的教训很多，如一个男宝宝蹲着玩耍时，"小鸡鸡"露了出来，不想被旁边的一只鹅发现，追过来对着小阴茎狠狠啄了一口，顿时疼痛异常；女宝宝将谷子、麦粒等塞进阴道引起炎症的病例也时有所闻。所以，穿开裆裤需要掌握一些技巧：

采用补救措施。如男宝宝可用一次性尿布保护会阴部，小女孩则可在开裆处钉上子母扣，大小便时一拉就开，便后再系上。

用旧布做几个小垫子，宝宝坐着玩耍时垫在屁股底下。

强化对宝宝的监护，随时留意会阴部的健康状况，发现异常及时察看。如宝宝阴部红肿、流出分泌物或者用手搔抓阴部，或者尿尿时哭闹，表明可能存在"疫情"，及时送医院为上策。

家有女孩的家长更要留神，由于小女孩的阴道开口比黄豆还要小，怀疑有异物侵入时父母不可随便将手指伸向里面探查，应该经肛门伸入直肠，因为直肠与阴道仅有一壁之隔，而这道壁又是由一层薄薄的软组织形成的，故能通过直肠壁而触摸到阴道里的异物。探查前父母先将小手指涂上润滑油，手法要轻柔，不可粗暴或急躁行事。另外，更不可轻易动用夹子、镊子等金属器械，直接伸入阴道内去夹取异物。原因在于阴道黏膜相互挨得较近，金属器械极易损伤黏膜，引起出血、发炎或者粘连等近期或远期问题，留下憾事，甚至遗祸宝宝一生。最好到医院解决。

女孩到1岁左右，男孩2岁左右，应逐渐改穿满裆裤。根据女孩的生理特点，内裤不宜太紧，因为阴道口、尿道口、肛门靠得很近，内裤太紧易与外阴、肛门、尿道口产生频繁的摩擦，使这一区域污垢（多为肛门、阴道分泌物）中的病菌进入阴道或尿道，引起泌尿系统或生殖系统的感染，如尿道炎、阴道炎等。

## 穿袜的讲究

夏天也要穿袜子，尤其是半岁以内的宝宝。因为此阶段的宝宝皮肤稚嫩，对外界的感知反应很有限，袜子可以对小脚丫起到一定的保护作用，同时也可避免在温度骤然降低时着凉，而脚与上呼吸道黏膜之间存在着密切的神经体液联系，一旦脚部受凉，局部血管收缩，血流减少，就会反射性地引起上呼吸道黏膜内的毛细血管收缩，致使局部抵抗力下降，原来潜伏在鼻咽部的细菌、病毒，就会乘机大量繁殖，使宝宝患上感冒等呼吸道疾病。

另外，夏天里宝宝皮肤与外界环境接触的机会增多，若家庭铺的是塑料拼板，拼板上的甲醛及铅等有害物质，有可能会沾在宝宝脚上，穿上袜子就能隔开这些有害物质。尤其是穿凉鞋时，一双薄袜子更不能少，否则小脚丫很容易被磨破或引起过敏。

当然，夏季毕竟气温较高，选择的袜子不要太厚，以线袜为佳，否则热量难以散发，容易捂脚，同样对健康不利。如果室内温度超过30℃，门窗开得适宜，也可以暂时不穿袜子，但不可让空调风或电扇直接吹脚。

## 穿鞋的讲究

宝宝度夏的鞋子也有讲究：一要合脚，不可太紧。日本专家一份研究报告称，宝宝穿太紧的鞋会妨碍血液循环和新陈代谢，影响食欲，导致厌食或挑食。理由是：脚上汇集着多条经脉与穴位，有着与内脏器官连接的神经反应点，不合脚的鞋或较硬的鞋底鞋帮可引起脚的疼痛与不适，通过神经传导使宝宝焦躁、悲伤或抑郁，进而导致食欲下降；加上不合脚的鞋易挤压脚趾，导致血液循环不畅，反射性地引起脑部摄食中枢的下丘脑外侧区供血不足，进而引起厌食。

二要穿袜，不要光脚穿凉鞋。宝宝皮肤比较敏感，光脚与鞋接触，鞋的材料、胶粘剂、涂饰剂等可刺激皮肤，引起皮炎，过敏体质宝宝的风险更大。

三是到正规商店购买质量有保证的品牌，不穿劣质鞋，也不要穿前露脚趾、后露后跟的凉鞋，否则容易受伤，最好选择能包住脚趾的品牌。在质地上，凉鞋有布凉鞋，皮凉鞋等品种，布凉鞋适应6个月到1岁左右的宝宝，皮凉鞋结实耐穿，对于不知疲倦，到处乱跑的宝宝尤为适宜。

四要慎穿"洞洞鞋"。"洞洞鞋"质地柔软，穿着舒适，透气性强，但安全性差，宝宝易出危险，如被电梯夹伤脚趾等，所以宝宝在乘坐电梯或去游乐园时尽量别穿"洞洞鞋"。另外，在家里也不适合穿。"洞洞鞋"的透气性主要是靠走动产生的，坐着时鞋子根本达不到排气的效果，还容易出汗，产生湿热、滑腻的感觉，有引发脚病之虞。

# 水是夏季的最佳"玩具"

夏令气温居高不下，宝宝的最佳玩具非水莫属了。首先，水清爽凉快，能防暑降温，给人以舒适感，宝宝乐于接受。其次，玩水可让肢体、肌肉、肠胃等能得到锻炼。此外，宝宝能从中掌握一些水性知识与技能，日后面临突发的水灾害有应对的本领，增加化险为夷的机会。育儿专家设计的玩水方案可供参考。

水中的活动，从水中得到快乐，为下一步的水中锻炼打好基础；二是锻炼宝宝的上臂关节，增强协调能力。

如果宝宝是在水盆中玩水，水位在宝宝站立的状态下以不没过膝盖为宜。当宝宝坐下去的时候，刚没过大腿或不没大腿都可以。如果水太多，宝宝的身体容易漂浮，这样活动起来很困难。

## 周岁之内

6个月的宝宝就可以与水接触了，比如教他在水里嬉戏、泼水花或做其他小游戏。"上臂操"值得推荐，做法是：给宝宝戴上游泳圈，放在水池中，父母双手握其上臂，按节拍前后摆动，或做30度左右的圆周外展动作。每遍做8~10次，做2遍。目的有二：一是让宝宝熟悉水，逐渐适应

### 专家提示

● 给宝宝穿上下水专用尿布，避免在水池中大小便污染环境。

● 用胳膊护住宝宝。

● 注意安全，防止宝宝呛水或溺水。

● 玩水的最佳时间是上午，不至于影响中午和晚上的睡眠。时间不要超过30分钟。

● 玩后及时补充水分，以白开水、米汤等为佳。

## 1~2岁

周岁后的宝宝，父母可坐于池边，双手托住宝宝腋下，做小腿曲伸动作。注意：托住小宝宝的手要抓牢，让其在水中任意蹬腿。可锻炼宝宝的平衡感，消除对水的恐惧感。

到了2岁左右，可教宝宝学习挥臂（如把球扔向水池对面，或者伸手抓球等）、踢腿、躺在或趴在水面上。或父母屈腿跪于池边，双手抓住宝宝的上肢，帮助其在水中旋转，以锻炼宝宝的协调性与水感。

**专家提示**

● 运动量要适度，如蹬腿锻炼每遍做10~20次，做2~3遍即可。旋转锻炼每遍做6~8圈，做2遍。做旋转锻炼时带上游泳圈，沿顺时针方向做一遍后再沿逆时针方向做一遍。

● 宝宝与父母相比更容易晒伤，所以在户外玩水时，要戴好帽子，避免强烈的阳光直射到宝宝。为了防止肌肤晒伤，玩水之前一定要给宝宝涂抹儿童防晒霜。

每趟跑 3~5 分钟，做 2~3 趟。

### 3 岁宝宝

父母站在水中，让宝宝抱住自己的腰部，做任意打腿动作，以锻炼宝宝的腿部肌肉。每遍做 15~25 次，做 2~4 遍。

**专家提示**

- 下水前让宝宝的各个关节充分活动，父母可用手掌在宝宝的腰、膝、肩、肘等主要关节部位快速摩擦，使神经系统的兴奋性提高。
- 注意让宝宝牢牢地抱住父母的腰。

### 4 岁宝宝

带宝宝在水中跑步，利用水的特性消耗多余热量，锻炼宝宝心肺功能。

**专家提示**

跑步时频率尽量加快，小腿抬高，水位要在宝宝肩部以下。

### 4 岁以上宝宝

宝宝满了 4 岁以后，运动与协调能力大增，是学习游泳的最佳年龄段了。不少父母担心宝宝太小，难以掌握复杂的游泳技巧。其实不然，宝宝在母体里的时候，就是漂浮在羊水中，因而具有天生的屏气本能。出生后屏气的本能会有一定的消退或遗忘，但并未完全忘却，一经提醒很容易学会，故 4 岁以后就可以逐步学习并掌握在水面上漂浮的技术。

**专家提示**

- 不要吃饱了游泳。吃饱后血液流动慢，容易压迫胃部，导致四肢活动不顺畅，呼吸困难，腿部抽筋。
- 游泳需要群体情绪的相互感染，没有小伙伴和其他人的环境会影响宝宝的状态，故不宜单独带宝宝游泳。
- 为确保安全，最好选择泳池中水位较浅的地方锻炼。游泳时不要用力过猛、过大，避免对宝宝身体造成损伤。

## 护耳措施要跟上

水中锻炼最容易累及耳的健康，特别是游泳。泳池的水侵入耳朵后，一方面可将耳垢泡涨，塞住耳朵，影响听力；另一方面，池水含有大量细菌，可侵犯外耳道并引起发炎，炎症向里进犯则可形成中耳炎。也可因呛水，污水通过"鼻—鼻咽—中耳通道"，将细菌带入中耳而发炎。通常在游泳后数小时出现症状，如耳朵疼痛、灼热感或颈部淋巴结肿大，牵拉耳朵或压迫耳屏会出现痛感，严重者可引起耳朵流脓、耳鸣及暂时性听力障碍等危险后果。

不过，中耳炎完全能够预防，措施有：

①下水前，可用耳塞或蘸有凡士林油的脱脂棉塞紧外耳道，不让池水侵入耳内。

②水中锻炼，尤其是游泳，尽量避免呛水。一旦不慎呛水，水侵入了鼻腔，立即采用擤鼻法排水，即用手指紧压一侧鼻孔，用另一侧鼻孔缓缓擤出水液，左右鼻孔轮流做3~4次。注意不可用力过猛，否则有引发中耳炎及鼻窦炎之虞。

③上池后及时取掉耳塞，并把外耳道内的积水排净。方法是：将头偏向一侧，并用手向后上方牵拉耳廓，同时做单腿跳跃动作。如果耳内发痒，可用75%的酒精棉轻擦外耳道，切忌用手或其他物体掏挖，以免弄伤耳道或鼓膜。

④一旦宝宝诉说耳内疼痛，应及时带其去医院耳科就诊。

# 夏季安全重 "三防"

宝宝的夏季安全涉及方方面面，重点是抓住"三防"，即防晒、防雷、防水，为人父母者应多加留意。

## 骄阳似火重防晒

人体皮肤是依靠皮肤色素来抵抗紫外线的，能抵抗多强的紫外线取决于色素的多少，这一点恰恰是宝宝的弱项。比如，周岁内的小婴儿只有很少的皮肤色素，能够接受的紫外线很少，故不可在烈日下暴晒；周岁以后虽说皮肤色素有所增加，可以接受较多的紫外线，但也不宜在日光下暴晒10分钟以上。实际上呢？宝宝暴露在阳光下的时间约为成人的3倍，容易被紫外线灼伤也就是顺理成章的事儿了。更糟糕的是，紫外线的损伤是一个不断加重的过程，它有"记忆"且能"累积"。孩提时代接受紫外线过多，尽管一时看不出损害来，但损害可累积下来，在长大之后才逐步体现

出来，出现色斑、皱纹，或患皮肤癌的概率升高就是例证。所以，强化宝宝的防晒措施势在必行。

①避开紫外线高峰时段外出或做户外活动。研究表明，上午10点到下午3点是太阳最接近地球的时段，紫外线最强，宝宝应尽量避开。户外活动宜选择在上午10点以前和下午5点以后，并督促宝宝将活动范围限制在树荫下等阴凉处，而且不要做剧烈运动，以防出汗过多引起虚脱。

②外出要撑伞或戴遮阳帽，两者同用最好，因为伞对紫外线的抵挡作用只有1/3。同时选穿透气性好、纯棉质地或真丝质地的衣裤，颜色尽量浅一些，不至于吸收太多的热量，款式也要尽量宽松，便于透风。另外，紫外线还有损伤眼睛之虞，故不要忘了给宝宝准备一副遮阳镜。

③合理使用防晒护肤品。宝宝外出活动时，特别是去水边或游泳池，身体暴露的部位如脸、耳、四肢等，

应涂上婴儿专用防晒露（不足 6 个月的小宝宝不宜）。考虑到防晒霜被皮肤吸收需要一定时间，所以在出门前 20 分钟到半小时涂抹比较适宜。当宝宝从水中上来后，要马上擦干身上的水珠，随即披上浴巾。因为湿皮肤比干皮肤更容易让紫外线穿透，加倍地吸收紫外线。平时要备好儿童痱子粉、爽身粉或六一散，具有吸汗、凉爽的作用，且可止痒消炎。洗浴后可涂少许花露水，发挥其防蚊虫叮咬、除臭留香、止痒杀虫等功效。

④常用柔软干布或毛巾擦身，可增强宝宝皮肤的抵抗力。做法是：每天早晨起床之前用毛巾在幼儿的胸、腹、腰、背、四肢等部位，向着心脏的方向转圈摩擦 10 多次，以增进血液循环和增强皮肤对环境冷热的适应能力；2~3 岁以后，宝宝可自行揉擦。注意：毛巾、干布质地要柔软，以免擦伤皮肤。

⑤宝宝皮肤若出现红色、微热，继而脱皮等情况，表示已经晒伤，应立即脱离阳光，用浸过冷水的湿毛巾湿敷晒伤皮肤的表面，但勿用冰敷（原因在于宝宝的皮肤受不了一热一冷的极端温度刺激），同时多喝水。晒伤较重者，皮肤可出现红、肿与水泡，且有严重的热痛感，暂不要换衣服，以免弄破水泡，并立即到医院

诊治。

## 风雨突来重防雷

夏季容易出现极端天气，可能刚才还是艳阳高照万里无云，顷刻间就电闪雷鸣暴雨骤至，容易给宝宝带来伤害，特别是容易遭受雷击之灾。所以，防雷也是父母务必注意的一件大事。那么，如何防雷呢？

①平时多留意来自广播、电视的天气信息，做到心中有数，以避免临阵慌乱，忙中出错。

②外出活动要估计到发生雷电的可能性，并预先选好躲避雷电的地方，如坚固的建筑物、客车或轿车等处。活动过程中要经常观察天空，一看到云层变低（如变黑、变厚），估计雷电暴雨即将来临，应立即向安全地方转移。不可滞留在小棚、野外树下、露天看台等场所，也要远离自来水、自来水管、晾衣绳、栅栏（这些都是导电体）等处。如果周围一时找不到庇护场所，可蹲伏在开阔地上，两脚并拢，两手捂住耳朵（避免雷声对听力造成损伤），人与人之间相隔 2 米以上距离，并要远离树木，至少与树木保持两倍树高以上的间距。如果父母和宝宝身上背有背包，也要取下，因为背包上多半含有金属配件。

如果已回到屋内，一定要等到最后一次闪电或雷声响 30 分钟后，才能出门做户外活动。

③打雷时待在室内者，不要洗淋浴、洗手、洗碗或者洗衣服；不要使用有线电话（闪电可能击中户外电线，导致触电），也不宜使用手机（雷电产生的电波可能击中手机）；立即停用电视、电脑或其他电器，并且把插头拔下。人不要靠近窗户、门，不要站或坐在阳台上。

④如果有人不慎遭到雷击，立即拨打 120 急救电话。受到雷击的人身上瞬间带电，其他人救护时要戴上绝缘手套，或用其他绝缘物接触受雷击者的身体，将其平放在干燥的地方，并立即进行人工呼吸，等待急救车的到来。

## 以水为伴重防害

水，既是宝宝夏季的最佳"玩具"，也可能成为宝宝受害的"凶器"。当你带着宝宝在游泳池、海边、小溪、水上乐园等地玩耍时，务必绷紧安全之弦。如游泳池里一个打滑或者摔倒就可能受伤；海滩可能遇到强大的回头浪或者暗流；池塘或湖泊随时有淹溺之险。总之，看似温柔的水可能包藏祸心，不要放松警惕。

①父母陪同，不可让宝宝独来独往，以防不测。

②游泳时要接受现场救援人员的监护，并按规定穿好救生衣，检查游泳气垫、游泳圈等物品是否安全。

③无论在游泳池、水上乐园或是海滩玩耍，都要选择安全、卫生的区域。

④水上乐园游玩项目多，每玩一个项目之前，先要仔细阅读安全提示，弄清水的深度，判断宝宝的年龄、高度是否符合要求，不要为了一时的高兴而去冒险。

⑤防止溺水。溺水发生得非常快，头部淹没在水中不到 2 分钟就很危险了。游泳池、海滩、池塘或湖泊等处都是发生溺水的高危区。父母必须时刻守在宝宝身边，盯住宝宝，并随时提醒宝宝玩水的安全常识。

# 新妈妈别玩"小聪明"

夏令暑热难当，妈妈心疼宝宝，情急之中玩起了"小聪明"。其实，"小聪明"并非聪明之举，看似有点儿道理，实则不妥甚至谬误，医生的解析有助于你改弦更张。

## 六神丸防痱子

妈妈"小聪明"：高温天气，生痱子成了宝宝的"家常便饭"，六神丸不是能清热败火吗？预防效果肯定好。

医生解析：六神丸是一种针对咽喉肿痛、扁桃体炎的中成药，对痱子并无防范效果。由于其主要成分蟾蜍有一定毒性，所以应用不当有引起心律失常之虞；配药中的雄黄含有硫化砷成分，过多会损伤肝肾等器官。宝宝的心、肝、肾功能尚在发育中，很不成熟，频繁多次服用很容易受害。

明智做法：

宝宝居室要通风、凉爽，将室内温度保持在 25℃~28℃。

勤洗浴，每天 1~2 次，使用温水与刺激性小的皮肤清洗剂，洗后擦干水，轻轻扑上一层薄薄的婴儿爽身粉。

勤换衣裳，衣服要质薄、柔软、吸汗、宽松。

自制清凉解暑饮料，如绿豆汤、西瓜汁、菊花茶等。

## 开水泡饭

妈妈"小聪明"：宝宝夏季多口渴，开水泡饭又补营养又补水，还能加快吃饭速度，一举多得。

医生解析：开水泡饭至少有两错：一是宝宝通常不经咀嚼就把食物囫囵吞下去，食物没有经过牙齿的咀嚼及口腔唾液的充分搅拌和初步消化，增加了胃的负担，使胃容易因过劳而患病；二是泡饭中大量水分可稀释唾液及胃液中的消化酶，使消化食物的能力减弱，进一步影响食物的吸收与利用。君不见常吃开水泡饭的宝宝大多面黄肌瘦，经常生病？症结即在于此。

明智做法：

饭前先喝一点儿味道鲜美的汤，以刺激消化液的分泌，为消化正餐食物做好准备。

进餐时让宝宝多咀嚼，待他咽下食物后再喝几口汤，既不影响胃肠功能，又能增进食欲，补充更多的水分。

## 水果多多益善

妈妈"小聪明"：时令水果养分丰富，口感也好，算得上宝宝度夏的佳品，多多益善。

医生解析：夏季水果品种多，要根据宝宝的体质进行选择，尤其要留意以多汁、高糖为特色的热带水果，如芒果、伊丽莎白瓜、火龙果、山竹、木瓜、菠萝、草莓等。因为这些水果中含有某些特殊成分，可刺激皮肤引发皮疹等过敏性皮肤病，医学称为水果疹。以芒果为例，就含有果酸、氨基酸、各种蛋白质等刺激皮肤的物质，加之宝宝吃水果往往不得法，常将浆汁沾到脸上或滴到身上，而宝宝皮肤较薄、抵抗力差，很容易

攀上"水果疹"等过敏性疾患。至于过敏体质的宝宝，中招的概率更大。

明智做法：

慎食热带水果，尤其是芒果、菠萝等。

一旦出现"水果疹"应立即停食，并将宝宝的脸、手洗净，同时漱口。暂时不做较大的运动防止出汗，因为出汗会加重皮肤的病情。如果过敏症状严重，如嘴唇、口周、耳朵、颈部出现大片红斑，甚至有轻微水肿，应及时就医。

过敏体质宝宝宜多吃红枣，得益于红枣拥有的抗过敏秘密武器——环磷酸腺苷，此种成分能够阻止变态反应发生。服用方法有 3 种：红枣 10 枚，水煎服，每日 3 次；生食红枣，每次 10 克，每日 3 次；红枣 10 枚，大麦 100 克，加水煎服，每日服 2~3 次，服至过敏症状消失为止。注意：大枣先掰开再煎，煎时不宜加糖，每次不要服食过多。

## 剃光头

妈妈"小聪明"：头发盖在小脑瓜上，厚厚的一层，多闷热呀，干脆剃光吧。

医生解析：头发太长固然不好，但剃光也非良策。头发既可保护头

颅，又能散发体内过多的热量，剃光头不仅易伤及头皮，给皮肤感染、毛囊炎等疾患以可乘之机，而且减弱了散热功能，不利于宝宝度夏。

明智做法：

• 男宝宝理成小平头，女宝宝理成齐耳的娃娃头。

• 勤洗头。

• 已剃成光头者外出时戴上小遮阳帽。

## 穿开裆裤

妈妈"小聪明"：开裆裤通风凉爽，且大小便方便。

医生解析：开裆裤将会阴部暴露在外，容易遭受异物入侵，给泌尿生殖道带来危害。女孩的风险尤其大。

明智做法：

开裆裤限于2岁内宝宝穿，并尽量避免其缺点，如男宝宝可用一次性尿布保护会阴部，小女孩则可在开裆处钉上子母扣，大小便时一拉就开，便后再系上。还可用旧布做几个小垫子，宝宝坐着玩耍时垫在屁股底下。

2岁左右应穿满裆裤，上松紧带的裤腰装值得推荐，下推或向上提拉裤子都很方便。

强化对宝宝的监护，发现异常务必及时察看。如宝宝阴部红肿、流出分泌物或用手搔抓阴部，或尿尿时哭闹，表明可能存在"疫情"，及时到医院为检查上策。

# 为宝宝选张好凉席

夏日炎炎，气温居高不下，睡凉席有一种舒适感，故能赢得宝宝的青睐。但弊端也不少，如凉席质地较硬，表面粗糙，容易划伤幼儿稚嫩的皮肤；凉席性冷，宝宝体温调节能力差，容易受凉引起肠蠕动增加，导致大便稀溏或腹泻。另外，凉席容易招惹螨虫，加上宝宝出汗多，皮肤又娇嫩，易引起身体接触部位（多见于背部、腰部、腿部）发红、刺痒、疼痛，并冒出一些小红疙瘩，医学称为凉席性皮炎。如何趋利避害呢？擦亮你的眼睛，为宝贝选购一张好凉席。

## 常用凉席大PK

市面上凉席品种繁多，不妨来个大PK，孰优孰劣一目了然。

### 1. 冰凉席

将特质药水固定在凉席材料内，人躺在上面有一种类似于躺在冰水上的感觉，其凉爽感高居凉席排行榜之首位。缺点有二：一是凉性太大，可使人产生冰冻感；二是其表面材料和内部填充物是用化学复合材料做成，有产生过敏反应之虞。

### 2. 玉石凉席

用玉石薄片串联制成，每块玉石之间留有一定间隙，增加了凉席的透气性，其凉爽度仅次于冰凉席，尚具有宁心安神作用，对烦躁失眠有很好的疗效。缺点是触感较为寒凉，比较适合阴虚内热体质、特别怕热的中青年人使用。

### 3. 竹凉席

包括水竹凉席、竹条席以及用小竹片和塑料绳串起来的麻将竹席，凉爽耐用且价格适中，尤以麻将凉席最为凉爽柔韧，且对背部有较好的按摩作用。缺点是透气性差、硬度大，铺垫不平时易折损，带喷绘图案的竹席可能引起接触性皮炎。另外，麻将凉席中粗大的塑料绳管受热容易挥发毒性，故不适合长期使用。

### 4. 牛皮席

属高档凉席，尤以整张水牛皮制作的最好。散热、防潮功能优良，凉度适中，且越用越光亮，与人体肌肤接触感觉柔和爽滑，没有划伤、腹泻、皮炎等弊端，非常适合出汗较多的人。缺点是席边容易起褶皱，真皮的皮层易吸水而且挥发缓慢，在潮湿季节（如梅雨季）有生霉之虞，而且价格较贵，不易大众化。

### 5. 藤席

用藤皮经手工编织而成，分常黄（最耐看）、常白与常青（最耐用）3种。优势在于吸汗滑爽，柔软耐磨，折叠不易断裂，使用期长（使用越久光泽度越好，一般可用几十年之久），且不易长虫。缺点是价格高于普通凉席，不太适宜经济条件较差的家庭。

### 6. 竹纤维凉席

原料取自3～4年生、色泽鲜亮、健壮挺拔的新竹，经高温蒸煮成竹浆、提取纤维、制成棉状，最后纺纱织成。凉度适中，质地柔韧，且无划伤、过敏等弊端。缺点与藤席一样，价格要贵一些。

### 7. 亚麻凉席

用天然纤维原料亚麻制成，具备优良的透气性、吸湿性和排湿性，常

温下可使人体的实感温度下降4℃左右，有"天然植物空调"之美誉，凉度适中，且有一定的抑菌功能与消除静电的作用，适宜于各种体质人群和各种环境。

### 8. 草席

资格最老的凉席，采用灯芯草、蒲草、马兰草等编织而成，材质柔软，与皮肤的亲和力强，凉度较低，多受老人以及体质虚弱的人喜爱。缺点是容易长螨虫，可能诱发婴幼儿过敏性皮炎。另外，吸水能力比较强，用过一季后席面容易变黄破损，不耐用。

## 选对不选贵

一款好凉席，应同时满足适合宝宝体质，价格适中，便于打理等条件，需把握以下几个要点。

冰凉席、玉石凉席等凉度太大，适合很怕热、阴虚内热体质者，宝宝、老年人及体质弱的人不宜。竹凉席的凉性虽小一点，但硬度大（尤其是麻将块凉席），竹块之间又有缝隙，易伤害稚嫩的皮肤，宝宝同样不宜。适合宝宝的首推亚麻凉席、牛皮席，其次为竹纤维凉席、藤席，草席虽也不错，但容易生螨虫，需做好清洁。

决定凉席的质地后，还需细看凉席的质量，做到"四看"。

一看凉席颜色是否新鲜。将席子摊平，看看色泽是否均匀、一致；如果席子中间有黑色、霉变或枯黄的部分，说明质量不合格。

二看席面是否光滑。好的凉席头襻笔直，边角位整齐、光洁。没有断草、断筋、断边，也无毛梢、结头等。

三看凉席的编织是否紧密。好的凉席应该无松紧、厚薄不均等现象，否则凉席容易露筋、断筋，影响使用寿命。

四看凉席是否适合床的尺寸大小。凉席过大或过宽，席边容易折断，影响使用年限。

## 凉席巧打理

①新买或长期不用的凉席容易滋生螨虫，应把凉席在开水里泡10分钟，晒干后使用。

②席子表面用纱布包好（纱布要经常换洗），不让宝宝皮肤直接与凉席接触，以防划伤皮肤。

③每天睡前最好用温水将凉席擦拭一遍，睡上去会更加凉爽。

④用草席要留心是否过敏，用竹席可铺一层床单或毛巾被。

⑤宝宝宜穿一件小背心入睡，或在肚子上盖个毛巾被，防止腹部受凉。尤其是后半夜时，要多留意宝宝是否盖着毛巾被。

⑥体表的皮屑和空气中的灰尘会落到凉席的缝隙中，故除在睡前用温水擦拭外，还要定期用肥皂水洗刷晾晒。

⑦天气稍凉及时撤掉凉席，不要用得太久。

⑧牛皮席使用期间，应定期用略湿的毛巾清洗席面，但不宜在阳光下直晒或用明火烘烤，也不要用水冲洗。

⑨竹席多擦洗，但不宜暴晒，否则会变脆。

⑩过敏性体质的宝宝最好不用凉席。

如果发现问题，要及时处理。如宝宝皮肤被凉席擦伤或划伤，首先要检查伤口处是否有毛刺留在皮肤里，如果有，要先挑掉毛刺，再用酒精棉球进行消毒，以防皮肤感染。患上凉席性皮炎，先用洁净的凉开水将患处清洗、擦干，撒上痱子粉或抹上皮炎平软膏，病情严重的要请医生治疗。

# 秋季篇

　　"天凉好个秋"！好就好在天气宜人，食物丰盛，为宝宝带来了"补偿炎夏""备战寒冬"的机会。抓住机会，落实关爱，春夏付出的努力必能结出丰硕的果实。

# 秋补，把握4个细节

壮壮3岁了，但长得一点儿也不壮，而是精精瘦瘦，像棵小豆芽，一到冬春等寒冷季节，感冒、气管炎就来纠缠。妈妈很想让壮壮名副其实一些，少受一点儿感冒的折腾，听说秋天吃好些就可以解决问题，却又不知道该吃些什么。

壮壮妈妈所虑的实际上就是如何给宝宝"秋补"的问题。一般说来，"秋补"有两大使命。一是偿还夏季"营养债"。我们知道，夏天那接近40℃的高温天气会给人体带来诸多不适，吃不好饭、睡不好觉是"家常便饭"，因而精神不振、情绪不宁，健康质量下降。父母如此，儿童更糟，发育所受之消极影响令人吃惊。有资料为证，9月份儿童的血色素普遍低于5月份，身高、体重在夏季的增长则低于一年中的任何一个季节。当日历翻到9月，气温逐日下降，使人一扫炎夏的烦恼，机体逐渐恢复，食欲也自动调节到良好状态，为宝宝向夏

季偿还"营养债"的时机已经到来。二是未雨绸缪，充实、巩固宝宝体内的免疫系统，为迎接即将到来的严寒冬季的考验而备战。换言之，在秋季调整好一日三餐，构筑起一道防止呼吸道疾病的坚实屏障，有利于保护宝宝顺利过冬。

所以，给你的宝贝"秋补"需把握好4个细节。

## 坚持母乳喂养

事实证明，没有吃母乳的婴儿6个月以后就容易生病了，而母乳喂养的宝宝6个月以后大多数不会发生反复的呼吸道感染。奥秘缘于母乳所拥有的种种优势，除了营养成分比例适当，易于宝宝消化、吸收和利用外，更可贵的是母乳蕴藏有很多免疫成分，如分泌型免疫球蛋白等多种抗微生物抗体、乳铁蛋白、双歧因子、活性免疫细胞等。同时要适时添加辅

食，一般从生后 6 个月起，根据宝宝胃肠道的耐受情况，提供各种与免疫相关的营养素，食物有新鲜果汁、菜汁、蛋黄、鱼泥、番茄等。可以告慰读者的是，从食物中提供养分即使多一点儿也不会中毒，可以放心补充，不必有什么担心。

## 营养均衡

断奶以后坚持营养均衡原则，并有意识地向那些富含免疫成分的食品适当倾斜。

• 供足蛋白质。蛋白质是人体免疫防御功能的物质基础，包括抗体在内的诸多抗病物质本身就是蛋白质。故鸡蛋、瘦肉、奶类、鱼类、豆类等优质蛋白食物应列入宝宝必吃食物的清单。

• 核苷酸也不可忽视，其重要性不仅体现在它是人体内遗传物质 DNA 及 RNA 的组成成分上，而且还是体内不可缺少的能量"供应商"，对增强免疫力大有助益。核苷酸虽可经人体自行合成，但对于生长发育快速的宝宝，以及体内需要更新的组织（如

肠黏膜及淋巴球等)来说,自行合成的核苷酸远远不够,必须从食物中补充,鱼、肉、海鲜、豆类等含量颇多。不过,1岁多的幼儿咀嚼能力有限,加上对食物的偏好,可能影响宝宝的正常吸收。好在市场上针对性强的幼儿配方奶粉品种丰富,如钙、铁、锌强化奶粉,卵磷脂、叶酸强化奶粉,添加异构化乳糖(双歧杆菌的增殖因子)奶粉等,父母可根据宝宝的具体情况选择。

•蘑菇、刺五加、黄芪、枸杞等植物类含有丰富的多糖,而多糖对人体的非特异性与特异性免疫功能都有免疫促进作用,是一类免疫作用增强剂,能有效地提高人体的抗病力。

•胡萝卜富含胡萝卜素,胡萝卜素可以转化为维生素A。番茄是番茄红素的"富矿",而番茄红素乃是新近发现的抗氧化物,会明显增强T淋巴细胞的功能,具有一定的抗病能力。

•微量元素也功不可没,如钙、铁、锌、硒等,锌元素尤为独到。因为锌能直接抑制病毒增殖,增强人体细胞免疫功能,特别是吞噬细胞的实力。可从海鲜、蛋类、豆类等食品中获取。铁的作用也不小,体内缺铁可引起T、B淋巴细胞数量

与质量下降,吞噬细胞功能削弱,杀伤细胞减少等免疫功能降低的变化。故畜禽血、奶类、蛋类、肉类等食品亦不可少。

具体食谱不妨这样安排(以1~3岁的宝宝为例):每天粮食2两~3两(包括强化米粉),猪瘦肉或鱼1两,动物肝2两,豆类1两,蔬菜4两,水果1两,奶制品250克,植物油20克。当然不是说每天都要安排这么多种类,但应在一周内满足上述每种食物7天量之总和,如猪瘦肉或鱼7两、动物肝14两等。目的是让宝宝在秋季构筑起一道坚实的营养屏障,抵御即将到来的严冬之威胁。

## 维生素大显身手

巧妙借助维生素,可为宝宝构筑一道呼吸道疾病难以逾越的防线。名列排行榜之首的是维生素A,它可以增强儿童呼吸道黏膜的抗病能力。据印度尼西亚专家报告,仅补充维生素A这一项措施,就可降低儿童肺炎的罹患率与死亡率50%。补充方式:一是多吃点胡萝卜、柑橘等蔬果,这些食物中丰富的胡萝卜素可在人体内转化成维生素A;二是直接服用维生素A,人体每天的生理需要量为2000单位~4000单位,考虑

到三餐食物中的含量，故正常进餐者每天只需另服1000单位即够，不宜过多，以防中毒。

其次是维生素 $B_2$。由于冬季空气干燥，易使人嘴唇干燥，甚至患上嘴角炎，维生素 $B_2$ 可为你效力。维生素 $B_2$ 又称为核黄素，参与人体内生物氧化酶的代谢过程，一旦不足可影响生物氧化，患上口角炎、唇炎、舌炎、眼结膜炎以及脂溢性皮炎等疾病。据国内有关机构调查，国内人均维生素 $B_2$ 摄入量普遍较低，仅为生理需要量的60%，故需注意补充。动物肝、肾、心、牛奶、豆类等食物蕴藏量颇丰，谷类蔬菜中较少。特别是常吃馒头（做馒头过程中加入的碱可破坏维生素 $B_2$）等面粉类食品而又不吃动物内脏的人，更容易与维生素 $B_2$ 缺乏症结缘，此时宜服用核黄素片或酵母片，每天3次，每次1片~2片足矣。

还有维生素C。此种维生素能将食物内蛋白质中的胱氨酸还原成半胱氨酸，而半胱氨酸乃是人体免疫大军中的重要成员——抗体合成的重要物质，故供足维生素C对预防感冒等呼吸道疾患很有效。英国专家发现，维生素C若与富含铜元素的食物（如动物肝、豆类、芝麻等）同食，可有效地抵抗流感病毒的侵袭，故多食用诸如柑橘、鲜枣等水果，或在医生指导下服用维生素C药片（每次100毫克~200毫克，每天3次）大有裨益。

最后要提及的是维生素D，每天只需0.09毫克就可使人的免疫力增加1倍。获得的途径有两条：一是合理晒太阳，阳光中的紫外线光束，可刺激人体皮肤中的7-脱氢胆固醇转化成维生素D，每天晒太阳30分钟，血液中就可测出0.25毫克维生素D；二是食品，如动物肝肾、蛋黄、金黄色蔬菜等。若要用药物补充，剂量宜掌握在每天400单位，不可过多，否则有中毒的危险。

## 吃点儿粥

粥类营养丰富，富含上述与免疫功能有关的养分，加上口感好，尤其适宜于脾胃功能弱的宝宝，如肉粥、菜粥、蛋粥、奶粥、豆粥、薏米粥、莲子粥、八宝粥等，值得推荐。

做粥选料要清洁、新鲜，用于滋补的粥多用陈米，用于治病的粥多用新米，肉类、蔬菜要切细或熬出汁来入粥，先用大火煮，再改为小火熬烂。

☞ **食谱举例**

**1. 蛋黄三宝粥**

山药半两、苡仁一两、芡实半两研末，与糯米一两同煮。将熟时，放入捣碎的熟蛋黄一只，调匀服食。

**2. 冬瓜粥**

冬瓜2两，去子洗净，连皮切成小块，与粳米一两同煮，趁温或待凉后食用。

**3. 甘蔗粥**

新鲜甘蔗500克，去皮捣碎取汁，加入粳米50克，煮粥趁温食用。

**4. 神仙粥**

粳米50克洗净，与生姜片煮至半熟，放入葱白与根，待粥快熟时加米醋半匙，稍煮即可，趁热食。

**5. 绿豆粥**

绿豆50克与粳米50克煮粥，空腹凉服。

**6. 生芦根粥**

鲜芦根50克水煮取汁，加入粳米50克煮粥食用。

**7. 红枣大麦粥**

红枣8~10枚，大麦适量，用温水浸泡后旺火熬煮食用之。

### 8. 红枣焦秫米粥

秫米适量，先用少量水浸泡后，上锅炒，炒至略呈黄色，再加入浸泡后的小枣 8～10 枚，大火熬烂食用。

### 9. 莲子粥

莲子去皮去芯，温水浸泡后，用旺火熬煮而成，加糖少量食之。

### 10. 薏米粥

薏米适量，或加少量秫米，温水浸泡后用旺火熬粥食用。

### 11. 肉汤类

用鸡或牛肉、排骨煮汤，加入肉豆蔻、草豆蔻、丁香、茴香、桂皮等，调入食盐少量食之。

# 养肺餐，秋令正当时

养生的理想境界是"天人合一"，以秋季为例，应将重点放在养肺上，父母如此，宝宝亦然。看看你身边的宝宝吧，每当秋风乍起，咳嗽、鼻塞、喉痒者有之，口干、便秘、尿黄者亦有之。更有甚者，或流鼻血或烂嘴角或过敏上火等，令人既心疼又担忧。究其根底，乃是秋季的干燥气候惹的祸，俗称秋燥。

中医学认为，燥乃秋季之大邪，最易伤肺，一旦肺气失宣上逆，宝宝就要咳嗽；加上燥邪伤津耗液，造成体液流失，所以呈现秋咳特点：要么干咳无痰，要么痰稠难咯。同时，肺与大肠相表里，肺受伤致大肠津液不足，便秘随之"亮相"。另外，燥邪侵犯鼻腔，导致黏膜干燥，毛细血管破裂而发生鼻衄；燥邪侵犯嘴唇，引起口角皮肤干燥起裂，形成"烂嘴角"。严重者细菌病毒趁火打劫，引发气管炎、支气管炎甚至肺炎。正如中医所说，"肺主一身之气"，肺安则全身安。不难明白，养肺不仅是顺利度秋的需要，也是为平安过冬做准备。

那么，如何为宝贝养肺呢？关键在于调整食谱，多安排具有清热去燥、润肺生津的食物，以下方案可供参考。

## 补水最要紧

补足水分是秋季养肺的首要举措，父母应从以下细节着手：

### 1. 多喝水

督促宝宝多喝水，以白开水为主，蔬果汁为辅。此外，蜂蜜有润肺养肺之功，且口感甜，宝宝乐于接受。做法：每天25克早晚空腹服用，以不超过60℃的温开水冲服。提示：未满周岁的小宝宝不宜服食蜂蜜。

### 2. 多食粥

粥是调节脾胃的佳品，而宝宝的脾胃被高温折腾了整整一夏，功能多有滑坡，食粥可谓恰到好处。以早餐为佳，并酌情加入一些健脾润燥益肺的食物或药材，如百合、银耳、雪梨、胡萝卜、芝麻、菊花、山药等，强健脾胃的效果更好。提示：先将大米用冷水浸泡半小时，让米粒膨胀开再煮粥，口感更好。

### 3. 直接为宝宝的呼吸道补水

有两种方法：一种是把热水倒入杯子里，让宝宝的鼻孔对着杯子，吸入水蒸气，缓解呼吸道黏膜干燥。一般每次吸入 3~5 分钟，早晚各做 1 次即可；另一种是用浸过热水并扭干的毛巾捂口鼻，让宝宝吸毛巾里的热气，每天两次。提示：热水和毛巾的温度要适当，防止烫伤宝宝。

### 4. 勤洗浴

中医学将皮毛喻为肺的屏障，秋燥最先伤及皮毛，进而伤肺。多洗澡有利于皮肤的血液循环，使肺脏与皮肤保持气血通畅，肺就能得到一定的滋润与濡养。

## 蔬果最给力

蔬果最养肺，特别值得推荐的几种是：

### 1. 菜花

中医云"白色入肺"，洁白的菜花堪称养肺、护肺能手。既是维生素C的"富矿"（维生素C含量比大白菜、黄豆芽菜高3~4倍，比柑橘高2倍），防范感冒、气管炎等呼吸道感染效果好，而且能刺激细胞制造有益健康的保护酶——Ⅱ型酶，此酶能快速分解潜入体内的致癌物和其他有害化合物，发挥排毒作用。食谱举例：番茄菜花、菜花蛋黄粥（做法见第317页）等。

### 2. 莴笋

以含碘多著称，有利于宝宝的体格与智力发育。另外，莴笋叶有止咳平喘之功，有助于秋咳的防治。食谱举例：莴笋菜花汤（做法见第317页）、清炒莴笋丝等。

### 3. 芋头

优势在于营养丰富，且有健胃之功，特别适宜脾胃虚弱的宝宝食用。食谱举例：芋头玉米泥、芋头饼等。

### 4. 木耳

集滋阴、润肺、生津等三大功效于一体，尤其是所特有的脂质和植物胶质滋养效果极佳，誉为"素中之宝"。木耳有黑白之分，各有特色：白木耳（又称银耳）富含胶质，容易消化，为清补的滋养品；黑木耳的铁含量更多，比猪肝高5倍，比菠菜高30倍，特别适合补血。食谱举例：银耳冰糖水、黑耳猪肝汤等。

### 5. 秋藕

脆嫩多汁，既解秋燥又补气血。吃法因龄而异：半岁~1岁宝宝宜熟吃，将藕切成小片，蒸熟后捣泥拌糖食用；周岁以上宝宝可喝鲜藕汁（去掉鲜藕不可食的部分，榨汁加糖即可），或做成莲藕绿豆汤、海带排骨煲鲜藕等食用。秋藕生吃清火去燥作用大，熟吃则益胃养血功效突出。

### 6. 萝卜

水分特多，擅长祛除盛夏残留的虚火，生吃能止渴、清除内热，熟食则利于消食健脾。最好炖食，炒食稍次。

### 7. 南瓜

以富含β胡萝卜素与茄红素为特色，除燥、补血能力强，可防止流鼻血、烂嘴角等秋燥症状发生，特别适合做宝宝的断奶食品。吃法多样，烧汤、做糊、煮粥、蒸食皆可。

生素 $B_6$ 则可在稳定细胞状态、提供各种细胞所需能量方面发挥积极作用。

一般每星期安排 3～5 次粗粮，不要太多，可做成米饭或粥喂养宝宝。另外，大宝宝也可酌食糙米饼干、糙米蛋糕、全麦面包等。

**专家提示**

把握好进食量，一天量不宜超过一顿主食，但也不要太少。

### 8. 水果

水分多于蔬菜，且口感更容易为宝宝所接受。如苹果、梨（以皮薄肉白、香甜无渣者为上品）、甘蔗（每天不超过 50 克）、柑橘（每天 2～3 个）、柿子（每天 1～2 个）、葡萄（包括葡萄干）、大枣、荸荠等。小宝宝可榨汁饮用，大宝宝可生吃或做菜、煮粥食用。

## 粗粮不可缺

粗粮的清热除燥效果不错，包括谷物、薏米、麦片、黄小米、玉米、绿豆、白芸豆等。可贵之处在于谷类富含 B 族维生素，如维生素 $B_1$ 是营养人体神经末梢的重要物质，而维

## 肉类鸭当先

肉类以鸭肉、河鱼、河虾等为优，鸭肉尤其值得推荐。因为鸭子属于凉性，且蛋白质含量高于畜肉，加上秋季鸭子最肥壮，所以中医将鸭肉列为抗燥良药与养肺上品。特别适合身体虚弱、患病初愈、时常上火的宝宝。食谱举例：鸭肉汤、鸭肉粥、板栗焖鸭等。

## 食疗方集锦

秋燥症状多，为你推荐几款食疗方：

**食谱举例**

**1. 秋梨粥止咳**

做法：梨 1 只洗净，连皮切碎，留核去子，加水用小火煮 20 分钟，捞出梨块，加入大米煮粥食用。

### 2. 山楂豆腐泥抗感冒

做法：嫩豆腐1块，放入清水中煮片刻，捞出沥水。山楂适量去核研碎，加入豆腐中搅拌均匀食用。

### 3. 柚子芒果露消积食

做法：柚子1个去皮，果肉切丝。芒果1个去皮核，果肉捣泥。两者一起加到酸奶中，搅拌均匀食用。提示：芒果有过敏之虞，过敏体质宝宝不宜。

### 4. 苹果薯团防便秘

做法：红薯1个洗净去皮，切碎煮软。苹果1只去皮核后切碎煮烂，与红薯均匀混合，晾凉食用。

### 5. 杨桃防治嗓子疼

做法：杨桃适量，做成果泥或果汁食用。

# 秋季运动，冷水浴最给力

运动对宝宝有多重要呢？美国专家表示，10 岁以内正是运动细胞长足发展的"窗口期"，及时施以运动早教有助于启蒙智力、培养情感、提高情商，奠定一生的健康发展。英国卫生部门新近公布了"小儿健身指南"，要求父母对宝宝的运动务必给予足够的重视，1~5 岁的宝宝每天的活动时间至少要保证 3 小时。

运动方式呢？美国早教专家强调要因龄而异，婴幼儿宜于爬行、走路、跳跃、抓握，或模仿鸭子走、兔子跳、鸟儿飞、猴子爬等各种动物的活动；三四岁以后练习舞蹈，不妨与芭蕾和踢踏舞结合起来，将创意动作和体操元素融入其中，培养宝宝良好的节奏感和优雅的姿态；6 岁以后可增加技巧动作，逐步练习侧手翻、跳马、单双杠和平衡木技巧，帮助宝宝树立自信，不断提高身体技能。英国研究人员提倡"摸爬滚打"，包括追逐游戏、游泳和攀爬，步行每天应至少确保 15 分钟，如步行去托儿所或逛街等；不会走路的小宝宝可以游泳，在健身垫上滚爬，拉动玩具等。接触电视、电脑的时间需严格控制，2~5 岁宝宝每天限在 1 小时内，2 岁以下应彻底远离电视、电脑，目的是让宝宝动起来，释放快乐情绪，树立小小自信心。英格兰首席卫生干事戴维斯教授进一步解释道，多项国际研究发现，摸爬滚打、嬉戏玩耍是保证幼儿早期最大限度开发大脑非常重要的活动，应列为宝宝早教中不可或缺的一课。

上述原则一年四季通用。不过，考虑到秋季所处的特殊时段，最给力的还得数冷水锻炼，不要随意漏掉。奥妙在于秋季是天气由热（夏）到冷（冬）的转折点与过渡期，而冬季的麻烦一点也不比夏季少，甚至有过之，这就是严寒。为了预防严寒带来的威胁，提高宝宝组织器官的免疫功能，增强机体的耐寒力，进而减少冬

季易发病的侵袭，耐寒锻炼不可少。冷水浴就是耐寒锻炼的一大法宝，特别适宜于宝宝。

道理并不神秘，冷水的传热速度为空气的 20 倍，散热也比空气快得多，所以从秋季开始有规律的冷水流刺激，可大大提升宝宝神经系统特别是体温调节中枢的敏感性与应变能力，促进局部及全身的血液循环和新陈代谢，进而增强身体对外界冷热气温变化的应变能力，使其能更灵活地适应大自然的阴晴凉热，并减少罹患感冒、支气管炎乃至肺炎等呼吸道疾病的机会，以便平安度过冬天。

其实，冷水浴的好处还很多，除了提升宝宝的耐寒力外，对肺、心、肾等重要脏器的功能增强亦有很大帮助。

肺脏首当其冲，在寒冷的环境里，吸入的空气先要通过肺脏进行加温，肺脏功能的提高是必然的。其次是心脏，心脏被肺脏包围，当肺脏温度降低以后，将导致心脏温度降低，寒冷时皮肤的毛细血管收缩外层循环减慢，迫使心脏功能也随之提高。同时，血液循环大量经过的器官除了肝脏就是肾脏，冷水浴能使原来功能较弱的肾功能明显增强。

冷水浴前要做好的准备包括两方面：宝宝方面要准备好衣服、毛巾、浴袍、乳液、婴儿油等，并放在固定的地方，不要到时候找不着而手忙脚乱。至于父母方面，应穿一件防水围裙，保护自己的衣服，并在膝上与前身覆盖一条大而软的毛巾，目的是做完冷水浴后抱宝宝时，宝宝会感到舒服与温暖。

适合于宝宝的冷水锻炼，从弱到强分为不同档次，分别适应于各年龄段的儿童。

## 冷水洗脸

用冷水为宝宝洗脸、洗手，属于冷水锻炼中最温和的一种方式，出生后第7、第8个月的宝宝即可开始做。水温或部位要遵循循序渐进的原则，切忌一步到位。先说水温的把握，头几天用与体温相同的温水（36℃~37℃），逐日降低温度，如 35℃、34℃……直到最低水温28℃，并坚持下来。再说部位，开初几天只限于洗手，然后扩展到两手。这种洗法与通常的温水洗脸不同，后者是为了清洁卫生，而前者的目的是通过局部冷刺激来激发婴幼儿全身的耐寒能力。就一天而言，上午10点以后、下午4点以前气温较高，可做 2~3 次。但晚上睡觉前清洗脸或手宜用温水，不用冷水，因为冷水容易使神经系统兴奋，影响睡眠。

## 冷水洗脚

人的各个部位是一个统一的整体，某一个部位的细小变化都可能影响到其他部位发生反应。就说冷水洗脚吧，不仅脚部血管剧烈收缩，而且未受冷水刺激的其他部位也有不同程度的变化，鼻部最为明显，在脚部受冷水作用的开始，血管反射性收缩，血流减少，鼻黏膜温度可下降；过一阵子脚部血管开始扩张，鼻黏膜的温度也随之上升。所以洗脚与洗脸一样，也要从温水开始，逐步降低水温，防止鼻黏膜温度骤然降低而诱发喷嚏、鼻涕等发生。在降到16℃～18℃后，就不要再继续降低。坚持锻炼一个时期后如反应良好，再以最慢的速度降低水温，一直降至4℃左右。每次浸泡脚部1～2分钟，同时家长要不断地按摩宝宝的脚部。

## 冷水擦身

属于中等强度耐寒锻炼，适合于周岁以上的宝宝。用备好的毛巾浸透冷水，稍拧一下，开始擦浴。先从手脚等四肢部位开始，再擦颜面、颈部、臀部、腹部，胸部与背部最敏感，可放在最后擦浴。未擦和已擦部位，用干毛巾覆盖。每次持续两三分钟，擦至皮肤微微发红为止，再用干毛巾擦干。水温掌握：首次用与体温相同的水温，每隔两三天下降1度，最低可达22℃。至于室温，初秋阶段气温较高，自然室温就可以了，到了仲秋特别是深秋阶段，天气越来越凉，室温不宜过低，以16℃～18℃为限。如果因病或其他原因停了一段时间，恢复时最好用停止前最后一次的水温或略高一些。有人建议在冷水中加入食盐或酒精，一般每75毫升水中加入15克食盐或15毫升酒精，食盐或酒精可以增强皮肤神经末梢的敏感性，有利于增进健康。

## 冷水冲淋

属于较强的耐寒锻炼，宜于3岁以上的幼儿。先用冷水擦浴，两三分钟后再冲淋。冲淋水温：首次用24℃～26℃的凉水冲淋，每星期降温1℃，最低可降至12℃。淋浴喷头不要高过儿童头部40厘米，从上肢沿胸背、下肢喷淋（不可让冷水直接冲淋头部），动作要迅速，冲淋后用干毛巾擦身，擦至皮肤轻度发红为止。每次持续3～5分钟。每天冲淋1次，选择在一天中气温相对较高的中午施

行为好。宝宝身上一旦出现鸡皮疙瘩或寒战反应，应马上停止冲淋。

冷水锻炼结束后，立即用浴巾包住宝宝的身体，擦干后穿上浴袍。如果空气过于干燥（比如在北方），可以适当抹一点儿童专用乳液或婴儿油，以保护皮肤。

哪些宝宝可做冷水锻炼呢？从防病保健的角度看，所有发育正常的儿童都是冷水锻炼的适宜人群。不过，传染病及其恢复期、先天性心脏病、免疫功能缺陷、重症营养不良、体质较为衰弱的宝宝不宜冷水浴。另外，如果宝宝的皮肤对冷水敏感，遇到冷水就起疹子、生紫斑，也不能进行冷水浴。

# "秋冻"时节的穿衣妙策

立秋、秋分、中秋……随着一个个带秋字的节气如期而至，你又开始为宝宝加衣添裤而费心思了吧？别急，看完本文你就心中有数了。

## 宝宝也需要"秋冻"

说到秋季穿衣，你肯定会想起老祖宗的"秋冻"之说来。"秋冻"确有科学道理，不仅限于成人，宝宝也是大有必要。传统医学认为，宝宝属纯阳之体，阳气偏旺，过早保暖有助长阳气而消耗阴液之弊，容易招惹燥咳甚至感冒等疾病临身。现代医学的解释是：宝宝体温一般都要稍高于成年人，而且偏爱活动，穿戴过多既限制活动，又容易出汗，着凉生病的风险反而增高。

所以，当秋季到来，特别是在初秋阶段，气温稍稍由热转凉，父母不要忙着给宝宝加衣添裤，而是有意识地让宝宝接受一段时间的凉意刺激。

适宜的凉意刺激能促进宝宝体内的物质代谢，增加产热，提高对于低气温的适应能力。换言之，宝宝会在气温逐渐降低的环境中，获得一定的耐寒力，为日后过冬奠定基础。

不过，并非所有宝宝都适合"秋冻"，只限于健康者，体弱多病的宝宝以及周岁内的小宝宝则不宜。此乃父母务必记住的第一个要点：切忌盲目攀比或效仿其他宝宝，给感冒、气管炎等秋季高发病以可乘之机。

## "秋冻"一定要适度

适度，这是父母务必记住的又一个"秋冻"要点。看看秋季的气温规律吧，初秋暑热未消，气温仅早晚略有下降；仲秋气温虽说开始全面降低，但"凉而不寒"。这两个时段都是"秋冻"的好时机。

当然，"秋冻"并不排除根据气温变化，及时对宝宝的衣裤进行"微

调"。因为人的体温总是要保持在37℃左右，一方面靠自身调节，另一方面也要靠增减衣服来协助。这应该是父母务必记住的再一个要点。

那么，如何评判"秋冻"是否适度呢？那就是确保"四暖"，即宝宝的手、肚、背、足等四部位要温暖。做到了这一点，说明你设计的穿戴方案是正确的，否则就要进行调整。

### 1. 手暖

表现为宝宝的手心温热而无汗。如果触摸有凉感，或者皮肤出现花花的犹如蕾丝般的花纹，意味着"秋冻"过了头，应立即增加衣裤。

### 2. 肚暖

肚子受凉是引起宝宝腹痛、腹泻的原因之一，任何季节都要注意保暖，以保护脾胃功能。如围一只小肚兜就是一个好办法。

### 3. 背暖

背暖则肺部安，可避免宝宝咳嗽，减少呼吸道疾病入侵的风险。以暖和无出汗为宜，若活动引起背部出汗，反而会因背部湿凉而患病。最好给宝宝背部垫一块小毛巾，活动后及时更换。

### 4. 足暖

两脚汇集了大量经络与穴位，皮肤神经末梢丰富，对环境温度最敏感。现代医学已经证实，足冷是诱发感冒、气管炎等呼吸道疾患的祸首之一。

## 落实"秋冻"4技巧

如何落实宝宝的"秋冻"呢？关键是既要让宝宝接受一定的凉爽刺激，又不至于着凉而引起感冒等疾病。为此，以下几个技巧值得推荐。

### 1. 灵活机动穿衣裤

宝宝对气温的敏感度比成人高，加上入秋后的温度变幻莫测，特别是初秋时节，一天之中温差较大，早晚偏凉中午偏热，故不要一套衣裤从早穿到晚，中间应酌情给予增减，如早晚多一点儿，中午少一点儿。

### 2. 别忘穿内衣

不要认为给宝宝穿上厚衣服就可以了，柔软的棉内衣既可吸汗防暑，还能让空气保留在皮肤周围，减少体热丢失而保暖。但不要用绒衣绒裤做内衣裤，虽然绒衣绒裤柔软、蓬松、保暖性好，可绒毛很快会因汗液和皮脂的缘故变得黏结发硬，给宝宝稚嫩的皮肤带来隐患。

### 3. 衣裤增减

衣裤增减可按3个"少一件"来办理：天热时比父母少一件（天冷时则应比父母多一件），活动时比安静时少一件，中午比早晚少一件。

### 4. 用好帽子

帽子的功能很多，白天太阳较强可以遮阳防暑，早晚天凉能够防寒保暖，一举多得。

穿衣方案建议：

白天：棉质薄背心＋棉质T恤＋薄长裤＋半筒袜（宝宝活动时可脱掉背心，只穿T恤）。

外出：以轻便、宽松、暖色彩为要则。举例：男孩以红白长款上衣＋黑色哈伦裤＋时尚鸭舌帽＋板鞋为妙；女孩则以西瓜红长袖小褂＋白色蕾丝公主裙＋七彩长袜＋黑色娃娃鞋为好。

睡觉：

①新生儿。薄睡衣＋包被＋薄被/毛毯。

②婴幼儿。薄棉睡衣＋背心式睡袋＋薄被。

③大宝宝。薄睡衣＋长袖大睡袋或薄棉睡衣＋大棉被。

　　另外，还要提请父母注意两点：一是宝宝"秋冻"不要只讲"冻"，要与运动结合起来，到户外做一些耐寒锻炼，以不打喷嚏、不流鼻涕、不产生寒战为底线；二是到了晚秋（10月下旬到11月份），气温下降明显，凉意中已有寒气了，意味着"秋冻"该结束了，应增加衣裤准备迎接冬季的到来。

# 重拳出击，打好秋季病毒阻击战

秋季到了，病毒乐了，因为渐凉的气温与干燥的环境太适合它们繁衍与活动了。于是，感冒、支气管炎、肺炎等呼吸道疾病接踵而至，将宝宝置于"四面楚歌"的险境之中。不过，你也别太担忧，只要打好病毒阻击战，宝宝平安过秋就不再是难事了。

## 呼吸道病毒大通缉

呼吸道病毒形形色色，最常见的当数鼻病毒、腺病毒、冠状病毒、呼吸道合胞病毒、流感病毒、副流感病毒等。请看医学专家发布的通缉令：

鼻病毒。呼吸道感染的主凶，造就了至少50%的感冒小患者，并有向下呼吸道蔓延，引起支气管炎与肺炎之虞。弱点是怕酸怕热（加热至56℃持续半小时即死亡），经鼻黏膜或眼结膜感染他人。早秋和晚春尤其高发，宝宝感染后获得的免疫力很短暂，故再次或多次感染的现象很常见。

冠状病毒。又一种常见的呼吸道感染病原体，重要性仅次于鼻病毒，大约10%～30%的感冒是"拜它所赐"。冬季最为活跃，主要侵犯婴幼儿。除呼吸道感染外，该病毒尚与腹泻和胃肠炎发病有牵连。

腺病毒。以6个月～2岁的宝宝为重点偷袭对象，除引起上呼吸道感染（包括急性发热性咽喉炎、咽结合膜热、急性呼吸道疾病等类型）外，还是婴幼儿肺炎的罪魁祸首，医学称为腺病毒肺炎，约占儿童期肺炎的10%，且病情多较危重，个别患儿可致命。弱点与鼻病毒一样，加热至56℃持续30分钟，或紫外线照射30分钟都能将其消灭。另外，腺病毒尚能在肠道中生存并致病，引起胃肠炎、膀胱炎等疾患，并有一定的致癌性。

呼吸道合胞病毒。3岁内宝宝最

易受害，乃是下呼吸道感染的元凶，儿科医生将一半的毛细支气管炎与病毒性肺炎发病率记在了该病毒的账上。一年四季均有发病，秋冬季最多，传染性也很强，半岁内小婴儿感染后病情多较危重。

肠病毒。一群病毒的总称，因在肠道生存而得名，包括脊髓灰质炎病毒、柯萨奇病毒与埃可病毒等数十种病毒。所致疾病也是五花八门，诸如呼吸道感染（如疱疹性咽峡炎）、出疹性传染病（如手足口病）、神经系统疾患（脑膜炎、小儿麻痹症）等。3岁内宝宝最易受害，初秋是继五、六月份之后的又一个流行高峰，几年就会来一次大流行，且不同的病毒类型可在同年流行，所以宝宝一年可能发生2～3次肠病毒感染。

## 三记重拳，一记也不能少

要想打好病毒阻击战，务必三记重拳同时打出，方能全胜收兵。

重拳1：免疫接种。疫苗可谓保护宝宝的"特种兵"，可刺激身体产生针对性的抗体，精准地打击入侵之病毒。如流感疫苗的保护效力为77%～91%；流脑疫苗可有85%～100%的短期保护效果；轮状病毒疫苗保护率可达75%～80%；肺炎疫苗保护率高达85%以上，保护期长达5年之久；水痘疫苗所产生的抗体阳性率在接种5年后仍高达95%或以上，效果喜人。

重拳2：强化营养。营养可直接或间接提升免疫力，是秋季阻击战中一支不可或缺的"方面军"。以下几类最为重要：

①营养免疫因子，包括分泌型免疫球蛋白A（SIgA）、免疫球蛋白G（IgG）、乳凝集素、黏液素、生长因子、乳铁蛋白、糖巨肽等。这些因子在母乳中的含量均较高，尤其是SIgA（分布于呼吸道黏膜表面，直接抵御病毒的附着和侵入）、乳铁蛋白（掠夺病原微生物体内的铁离子而将其灭活，并能提高铁的吸收率5～7倍）等的含量之高名列前茅，所以统称为母乳化营养免疫因子。牛初乳则以IgG丰富著称，奶牛产犊后24小时内所分泌乳汁的IgG含量，可占总蛋白量的40%以上，比人初乳还高出许多倍。推荐食物：母乳、配方奶粉、牛初乳等。

②维生素。维生素A通过维持上皮及黏膜细胞的完整性，促使黏膜细胞更新，在呼吸道表面建起一道抵御病毒的天然屏障；维生素C增强白血球及抗体的活性，并刺激人体制造一种与免疫机能有关的活性物质——干

扰素，擅长抵御病毒偷袭；维生素 E 增加抗体，清除病毒，保持白血球旺盛的"战斗力"。推荐食物：番茄、南瓜、木瓜、红葡萄、樱桃、胡萝卜、柑橘（富含维生素 A）、猕猴桃、橙子、草莓、柠檬、青椒、草莓、卷心菜、土豆（富含维生素 C）、植物油、豆类、肉类、亚麻油、蛋黄、生菜、牛奶、小麦面包、白菜、花生（富含维生素 E）等。

③矿物质。以锌、硒、铁等为代表，除了共有的免疫武器——酵素外，各种矿物质各有绝活，如锌能直接抑制病毒增殖，增强吞噬细胞的实力；硒则分布于所有的免疫细胞中，形成"散兵线"，全面强化宝宝的细胞免疫、体液免疫与非特异性免疫防线；铁可维持 T、B 淋巴细胞数量与质量，增强吞噬细胞与杀伤细胞实力，将宝宝的免疫力保持在正常水平。推荐食物：海鲜、蛋类、豆类（富含锌）、谷类、肉类、奶类（富含硒）、畜禽血、黑木耳（富含铁）等。

④多糖。增强宝宝的体液免疫和细胞免疫功能，提高巨细胞的吞噬能力。推荐食物：蘑菇、刺五加、黄芪、枸杞、海带、黑木耳等。

重拳 3：个体保护，即对宝宝采用科学的保护措施。主要有：

保护呼吸道黏膜。呼吸道黏膜是宝宝呼吸道抵抗病毒的第一道防线，需要精心呵护。如多喝水；避开二手烟、三手烟；居室与活动室要勤于通风，每天应最少通风 3 次以上，每次不能短于 30 分钟；外出酌情戴口罩，避免冷空气、花粉与烟尘的偷袭。确保呼吸道黏膜始终处于湿润、干净、空气清新的最佳"战备"状态。

睡足睡好。充足的睡眠有助于体内释放催乳激素和生长激素，这两种荷尔蒙乃是提高免疫反应的"灵丹"，且有助于宝宝长个头。

日光浴。日光中的紫外线光束，能刺激皮肤中的 7 - 脱氢胆固醇转化成维生素 $D_3$。每天只需 0.009 毫克就可使宝宝的免疫力增加 1 倍。

体育锻炼。运动可使血中的免疫分子白细胞介素增多，进而增强自然杀伤细胞的活性，消灭病毒。试验表明，运动后 24 小时内防御细胞的数目会明显增加。英国卫生部由此建议，5 岁内的宝宝每天至少要保证 3 小时的"摸爬滚打"，包括拉动玩具、追逐、游戏、游泳、攀爬等，步行每天应至少持续 15 分钟，如步行去托儿所或逛公园、郊游等。

擦胸摩背。擦胸能使"休眠"的胸腺细胞重振活力，增加胸腺素分泌，提高免疫功能。同样，背部也有不少"赋闲"的免疫细胞，摩背可以

激活这些免疫战士，让它们重新上岗。一般的按摩手法即可达到目的。

勤洗手。饭前、便前便后、外出后要用肥皂或洗手液洗手，保持宝宝手部清洁。未洗手前不要用手触摸鼻子，或者揉眼睛。

呼吸道疾病流行期间，不要带宝宝到人群聚集、空气流通差的公共场所去，如超市、游乐场、影剧院、活动中心等地。同时，经常对家中的门把手、楼梯扶手、电灯开关、钥匙串、玩具等，用84消毒液擦拭消毒。

# 别把秋咳当感冒

立秋过后没几天，多多就出状况了，喉咙又干又痒，还有咳嗽，且咳嗽日轻夜重。妈妈心想肯定着凉了，赶忙去药店买了感冒药和止咳药给宝贝儿子服用。可奇怪的是这些以往都很管用的药物这次却不灵了，服了几天未见丝毫好转。"感冒"咋这么难对付呢？妈妈对自己的"诊断"动摇了，便向一位中医儿科专家咨询。专家经过仔细检查后告诉多多妈妈：多多得的根本就不是感冒，而是"秋燥症"。

中医学认为，燥为秋季之邪，燥邪侵犯宝宝娇嫩的皮肤毛孔或口鼻等呼吸道，于是出现嘴角干裂、咽喉痒痛甚至流鼻血等秋燥症状。燥邪更易伤肺，造成肺气不宣，肺气上逆则咳嗽频频，谓之燥咳。

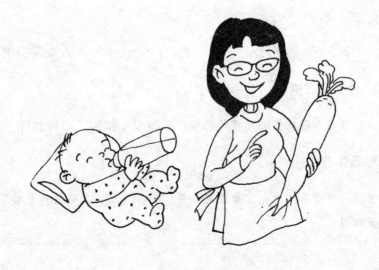

西医的解释是，秋季雨水少，气候干燥，宝宝的皮肤、呼吸以及肾脏的保水能力远弱于成人，在干燥的季节更容易流失体液，如果又未能补足水分，势必造成体内缺水，将鼻咽喉等部位黏膜置于干燥的窘境之中，咽干、喉痒、咳嗽等症状自然纷至沓来。

不难明白，秋咳大多不是细菌、病毒等为患所致，而是作为"秋燥症"的一部分症状出现在宝宝身上的。所以具有以下特点：患儿咽部发痒，干咳无痰；白天咳嗽轻，活动如常，一到夜间及早晨醒来咳嗽加重；既不发热也不流涕，对感冒药、消炎药乃至止咳药皆不敏感。

对付此种咳嗽，药物尤其是西药显然无能为力，唯一可行的办法是调整生活作息，重订食谱，借助于食疗之功达到治疗之目的。

不过，燥咳有温燥与凉燥之分，故食疗也要结合宝宝的体质与病情辨证实施，不可"一刀切"。以下的食疗方案可供参考。

## 温燥型咳嗽食疗方

特点：患儿体质燥而偏热，常发生在暑热余气残留的初秋（中秋节以前），天气还比较热。患儿干咳无痰，或有少量黏痰不易咯出，个别可见痰中带血，咽喉肿痛，皮肤和口鼻干燥，口渴心烦，尿少或便秘，舌边尖红，苔薄黄而干。

### 食谱举例

**1. 萝卜水**

白萝卜1个，洗净切片，加水烧开后改用小火煮5分钟，晾凉后喂养。

**2. 甘蔗汁（粥）**

新鲜甘蔗500克，去皮榨汁饮用。或加入大米50克煮粥食用。

**3. 雪梨饮**

雪梨、蜂蜜各适量。雪梨去皮切碎，捣汁饮用，或将其熬膏晾凉后加蜂蜜饮用。

### 4. 黑木耳粥

黑木耳5克，红枣5枚，大米50克，冰糖适量。黑木耳发好，撕成小块。大米、红枣（去核）洗净。三者同放锅内，加水小火熬熟后，加入冰糖调味喂食。

食疗：原则是以富含水分且性味偏寒凉的蔬果为主。

另外，柿子、西瓜、枇杷等水果也有一定作用，可酌情给宝宝喂食。

中药：中医施治原则是疏风清热，润肺止咳。常用桑杏汤，主要成分有桑叶、杏仁、豆豉、山栀子、贝母、沙参、梨皮等。

## 凉燥型咳嗽食疗方

特点：患儿体质燥而偏寒，多发生在深秋（中秋节之后），秋风渐紧，寒凉渐重，故多出现凉燥。患儿咽喉发痒，干痛，咳嗽，咯痰不爽，口干唇燥，舌苔薄白而干。

食疗：以富含水分且性味偏温热的蔬果为主。

☞ 食谱举例

### 1. 大蒜水

大蒜2瓣~3瓣，拍碎后放入碗中，加半碗水与1粒冰糖，加盖放入锅中蒸，大火烧开后改用小火蒸15分钟左右即成。待蒜水温热时喂食，每天2~3次，每次1小碗（大蒜可吃可不吃）。

### 2. 烤橘子

橘子直接放在小火上烤，并不断翻动，烤到橘皮发黑，有热气冒出时即可。待橘子稍凉片刻，剥去橘皮，给宝宝吃温热的橘瓣。大橘子每

次吃 2 瓣~3 瓣就行了，小贡橘每次可以吃 1 个。最好同喝大蒜水，每天 2~3 次。

### 3. 姜糖水

生姜 2~3 片，加水烧开，小火煮 5 分钟，调入适量红糖，再度烧开后熄火，凉凉后喂服。

### 4. 花椒冰糖梨

梨 1 个，洗净，横断切开，挖去中间的核后放入 20 粒花椒，2 粒冰糖，再把梨对拼好放入碗中，上锅蒸半小时左右即可。1 个梨可分 2 次吃完。

中药：中医施治要则是疏散风寒，润肺止咳。常用方剂杏苏散，主要成分有杏仁、苏叶、半夏、陈皮、前胡、枳壳、百部、款冬、甘草等。

### 配套措施要跟进

秋咳的防治是一个系统工程，配套措施务必及时跟进，方能获得最大效果。

多喝水，保持呼吸道的正常湿润度。以白开水为主，蔬果汁为辅，也可多食粥、汤等。但冷饮、碳酸类饮料要少喝或暂时不喝。

多吃具有滋阴润肺功能的食物，如胡萝卜、荸荠、番茄、豆腐、银耳、莲藕、香蕉、南瓜、芋头等。

鱼、虾、蟹等海鲜，以及咸、酸、辣等重口味食品宜少吃或暂时不吃。道理很简单，鱼、虾等容易引起蛋白质过敏，咸辣等可刺激呼吸道，有加重咳嗽之虞。

保持室内空气新鲜与湿度，确保宝宝避开烟雾、灰尘以及干冷空气的刺激，以免引发呛咳发作。为此，要勤开窗通气，不在患儿室内吸烟等。必要时可在室内放一两盆清水，或者在地面上洒点儿清水，以降低干燥度。

如果患儿久咳不愈，应疑及并发支气管炎、肺炎等细菌或病毒感染，须及时就医，尽快查清病因对症治疗，以免贻误病情。

### 莫干糊涂事

一些父母仅凭一知半解而擅自行事，甚至干出糊涂事来。常见的有：

#### 1. 单纯止咳

刚才说过，燥咳的原因是体内缺水所致，单纯使用止咳药往往无效。即使有效（如服用抑制大脑咳嗽中枢的镇咳药咳必清、含阿甘草片、可待因止咳糖浆），也会因治标不治本而掩盖患儿的病情，很可能引起严重后果。

#### 2. 自服润喉片

诚然，润喉片有一定缓解咽喉部干痒等症状的作用，但在干燥天气经常含服，会使黏膜血管收缩、黏膜干燥破损而加重燥咳。

#### 3. 当作感冒治疗

燥咳与感冒很相似，像多多妈妈那样随意动用感冒药，不仅无效，而且会带来不少不良反应，甚至损耗体内正气，为以后的治疗埋下祸根。

#### 4. 服药发汗

发汗药乃是燥咳患儿的大忌，因为发汗会导致体内津液的进一步流失，对于本来阴津就受到伤害的燥咳无异于"雪上加霜"。这也是中医专家强调不能随便给秋咳宝宝服用感冒药的奥妙所在，因为不少感冒药或多或少都含有发汗的成分。

# 秋防哮喘别懈怠

过了国庆没几天，铁铁就莫名其妙地喷嚏不断，鼻涕不止，社区医院诊断为感冒，治了一周不见好转，主治医生建议到市中心医院变态反应科看看。果然，经过血液检测表明，铁铁得的根本不是感冒，而是霉菌引发的支气管哮喘病。

## 秋季是哮喘病的"旺季"

一项调查显示，国内 14 岁以下宝宝哮喘患病率，较 10 年前上升了近七成，其中上海和重庆两市最高（接近 4%），拉萨最低（仅为 0.5%）。诱发因素很多，涉及环境（如花粉、烟尘、霉菌、尘螨、宠物毛、棉花、油漆、橡皮、染料、化学品）、食物（如鱼、虾、海鲜、牛奶）、药物（磺胺药、青霉素）等几个领域。就秋天而言，忽冷忽热的气温和潮湿的环境，促使霉菌繁殖或尘螨孳生；加上花粉、烟尘等为

患，以及呼吸道感染多发，磺胺、青霉素等药物使用机会增加，因而成为哮喘病发作的"旺季"。不难明白，对于过敏体质的宝宝，将防治哮喘病放在秋季保健的首位，绝对不是瞎忙活。

## 识别特殊哮喘

说起哮喘病，你的脑海里很可能立马浮现这样的征象：患儿咳嗽、喘息，呼气时传来明晰的尖哨笛音，尤其是夜深人静之时，呼吸就像在拉风箱，呼吸困难，有时甚至憋得喘不过气来……

诚然，典型的哮喘发作是这样，宝宝一副惨兮兮的样子，叫父母既心疼又恐慌。但切忌一叶障目，以为只有这个样子发作才叫哮喘，因为还有大约30%的哮喘只表现为咳嗽，很容易误认作感冒、气管炎、咽炎等呼吸道感染而误治，医学称为咳嗽变异性

哮喘，铁铁就是一个典型例子。

误诊不仅延长了宝宝的痛苦，还会造成药物的滥用。如误认作感冒，就要使用抗感冒药，而抗感冒药往往都含有一定量的损肝损肾成分，个别宝宝甚至可引起血尿；如误认作气管炎或咽炎，势必劳驾抗生素，而抗生素的肝肾毒性较抗感冒药有过之而无不及。另外，滥用还可导致耐药菌的产生，以后一旦真的患上细菌感染，反而失去抗菌作用，甚至无抗生素可用。

因此，弄清两者的区别非常重要。主要看三点：一看咳嗽的伴随症状。一般的呼吸道感染除咳嗽外，还会有发热、嗓子疼等感染症状，哮喘不是感染所以常常缺如。同时，哮喘的咳嗽往往日轻夜重，活动后也会加重，而呼吸道感染大多没有这样的变化。二看验血报告单。呼吸道感染（尤其是细菌感染）患儿，血中白血球总数或中性白血球升高，哮喘属于过敏性疾病，血象变化不明显，或者酸性白血球升高。三看咳嗽病程。感冒属于自限性疾患，咳嗽症状最多7～10天就会痊愈，如果咳嗽达到10天或者更长时间，就应疑及哮喘而非感冒了。必要时像铁铁那样，到医院请大夫做裁判最为可靠。

## 记住六条防治妙计

如何应对宝宝哮喘？记住以下6条防治妙计便可应对自如。

①尽快脱离过敏原。过敏原除前述环境、食物以及药物等领域外，近年来医学专家又相继发现了多种，如二手烟、洋快餐、细菌内毒素（浮动在灰尘中）、老鼠（包括毛、尿以及脱落的皮屑）、家用电器（尤其是音响、电视、微波炉、电脑等电磁辐射较强的电器）、宠物（祸起季节性换毛）、时尚饮料（其中的防腐剂、香精、色素等添加剂为患）、甲醛（来自房屋装修材料）等。凡过敏体质宝宝在秋季务必尽量设法远离之。

②调整食谱，删除洋快餐、鱼虾、饮料等容易致敏的食品与饮品，加入糙米、红枣、蔬菜等有助于改善过敏体质的食物。

③化解心理压力。芬兰学者发现，严重不良事件（如亲人去世、父母离婚、家庭严重失和等），可使宝宝的脆弱心理骤然遭受重大打击，进而引起内分泌系统紊乱，免疫系统失去平衡，造成某些过敏性代谢产物增加，诱发机体过敏而致哮喘发生。所以，营造一个和睦的家庭环境，尽量争取不发生或少发生严重不良事件；

不良事件一旦发生，及时抚慰宝宝，防止情绪大起大落非常必要。

④搞好环境卫生，尤其是宝宝居室内的卫生，尽量消除灰尘、蟑螂、尘螨、老鼠、宠物等致敏凶犯。

⑤秋季大雾多，而雾气含有的水滴影响支气管收缩，可诱发或加重哮喘症状。日本专家研究显示，与晴天夜晚相比，雾天夜晚因哮喘症状急性发作的儿童增加50%；当温度低于17℃时，儿童因哮喘发作而需要看急诊的可能性增加4倍。所以，秋季避开大雾也是一招，如雾天宝宝不到户外活动，必须外出最好戴口罩等。

⑥宝宝发生哮喘时要及时看医生，并在医生指导下进行正规治疗。目前，最有效的治疗是吸入丙酸倍氯松等糖皮质激素。此类药物用量很小（一天的吸入量不超过400微克），而且直接送达气道病变部位，全身吸收很少，不良反应非常小，可放心使用。若为重度或急性发作，吸入疗法难以奏效，需要口服或静脉注射激素治疗，虽说剂量要大些，但疗程较为短暂，在医生指导下用药仍然是安全的，父母不必过分顾虑药物的不良反应。一般说来，只要控制好哮喘症状，患儿的生长发育不会受到影响，可以像正常宝宝一样生活。

# 高招赶走宝宝"秋泻"

"忽然一夜秋风凉，腹泻宝宝排成行"。这不，秋分过后没几天，滔滔就病了，发热、呕吐、咳嗽、流鼻涕……妈妈以为宝贝儿子感冒了，正待要去药店购买感冒药，又出现了像自来水样喷射而出的腹泻。爸爸一看，赶忙拿来自己未曾吃完的痢特灵给滔滔服下，却不见效果。夫妻俩无招了，只好抱着滔滔上医院。医生经过一番询问与检查，结论是滔滔患上了轮状病毒肠炎，需要住院治疗。

## "秋泻"首恶——轮状病毒

多年来，人们发现夏去秋来，罹患腹泻的病儿并未随天气转凉而明显减少，且腹泻又与夏天不尽相同。到了20世纪70年代，医学专家终于从腹泻病孩的粪便中捕捉到了"真凶"——一种外形如同车轮状的病毒，遂命名为轮状病毒。这种病毒是一个"大家族"，其中A、B、C三组与人类腹泻密切相关，尤其是A组，专门偷袭婴幼儿，遂成为宝宝秋季腹泻的"首恶"。

秋季咋成了轮状病毒的"蜜月"了呢？原来，立秋后气温逐渐由热转凉，大多稳定在20℃左右，这个温度最适宜轮状病毒繁殖，因而最为活跃，致病力最强，所以秋季腹泻居高不下。

轮状病毒通过口、鼻等通道侵入宝宝体内后，首先引起上呼吸道感染，出现体温升高、咳嗽、鼻塞、流鼻涕等症状，大多父母以为宝宝感冒了，正盘算着应对的办法，病毒又潜入了胃肠道，将魔爪伸向了小肠黏膜的上皮细胞，致使这些细胞丧失吸收肠腔内水分与养料的能力，造成水分穿肠而过，成为水样便，这时也许你才恍然大悟：秋季腹泻缠上宝宝了。

归纳起来，秋季腹泻具有以下几个特点：

①主要侵犯6个月至3岁的婴幼儿，9～11月为发病高峰时段。

②感冒症状多出现在发病初期，且持续时间短，一般仅1～2天。

③发热多为低热，体温一般不超过38.5℃，同时伴有频繁呕吐。

④腹泻较急，发病第一天就会"现身"，往往是先吐后泻，粪便像高压水柱样喷射而出，稀水中漂浮着片片白色或黄色粪片，很像蛋花汤，一天要泻10多次，甚至数十次。宝宝口渴明显，见水就饮，但喝下去之后很快又泻了出来。

秋季腹泻的最大危害是大量水、盐流失，造成宝宝体内缺水，医学称为脱水。脱水可轻可重，轻者仅有精神稍差，皮肤稍干燥，眼窝、囟门凹陷，口唇稍干等症状，重者则精神很差，昏睡甚至昏迷，皮肤明显干燥，捏起皮肤后再放开皱褶久久不能展平，眼窝、囟门明显凹陷，眼闭不拢，两眼凝视，口唇干燥起裂，手脚发冷，血压下降。若救治不及时，可致病儿死亡。值得庆幸的是这种情况极少，绝大多数经过一个星期左右体内便产生抗体，腹泻逐渐缓解而康复，可谓"有惊无险"。

## 六大秘密武器

对付秋季腹泻，现代医学已积累了丰富的经验，尤以六大秘密武器值得推荐。

### 1. 潘生丁

直接对抗病毒，并可诱生干扰素，增强宝宝对病毒的免疫功能。用法：口服，药量按每次每千克体重 2~3 毫克计算，每天 3 次。举例：宝宝 2 岁，体重 10 千克，剂量为 20 毫克~30 毫克，每天 3 次口服。此外，另一种抗病毒药物病毒唑亦有异曲同工之效。

### 2. 叶酸

B 族维生素之一，对细胞核酸合成起关键作用，优势是促进受损上皮细胞再生，加快肠黏膜修复，恢复吸收水分与养分的功能而减轻腹泻。用法：口服，药量每次 2.5 毫克~5 毫克，每天 3 次。

### 3. 口服补液盐

由食盐、小苏打、氯化钾、葡萄糖等按照特定比例配制而成，英文缩写为 ORS 液，适用于吐泻较重而致脱水的秋泻患儿，有效率可达 95%。用法：适合于轻中度脱水的患儿（重度脱水患儿必须到医院输液）；服用量可按体重（千克）×75 毫升计算，在 4 小时内服完（6 个月以下非母乳喂养的小宝宝，还需额外补充 100 毫克~200 毫升白开水）。不足 2 岁者每隔 1~2 分钟喂 1 小勺，约 5 毫升；稍大的宝宝可用杯子一点儿一点儿不断地喝，如果呕吐，应等待 10 分钟后再慢慢喂服。注意：ORS 液应现配现用，以免污染，配好的液体不要再加热煮沸。

### 4. 思密达（或必奇）

属于消化道黏膜保护剂，主要成分是蒙脱石，口服后能均匀地覆盖在消化道黏膜表面，抑制各种消化道病毒、病菌及其产生的毒素，减轻腹泻。用法：口服，药量根据年龄每次半袋到 1 袋，调入 50 毫升白开水搅匀服用。

### 5. 益生菌

属于微生态制剂，如妈咪爱、金双歧、整肠生、丽珠肠乐等。可补充宝宝肠道里的有益菌，抑制有害菌，恢复肠道菌群平衡，促进腹泻康复。用法：以妈咪爱为例，溶于 40℃ 以下奶中服用，每次半袋，12 小时 1 次（剩下的半袋要扔掉，因为是活菌，开袋后时间长了会大量死亡而失效），或每次 1 袋，24 小时 1 次。

### 6. 丁桂儿脐贴

属于中药制剂，由丁香、肉桂、荜茇等组成，通过温中、散寒、消食、止泻等途径缓解腹泻、腹痛，有一定辅助功效。用法：贴于宝宝肚脐部位，每次1贴，24小时换药1次。

## 食疗可助一臂之力

中医学认为，宝宝"秋泻"祸起病邪入侵与脾胃虚弱，应以健脾清热、和胃固肠为治疗要则，以下几款食疗方可助一臂之力。

### 👉 食谱举例

#### 1. 马齿苋茶

马齿苋30克，加水300毫升，大火煮开后改小火煮20分钟，过滤晾凉喂服。疗效：清热利湿，缓解腹泻。

#### 2. 焦米汤糊

取新鲜、优质大米适量磨粉，放入铁锅内用小火炒黄，加入少许水和糖或酱油，调匀后炖成米糊即可。疗效：米粉经过铁锅炒黄，其中的淀粉已经成为糊精，有利于患儿的消化与吸收；而且部分米粉被炭化，具有特殊的吸附止泻功效，可收到加速康复之效。

#### 3. 苹果泥

选择优质、新鲜苹果，洗净削皮，用消毒过的不锈钢汤匙将果肉刮下，搅成泥糊状喂食。疗效：苹果泥纤维变细，对宝宝胃肠的刺激减小，且含有一定的碱质和果胶，具有较强的吸附止泻作用，加上所含鞣酸的收敛功能，可加快"秋泻"痊愈。

#### 4. 胡萝卜汤

胡萝卜200克，洗净切碎，加水500毫升，煮烂滤质去渣，再用适量白糖调化后喂养。疗效：胡萝卜中丰富的碱质、果酸等有利于粪便形成与吸附病毒与毒素。

**5. 山药扁豆粥**

新鲜山药 30 克，白扁豆 15 克，粳米 30 克。先将粳米、扁豆放入锅中加适量水煮成八分熟，再将山药捣成泥状加入煮粥，白糖适量调味，每天 2 次喂食。疗效：消暑化食，健脾止泻，缩短"秋泻"病程。

**6. 茯苓前仁粥**

茯苓粉、车前子、粳米各 30 克。车前子用布包好放入锅中，加水500 毫升，煎半小时后取出布包，再放入茯苓粉与粳米煮粥，白糖适量调味，每天 2 次喂食。疗效：清热健脾、利湿止泻。

## 预防才是硬道理

秋季腹泻完全能够预防，接种疫苗保护率可达 75%～80%。疫苗的名字叫轮状病毒疫苗，接种对象为 6 个月到 5 岁的宝宝，每 1 年到 1 年半接种 1 次。

平时要强化生活方面的防范举措，如尽量采用母乳喂养，母乳不仅温度适宜，营养全面，还含有免疫球蛋白等抗病成分，有利于减少轮状病毒感染；宝宝的衣被、玩具要勤洗勤换，进食前要洗手；父母外出归来不要伸手就抱宝宝，应先脱去外衣，洗净双手，洁面去尘；母亲喂奶前要用温开水清洗乳头；喂养宝宝最好用碗勺代替奶瓶，碗勺的污染机会较奶瓶少得多；多带宝宝到室外活动，呼吸新鲜空气，晒太阳，增强体质与抗病能力。

## 为父母解疑

### 1. 秋季腹泻与胃肠型感冒如何区别

秋季腹泻往往有感冒症状，很容易误认作胃肠型感冒而延误治疗。区别要点是：以先吐后泻、粪便带酸味、轻度发热为主者，应考虑轮状病毒作祟；而高热、喉痛、头昏、恶心、腹泻较重者，需疑及胃肠型感冒。必要时到医院做粪便化验，以排除细菌感染。

### 2. "饥饿疗法"为何不提倡

一些家长认为"不吃就不会泻"，宝宝一泻肚就禁食，美其名曰"饥饿疗法"。医学专家的回答是否定的，原因在于宝宝正处于发育的黄金时期，需要充足的营养，加上腹泻又导致大量养分流失，再限制饮食无异于"雪上加霜"，可诱发或加重营养不良，妨碍生长发育，导致免疫功能降低，腹泻也就更难制止。明智之举是：半岁以上患儿，在"秋泻"早期以白粥为佳，或在粥中酌情加点儿肉末、豆花、蔬菜等；秋泻后期可吃点山药粥（大米 30 克浸泡半小时，掺水烧开后加入淮山药粉 15 克煮粥，粥熟后撒点胡椒粉喂食）；不满 6 个月者，"秋泻"早期可用等量米汤或开水稀释牛奶喂养，"秋泻"后期恢复母乳喂养或正常饮食。

### 3. 治"秋泻"痢特灵为何不灵

本文开头提到，爸爸给滔滔服了痢特灵，却不见效果。原来，秋季腹泻与夏季腹泻不同，夏季腹泻的凶犯多为大肠杆菌、痢疾杆菌等细菌，秋泻却是病毒为患。痢特灵的医学名字叫呋喃唑酮，对大肠杆菌等细菌有确切的杀灭作用，属于抗菌药，但对病毒却无能为力，所以用在滔滔身上就失灵了。换言之，"秋泻"不要盲目投用抗菌药，不仅无效，反可能招来毒副作用，如痢特灵的毒副作用就有恶心、呕吐、多发性神经炎、过敏性皮炎、哮喘等，为宝宝引来新的麻烦。

### 4. 为什么不要盲目使用止泻药

感染了轮状病毒出现泻肚现象，乃是宝宝自身启动的"保护机制"所致，因为肠子里已经侵入病毒，产生了不干净乃至有害的东西，身体就要排出来。同时，病毒感染又属于自限性疾病，一般经过一个星期左右，体内就可产生抵抗病毒的抗体，腹泻就会逐渐缓解而康复，没必要劳驾易蒙停（洛哌丁胺）、方地芬诺酯（复方苯乙哌啶）以及药用炭等强力止泻药，腹泻较重者思密达（或必奇）足矣。

### 5. 为何父母要做好自我保护

引发"秋泻"的病毒可通过患儿的唾液、排泄物等传播给父母，所以家长也不要大意，在照顾患儿时要注意自我保护，如患儿的粪便要妥善处理，便器、尿片等要彻底消毒；患儿的用具与父母分开，接触患儿的玩具后要及时洗手；患儿的衣裤、餐具等要及时晒洗或消毒。

# 秋天到了，口疮多了

口腔溃疡是一种口腔黏膜疾病，指口腔内的黏膜表皮层发生破坏、脱落，下面的黏膜下层或结缔组织层随之裸露出来，俗称口疮。四季皆有发病，秋季尤为多见。所以，当日历翻到秋天，年轻的父母务必给宝宝的口腔注入一份关爱，防范口疮侵袭。

## 口疮来者不善

好端端的口腔黏膜，怎么会生疮呢？对于个中之谜，中医笼统地归咎于体内之火，认为是秋季气候干燥，"燥邪"引发体内胃火炽盛，导致湿热蕴结造成口腔黏膜破损。西医则责之于天气转凉，体内免疫力下滑，或者营养不均衡，维生素与微量元素缺乏等因素。另外，创伤、真菌感染、过度兴奋或忧虑等精神因素也有关联。最新研究还发现，遗传也难脱干系，常生口疮的父母，子女中有一半

以上可步其后尘。医学将口疮大致分为以下4种类型：

### 1. 营养不良型口疮

祸起宝宝体内B族维生素或锌、铁等矿物质缺乏。特点是除了口腔生出溃疡外，往往伴有口角炎（表现为口角两侧发生对称性湿白糜烂、裂缝，裂缝处覆盖黄痂，继发感染时出现疼痛感）、唇炎（表现为嘴唇肿胀、干燥脱屑或唇部纵裂增多，上唇更明显，并有烧灼感或刺痛感）、舌炎（早期干燥，有烧灼感或刺痛感，然后舌体肿大，菌状乳头肿胀、充血，以后呈现萎缩势头）等口腔炎症，并呈现反复发作倾向。

### 2. "上火"型口疮

燥热之邪侵袭宝宝口腔黏膜，或父母喂食了过量高蛋白、辛辣、油腻及煎炸食物，引起脾胃过热而生火，火气上蒸口腔而形成口疮。

### 3. 创伤型口疮

外伤直接损害口腔黏膜，物理性损伤、化学性损伤与黏膜血疱为最常见的3种外伤方式。特点是比较容易治愈，敷用有效药物后三四天即可好转痊愈，且不会复发。

### 4. 药物型口疮

如华素片等润喉片，氨苄西林、头孢氨苄等抗生素以及阿司匹林等退烧药，都可直接或间接损害口腔黏膜诱发溃疡。以华素片为例，主要成分为碘，含服过多可直接刺激口腔黏膜而形成溃疡。再说头孢类抗生素，抗菌范围广，容易造成口腔菌群失调，真菌趁机滋长而诱发口疮。至于阿司匹林，主要成分为水杨酸，既可刺激黏膜，也容易诱发过敏反应，致口腔黏膜遭受损伤。

## 为口疮画像

口疮多发生在舌、颊、软硬腭、前庭沟、上下唇内侧等处，偶尔也可向外蔓延到口角，向内蔓延到咽喉。起事时口腔黏膜先有灼烧感，接着发红，然后溃疡"亮相"。

从表面看，口腔溃疡就是口腔黏膜破了一个"洞"，这个"洞"比较浅表，可大可小，小如针尖中如麦粒大似黄豆；形态较规则，或圆或扁或呈线条状，边缘清楚。可以概括为以下五大特点。

一红：溃疡周围充血呈红晕状。

二黄：溃疡面覆盖一层黄色苔膜，医学称为假膜，不易剥离，如强行剥离可形成糜烂面，甚至渗出血来。

三凹：溃疡面中间凹陷，如同菜盘底。

四痛：溃疡面表皮层破损后，裸露的组织层富含血管神经，故而有灼痛或针刺样疼痛，食物刺激疼痛尤为明显。

五"不药而愈"：溃疡往往反复发作，有时一次能冒出10多个，可引起下颌淋巴结肿大、压痛。但整个病程自限，时间到了（一般7~10天）会"不药而愈"。

## 别与口腔糜烂混淆

口腔黏膜还易见到另一种病变——糜烂，不要与溃疡混淆了，因为两者完全不同。你可从以下几方面进行识别：

表现不同。口腔溃疡外形较规则，边缘分明，与周围正常黏膜"泾渭分明"，且中间部分凹陷；口腔糜烂表现为充血、坏死，与正常黏膜表面齐平，没有凹陷，覆盖渗出性假膜，形状多不规则，与周围正常黏膜间界限不清。

病程不同。溃疡有自愈性，病程较短，7～10天即可"干脆利落"地"不药而愈"。糜烂一般病程较长，愈合过程"拖泥带水"，且时日迁延。

如果两者不太典型时，仅凭外观鉴别会有一定难度，特别是两种病损相互转化或同时存在时，肉眼很难做出准确的区分。此时，需请病理科大夫帮忙，将两者各取一点儿组织做成标本，放在显微镜下观察，溃疡表现为上皮连续性有中断，而糜烂的上皮却没有这样的中断，区别就一目了然了。

## 治疗力求"有的放矢"

口疮虽非大病，但可反复发作，引起宝宝烦躁、哭闹，妨碍进食，有时还可成为其他感染性疾病的导火线，积极治疗势在必行。

"营养不良"型口疮重在补足缺乏之养分，恢复体内的营养均衡。方法是在服用复合维生素B、核黄素或锌、铁制剂（如葡萄糖酸锌口服液、硫酸亚铁片）等药物的基础上，多吃一些富含上述养分的食物，如牛奶、动物肝、畜禽血、蛋类、豆制品、牡蛎、胡萝卜、白菜等，即可在短时间治愈溃疡。

"上火"型口疮关键在"祛火"，但"火"有虚实之分，故先要分清是"实火"还是"虚火"再对症用药。"实火"型溃疡表面呈黄色，红肿热痛，且伴有口苦口臭、心烦身热、尿黄、便秘症状，药用牛黄解毒片、三黄片等。"虚火"型溃疡表面呈白色，隐隐作痛，且伴有心烦、两颊发红、口干、疲倦无力等症状，药用知柏地黄丸、六味地黄丸等。"火气"一除，口疮便失去了复发的土壤。

"创伤型"溃疡需根据不同类型予以针对性处理：物理性损伤应首先去除局部刺激因素，如磨钝乳切牙之切嵴，避免过硬或过烫食物，更换橡皮奶嘴，药用2.5%的金霉素甘油等抗生素药膜局部涂抹，或养阴生肌散、锡类散等中药粉敷贴，疼痛重可用1%～2%的普鲁卡因，0.5%～1%的达克罗宁液含漱。化学性损伤酌用相应的具有中和作用的药液冲洗、涂擦或用温水冲洗。黏膜血疱饱满者可用消毒针管抽吸，并用抗生素漱口水含漱，防止感染。

"药物型"口疮首要之举是查清为患的药物，并及时换用或停用，其余参照创伤性溃疡处理。

在治本的基础上，也可采用简单方法做些口疮局部治疗，可加速溃疡的愈合：

①全脂奶粉1汤匙加少许白糖，开水冲服，每天2~3次。

②维生素C药片1片~2片压碎，撒于溃疡面上，闭口片刻，每日2次。

③西瓜瓤榨取瓜汁后含于口中，2~3分钟后咽下，再含服西瓜汁，反复数次，每天2~3次。

④番茄汁含口中，每次含几分钟咽下，每日多次。适合于大宝宝。

⑤西瓜霜喷剂直接喷于溃疡面，半小时内避免进食、饮水。需注意喷药时嘱咐宝宝屏住呼吸，以防药粉吸入呼吸道而引起呛咳。

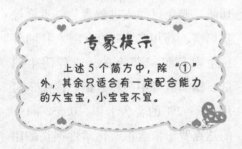

**专家提示**

上述5个简方中，除"①"外，其余只适合有一定配合能力的大宝宝，小宝宝不宜。

## 预防从细节抓起

目前对口腔溃疡的治疗基本上限于对症处理，只能减轻疼痛或减少复发次数，所以预防尤其显得重要。请抓住以下细节：

饮食以全面、均衡为要旨，适度向富含维生素与锌、铁等矿物质的食物倾斜，如鸡蛋、瘦肉、鸭肉、鱼、奶制品等，配合清热除燥之品，如番茄、萝卜、冬瓜、白菜、苹果、百合、梨、绿豆；而花生、瓜子、巧克力等容易"上火"的食物、煎炸类食品，以及辣椒、醋、姜、葱、八角、咖喱等刺激性调味品，应尽量少吃，以防止"营养不良"型与"上火型"口疮的光临与复发。另外，粗糙、坚硬的食物（如炸排骨、炸鸡腿、坚果之类）也不宜于宝宝，有引起创伤性溃疡之风险。同样道理，烫食可能烫伤宝宝稚嫩的口腔黏膜，待食物冷却到室温后再进食是最好的选择。

教育宝宝不要随便用嘴咬硬物，橡皮奶嘴、牙刷等不要太硬，乳切牙出现切嵴等情况及时看牙医。

宝宝生病用药要请专科大夫处方，父母不可随意动用抗菌药、退烧药与润喉片。

做好宝宝的口腔卫生，如在喂完奶后，用白开水漱漱口，并用清洁布擦嘴。大宝宝进餐后可用凉开水或淡盐水漱口。

# 秋季高发 "烂嘴角"

可可4岁了，对果汁和饮料情有独钟，加上爷爷奶奶的疼爱，只要一叫口渴，橙汁、酸奶便到了手上。可秋分过了没几天，妈妈却发现了状况，宝贝儿子老是用舌头舔嘴唇，仔细一看，粉嫩的嘴角居然冒出了两三条小裂缝，干燥得发红。赶忙带他去了医院，儿科大夫诊断为口角炎。

## 口角炎高发之谜

口角炎指的是上下嘴唇联合处发生的炎症，呈现糜烂、皲裂等"景观"，伴有烧灼和疼痛感，张口时容易引发出血，给吃饭、说话带来了很多不便，人们习惯称作"烂嘴角"。每当秋风乍起，医院儿科门诊可可一类患儿便"扎堆"现身，发病率之高不言而喻。原因何在？

首先，最常见的原因是"天时"，即秋季较特殊的干燥气候为患。祖国医学认为燥为秋之主气，燥气最易侵犯宝宝的嘴角皮肤，过量耗损津液而起裂甚至糜烂。现代医学的解释则是，人类嘴唇上没有汗腺，不能像其他部位那样分泌汗液来补充表面水分的散失，只有靠皮脂腺分泌的皮脂来维持湿润，一旦气候干燥，皮脂腺分泌减少，嘴唇便失去了皮脂的保护而干裂。为缓解干裂的不适感，宝宝被迫用舌头舔舐，借助于唾液来滋润嘴角，可经风一吹，唾液中的水分蒸发，蛋白质与淀粉酶却粘在了嘴唇上，形成一种高渗环境，干燥不减反重，陷入嘴唇越舔越干燥的怪圈之中，甚至出现开裂、糜烂、出血、疼痛等症状，口角炎遂告形成。

其次，是营养不良，尤其是维生素缺乏。儿科大夫发现，"烂嘴角"宝宝往往有程度不等的挑食、厌食等不良饮食习惯，导致维生素B族或锌缺乏，最典型的莫过于核黄素缺乏。

核黄素又称维生素 $B_2$，是人体新陈代谢酶系统的成员之一，缺乏后影响体内生物氧化的进程，进而发生代谢障碍而形成口角炎，谓之营养不良性口角炎。最初表现为口角上发红、发痒，接着上皮脱落，形成糜烂、浸渍或裂痕，张嘴时拉裂而易出血，常伴发唇炎（唇部干燥、微肿，且起裂纹，偶见鳞屑）与舌炎（舌背平滑，丝状乳头萎缩，菌状乳头水肿肥厚，舌缘常有齿痕）。

较少见的是病菌偷袭，如真菌、球菌引起的感染，谓之传染性口角炎。前者主凶为白色念珠菌，后者以链球菌、葡萄球菌等为代表，常侵犯大宝宝。病灶多为慢性、对称性，病程可达数周或数月。表现为双侧口角明显湿白，有糜烂或溃疡，横裂纹，并可能有化脓、出血、结痂等改变。特点是结痂与裂开、干燥与湿润交替，迁延不愈，并有一定的传染性，可以造成小流行。

## 治本，针对病因处方

首先要搞清病因，针对性用药。如营养不良性口角炎以补充维生素与锌为主，在医生指导下服用维生素 $B_2$（每次 5 毫克，每日 3 次）和维生素 C（每次 100 毫克，每日 3 次），并用淡盐水清洗口角，消除痂壳，待干燥后将维生素 $B_2$ 片研成粉末敷于其上，

每天早、中、晚饭后和睡前各涂敷1次，一般三五天即可愈合。迁延不愈者可酌服锌剂，如葡萄糖酸锌每日1支口服，进食后服用有利于吸收。也可用食补法，鼓励宝宝多吃禽蛋、乳制品、豆类、胡萝卜、绿叶蔬菜（富含核黄素）、香蕉、牡蛎、瘦肉（富含锌）等食物。

若为感染性口角炎，必须要用抗菌药。真菌感染者嘴角用制霉菌素液清洗擦干，然后涂制霉菌素、克霉唑、咪康唑等。球菌感染者则清洗干净嘴角后，用抗菌素（如红霉素软膏）涂擦，同时可口服广谱抗生素，可用青霉素V钾片、磺胺药、螺旋霉素等口服。

大多数口角炎祸起秋燥，调整食谱十分重要，即增加滋润去燥食品，减少刺激性食物（如大蒜、姜、韭菜、花椒、辣椒）以及高热量油炸食品与"上火"水果（如荔枝、桂圆、橘子）等。另外，长期喝饮料会让嘴唇变得越来越干燥，应代之以白开水、绿豆汤、银耳汤、乌梅汤、金银花露等。果汁同样不妙（可可堪为前车之鉴），也需尽量减少，宜以梨、橙子、西瓜等"祛火"水果取代之。

## 预防，从细节抓起

做好卫生，尤其要注重面部皮肤的清洁工作，堵塞病菌偷袭的途径。如进食后及时洗脸擦嘴，酌情使用适合宝宝的护肤脂、甘油或防裂油，以保持皮肤滋润，防止口角干裂。

教育宝宝不要挑食，偏食。原因在于人体本身无法合成核黄素等维生素，只有"华山一条路"——从食物中摄取，而核黄素又分散于杂粮、豆制品、新鲜蔬果、瘦肉、动物肝、蛋类等各种食品中，分布较杂，所以食谱要尽量拓宽，口味越杂越有利于核黄素摄取。但骨头类或太烫太盐太辣类越少越好，以免撕裂或刺激宝宝的嘴角。

鼓励宝宝多喝水，摒弃舔口唇、咬手指等不卫生习惯。

在坚持平衡膳食的前提下，向具有生津、滋阴、除燥作用的食物倾斜，如秋梨、南瓜、荸荠、莲藕、红枣、菜花、芋头、胡萝卜等，防止皮肤干燥，发挥"釜底抽薪"的功效。

## 防口角炎食谱举例

### 1. 南瓜餐

●南瓜糊。南瓜150克蒸熟，依次加入糖、牛奶、鸡蛋，煮熟即成。适合6个月以上宝宝。

●南瓜黑米粥。南瓜适量洗净去柄，切开，取出种子，切片。黑米、大枣洗净。一起放入锅内，加水1000毫升。先用大火煮沸，后改用小火，煮至米烂即成。适合周岁以上宝宝。

●南瓜饭。南瓜去皮，取一小片切成碎粒。大米洗净，加水浸泡后放入电饭煲，待水沸后加入南瓜粒、白菜叶，煮至米、瓜糜烂时，加适量油、盐即成。适合1岁半以上宝宝。

#### 专家提示

南瓜也非多多益善，原因在于过多的β-胡萝卜素可沉积在表皮的角质层中，导致皮肤变成柠檬黄般的颜色，以鼻子、前额、手掌、脚掌、眼眶、指甲旁、关节周围等表皮皱折多的部位为甚，称为胡萝卜素黄皮症。所以要掌握合适的食量，每天以不超过一顿主食的量为妥。

### 2. 莲藕餐

●鲜藕梨汁。莲藕、鸭梨分别洗净、去皮（鸭梨去核），一起放入搅拌机中搅碎。用消毒纱布过滤，加入适量冰糖。适合6个月以上宝宝。

●藕粥。莲藕洗净切成小丁状，大米淘洗干净，同放入锅内，加水熬粥，加入适量白糖。适合周岁以上宝宝。

●鲜藕肉丝。瘦肉50克切丝，加入适量水淀粉、盐、酱油，腌5分钟。莲藕洗净切成长条。起油锅，用小火将腌好的瘦肉炒至四分熟，盛入碗中。放入切好的莲藕，旺火翻炒，待半熟后加入瘦肉和盐继续翻炒。起锅前加入葱花。适合2岁以上宝宝。

### 专家提示

加工鲜藕不能使用铁制容器，因为铁器可与鲜藕中的维生素C发生反应，影响色泽和口味。最好使用榨汁机，以免去麻烦。炒藕丝时，一边炒一边加些清水，可免藕丝变黑。

### 3. 胡萝卜餐

●胡萝卜泥。胡萝卜洗净切片，与蜂蜜、黄油、姜末及少许开水放入锅中，搅匀加盖，用小火焖煮30分钟，直到胡萝卜变软煮烂为止。适合6个月以上宝宝。

●胡萝卜粥。胡萝卜洗净切粒，大米淘洗干净，一起入锅熬煮，边熬边搅拌，待胡萝卜熟烂即成。适合周岁以上宝宝。

●胡萝卜拌饭。胡萝卜、茭白洗净，切成小丁，与瘦肉、虾仁、小豌豆、香葱等做成什锦菜饭。适合2岁以上宝宝。

### 专家提示

胡萝卜有一种特殊味道，有些宝宝不愿吃，父母应想些办法。如带宝宝看小兔子吃胡萝卜，或教他玩给小兔子喂胡萝卜的游戏；平时多说吃胡萝卜的好处；讲究烹调技术等，多方增进宝宝对胡萝卜的感情。

### 4. 秋梨餐

● 山楂秋梨汁。山楂去核洗净，放入碗中。梨子去皮、去核，切成小块，与山楂一起榨成汁倒入杯中。加入白糖搅拌均匀后饮用。适合6个月以上宝宝。

● 秋梨奶羹。梨子去皮、去核，切成小块，加少量清水煮软，白糖调味。兑入温热牛奶、米粉混匀即成。适合周岁以上宝宝。

● 蒸梨。梨子从蒂下 1/3 处切下，挖去梨心，川贝母 2 克研成细粉，陈皮 2 克切丝，糯米蒸熟，冰糖打成屑。将糯米饭、冰糖、川贝粉、陈皮丝塞入梨子内，放于蒸杯中，加清水 150 毫升左右，放在大火上蒸 45 分钟即成。适合 2 岁以上宝宝。

**专家提示**

"上感"咳嗽有痰者，食用蒸梨效果较好，取其润肺化痰之功，配合川贝、陈皮功效倍增。如果宝宝干咳、无痰并有唇干舌燥、呼吸时热气逼人等征候，宜用山楂秋梨汁早晚服用，以润喉生津。秋梨奶羹对人体胃肠刺激小，更适合肺虚气喘、咳嗽体弱的宝宝食用。

### 5. 红枣餐

● 红枣粥。红枣洗净，用开水烫一下去除苦味，去核，加一碗水煮约 15 分钟。小米、大米淘洗后加 4 倍清水，大火煮开后加入红枣及红枣汤，用小火熬煮成粥。最后挑出红枣，去掉枣皮与枣核，捣成枣泥加入粥中喂食。适合 6 个月以上宝宝。

**专家提示**

红枣粥不仅利于宝宝，对母亲也有裨益，不妨母子共享。荔枝红枣鸡汤温补气血，增强免疫力，尤适于女孩饮用。

● 荔枝红枣鸡汤。鸡肉切块，荔枝去壳，红枣洗净。加水至半锅，放入全部原料，大火烧开，撇去浮沫，改为中火煲约 1 小时左右，加盐适量即成。适合周岁以上宝宝。

### 6. 菜花餐

● 莴笋菜花汤。莴笋切片，叶子切成小段，菜花掰成小朵，鸡胸肉切成小薄片，用水淀粉、盐适量拌匀。先将姜末、肉片放入开水锅中，半分钟后再放入莴笋和菜花，煮熟即成。适合 8 个月以上宝宝，特别是咳嗽者食用。

● 菜花蛋黄粥。菜花 4 朵洗净，用开水烫片刻，入锅煮 20 分钟。煮软后去掉梗，放入碗中捣碎。米粉适量，用煮菜花的水冲成米糊。鸡蛋 1 个煮熟，剥出蛋黄，用菜水将蛋黄和成泥。最后把菜花泥、蛋黄泥和米糊和在一起食用。适合 1 岁以上宝宝。

● 番茄菜花。菜花 100 克撕成小朵洗净，放入开水中煮 1 分钟后捞出。番茄 50 克去皮切丁。油入锅烧热，加入番茄略炒，再加花菜、糖、盐炒熟即成。适合 1 岁半以上宝宝。

### 7. 芋头餐

● 芋头玉米泥。芋头 50 克去皮洗净，切块煮熟。新鲜玉米粒 30 克洗净煮熟，放入搅拌器搅拌成浆。将煮熟的芋头用汤勺背面压成泥状，倒入玉米浆拌匀。适合 6 个月以上宝宝。

**专家提示**

芋头黏液可刺激咽喉黏膜，有加重咳嗽之虞，凡咳嗽有痰的宝宝最好暂时不要吃芋头。

● 芋头粥。芋头半个剥皮切块，用盐腌一下洗净，炖烂后捣碎并过滤。加肉汤一大匙放在锅里煮，煮至黏稠后加适量酱油调味。适合 1 岁以上宝宝。

# 秋季的魔影——过敏性鼻炎

从白露到秋分，足足半个月了，3岁的戈戈似乎每天都在忙着一件事——擦鼻涕，在喷嚏声声的伴奏下，那清水样的鼻腔分泌物如同两条小瀑布，总是擦不净，感冒药吃了一个多星期也没见好转。父母不敢再自己当大夫了，赶到医院挂了个专家号，专家诊断为过敏性鼻炎，经过抗过敏治疗，宝贝儿子的两条"小瀑布"终于断流了。

生活中像戈戈这样的受害宝宝并不鲜见，有统计资料为证，约20%的3岁内婴幼儿以及40%的6岁内儿童遭受着过敏性鼻炎的折磨。过敏性鼻炎的发病与季节关系密切，春秋两季最常发生，秋季尤为多见。奥妙在于秋季较为特殊的气候与环境，造就出比其他季节更多的过敏原，如空气干燥引起浮尘增多，花草树木新一轮代谢导致草种、花粉漂浮，很容易被过敏体质宝宝吸入鼻腔，刺激鼻黏膜而引发过敏性炎症。不难明白，秋季保护宝宝不受过敏性鼻炎之害，责无旁贷地落在了为人父母者的肩上。

## 别让感冒背黑锅

诚然，气温渐凉的秋季给了感冒入侵以可乘之机，也多以流清鼻涕、打喷嚏等症候开场，于是不少家长按感冒用药，让过敏性鼻炎在一旁窃喜，戈戈父母可谓典型例子。看来，学会鉴别大有必要。

鉴别并非难事，因为两者的差异还是较为明显的，主要有以下几点：

鼻痒。过敏性鼻炎的鼻痒较重，大宝宝可出现"蚁行感"，老是觉得鼻内有只蚂蚁在爬行，忍不住要不停用手揉搓鼻部；小宝宝则不停地用手掌将鼻尖向上揉搓止痒，并出现"缩涕"动作，如同扮"鬼脸"；有时还有眼、耳、咽喉、硬腭等处发痒。感冒呢？鼻子可痒可不痒，即使痒也只限于鼻子，且不像过敏性鼻炎那么重，而是以鼻塞为主。

喷嚏。过敏性鼻炎一打喷嚏就是一长串，连打几个甚至十几个才暂时罢休，一天之内可多次发作，不发作时与正常无异。感冒虽然也打喷嚏，但多为偶发。

流涕。鼻涕多是过敏性鼻炎的又一大特色，往往是随着喷嚏声大量清水样鼻涕倾泻而出，势同两条小"瀑布"，整个病程都这样，有时眼泪也跟着流出来。感冒流涕的特点则是：清水样鼻涕限于病程早期，且流量也不大，以后随病情进展转为黏性或脓性鼻涕。

全身症状。过敏性鼻炎全身症状少，仅仅表现为鼻部症状，或伴发哮喘，或有皮肤过敏。感冒常常有发热、乏力、肌痛、头痛、咽痛、胃肠道不适等全身不适感，且较明显。

病程。过敏性鼻炎发病快，时间短，症状可很快消失，一般每次发作仅持续 10～20 分钟即恢复正常，但容易复发，一天之中可能多次出现，早晨尤其容易发作，整个病程可经年累月。感冒发病后则呈持续性或逐渐加重，不会呈间歇性，但整个病程一般 7 天左右痊愈，最长也不会超过10 天。

疗效。过敏性鼻炎以抗过敏药物治疗效果明显；感冒祸起病毒感染，尚无特效药物，可试用抗感冒中西药物，以对症治疗为主。

不难明白，到了过敏性疾病高发的秋季，务必要盯紧过敏性鼻炎，不要随意让感冒背黑锅，否则既耽误了治疗时机，又可能招来感冒药的不良反应。

## 魔影牵着一串病

过敏性鼻炎看似小疾，危害性却相当大，牵着一串病，请看黑名单：

①招惹哮喘。鼻子属于上呼吸道，与下呼吸道在解剖结构上是连续的，鼻腔的过敏性炎症极易顺流而下蔓延到气管与支气管，发展成哮喘，医学上称为过敏性鼻炎－哮喘综合征。医学资料显示，过敏性鼻炎是哮喘的高危因素，可使哮喘发病的风险增加 3 倍。世界卫生组织甚至宣布，应将过敏性鼻炎与哮喘当作同一种病来防治，前者是后者的早期症状。

②引发鼻病，包括鼻窦炎（受侵鼻窦常为双侧，且为全鼻窦）、鼻息肉（表现为渐进性持续性鼻塞、多涕、嗅觉障碍、头痛、听力下降）、鼻衄（鼻涕带血或少量滴血）、嗅觉障碍（鼻腔黏膜水肿导致鼻塞）等。

③引起咽喉炎。过敏性炎症波及咽喉，患儿可出现咽喉发痒、咳嗽、

轻度声嘶等症候；严重者可造成会厌、声带黏膜水肿而发生呼吸困难。

④殃及耳朵，引起内分泌性中耳炎。

⑤"丑容"。患儿鼻子长时间堵塞，不得不用口呼吸，可造成上颌骨发育不良，颧弓不明显，变成"呆傻面容"。同时，患儿因鼻痒常用手将鼻尖上推，可在鼻背形成一条横行皱折，谓之过敏性鼻皱折。另外，鼻塞引起面部静脉回流受阻，可使眼睑下方皮肤色素沉着，形成黑眼圈。

## 中西医联手胜算大

过敏性鼻炎顽固难缠，最好中西医联手，疗效会大大提高。

首先要治标，即抗过敏治疗。病情轻者可用酮体芬、爱赛平等抗过敏鼻喷剂；病情重者可选用新一代抗过敏药，如辅舒良（丙酸氟替卡松）或内舒拿（糠酸莫米松）等喷鼻。不过，药物治疗只能缓解症状，不能根治。

其次是治本，即脱敏治疗。患儿到医院作过敏原检测，再针对性地注射过敏原疫苗，使患儿逐渐"适应"外界的过敏原，促使体内异常的免疫系统趋于正常，进而减轻或消除过敏症状。

中医推荐以下两款食疗，有一定辅助功效。

①薄荷苏叶饮。鲜薄荷叶5克，苏叶15克，分别洗净，放入锅内，加水500毫升，煮开后捞出薄荷和苏叶，调入适量冰糖服用。适用于6个月以上宝宝。

②葛根芫荽粥。葛根50克洗净，放入锅内加水2000毫升，煮至1000毫升，去渣后加入粳米100克煮粥，芫荽10克切碎调匀食用。适用于1岁以上宝宝。

同时告诫家长，务必注意两点：

一是切忌盲目听信广告宣传。某些商家受利益驱动，利用电视等媒体大做广告，鼓吹其有特效药"包治包好"，致使不少家长盲目听信而上当。要知道，过敏性鼻炎迄今为止只能控制症状，不能根治，人们务必擦亮眼睛，到正规医院求治才是明智之举。

二是治疗过敏性鼻炎贵在坚持，不可"见好就收"，那种"不流鼻涕就不用药了"的做法实不可取。当宝宝症状缓解后，抗过敏鼻喷剂仍须用最低的剂量维持，可以隔天用，一周后隔两天，再一周隔3天使用，一直到宝宝长久不发作为止。

## 预防才是硬道理

与其他过敏性疾病一样，预防始终是第一位的，父母可从以下细节着手：

①宝宝居室保持通风与洁净，不要有灰尘。空气力求温暖湿润，必要时可在室内放置一两盆水，避免过于干燥。

②远离致敏物。如不养宠物，不摆花草，父母戒烟。据最新研究，尘螨是导致国内宝宝过敏的主凶，造就了80%以上的过敏患儿。所以，消除尘螨最为重要，如经常晒洗靠垫、窗帘、床垫、被褥、枕头等，必要时使用防螨床罩与枕罩；地毯尤应当心，最好不用，要用者务必定期清洗与更换。

③教给宝宝正确的擤鼻涕方法：用手指压住一侧鼻孔，稍用力将对侧鼻孔的鼻涕擤出，同法擤出另一侧鼻孔的鼻涕。对于小宝宝，可由父母用棉签轻轻地、慢慢地、浅浅地插入鼻腔，轻柔地转动，把鼻涕卷出来。有条件者可用细软的橡皮管插入鼻孔吸引，轻轻将鼻涕吸出。

④每天用凉水为宝宝洗鼻，可增强鼻黏膜的抗过敏能力，且有预防感冒、气管炎等呼吸道疾病的作用。

⑤宝宝出门最好戴口罩，保护鼻子，避免吸入过敏原。

⑥调整饮食。删掉虾、蟹、香菜、苋菜、灰菜等发物，多安排富含维生素A、维生素B、维生素C的食物，如柑橘、杏、柿子、胡萝卜、番茄、瘦肉、动物肝、小米、玉米面、糙米、荞麦面、红枣等。

⑦提前1～2周用药预防，如扑尔敏等抗组胺药，可以避免发病。

# 秋天的感冒——疱疹性咽峡炎

4岁的牛牛在幼儿园里活蹦乱跳，精力似乎永远耗不完，这天中午午休后起床跟小伙伴玩得也挺精神，可到下午5点钟左右便显得无精打采，老师用手一摸额头，不禁叫了声"好烫"！园里的大夫赶紧过来量体温，高达39.5℃，马上通知了家长，并服了抗感冒药。妈妈将牛牛接回家后继续服用抗感冒药，过了两天不仅体温未降，牛牛反而诉说嗓子疼，拒绝吃饭。妈妈与爸爸一商量，赶紧将宝贝儿子送到医院，接诊大夫检查后说：不必紧张，牛牛得的是"秋天的感冒"。

牛牛父母满头雾水，不知"秋天的感冒"是什么意思，难道感冒还分季节吗？是的，感冒还真与季节有关，比如大夫说的"秋天的感冒"，就是专指秋季多发的一种特殊感冒，病名叫疱疹性咽峡炎。

## 特殊感冒的特别之处

医学专家将疱疹性咽峡炎列为特殊感冒，绝非故弄玄虚，与普通感冒比较，至少有以下特别之处。

一是病原特殊。普通感冒的病原体较多，鼻病毒、腺病毒、呼吸道合胞病毒、埃可病毒、柯萨奇病毒等皆榜上有名。但引起疱疹性咽峡炎的却只是其中的一种，叫作柯萨奇病毒A组。这是一种肠病毒，传染性较强，传播速度也较快，发病多呈小流行，尤其是托儿所、幼儿园等幼儿较集中的地方，往往是几个或十几个宝宝先后或同时患病。病儿多为7岁以下、1岁以上的宝宝，其中男孩又比女孩更易受害。

二是病变特殊。普通感冒祸起上呼吸道黏膜发炎，表现为鼻腔、咽喉

等处充血发红，伴有打喷嚏、流清涕、鼻塞、咽痛、干咳等症状，可有发热或者不发热。疱疹性咽峡炎则表现为咽峡部黏膜发生疱疹与溃疡等损害，其症状有三大特征：一个是高热，患儿体温常在39℃及以上，发热来得突然，像牛牛那样，午睡后还好好的，三四个小时后就高热不退；另一个是口腔黏膜冒出小疱疹，散布于软腭、扁桃腺、悬雍垂等处。开始是灰白色的小丘疹，周围绕一圈红晕，以后变成发亮的疱疹，破溃以后变成小溃疡，黏膜上往往同时存在丘疹、疱疹和溃疡；再一个是咽部疱疹可引起咽痛，患儿常常流口水，并拒绝吃

东西，或者将手指伸入口腔。

三是血象特殊。发病之初查血象，可出现白细胞总数偏高，容易误认作细菌感染，但两三天后疱疹"亮相"，血象又会降低。

总之，凡是秋季突发高热的宝宝，父母不要将思维锁定在感冒上，务必多一个心眼，看看患儿的口腔里是否有疱疹，谨防"秋天的感冒"漏网。

## 可别"指鹿为马"

那么，是不是只要口腔里出现疱疹，就肯定是疱疹性咽峡炎了呢？也

不一定。道理很简单，口腔里长疹子并非咽峡炎的专利，其他疾病也可有此征象，必须加以识别，以免犯"指鹿为马"的错误。

首先，最容易混淆的是疱疹性口腔炎，两者的病原体都是病毒，表现都有疱疹，而且疱疹都局限于口腔里。但口腔炎的幕后凶犯是单纯疱疹病毒，疱疹多分布在口唇内、舌尖和舌体咽腭部，而咽峡炎的病原体是柯萨奇病毒，疱疹主要发生在咽部和软腭，一般不累及齿龈和颊黏膜。另外，疱疹性口腔炎高发于冬季，其疱疹与溃疡更大、持续更久，与疱疹性咽峡炎的差别还是挺明显的。

其次，当推手足口病。病原体与疱疹性咽峡炎相同，都是柯萨奇病毒作祟，但病毒型别不一样，所以临床特征仍有一定差异。如手足口病体温不如咽峡炎高，一般在39℃以下；疹子不只限于口腔里，常在手、足、臀等部位"闪亮登场"（手足口病由此得名），且不痛也不痒；更重要的是合并心肌炎、脑炎等险情大大超过了疱疹性咽峡炎。

至于复发性口疮，与疱疹性咽峡炎的差别就很大了，一是没有发热等全身症状；二是溃疡等黏膜损害很少发生于咽部，辨识起来容易得多。

## 防治有方

与普通感冒一样，疱疹性咽峡炎也是一种自限性疾病，除少数严重病例可长达2周左右外，大多数患儿的病程不会超过1周，平均5天左右即可康复。治疗需抓住以下要点。

### 1. 督促患儿在家休息至少1周

饮食以清淡为主，最好吃一些不太热且易消化又有营养的流质或半流质食物，如疙瘩汤、面片汤、小米粥、牛奶、果汁等，忌辛辣、甜腻或油炸食品。

### 2. 合理使用抗病毒药物，中西药结合

西药有病毒唑、利巴韦林、抗病毒口服液等，中药有清热解毒口服液、双黄连、清开灵、咽扁颗粒等，选用时应接受医生的指导。另外，金嗓子喉宝、西瓜霜含片等也可起到缓解症状的作用。

### 3. 注意退烧，防止高热惊厥

发热期一般3～5天，措施有：多喝凉开水，适当开空调（温度控制不要低于外界5℃），冷毛巾敷前额，温水擦浴，必要时口服美林等退

烧药。

### 4. 减轻口腔不适感

搞好患儿的口腔卫生，保持口腔清洁。如用淡盐水漱口，用10%硝酸银涂抹溃疡面，将冰硼散等吹于咽部等，可减轻咽痛症状。大宝宝不妨吃点儿冰激凌，冰激凌性凉且富含水分，对止痛、退烧及预防脱水等都能收到良好效果，且乐于为患儿所接纳。

### 5. 严密观察病情

如患儿高热不退持续12小时以上，或精神状态不佳老想睡觉，或出现抽搐等，需及时送到正规医院诊治，不要延误。

疱疹性咽峡炎目前尚无疫苗问世，只有采取综合措施防范，如帮助宝宝做好卫生，勤洗手，保持室内通风，流行期间不带宝宝去人多的地方等。

# "秋后算账"说肾炎

立秋后没几天，朝朝就直嚷眼睛不舒服，父母一看，眼皮不是明显地鼓胀起来了吗？马上带宝宝去医院，经验丰富的大夫说宝宝得的是肾炎，并问前些日子得过什么病？爸爸仔细想了想说："对，手臂上长过脓包疮，大概过去3个多星期了吧。"妈妈补充说："当时还是夏天呢。"

大夫道："这就是那脓疱疮惹的祸，脓疱疮多发生于夏天，到了秋季肾炎发病，'秋后算账'嘛。"

说到这里，不仅是朝朝的爸妈，恐怕读者也会犯糊涂：肾炎不就是腰子发炎了吗？咋与脓疱疮挂上钩了？有没有特效药？后果严重吗？

## 此"炎"非彼"炎"

肾炎虽然也有一个炎字，但与通常的炎症（如肾盂炎、膀胱炎等）不是一个概念。肾盂炎、膀胱炎是细菌直接侵犯了"腰子"或膀胱，引起了化脓性感染。肾炎则不然，不是细菌直接造成的，却又与细菌的入侵有关。

原来，人体对细菌具有抵抗反应。就说朝朝吧，先得了脓疱疮，表明细菌侵入了皮肤，侵入的细菌叫抗原，体内的免疫系统便启动自卫机制，产生对抗这种细菌的抗体。抗体与抗原一过招，细菌就完蛋了。这本是人体的一种保护性反应，糟糕的是引起脓疱疮的细菌（多为链球菌）有些特别，其菌体的某些抗原成分与体内产生的抗体结合后，生成了一种新物质，可在肾脏的微细结构处滞留下来，刺激机体形成炎症，致使包括肾脏在内的组织发生炎症改变，其中肾脏受害最重，谓之肾炎，医学上称为免疫性炎症。这样一来，有益的免疫反应倒变成了坏事，应了那句"福兮祸所伏"的老话。

## 肾炎的蛛丝马迹

那么，为人父母者怎么知道宝宝得了肾炎呢？首先要了解肾炎的好发季节。一般每年9月起开始出现肾炎病例，并逐渐增多，12月到次年的1月达到高峰。故秋冬季节应高度警惕肾炎偷袭你的宝宝。

其次，要搞清肾炎发病的蛛丝马迹。医生将急性肾炎概括为三大症状：水肿、血尿和高血压。先说水肿，几乎所有肾炎病孩都有这一表现，差别仅在于程度不同罢了。轻则表现为早晨起床双眼皮肿胀，宝宝有眼皮厚重的感觉；重则全身皆肿，皮肤被撑得胀胀实实，又称紧张性浮肿。

再说血尿，可出现在90%以上的病儿身上。肉眼能看见者谓之肉眼血尿，看上去酷似洗肉水或浓茶，但不太多；多数病孩的血尿只能在显微镜下看到，称为镜下血尿。

至于高血压，因头痛、呕吐等症状不突出，常常要用血压计测量后才知道，而且也只有70%的病孩才有此变化。换言之，大约30%的病孩血压可以在正常范围内。另外，病孩常感疲倦、乏力、缺乏食欲等，有些还可能有轻度发热。

不难明白，如果宝宝出现了眼睑水肿、尿色改变，之前1~3个星期有过发热、咽喉肿痛（扁桃腺炎）、咳嗽（支气管炎）或皮肤化脓感染，如小疖疮、小腿遭虫咬后抓破发炎等，就应当怀疑肾炎临身，及时看医生为好。医生会根据你所提供的病史、宝宝的症状，结合尿液化验，如尿中有蛋白、红血球等，即可做出急性肾炎的结论。

## 肾炎没有特效药

如果你得上了肾盂炎或膀胱炎，医生会及时用上特效药抗生素。得了肾炎呢？医生会遗憾地告诉你，没有特效药。这也是两种炎症的又一大不同点吧。

当然，没有特效药并非束手无策，主要是"多管齐下"，如卧床休息、合理进食（原则是低蛋白质、适量脂肪、充足的糖分、维生素丰富，水与盐必须限制）、对症治疗、使用抗生素（如青霉素）清除感染病灶等。一般说来，只要治疗及时，除开个别病程迁延可转为慢性肾炎外，绝大部分都能治好，1年之内可完全康复。

但绝对不可因之而疏忽大意。如果发病早期处理不当，有高血压者可

能出现严重头晕、恶心、呕吐、一过性失明、惊厥、昏迷，医学上称为高血压脑病；或者尿量显著减少，水肿加重，呼吸急促，心率加快，烦躁不安，呼吸困难，不能平卧，面色灰白，四肢冰冷，频繁咳嗽，咳出粉红色泡沫样痰，发展到心力衰竭；或者迅速恶化到急性肾功能衰竭状态，医学上称为尿毒症，而这些都是致命性的病变，直接威胁到宝宝的生命。

因此，一旦诊断为肾炎，应积极配合医生治疗，直到痊愈为止。以下几个医学问题你务必做到心中有数。

休息。病发2周内需卧床休息，直到肉眼血尿消失、利尿消肿、血压正常后方能下床活动。到尿明显好转，仅留微量蛋白和少量红细胞时才可复学，但仍不能参加体育活动。如果要像健康宝宝一样活动，需待所有的化验指标都恢复正常以后。

忌盐。急性肾炎早期，浮肿、少尿、高血压或心力衰竭时，要严格限制食盐的摄入。待浮肿减轻，尿量、血压恢复正常后，可以逐渐开禁，由低盐恢复到正常饮食。低盐指每日食盐总量不超过2克。1克盐相当于一小牙膏盖或一调羹酱油的含盐量，病孩往往难以接受。此时不妨巧妙地改变吃法，如早餐吃甜食，午餐用小碟子盛一匙酱油，让病儿用菜蘸着酱油

吃。这样，在每天食盐总量不增加的情况下，宝宝又能尝到咸味，就能适应了。一般持续低盐2~3周后，无水肿、尿少和高血压等情况，就可逐步过渡到普通饮食了。同时，含碱较多的食品也在禁忌之列，如馒头、油条、挂面、菠菜、松花蛋和豆腐干等，更不能吃咸菜、咸肉和酱油等腌制品，否则忌盐就失败了，于病情康复不利。

限制蛋白。急性肾炎多有肾功能减退，不宜吃入过多的蛋白质，如肉类、蛋类、豆类等，否则会加重代谢废物在血里堆积，形成氮质血症。但限制蛋白不宜过久，一旦肾功能好转，如尿量增多，水肿消退，血中尿素氮恢复正常，即可采用正常饮食。民间流传的戒蛋白100天的说法不科学，因为长期低蛋白不利于宝宝的生长发育。

## 肾炎重在预防

与其他疾病一样，肾炎也是可以预防的。一是教育宝宝讲卫生，杜绝细菌感染，防止脓包疮之类的与肾炎相关的疾病临身，如勤洗澡、勤换衣、勤剪指甲等，少做嬉水玩泥沙等不卫生的游戏。

二是得了脓疱疮等细菌性感染性

疾病后要抓紧治疗，力求彻底治愈，以免遗留后患。

三是经常反复发作的扁桃体炎，应听从医生的指导，必要时做手术切除。

四是避免小儿遭受寒冷的刺激和久居潮湿的环境中，发病后更需要避开这些危险因素。

最后一点，得了急性肾炎，应针对链球菌选用敏感的抗生素，如注射青霉素针剂，连用 1~2 周，或 1~2 周后换用长效青霉素，每 2~4 周注射 1 次，每次 120 万单位，持续 3~6 月。力求彻底消除体内的链球菌感染灶，防止肾炎"死灰复燃"或"卷土重来"。

# 秋季，小小鼻子易出血

"秋秋鼻子出血了！"奶奶一声惊呼，全家人立即进入"紧急状态"：爸爸忙着找消毒棉球，妈妈赶紧取来麻黄素滴鼻液，爷爷则嚷着快让孙女儿躺下……这样的"景观"在有宝宝的家庭里不难见到吧，秋季更是屡见不鲜，因为小孩流鼻血的旺季到了。

流鼻血又称鼻衄，男女老幼皆可发生，而宝宝作为一个特殊群体更容易中招。原来，秋季干燥多风，鼻腔黏膜分泌出来的液体很快就挥发掉了，鼻腔容易干涩，干涩后就会发生瘙痒，迫使宝宝用手指掏挖鼻孔，一旦挖伤黏膜上的毛细血管，无异于掘开了一道小小河堤，鼻血自然流出。同时，秋天早、中、晚的温差变化较大，时热时凉，鼻腔黏膜的毛细血管为了适应外界气温的变化，也就随着扩张与收缩，如此频繁地运动短时间还行，一旦持续过久，本来就很娇嫩的管腔难以承受，破裂出血也就顺理成章了。另外，秋季也是宝宝感冒、流感、支气管炎等疾病高发的季节，这些疾病往往会使体温升高，进而引起鼻黏膜充血、肿胀，致使黏膜下浅表血管破裂而出血。

不管怎么说，宝宝流鼻血都是一种较为紧急的病态，父母掌握一些应急办法很有必要，以免像秋秋家人那样手忙脚乱。建议你分为三步走，从容应对：

第1步：父母镇定，安抚被出血惊吓的宝宝。

第2步：将宝宝的头部置于正常直立或稍微向前倾的姿势，目的是使已经流出的血液顺利地排出鼻孔外，避免鼻血留在鼻腔内干扰呼吸。也不可仰头，否则血液会流到咽部，或进入胃里诱发呕吐，或进入气管而引起窒息，招致严重后果。

第3步：父母用手指按住宝宝出血一侧的鼻翼上方（宝宝流鼻血的部位大多在鼻孔内侧约1~2公分处的鼻中隔黏膜上），持续压迫5~10分钟，直至不出血为止。也可冷敷鼻根及鼻头 5 ~ 10 分钟，促进鼻黏膜血管收缩而止血。止血后 4 小时内不要让宝宝碰触、揉搓或掏挖鼻孔，防止再出血。

鼻出血一旦止住了是不是就可"刀枪入库"了？也不，仍需到医院检查。这样做至少有两个意义：一个意义是请医生搞清楚出血的部位，并给予相应的医学处理，以杜绝后患；另一个意义是查明流鼻血的原因。虽说大多数系气候变化所引起的干燥性鼻炎，或宝宝的生活习性造成鼻黏膜损伤所致，不足为虑，但不可漏掉少数出血可能是疾病在暗中作怪。因为不少鼻子本身乃至全身的疾病都可能打着流鼻血的旗号"闪亮登场"，如麻疹、猩红热等传染病、风湿热、鼻腔、鼻窦和鼻咽部的肿瘤，以及血小板减少性紫癜、再生障碍性贫血、血友病、白血病等凶症恶疾。医生可根据流鼻血的信号"顺藤摸瓜"，捕捉到鼻血后面的"真凶"并"绳之以法"，以获得早诊早治的最佳效果。尤其是出现下列情况者，更需要及时看医生甚至送急诊：

●头部受到重击，或者从很高的地方跌落引起鼻出血。

• 鼻出血超过 10 分钟仍照流不止，或者压迫 10 分钟后放开手指仍然继续流血。

• 经常流鼻血，每次持续 15 分钟以上。

• 最近开始服用一种从未吃过的新药。

• 流鼻血的同时伴随其他部位出血，如牙龈出血。

• 鼻腔内有包块，可能患上了鼻血管瘤。

当然，大多数宝宝流鼻血还是与秋季的气候特点有关，所以采取合理的预防措施可有效地减少出血的风险。建议家长抓好以下几个细节：

• 根据秋季气候的特点，对宝宝的三餐结构进行适当调整。如削减肥腻厚重食物，尤其要限制煎炸、油焯以及巧克力、曲奇饼、开心果等易上火的食品，增加新鲜蔬菜和水果，必要时在医生指导下服用适量维生素 A、维生素 C、维生素 $B_2$ 等。切忌盲目进补，以免引起燥热性鼻出血。

• 穿戴合理，不要忙着增加衣裤，宝宝体质偏热，添衣过早过多容易滋生内热而上火，加重鼻黏膜干燥，不妨根据气候变化适当"秋冻"。

• 室内可使用加湿器，要定期做好清洁，以免滋生霉菌。

• 天气过凉或刮大风的日子，带宝宝外出最好戴上口罩，以减少冷空气对鼻腔黏膜的刺激。

• 保持宝宝鼻腔黏膜温暖湿润。具体办法有：

①局部热敷。用湿热的毛巾湿敷宝宝的鼻部，每次持续 10～15 分钟，每天 3～4 次，对有鼻塞症状者尤为适宜。

②吸入蒸汽。用杯子盛上热水，让宝宝把脸趴在杯口，吸入蒸汽（小心温度过高烫伤鼻黏膜），每次 30 分钟，谓之鼻腔加热法。此法为法国诺贝尔奖获得者劳夫博士所提倡，认为将加热到 42.8℃ 的蒸汽输入鼻腔，可以杀死流感病毒，故有一定的预防流感的功效。

③多喝热开水，少喝或不喝冷饮。

④清洗鼻腔。在 100 毫升温开水中加入 2.7 克盐，兑成淡盐水，用来清洗宝宝的鼻腔。至少有 3 大好处：一是淡盐水有脱水作用，有助于促进肿胀的鼻黏膜消肿；二是淡盐水有抑菌作用，可减少细菌从鼻腔侵入呼吸道的机会，防止感冒发生；三是淡盐水可以促进鼻腔黏膜上的黏液纤毛运动，加速将鼻涕排出，保持鼻腔的通畅与卫生。

⑤鼻腔干燥明显的宝宝，可用石蜡油或甘油滴鼻。

●控制宝宝的活动强度，不做剧烈活动，剧烈活动会使鼻黏膜血管扩张，或者引起鼻部外伤而致出血。

●教育宝宝纠正抠挖鼻子、或往鼻腔里塞东西的不良习惯。鼻痒时可用复方薄荷油（膏）滴鼻或用药膏在鼻腔内轻轻涂擦，不要随意抠挖。

●积极治疗可能存在的急慢性鼻炎、鼻窦炎。

●及时正确地防治呼吸道感染性疾病，如感冒、扁桃体炎、肺炎或腮腺炎等，避免鼻黏膜血管因发热而充血肿胀，甚至造成毛细血管破裂出血。

●中医学提倡"燥者润之"，家长平时可以多煲些滋润的汤水来解决宝宝"内环境"的干燥问题，下面介绍两款药膳，可防止流鼻血。

①罗汉果西洋菜汤：取瘦肉800克，罗汉果1个，西洋菜（又名豆瓣菜）1000克，蜜枣2个，生姜2片。做法：瘦肉先用水焯后煮半小时，再放入其他材料同煮1小时即可。

②沙参玉竹瘦肉汤：取瘦肉800克，沙参60克，玉竹60克，红枣3个，蜜枣1个，姜片2片。做法：瘦肉先焯一下，然后把所有材料放入同煲2小时左右，加少许盐调味后可饮用。

③反复鼻出血的宝宝，可在中医师的指导下服用茅根、菊花、麦冬、生地、水牛角粉水煎液等中药。

# 多事之"秋"：宝宝皮肤也多事

"多事之秋"来了，宝宝的皮肤事件也多了起来，为人父母者可要小心应对哦。

## 事件1：皮肤干燥

秋风乍起，气温开始下降，空气湿度亦随之降低。日渐干燥的气候将宝宝稚嫩的皮肤置于困境之中，皮肤干裂、烂嘴角、口干舌燥、瘙痒等不适症状接踵而至，中医谓之秋燥症。换言之，皮肤干燥乃是秋燥症在人体外部的表现。

应对之道：从解决秋燥问题着手，秋燥一旦得到解决，皮肤即可恢复正常。

• 多补水。以白开水为主，果蔬汁为辅，冷饮、碳酸类饮料等不宜。

• 多吃粥，多喝汤，多吃梨、苹果、西瓜等水果。

• 饮食清淡，以低盐（盐分太多容易脱去体内水分）、低热量（油炸类高热量食物耗水量大）为原则，向南瓜、鲜藕、芋头等时令蔬菜倾斜，少吃葱、蒜、姜、花椒、辣椒等刺激性食物。

• 合理洗浴。坚持每天一小洗（用柔软的湿毛巾为宝宝进行全身擦拭）3天一大洗（用适量温水，加入肌肤柔滑保护液洗浴），洗浴之后抹上宝宝专用的润肤产品。

• 根据天气转凉的情况逐渐加衣，切忌突然穿太多衣服，否则容易诱发痱子。衣料以纯棉为佳，有利于透气吸汗。

## 事件2：摩擦性苔藓样疹

秋季常见皮肤病之一，是一种对外界刺激的非特异性皮肤反应，2～8岁的宝宝（尤其是喜欢户外活动者）最易受害。病因可能与病毒偷袭、接触物品或摩擦有关，如患儿往往在玩泥土、肥皂泡沫或受毛毯刺激后发病。表现为手背、手腕和胳膊前半部分等容易遭受摩擦部位的皮肤损害，有时皮肤损害也发生在手指、胳膊肘、膝盖和臀部等易受摩擦之处。

皮肤损害特点：开始冒出几个米粒大小的疙瘩，颜色正常或呈灰白色或者淡红色。随后疙瘩逐渐增多，可波及易发生皮损的任何部位。最后小疙瘩聚集成片，并出现白色糠状脱皮，如同苔藓，摩擦性苔藓样疹由此得名。患儿瘙痒感明显，病程较长，一般持续1~2月后自然消退。

应对之道：属于自限性疾病，不需要特殊治疗，酌情给予对症处理即可。

• 止痒。因瘙痒明显影响玩耍和睡觉，早期可用炉甘石洗剂外用，当疙瘩脱皮时，可用皮质类固醇霜剂和氧化锌软膏等涂抹，每天3~4次。

• 宝宝户外活动期间，尽量减少或避免外界过多的不良刺激，如尽量少去海滩或河滩，不玩沙石泥土、肥皂、洗衣粉水等。

### 事件3：乳痂

乳痂又称脂溢性皮肤炎，主要祸首是真菌，多见于半岁内宝宝的头部，表现为头皮上长出一层厚厚的痂来，严重时可蔓延到脸部、耳后和脖子上。摸上去有油腻感，可脱皮，大部分会自然痊愈，属于暂时性的现象。也有少数宝宝，痂一直不消退，需要看医生。

应对之道：

•勤洗浴，保持头部及全身清爽，可预防生乳痂。

•用棉球蘸上婴儿油，涂在有痂块的部位，数小时之后再用梳子轻轻将痂块剥落，并用肥皂水清洁干净。

### 事件4：皮肤褶烂

多见于肥胖的新生宝宝，发生在身体褶缝处，如腋窝、颈部、腹股沟、臀缝、四肢关节屈面。乃因褶缝处积汗潮湿、局部热量不能散发，相贴的皮肤互相摩擦而引起局部充血、糜烂、表皮脱落，甚至渗液或化脓感染。宝宝会因疼痛而哭闹，甚至影响睡眠。

应对之道：

•勤洗浴，勤换尿布，保持褶缝处皮肤清洁干燥，浴后用细软布类将褶缝中水分吸干，扑上适量爽身粉，保持局部滑爽。

•使用爽身粉要注意避开女宝宝的会阴部，不妨用适合婴儿的护肤霜代替。

•局部若有表皮脱落，可涂搽新霉素软膏或百多邦软膏等，防止细菌感染。

•保持宝宝的正常体重，纠正"肥胖才健康"的糊涂观念。

### 事件5：荨麻疹

荨麻疹属于过敏性疾患，发病率居于秋季皮肤病的前列，以皮肤瘙痒与风团为主要损害。风团俗称风疹块，发生部位不定，大小、形态不一，时重时轻，时隐时现。开始时风团较稀疏，周围稍红，中央稍白，境界清晰，为圆形或椭圆形，并向周围扩散，可以彼此融合成片，呈不规则的地图状。严重者可向体内进犯，累及呼吸道与消化道，前者可有腹痛、腹泻等症状，后者可引起喉头水肿，导致呼吸障碍，甚至窒息而危及生命。

应对之道：单纯荨麻疹可在家中治疗，如累及呼吸道的严重患儿应住院处理。

• 在医生指导下酌用抗过敏药（如息斯敏）以及止痒药（如炉甘石洗剂、氧化锌洗剂）。

• 找准致敏物。致敏物形形色色，包括细菌、病毒、寄生虫、花粉、灰尘以及某些食物，可到医院做检测，并设法避开上述致敏物。

• 保护皮肤，避免搔抓与热敷。

• 保持卫生，注意防螨、防尘。

• 根据天气变化，随时增减衣服，为宝宝保暖，以免冷空气诱发寒冷性荨麻疹。

# 秋季护肤，围绕秋燥做文章

夏去秋来，你可注意到宝宝的皮肤在发生微妙的变化？小脸蛋、背部、臀部及小腿外侧皮肤干燥、脱屑、起皮、皲裂吗？得当心了，这些迹象表明宝宝的皮肤遭遇到了拐点。

原来，秋季天气渐凉，雨水减少，空气湿度下降，而宝宝的皮肤薄，储水能力有限，还要提供给处于缺水状态的机体，以补充血液循环，很容易出现缺水。同时，宝宝的汗腺和皮脂腺的分泌明显减少，导致皮肤水分大量散失，皮肤自然难逃干燥厄运了。中医学称此为秋燥范畴，1～3岁的小宝宝尤其容易受害。所以，宝宝秋季的护肤重点是围绕秋燥下工夫，做好除燥与防燥两篇文章。

## 燥不燥，测测看

你的宝宝皮肤是否遭遇到了拐点？不妨先来做个小测试：

①用你的手指轻触宝宝的脸蛋，没有湿润感。

②用你的手指将宝宝手背皮肤捏起，突然放开，明显看见皱巴巴的皮肤缓缓展平。

③身体任何部位出现干燥脱皮现象。

④洗澡过后宝宝诉说瘙痒。

如果出现了1项，意味着皮肤已经在敲警钟了。一旦出现了②、③、④项中任何一项，表明宝宝的皮肤已处于缺水状态，需要马上采取除燥措施了。

## 除燥有高招

除燥是指宝宝皮肤已经出现了秋燥症状，需采取措施予以及早消除，恢复其本来面目。方法有：

修订食谱，将两类食物推向宝宝的餐桌：一类是滋阴生津润肤的食物，如秋梨、南瓜、荸荠、莲藕、红枣、菜花、芋头、胡萝卜等，目的是从体内补足津液；另一类是富含维生素 A、维生素 B、维生素 C 的食物，如动物肝、瘦肉、禽蛋、牛奶、豆制品、干果、绿叶蔬菜等，为皮肤健康提供足量的养分。

多喂水，以白开水为主，辅以果蔬汁，少喝或不喝饮料。

选用护肤品。宝宝的皮肤厚度仅为成人的 1/10，经表皮丢失水分较多；皮脂腺与汗腺发育不成熟，分泌功能在 12 岁前都比成人低，选好护肤品势在必行，以专为秋季设计的高保湿儿童滋润霜等产品为佳。如洗澡时滴入数滴婴儿润肤油于浴水中，洗完后全身涂擦润肤露；脸、手或油脂分泌少的部位（如脚后跟）涂抹儿童专用润肤品；嘴唇涂抹儿童专用润唇膏（2 岁以下宝宝，可用少许麻油或维生素 C 胶丸中的油脂涂于嘴唇上），以减少嘴唇水分散失，收到滋润之功效。

秋季风沙大，风沙对宝宝皮肤也有一定的杀伤力，故应尽量避免宝宝在风大的时候出门或做户外活动，不要让皮肤长时间暴露在干燥空气中。

## 防燥最为先

为了保护宝宝皮肤始终处于水灵润泽、嫩滑如丝绸的正常状态，防"燥"于未然最为关键。首要举措是足量供给具有滋阴润肤作用以及富含维生素的食物（供给方法与除燥同），并适当限制甜食与糖分的摄入。

其次，虽然气温已不像夏季那般居高不下，但洗浴依旧不能懈怠，宜选择无泪配方的洗护用品。宝宝的泪腺尚在发育中，难以分泌足够的泪水保护眼睛，容易遭受外界刺激物的伤害，不宜用普通洗发精或二合一洗发精。婴儿洗发精或洗发沐浴露值得推荐，含有特殊的无泪配方，品质纯正温和，不含皂质，不会刺激宝宝的眼睛，能有效地洗净宝宝头皮，清除头垢，并保护皮肤和头发上的天然保护层，使头发保持健康滋润。

擦身不用粗糙毛巾。宝宝的皮肤薄嫩，胶原纤维少，弹性差，粗糙的毛巾轻者使皮肤变得粗糙、老化，重者可擦伤皮肤。

洗浴后酌情使用宝宝专用的润肤品，如润肤露、润肤霜和润肤油，为稚嫩的肌肤罩一层"保护膜"。润肤露与霜含有保湿因子，能有效滋润宝宝的皮肤；润肤油则含有天然矿物油，能够预防干裂，滋润皮肤的效果更强。不过，一旦使用后皮肤出现过敏反应，如皮肤发红、出现疹子等，则应立即停用。

防晒功课继续做。秋天固然是宝

宝亲近阳光的好机会，但要遵循适度的原则。宝宝皮肤的色素层较薄，色素细胞较少，容易受阳光中紫外线灼伤。普通的防晒品含有有机化学成分，有过敏之虞，应代之以婴儿防晒润肤露。这种防晒品不含有机化学成分，能提高肌肤防晒能力15倍，可给宝宝温和而有效的防晒保护。

注意内衣、尿布，要求宽松、舒适、柔软，以纯棉面料为主，并保持清洁干净。羊毛、化纤类织物比较粗糙，容易引起皮炎与湿疹。另外，新购衣裤都应先洗一遍再穿为妥。

最后一招是调节好室内空气的湿度，必要时安装加湿器。

## 新妈妈别干糊涂事

新妈妈一些不经意或者好心的做法，可能给宝宝皮肤招来麻烦甚至灾祸。

●用成人痱子粉。成人痱子粉所含的药物比儿童痱子粉高出很多，如薄荷脑、樟脑（或冰片）多3~4倍；升华硫多10倍；水杨酸多1倍，并含有儿童禁忌的硼酸。误用有发生中毒之险，引起宝宝恶心呕吐、皮肤起红斑、惊厥和小便不正常。

●佩戴饰物。项链、长命锁等饰物含有镍等金属成分，可刺激宝宝稚嫩的皮肤，引起接触性皮炎，最好远离之。

●化妆。化妆品含有铅，铅之危害众所周知，所以专家建议6岁以下宝宝不化妆。如果为了演出需要必须化妆，先要在皮肤上打一层硅霜之类的油，以起到隔离保护的作用，减轻化妆品对皮肤的刺激。卸妆时不要用酒精制剂一类刺激性、挥发性的溶剂，可直接用水，或者使用一些不刺激的香皂，尽量减少不良反应。

# 秋季驱虫正当时

蛔虫等肠道寄生虫对宝宝的危害是多方面的，除了掠夺营养、流窜作案外，尚可累及智力发育。据英国与牙买加医生报告，肠道有蛔虫寄生的宝宝在听觉、短期与长期记忆、阅读与回忆等方面均有一定程度的削弱，一旦将蛔虫消灭干净，智力可在 9 个星期后完全恢复。

不过，驱虫虽谈不上是什么"大战役"，但讲究还是颇多的。以下技巧你就不可不知。

## 何时驱虫好

何时驱虫为好呢？10 月份堪称最佳时间。从蛔虫的生活史来看，其虫卵大多是宝宝在夏天通过吃凉菜、生瓜或用手乱抓、乱摸、吮指甲等途径潜入体内的，经过一段时间后发育为成虫，并寄生于小肠内，此时的日历大致已翻到秋天了，抓住战机服用驱虫药，可将其一网打尽。

## 正确判断蛔虫病

秋天驱虫是指一般情况而言，具体到你的宝宝是否需要服用驱虫药，必须先弄清宝宝是不是得了蛔虫病。说到这里可要注意了，民间传言的一些判断方法不科学，绝对不可盲从。

比如，一些老人常从宝宝脸上是否长有虫斑来判断其肚子里是否有无蛔虫。所谓"虫斑"，指的是出现在宝宝脸上一片或几片色素减退性圆形或椭圆形斑片，初为淡红，后转淡白，边缘清楚，上面覆盖少量细小鳞屑，并有轻度瘙痒感。除脸部外，上臂、颈部或肩部等处也可见到。民间认为，此斑乃是宝宝肚子里有蛔虫寄生的标志，故有"虫斑"之称。其实并非如此，儿科医生化验了不少长有"虫斑"宝宝的大便，并未找到蛔虫卵，经驱虫药治疗后也不消退，倒是在补足 B 族维生素及维生素 A、维生

素 D 后逐渐变淡而消失。原来，这种以表浅性干燥鳞屑性浅色斑为特征的变化，实际上是一种皮肤病，谓之单纯糠疹，源于维生素缺乏，不如将其作为营养不良的一个信号更符合实际。

夜间磨牙是民间流行的有蛔虫的一个说法，它固然有一定道理，因为蛔虫分泌的毒素确可诱发磨牙发作，但精神紧张、缺钙、牙病等因素也可引起夜间磨牙，故此说法很不可靠。

至于肚子疼痛，病因就更多了，诸如肠痉挛、腹部受凉、肠炎、腹型癫痫以及腹痛型感冒、部分肺炎等。而蛔虫作祟仅是因素之一，当然不能以偏赅全，仅凭腹痛就说宝宝有蛔虫病而给予驱虫药。

那么，有无判定宝宝需服驱虫药的办法呢？儿科医生的回答是肯定的，即取一点宝宝的新鲜粪便送医院化验室，若大夫在显微镜下看到了粪便标本中的蛔虫卵，则服驱虫药就是"有的放矢"了。

## 驱虫药如何择优

驱虫药形形色色，对于儿童来说，当以驱虫效果最好、药物不良反应最小者为佳品，如甲苯咪唑（又名一片灵）、阿苯达唑（又名肠虫清）、哌嗪、噻嘧啶、左旋咪唑、奥苯达唑等。

甲苯咪唑：每天 200 毫克，1 次服，或每次 100 毫克，每日 2 次，连用 3 天。也可用其与左旋咪唑的复方制剂（每片含左旋咪唑 25 毫克），用法为每天 100 毫克，1 次服，或每次 50 毫克，每天 2 次，连服 3 天。

阿苯达唑：每天 200 毫克，1 次服。1 次治疗未痊愈者，3 周后再服 1 次。

枸橼酸哌嗪：每天每千克体重 100 毫克～150 毫克，睡前 1 次服，连服 2 天。

噻嘧啶：每天每千克体重 30 毫克，睡前 1 次服。

如果病儿伴有胆道蛔虫、蛔虫性肠梗阻或肠内蛔虫较多（能在其腹部触摸到条索状物），则应选择对虫体刺激小、能使虫体麻痹的驱虫药，如哌嗪、左旋咪唑、噻嘧啶等。

至于合并便秘者，宜加服缓泻剂，尽量清除肠内蛔虫及其毒素，以减轻对机体的不良影响。必要时同服胰蛋白酶制剂。

## 2 岁内宝宝不服驱虫药

上面所说驱虫药及其剂量是针对 2～12 岁宝宝的，2 岁内者不要服用驱虫药。一方面是婴儿的生理特点还不允许，如 2 岁内的宝宝肝、肾等器官发育尚不完善，而驱虫药一般都具有一定的毒性作用，容易损伤肝、肾等娇嫩的器官，另一方面是用不着。从肠道寄生虫的特点来看，虫卵大都附着于污染的手或蔬菜表面，经口而侵入体内。2岁内的宝宝接触虫卵的机会要少于大龄儿童，他们接触的东西一般局限于家中的物品与玩具，这些东西较为清洁，虫卵相对较少或没有。吃蔬菜的种类与量也不多，潜入体内的虫卵也相应减少。另外，即使有少许虫卵侵入了体内，待其长大而成为成虫也需要一段时间。换言之，当从口侵入的虫卵长大到足以为患之时，宝宝往往已超过2岁了。故2岁以内小儿一般不需要服用驱虫药。

## 腹痛期间能驱虫吗

不少父母担心在宝宝腹痛期间用药驱虫，会刺激虫体，使之兴奋躁动而加重病情，仅用解痉药缓解疼痛了事，待腹痛消失后再用驱虫药。这种做法无异于姑息养奸，可使蛔虫在肠内流窜作案，或乱窜乱钻，或卷曲翻滚扭结成团，有导致脏器梗阻或穿孔的危险。

为了避免这种危险，腹痛期间也应驱虫，当然要掌握好时机。根据临床医生的观察，腹痛期间驱虫的适应证有：

- 肠道蛔虫或由此引起的不全性单纯性肠梗阻。
- 胆道或胰管蛔虫症无明显的腹膜炎体征。
- 腹痛原因不明，难以排除蛔虫致痛者。

如果蛔虫症已引起了腹膜炎、肠穿孔、重症胆管炎及胰腺炎，或已形成蛔虫性急性阑尾炎等时，千万不可服用驱虫药，以免出现更大的问题来。

总之，宝宝该不该用驱虫药，用什么药，什么时候用药，必须听医生的，这样不会出错。这一点请家长们务必记住。

## 服驱虫药需要忌口吗

一般说来不必忌口。不少宝宝服用驱虫药后之所以出现食欲下降、精神变差、睡眠不安等令父母担忧的状况，其实就是只强调了忌口而忽视了必要的营养调配之故。

正确之举是，在服用驱虫药期间，应适当增加禽蛋、豆类、鱼类、新鲜蔬菜、水果等适合宝宝口味的食物，以增强脾胃功能，上述不良反应就可能不会发生。

# 秋季疫苗计划

秋季如约而至，宝宝该打哪些预防针呢？除了常规的计划免疫疫苗外，还有两类疫苗需要接种：一类是针对秋季的高发病，秋季腹泻疫苗堪为代表；另一类则是针对即将到来的冬季易发病，为过冬做准备，如流脑疫苗、肺炎疫苗等。

## 腹泻疫苗（轮状病毒活疫苗）

疫苗特点：口服活疫苗，为橙红或粉红色澄清液体，可刺激人体产生对轮状病毒的免疫力。轮状病毒有好几个成员（医学称为亚型），相互无

交叉免疫，加上人体感染病毒后获得的免疫维持时间较短，故不能一次定终身，需要每一年到一年半接种1次。

预防疾病：秋季腹泻（轮状病毒肠炎）

接种理由：轮状病毒是婴幼儿秋季腹泻的罪魁祸首，严重时可引起患儿大量丢失水分与钾、钠等矿物质。至今没有特效治疗药物，只能通过对症治疗缓解症状，口服疫苗是最经济、最有效的防范手段。

接种对象：5岁以下婴幼儿，包括已患过轮状病毒肠炎的患儿。

防病效果：保护率可达75%~80%。

接种时机：秋季腹泻的流行季节是每年9月到翌年1月，而疫苗接种后需要2周才产生抗体，4周抗体水平达到最高峰，所以8月末到9月初为接种的最佳时机。

接种方法：口服。启开瓶盖，用吸管吸取疫苗直接喂给宝宝（因为是活疫苗，所以不能兑入热开水，否则会影响效果），或者掺入5毫升~10毫升牛奶中（牛奶温度不要太高，以适宜宝宝口感即可）服用，饭前饭后均可。

不良反应：偶有低热、呕吐、腹泻等轻微反应，不必处理。个别反应较重者最好看医生。

**专家提示**

开启小瓶时勿使消毒剂接触疫苗；小瓶有裂纹、标签不清或液体混浊者不可使用；一日量需1次服完，不要分成多次服用；服用该疫苗前后，与其他疫苗的接种间隔应在2周以上，以免相互干扰。

接种禁忌：以下5种宝宝不宜接种：

• 发热的宝宝（腋温37.5℃以上）。

• 患有急性传染病或其他严重疾病的宝宝。

• 有免疫缺陷和正在接受免疫抑制治疗的宝宝。

• 对蛋清过敏（因其培养基为蛋清）的宝宝。

## "流感"疫苗

疫苗特点：预防和控制流感的主要措施之一。可以减少接种者感染流感的机会或者减轻流感症状。不能防止普通性感冒的发生，只能起到缓解普通性感冒症状、缩短感冒周期等作用。我国使用的流感疫苗有3种：全病毒灭活疫苗（12岁以下儿童不用）、裂解疫苗和亚单位疫苗。每种

疫苗均含有甲1亚型、甲3亚型和乙型3种流感灭活病毒或抗原组分，3种疫苗的免疫原性和副作用相差不大。

预防疾病：流行性感冒，简称流感。

接种理由：在不同年龄组中，儿童最易感染流感。其中，学龄前儿童发病率超过40%，在校学生可达30%。为防止流感造成的肺炎、支气管炎、中耳炎、心包炎、脑炎、肾病综合征等并发症。

接种对象：任何可能感染流感病毒的健康人，尤其是6个月以上的婴幼儿和小学生。

防病效果：每年在流行季节前接种1次，免疫力可持续1年。接种流感疫苗可以显著降低受种者罹患流感及流感相关并发症的风险，同时还可以减少患流感后传染给他人的风险。1～15岁儿童接种流感疫苗的保护效力为77%～91%；目前国际上公认的预防流感的方法，注射流感疫苗的保护效力大约在70%。

接种时机：大部分流感出现在11月到次年2月，但某些流感会延伸到春季，甚至夏季。9～10月是最佳接种时机。当然，在流感流行开始以后接种也有预防效果。注射了流感疫苗也要在半个月之后才能产生抗体，达到预防的目的。

接种方法：上臂三角肌肌肉注射。绝不能静脉注射。可与其他减毒活疫苗和灭活疫苗前后任何时间或同时接种，但需接种于不同部位且不能在注射器中混合。

专家提示

①避免空腹接种。
②接种后请在接种地点观察15～30分钟。
③接种部位24小时内要保持干燥和清洁，尽量不要沐浴。
④接种后如接种部位发红，有痛感、酸痛、低烧等，这些情况都属正常，一般24小时之后会自然消失。

不良反应：流感疫苗接种后可能出现低烧，而且注射部位会有轻微红肿，但这些都是暂时现象而且发生率很低，不必太在意。但少数人会出现高热、呼吸困难、声音嘶哑、喘鸣、荨麻疹、苍白、虚弱、心跳过速和头晕，此时应立即就医。

接种禁忌：以下宝宝不宜接种：

• 6个月以下的婴儿。

• 对鸡蛋或疫苗中其他成分（如新霉素等）过敏者。

• 格林巴利综合征患者。

• 急性发热性疾病患者。

• 慢性病发作期。

●严重过敏体质者。

●医生认为不适合接种的其他宝宝。

### "流脑"疫苗

疫苗特点：包括 A 群流脑疫苗、A＋C 群流脑多糖疫苗、A＋C 群流脑结合疫苗。A＋C 群流脑结合疫苗可以替代 A 群流脑疫苗和 A＋C 群流脑多糖疫苗。

针对疾病：流行性脑脊髓膜炎（简称"流脑"）。

接种理由："流脑"起病急，病情重，病死率也高。轻者致残（如瘫痪、弱智、癫痫等），重者丧命。防范这种严重疾病的最佳办法就是接种疫苗。

接种时机："流脑"多在冬季为患，且疫苗接种后需待一个多月才可产生抗体而发挥抗病作用，故流脑疫苗的接种需提前至 10 月份，最晚不得迟于 11 月份。另外，10 月份的气温与自然环境也比较适合接种流感疫苗。

适宜对象：半岁到 2 岁宝宝接种 A 群流脑疫苗，2 岁以上宝宝接种 A＋C 群流脑疫苗。

防病效果：对 2 岁以上宝宝，A 群和 C 群多糖疫苗有 85%～100% 的短期效果，A＋C 群多糖疫苗则可提供至少 3 年的保护作用，但对 2 岁以下宝宝的保护作用较短暂。补偿选择是接种 A＋C 群结合疫苗，此种疫苗对 2 岁以下宝宝的保护效果更好，保护率可达 90% 以上。

接种方法：注射于上臂三角肌处。

### 专家提示

●注射完第 2 针 A 群流脑多糖疫苗后，至少要等 1 年才可以注射 A＋C 群流脑多糖疫苗。

●接种疫苗后须在医院观察 30 分钟，确保宝宝一切正常后再离开。

●督促宝宝注意休息，避免做剧烈活动，多喝水，做好保暖。

不良反应：很轻微，表现为打针部位红晕、压痛，大多在 24 小时内自行消退。少数宝宝可出现短暂发热，一般不需要特殊处理，如果超过 38℃，则需要采取退烧措施。个别宝宝可能发生过敏反应，应向医生咨询。

接种禁忌：

●处于急性传染病发作期或是发热，应暂缓接种。

●患有肾脏病、心脏病及活动性结核等急慢性疾病，癫痫、癔症、抽

搐（高热惊厥）、脑炎后遗症等神经系统疾病，以及过敏体质宝宝，不能接种。

## 肺炎疫苗

疫苗特点：灭活疫苗，包括7价肺炎球菌结合疫苗与23价疫苗两种，前一种用于宝宝，后一种用于成人。

针对疾病：肺炎球菌性肺炎。

接种理由：世界卫生组织统计显示，急性下呼吸道感染是5岁内宝宝死亡的首要原因，其中肺炎占主要地位。

适宜对象：2岁内婴幼儿，以及未接种过该疫苗的2~5岁宝宝，尤其是复感儿（反复"感冒"的宝宝）、体弱儿、慢性疾病患儿应列为重点接种对象。

接种时机：深秋与冬季是肺炎的高发时段，加上肺炎疫苗的有效抗体产生要经过15天，所以以初秋接种为好。

防病效果：保护率可高达85%以上，保护期达5年之久。

接种方法：上臂三角肌肌内或皮下注射。

不良反应：少数宝宝注射部位可出现疼痛、红肿反应，发热、肌痛、虚弱等全身症状罕见，多在2~3天内恢复。

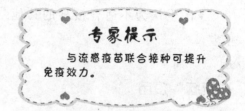

**专家提示**

与流感疫苗联合接种可提升免疫效力。

接种禁忌：

• 对疫苗中的任何成分过敏的宝宝不宜接种。

• 正在进行免疫抑制治疗的宝宝不宜接种。

• 患有严重心脏病或肺功能障碍的宝宝不宜接种。

## 水痘疫苗

疫苗特点：减毒活疫苗。冻干疫苗小丸在玻璃瓶中呈浅粉色，稀释液为无色澄明液体。

针对疾病：水痘。

接种理由：水痘是孩提时代最常见的病毒感染性疾病，具有高度的传染性，不仅缺乏特效治疗方法，而且有引起脑炎、多发性神经根炎、肺炎等严重并发症之风险。接种水痘疫苗后所产生的保护作用可以长期存在，因而能收到良好的预防效果。

接种时机：水痘一年四季皆可发病，11月到翌年1月最为多见；加上水痘疫苗接种 1 个月后抗体才达到最高水平，所以 10 月前后接种为好。

接种方法：上臂皮下注射。

防病效果：接种水痘疫苗不仅能预防水痘，还能预防因水痘带状疱疹病毒而引起的并发症——带状疱疹。美国的一项调查显示，疫苗所产生的抗体阳性率在接种 5 年后仍高达 95% 或以上。

不良反应：很轻微且短暂，如注射部位疼痛、硬结、发红，或出现类似水痘的红斑和丘疹，大多自行消失。

接种禁忌：

●对水痘疫苗的成分（包括新霉素）有过敏反应，或有其他严重过敏史的宝宝不能接种。

●急性传染病或活动性肺结核患儿应缓种。

●有免疫功能损害或正在使用免疫抑制药物的宝宝不宜接种。

**专家提示**

水痘疫苗可与麻疹-腮腺炎-风疹疫苗同时接种，但需用不同针管并注射于不同部位。若不同时接种，则两者接种时间应间隔至少 1 个月。接种前 5 个月内或接种后 3 周内不宜输血（包括全血或血浆）或使用免疫球蛋白，以免削弱疫苗的效果。

# 秋季便秘大解救

进入秋季，到医院看便秘的患儿明显增多，尤其是 2 岁以下的婴幼儿，宝宝便秘往往成为父母的一大隐忧。

秋季为何多便秘呢？特殊的气候难辞其咎。原来，随着天气逐渐转凉，空气湿度下降，水气减少，蒸发速度加快，干燥度增大，"燥邪"乘虚而入，导致肠道蠕动变慢，粪便滞留而干结难解，属于季节性便秘。如果又常给宝宝吃一些容易上火的零食，势同"火上浇油"，便秘将更加频繁严重。

## 便秘不是盏"省油的灯"

何为便秘？一般认为拉不出大便就是便秘，其实不完全对。医学对便秘有一个界定：成年人一个星期排便次数少于 3 次，且持续 6 个星期以上。宝宝呢？每个星期排便少于 1 次、大便非常用力、大便坚硬就像羊粪疙瘩，或每次排便都会疼痛、哭闹不安，只要有以上任何情况之一种，不管排便几次，都称为便秘。

便秘虽然不是什么性命攸关的恶疾，但若得不到有效的处理，也会给宝宝带来程度不等的恶果。恶果之一就是肛裂，出现便后滴血、肛周疼痛等症状，还可发展成感染性疾患——肛周脓肿。痔疮，尤其是外痔，则是便秘的另一个恶果。另外，便秘往往降低食欲，导致宝宝进食量减少，进而造成营养不良、精神委靡、肠道功能紊乱等病理改变。

特别要提醒父母，秋季里宝宝如果总是闹便秘，到了冬天就容易攀上感冒等呼吸道感染，而且是那种反复发生的难缠型感冒，医学称为"复感儿"。为何便秘会与感冒扯上关系呢？中医学的解释是，肺与大肠相表里，胃肠问题常可株连肺功能，肺功能削弱后对病毒等致病微生物的排出能力减低，致使病毒长时间滞留于肠胃中

"积滞蕴热"，于是感冒反复发作。所以，解决了宝宝秋季的便秘问题，也就降低了冬季成为"复感儿"的风险，何乐不为呢？

## 8招解救秋季便秘

那么，有哪些可行办法能有效地解救宝宝秋季便秘问题呢？以下8招可供参考。

①教宝宝做个"水宝宝"，多补水，让大便有足够的水分含量，则不会干燥变硬，便秘即可减轻甚至消失。措施有：

●多喝水。早上起来喝杯白开水，补足一夜睡眠丢失的水分。半小时后再喝奶或吃主食，吃完后再喝几口水以清洁口腔。以白开水为主，蔬果水为辅。做法是，将胡萝卜、苹果、梨等切成小块，加水煮开，晾温后给宝宝喝。

●多吃水果。水果含水量高，适合半岁以上宝宝食用。根据咀嚼能力做成果泥、果羹或果片喂养，最后过渡到整个水果。梨、橙子、西瓜、苹果、香蕉等都是宝宝的美味。

●多喝粥。既补水分又补营养，如红薯粥、绿豆粥、南瓜粥、蔬菜粥、小米粥等。

②补足食物纤维。食物纤维通过促进胃肠蠕动，提高推送力而减少便秘的发生。莲藕（以水煮服或稀饭煮藕疗效最好）、萝卜（以青萝卜疗效最佳，红皮白心者次之，最好生吃，如胃有病者可做萝卜汤吃）、茴香、苦瓜、西瓜、梨、葡萄柚、柚子、椰子、橘子、番茄、葡萄、柳橙、木瓜、草莓、樱桃、糙米、红枣等值得推荐。

③滋阴润肺。除了用银耳、百合、生梨等拌蜂蜜煮粥或炖汤外，还可多让宝宝吃些山药、荸荠、萝卜及大蒜、洋葱。但容易上火的食物（如巧克力、花生、炸鸡、炸薯条）、热性水果（龙眼、荔枝、芒果、榴莲）以及用油炸和红烧方法烹制的过于油腻性食物（如红烧肉、煎饼），则应减少或删除。

④服用益生菌。在医生指导下使用妈咪爱、整肠生、金双歧片等，恢复肠道菌群平衡。

⑤早晚按摩。每晚睡前或清晨起床前，父母手掌向下，平放在宝宝肚脐部，按顺时针方向轻轻推揉。这样既可以加快宝宝肠道蠕动促进排便，还有助于消化。

⑥督促宝宝多活动。对于还不能独立行走、只能爬行的小婴儿，父母不妨多抱抱，做做简单的健身操，活动一下小手小脚，切忌长时间将宝宝

独自放在摇篮里。

⑦培养定时排便的习惯。一般 3 个月以上的宝宝就可开始排便训练，清晨喂奶后由父母两手扶持，或坐便盆或坐多功能便座，一般持续训练 1 个月后即可见到成效。

⑧慎用药物。宝宝的胃肠功能发育很不完善，不要随便动用药物通便，否则容易导致胃肠功能紊乱，发生腹泻。不过，若长时间不排便或者排便艰难者，不妨酌用肛门塞剂。

● 肥皂条法。最简单安全的塞剂，父母洗净双手，将肥皂削成长约 3 厘米、铅笔粗细的圆锥形条状物，用少许水将肥皂条润湿，缓缓插入宝宝肛门内，尽量让肥皂条在肛门内多停留一段时间，最大限度地发挥刺激肠道蠕动的作用，促进粪便排出。

● 开塞露法。将开塞露的尖端封口剪开，管口处如有毛刺一定要修光滑，并先挤出少许药液滑润管口，以免刺伤宝宝肛门。让宝宝侧卧，将开塞露管口插入肛门，轻轻挤压塑料囊，使药液射入肛门内，而后拔出开塞露空壳，在其肛门处夹一块干净的纸巾，以免液体溢出弄脏衣服或床单。同时嘱咐宝宝尽量等到不能忍受的时候再排便，以使药液充分发挥刺激肠道蠕动、软化大便的作用，达到最佳通便效果。

● 甘油栓法。将手洗干净，把圆锥形甘油栓的包装纸打开，缓缓塞入宝宝肛门，然后轻轻按压肛门，尽量多待片刻，以使甘油栓充分融化后再排便。

如果以上方法均不奏效，应及时带宝宝到医院就诊，请医生检查是否是由于其他疾病而引起便秘。

# 冬季篇

冬季，一年中的最后一站，既要为宝宝"雪中送炭"（如强化发热、咳嗽等婴幼儿常见症状的防治），也要"锦上添花"（如为宝贝调理肠胃，纠正过胖过瘦的体重），做一个圆满的"年度总结"，为新一年养精蓄锐。

# 冬季，保持宝宝营养平衡的秘诀

比较起来，一年四季最不利于宝宝成长的是冬季，除了天气寒冷之外，食物来源受限是一个大问题。如何保持宝宝的营养平衡呢？请看育儿专家奉献的秘诀。

> **专家提示**
>
> 可做成全麦馒头、燕麦面汤、玉米粥等喂养。适合2岁以上宝宝，每天进食量不要超过主食总量的1/4。

## 冬季美食大推荐

比起夏秋季节，冬季餐桌食物种类的确显得单调一些，但仍有不少适合宝宝的美食。

### 1. 全麦食品

如燕麦、高粱、玉米等，富含维生素、镁、锌和粗纤维素等多种宝宝所需的养分，在欧美诸国被称作最棒的主食原料。如果再抹一些宝宝专用的奶酪，营养就更丰富了。

### 2. 谷物

如大米（包括紫米、黑米）、小米、小麦、大豆等，维生素、矿物元素丰富，比较适合宝宝的早餐。为弥补蛋白质的不足，可与奶类搭配。

> **专家提示**
>
> 奶类的选择很重要，2岁内宝宝不要喝脱脂牛奶，1岁内的小宝宝宜用母乳或配方奶。谷物可做成南瓜牛奶大米粥、黑米软饼、小米黄豆粥等喂养，适合半岁以上的宝宝。

### 3. 瘦牛肉

蛋白质与铁含量居肉类之首，可为宝宝提供成长所需的能量与养分，防止贫血、营养不良等疾病临身。可做成牛肉汉堡包、牛肉小包子、牛肉酱细面条食用。

**专家提示**

如果宝宝不喜欢牛肉的味道，可将牛肉做成肉馅和切碎的青豆混合，用可食用的薄纸包上（可以在超市买到），放在烤箱里烤熟，蘸着番茄酱吃，牛肉的膻味就一点也没有了。适合10个月以上的宝宝。

### 4. 杏仁

含有维生素 E 和铁、钙、镁等矿物质，护心作用强大，被誉为最好的坚果。

**专家提示**

杏仁吃法很多，如与蔬菜、奶酪搭配做成比萨，或者直接给宝宝准备一些杏仁干碎块（3岁内宝宝勿吃整杏仁，防止卡喉），或做成杏仁奶饮用（将30克杏仁与少量糙米混合，打磨成奶状即成）。

### 5. 松仁

以富含磷脂、不饱和脂肪酸、多种维生素和矿物质等养分著称，益智健脑作用显著。

**专家提示**

甜玉米含有较多的维生素 $B_1$ 和胡萝卜素，松仁与之配合做菜，营养素可互为补充。适合 2 岁以上宝宝食用，每天食用量以 10 ~ 20 克为宜。

### 6. 鱼

可用鱼类替补蛋类，以补足宝宝需要的蛋白质。

**专家提示**

小杂鱼可炸成酥鱼，再用醋熘着吃。如果担心鱼刺卡喉，不妨选择罗非鱼、银鱼、鳕鱼、青鱼、鲶鱼、黄花鱼、比目鱼、马面鱼等，这些鱼肉中几乎没有小刺。鲤鱼、鲫鱼、鲢鱼、胖头鱼、武昌鱼等腹部没有小刺，比较适合宝宝。此外，鱼头、鱼眼、鱼皮、鱼瞟都无刺，可以放心给宝宝吃，如酸菜鱼头汤、砂锅鱼头、鱼头豆腐等都是宝宝乐于接受的美味。

### 7. 畜禽血

其中铁的蕴藏量值得称道，相当于猪肝的2倍，瘦肉的20倍。而且所含铁质为血红素铁质，吸收率达到30%，乃是补血的上品。此外，锌、硒等矿物元素也很多，可全面提升宝宝的免疫力，减少冬季呼吸道感染的发生概率。

**专家提示**

猪血宜与豆腐、青菜等搭配，如猪血豆腐青菜汤等。另外，收集猪血要注意卫生，避免污染，病猪的血不要食用。

### 8. 蜂蜜

一种天然营养品，以富含维生素与微量元素为优势。宝宝每天食用两小勺蜂蜜，即可获得多种保健效果，如增强抵抗力，减少肺炎、气管炎、口腔炎、结膜炎、痢疾等疾病的发病率；增进食欲；促进身高、胸围与皮下脂肪的发育等。

**专家提示**

1岁内的宝宝不宜食用蜂蜜，因为蜂蜜中可能会混有肉毒杆菌，不足1岁的宝宝肠道内正常菌群还未建立，容易引起中毒。1岁以后但食无妨。

### 9. 海带

碘元素的"富矿"，碘又是制造重要激素——甲状腺素的主原料，而甲状腺素与宝宝的生长发育、新陈代谢有着密切的联系，尤其对大脑的发育起着决定性作用。另外，甲状腺素与产热有关，吃点海带可增强宝宝的耐寒力。

**专家提示**

海带宜与胡萝卜、豆腐等炖食，或与肉一起做馅也可。每星期吃1~2次即可。

### 10. 蘑菇

特色在于富含某些特殊氨基酸，如牛磺酸、赖氨酸等。牛磺酸能有效促进脑发育，提升智商；赖氨酸不仅能使个头长高，还能增进抵抗疾病的能力。

**专家提示**

以新鲜幼嫩的蘑菇为佳，可做成香菇米粥、蘑菇豆腐汤等喂养，每星期2~3次。

### 11. 芝麻酱

既是调味品，又有其独特的营养作用。如铁含量比等量猪肝高 1 倍，比等量蛋黄高 6 倍。含钙量仅次于虾皮，胜过蔬菜与豆类，吃入 10 克芝麻酱就相当于摄入 30 克豆腐或 140 克大白菜。蛋白质比瘦肉还高，质量也不亚于肉类。常吃芝麻酱，可有效地防治儿童期常见的缺铁性贫血、佝偻病等营养不良性疾患。

**专家提示**

6 个月以上宝宝即可食用，可加水稀释，调成糊状后拌入米粉、面条或粥中喂养。1 岁以后，可用芝麻酱代替果酱，涂抹在面包或馒头上，还可以制成麻酱花卷、麻酱拌菜等。每天 10 克左右就够了，即家用汤匙 1 勺左右，腹泻时暂不要吃。

## 营养平衡两要则

要做到营养平衡，只限于上述美食还是不够的，还需要广开食源，增加餐次。以下两要则务必遵循：

要则 1. 巧加搭配。冬季白菜、萝卜较多，不妨间歇地搭配些土豆、胡萝卜、芹菜、豆芽菜、菠菜等。这些菜品中维生素、钙、磷、铁等养分丰富，营养价值较高，可以弥补宝宝营养素的不足。另外，还可以常吃些富含碘、钙、磷、铁、锌等营养素的紫菜、黑木耳、豆类，以增加体内的热量储存，强化宝宝的抗寒能力。食谱举例：面包牛奶糊，肉糜菜末烂糊面，赤豆或者绿豆粥，香蕉麦片羹，土豆泥拌鱼肉泥，碎虾肉清蒸（或者鸡肉、鸡肝）胡萝卜泥，花生酱或者鲜奶酪涂小块面包（以上适合 2 岁内宝宝），南瓜山药饭，青菜、黑木耳、猪肉、鹌鹑蛋、豆腐衣小馄饨，枸杞、荸荠、百合炒鱼肉，芝麻、虾皮、肉糜土豆饼，青豆、胡萝卜丁、土豆丁烩鸭肉丁（以上适合 2 岁以上的宝宝）。

要则 2. 给点零食。许多宝宝有挑食毛病，他们对零食的喜欢程度要胜于每天的正餐，父母若能准备一些富含营养且味道不错的替代食品，也是冬季巧补营养的有效一招。可供选择的零食有：低脂的干奶酪、酸牛奶或酸奶酪、甘蓝类菜（如花椰菜）、深绿色有叶蔬菜、小扁豆和强化钙橙汁等。市场上可选的健康零食则有：烤玉米条、麦片棒、干的或新鲜的水果、无糖果汁、低脂牛奶、低脂酸奶、果汁牛奶冻、纯水果冰棒、全麦薄脆饼干等。

# 吃出抗寒力，平安过寒冬

寒冬来临，如何帮助宝宝抵御寒冷的威胁呢？其实，除了穿衣保暖、减少户外活动等外，提升机体的抗寒力为其根本之道。具体办法就是调整三餐，让营养素一展抗寒的"威力"。

## 适当增加能量供给

寒冷的季节，人体热能丢失较快，加上宝宝活泼好动，消耗的热能更多。同时，还要为即将到来的春季——宝宝四季中的生长高峰期做好营养储备。因此，冬季可考虑适当增加宝宝三餐主食的摄入量，包括富含蛋白质、脂肪与碳水化合物等3大产能营养素的食物，如肉、鱼、奶、菇类、黑木耳、海带、芝麻酱、黄豆、豆腐等，每周不得少于2~3次。

另外，蛋氨酸可提供热能代谢所需要的甲基，所以芝麻、葵花子、酵母、叶类蔬菜等富含甲基的食品也要补足。

同时，要讲究烹调方式，多采取炖、煮、烧等方法，多补充一些汤水，以减缓干燥气候对宝宝的不良影响。

### 专家提示

能量增加不要太多，奥妙在于寒冷气候下，体内的内分泌系统会被调动起来，使人体的产热能力增强。说白了，宝宝冬季所需的能量与其他季节差距并不是很大，故要强调的是适当增加能量供给，一般掌握在10%的幅度即够。如果大量安排高蛋白与高脂肪食物，加上宝宝冬季的胃口大多较好，有导致肥胖之虞。

## 维生素"一马当先"

医学专家发现，维生素可直接为抗寒出力，尤以维生素A、维生素$B_2$、维生素C、维生素E 4种为贵，具有帮助人体抵御寒冷的作用，并可增强人体在寒冷环境中的适应能力。研究资料显示，一般人在零下 5℃ ~ 6℃ 时可能发生冻伤，而补充维生素 $B_2$ 之后，要在零下 7℃ ~ 9℃ 时才发生冻伤。不难明白，仅维生素 $B_2$ 一种，即可使人体耐受的寒冷温度降低 2℃ ~ 3℃；若能同时补足维生素 A、维生素 C、维生素 E，则宝宝耐受寒冷的能力必定会"更上一层楼"。

另外，维生素还有其他诸多保健作用，如维生素 A、维生素 C 可增强人体呼吸道与胃肠道抵御病毒侵袭的能力；维生素 E 则能清除体内的氧自由基，并有改善血液循环、保护心血管等功能。换言之，冬季补足维生素不仅可以帮助宝宝抵御寒冷，还可预防和减少感冒、腹泻等寒冷所诱发的多种疾病的风险，可谓一举两得。

## 矿物质"当仁不让"

矿物质又一次显示出独到的保健优势，那就是突出的抗寒能力，首推碘、铁、钙等。碘是人体制造甲状腺素的原材料，而甲状腺素可促进蛋白质、碳水化合物、脂肪等产能营养素转化成能量，进而维持正常的体温，在抵御寒冷中的重要作用不言而喻。所以，要增强宝宝抵抗寒冷的能力，除了保证食物中有足够的热量外，还应多吃些含碘丰富的食品，如海带、紫菜、海蜇、虾皮及海鱼等。

同时，产能营养素向能量转化需要足量的氧气来"燃烧"它们，氧气又是靠血液来运输的，铁的重要性就凸显出来了，因为铁是造血的原材

料，可见营养抗寒离不开铁的鼎力相助。食物来源：动物肝脏、牛肉、鱼、蛋、黑木耳、大枣、畜禽血。

另外，缺钙也可使宝宝产生冷感，且会影响心肌、血管及肌肉的伸缩性与兴奋性，故动物骨、虾皮、豆类等富钙食物，也是冬季宝宝食谱的重要组成部分。

## 专家提示

补碘的最好途径是吃碘盐，为了避免碘在盐中的损失，请注意食用碘盐的防潮和密闭。同时在炒菜做饭中，为了避免高温作用造成碘损失，最好在饭菜快出锅时再加入碘盐。

## 配套措施及时跟进

营养虽能帮助宝宝提升抗寒力，但程度毕竟有限，配套措施务必及时跟进。

### 1. 增加户外活动，适当接触冷环境

中医学认为，宝宝是阳气偏旺之体，过暖会助长阳气，导致阴阳失衡，如容易出汗诱发感冒、咳嗽等就是例子。因此，宝宝衣裤不要过于厚实严密，一般只需比父母稍多一点即够。鼓励宝宝在日出雾散之后到户外活动，增加暴露于冷环境的机会，亦可提升抗寒的实力。

### 2. 热水泡脚

用一只较深的小桶，盛入40℃~42℃以上的热水，水量以盖着小腿部为宜，宝宝整个腿部以致全身会很快产生暖和感。不过，周岁内的小宝宝宜改用40℃以下的温水泡脚，因为热水可能使足底的韧带松弛，进而影响足弓的形成，导致扁平足发生。

附上几款宝宝的抗寒食谱，供家长选择：

## ☞食谱举例

### 1. 鱼泥豆腐羹

食材：鱼肉、豆腐、盐、姜、淀粉、香油、葱花各适量。

做法：鱼肉洗净加盐、姜，上蒸锅蒸熟后去骨刺、捣烂成鱼泥。将水烧开加入少量的盐，放入切成小块的嫩豆腐，煮沸后加入鱼泥以及少量淀粉、香油、葱花，搅拌成糊状食用。

### 2. 猪血豆腐青菜汤

食材：豆腐、猪血、青菜、虾皮、大蒜叶、精盐各适量。

做法：豆腐、青菜洗净切块。水开后先加入少量虾皮、精盐，再加入豆腐、青菜、猪血。煮3分钟，加调料，撒上少量大蒜叶即成。

### 3. 牛肉蔬菜粥

食材：牛肉20克，香菇1个，大白菜叶半张，白米饭半碗，酱油、麻油、胡萝卜、盐各适量。

做法：牛肉洗净切碎捣泥。香菇、白菜、胡萝卜切丝。锅中放少许麻油，稍加热，放入香菇丝、胡萝卜丝略微炒一下，再放入牛肉泥和白菜丝，放入酱油、盐，加水煮到肉熟菜软即可。

### 4. 虾皮紫菜蛋汤

食材：虾皮、紫菜、鸡蛋、香菜、植物油、精盐、姜末、葱花各适量。

做法：虾皮洗净。紫菜洗净撕成小块。鸡蛋磕入碗内打散。香菜择洗干净，切成小段。将炒锅置火上，放油烧热，下入姜末略炸，放入虾皮略炒一下，加水适量，烧沸后淋入鸡蛋液，放入紫菜、香菜、精盐、葱花即可。

### 5. 青萝卜煲鸭汤

食材：鸭1只，青萝卜、陈皮、姜、盐各适量。

做法：青萝卜去皮，洗净，切厚片。陈皮用清水浸软，刮去瓤，洗净。鸭宰后，取出内脏。水1杯放入煲内煲滚，放入青萝卜片、陈皮、姜与鸭，煲滚后改为小火继续煲3小时，加盐调味，吃肉喝汤。

# 念好宝宝的补水经

一到冬季,不少妈妈减少了对宝宝的水分供应,除喝奶之外不再给他们饮用开水,理由是冬季不像夏天那样出汗,水喝多了容易尿床。其实,这种做法是错误的。

## 冬季更需要补水

水虽然称不上营养素,但它参与身体的大部分生理过程,包括所有的新陈代谢和体温调节活动。对于正值生长发育的宝宝,水的重要性并不逊于蛋白质等养分。

从生理学看,水是人体的重要组成部分。3个月的胎儿全身含水量达体重90%,新生儿约占75%,1岁时达66%;即使成人,体内的水也要占体重的59%。这种比例对维持健康非常重要,一旦因腹泻使水分丢失超过身体重量的5%,就会发生一系列人体功能紊乱现象,医学上称为"脱水"。脱水如果不能及时得到治疗,会导致死亡。

蛋白质的代谢产物及电解质均需要溶解在尿液中,通过肾脏排出体外。婴儿蛋白质的需要量相对较多,所以水的需要量也较多,每天每千克体重约需150毫升。以体重10千克的宝宝为例,每日水的总需要量约1500毫升。以后每多3岁减少25毫升,9岁时每日每千克体重需要水75毫升。9岁儿童体重已长到26千克左右,每日水的总需要量约为2000毫升。

一年四季都要注意给宝宝补水,冬季尤有意义。奥妙有两方面:一方面冬季空气干燥。一般情况下,适宜人体健康的湿度在45%~65%,而在冬天大都有所下降,如北方地区的空气湿度一般在30%以下,离人体的要求差了一大截。干燥气候带给健康的负面影响是多方面的,引发"过敏"及其他多种流行病就是其中之一。日本医学教授披露,1961~1991年的30

年间，日本过敏性疾病的发病率上升了33%，症结之一即在于长期生活在湿度较低的环境里，导致机体免疫力下降。另一位日本医学专家搜集并研究了近百年世界各国流行病的相关资料后，亦得出类似结论：流行病多发期及死亡率高峰期均在干燥的秋冬季节。由此可见，冬季要预防流行病，如哮喘、肺气肿、支气管炎等，务必注意水分的供给。另一方面冬天气温低，与人的体温相差甚大，导致皮肤、呼吸等渠道的耗水量增加。这一点又恰为大多数年轻父母所误解，他们误以为冬季寒冷，宝宝又不出汗，不会像夏天那样多地丢失水分，因而忽略了对水的补给。

如果宝宝摄水不足，身体将会出现诸多报警信号：

- 24 小时之内，尿湿的尿布少于 6 块，或 6 个小时之内没有湿尿布。
- 尿色深黄。
- 头部囟门下陷。
- 嘴唇干燥。
- 皮肤弹性变差。测试方法是：父母用拇指与食指捏起宝宝手背的皮肤，突然放开，可以看到皮肤恢复变平的过程。
- 大宝宝会诉说口渴。

提醒父母，一旦出现了上述警号，表明宝宝体内的水平衡已被打破，细胞开始脱水，健康已受到了损失，此时补水如同"亡羊补牢"，虽可阻止损失的恶化，但所受的损失却难以挽回，被称为被动补水。正确举措应是在宝宝尚未出现缺水警号前，就按照其生理需求给予补水，以保证生长发育不受损失，这就是医学专家新近倡导的主动补水概念。

## 宝宝宜喝哪种水

给宝宝补充哪种水好呢？目前主要有白开水、纯净水、矿泉水等。不妨将它们放上 PK 台，看看哪种水能够胜出。

### 1. 纯净水

通过分离、过滤等环节处理，有害物质得以清除，比较卫生为其优势，为不少家庭所接受。然而，有益的矿物质与微量元素也被处理掉了，营养价值随之大打折扣。知道吗？有近 10 种宝宝必需的微量元素难从食物中摄取，主要从水中得到。以钙为例，宝宝 30% 的需要量来自水，如果迷恋纯净水，这 30% 的来源就丢失了。同时，水中钙的吸收率可达到 90% 以上，而食物中的钙受到粗纤维、植酸等的影响，吸收率不到 30%。另外，纯净水在失去

矿物质以后，其结构与功能也发生了相应变化，不仅不能补充钙、锌等微量元素，还有可能将体内的矿物质吸收排出体外，成为营养的一大"窃贼"。让宝宝长期喝这样的水，会有什么样的后果不是不言而喻了吗？

### 2. 矿泉水

说了纯净水这么多的缺陷，可能有人会对矿泉水跷大拇指了，其实不然。诚然，矿泉水矿物元素多，可不足之处也就在这里——矿物质太多了，而矿物质的代谢都要经过肾脏，过多的矿物质会加重肾脏的负担，而宝宝的肾脏尚未发育完全，功能还不成熟，矿泉水的长时间涌入无疑弊多利少。另外，矿泉水容易存在卫生隐忧，不时有细菌总数超标的品牌被媒体曝光就是例证。至于有些矿泉水还含有一些有害元素，如铍、铅，以及放射性元素氡、镭、钍等，则更应"敬而远之"了。

### 3. 葡萄糖水

近年的医学研究发现，给哭闹的宝宝喂食糖水，能促使他入睡，减少哭闹，但也只能偶尔为之，不可养成习惯，而且要掌握好浓度，以5%~10%、成人品尝时在似甜非甜之间为好。过久过甜地喂养葡萄糖水会抑制宝宝的食欲，提前进入厌奶期，对牙齿健美也不利。

从生理看，宝宝对饮用水的要求很严格，因此饮用水至少应满足以下几个条件：一是不含有影响小宝宝健康的理化物质及生物性污染，有害菌群为零；二是含有适量有益于宝宝健康并易于吸收的矿物质；三是水分子集团小，溶解力和渗透力强；四是水质软，导热、导电性能好；五是水中含有溶解氧；六是可迅速有效地清除体内的酸性代谢物质和各种有害物质；七是完全无菌，无须煮沸，可直接饮用。另外，口感还应甘甜温和，适合婴幼儿需要。用这样的水来冲调奶粉、米粉，融化快，更不会破坏其中的维生素和其他各种营养成分。所以，权衡利弊还是白开水最好，应作为宝宝补水的首选，其他也不绝对排斥，但只能作为偶尔饮用、换换胃口而已。

## 喂水方法要正确

不是所有宝宝都需要额外补水，如6个月内用母乳喂养的婴儿就不必多此一举，因为母乳的主要成分就是水，在母乳量充足的情况下，热量和水分已能充分满足婴儿新陈代谢的需要。若再另外喂水，对于新生儿可抑制其吸吮能力，干扰母乳喂养；对于小婴儿，可增加其心脏与消化道的负担。但在高热、腹泻等病理情况下，或服用了磺胺药物、或盛夏出汗多时，必须喂些温开水以补充体内水分的丢失。至于用牛奶或混合喂养的婴儿，以及1岁以上的宝宝，则在必须喂水之列，掌握以下几个技巧大有裨益。

①喂水经常化，做到少量多饮，父母不妨每隔20～30分钟让宝宝喝一点水，帮助他逐渐养成起床后、游戏时与饭前半小时喝水的好习惯。

②喂水不要太急，当宝宝出现口渴甚至尿黄、唇干等缺水警号时，应先喝少量的水，待身体状况逐渐稳定后再喝。如果宝宝短时间内摄取过多水分，血液浓度会急剧下降，从而增加心脏的工作负担，甚至可能会出现心慌、气短、出虚汗等现象。

③尽早鼓励宝宝用水杯喝水，争取在1岁左右戒掉奶瓶喂养习惯，因为大多数的奶嘴中都沾有糖分，用奶嘴会延缓新牙萌出，导致蛀牙形成。

④认清果汁的弊端。有些宝宝习惯喝各种果汁，但果汁含有大量的糖分和较多的电解质，不能像白开水那样很快离开胃部，而会长时间滞留其中，对胃部产生不良刺激。同时，果汁中过量的色素进入宝宝体内，易沉积在不成熟的消化道黏膜上，引起食欲下降和消化不良。因此，父母要把握好以下几点：

• 新鲜的水果汁里含有原糖，故宜用凉开水予以适当稀释。

• 限制饮用量，2岁以下的宝宝每天果汁的摄入量不要超过100毫升。

• 不给3岁以下的宝宝喝含有人工糖精的饮料。

• 不给宝宝吃含有糖精和色素等人工添加剂的水果泥。

⑤正确对待饮料。饮料不能当水喝，尤其不要喝含有咖啡因的饮料。因为咖啡因会对宝宝造成危害，如烦躁不安、食欲下降、失眠、记忆力降低等，并能影响儿童体内维生素 $B_1$ 的吸收，诱发维生素 $B_1$ 缺乏症。

⑥睡前不要喂水。3岁内的宝宝在深睡后还不能完全自控排尿，如果睡前喝水多了，很容易尿床，即使不尿床，也可能干扰睡眠。

⑦对于少数不大爱喝水的宝宝，父母可设法强化其对水的感情，策略有：

• 增加水比例法。对于小宝宝，可根据每天喝奶的情况适当增加水的

比例，如1份奶配2份水。

●饥饿喂水法。对不爱喝水的宝宝，可适当拖延其吃饭时间，当饥饿感明显时就会有喝水的欲望。

●运动法。宝宝是一个成长快速的个体，当其玩耍时体内消耗的养分、水分会明显增加，进而反射性地增加喝水的欲望。

# 4 招调理好宝宝的脾胃功能

你的宝宝脾胃虚弱吗？如果是，那就抓住冬季进行调理吧。中医学提醒人们：冬季是一年四季中最宜于调理脾胃功能的季节。奥妙在于冬主收藏，即冬季是积蓄力量以待"萌发"的季节，抓住这几个月时间进行调理，可以补偿夏令高温以及过食冷饮等因素损伤的脾胃功能，使其恢复正常运转，从而为翌年春天的良好发育奠定坚实的基础。

怎么知道宝宝的脾胃功能虚弱呢？看看宝宝的健康状态就心中有数了，比如不活泼、食欲低下，甚至面黄肌瘦，三天两头感冒或拉肚子。

好端端的脾胃为何会虚弱？从生理角度看，宝宝处于发育期，五脏尚不平衡，而是"肝常有余，脾常不足"，"肝有余"则容易"肝风内动"发生抽风；"脾不足"则易虚易实，也就是说容易受到饮食的干扰而出问题。比如，不少宝宝青睐冷饮，而过量地饮用冷饮易使脾胃受损而发生气

滞；有的宝宝偏食某些食物，以致吃得太多而造成"停食"，也可使脾胃之气呆滞。此外，过量甜食（如糖果、巧克力、麦乳精等）亦可造成脾胃气滞，招致脾虚。而宝宝的脾胃功能一旦虚弱，就会出现胃满腹胀，缺乏饥饿感，进食量减少，营养物质缺乏，宝宝怎能不又黄又瘦呢？

弄清了宝宝脾胃虚弱的原委与表现，针对性的调理措施也就应运而生了。建议从以下 4 方面做起。

## 食物调理

①调整三餐结构，暂时删除或减少那些不易消化、过于油腻的食物，特别是高脂肪食品如肉类等。食谱应以清淡、富含维生素与微量元素、易消化的食物为主角，且要注意保温。比如，β－胡萝卜素就值得推荐，此种营养素对上皮细胞具有良好的保护作用，可保护宝宝上呼吸

道与消化道黏膜完整，增强对病原微生物的抵抗力，防止冬季易发生的感染性疾病，为其冬季养生提供一个良好的内环境。做法是，将胡萝卜做成饺子、包子、馅饼、丸子，加几粒小丁香以去其怪味，让宝宝食用。

②多用以水为传热介质的烹饪方法，如汤、羹、糕等。少用煎、烤等以油为介质的烹调方法，以利于脾胃的消化吸收。

③注意食有节制，防止过饱伤及脾胃，使宝宝始终保持旺盛的食欲。

### 药物调理

在医生指导下合理运用中西药物，亦可收到良好效果。

• 中药有山药、茯苓、扁豆、莲子、芡实、薏米等，这些药物同时又是食物，用起来更安全方便，强健脾胃功能的效果也好。另外，也可选用神曲、山楂、鸡内金、麦芽等，以消除积存的宿食，清空肠胃，使宝宝产生饥饿感。

• 西药有各种消化酶，如胰酶、蛋白酶、淀粉酶、脂肪酶等，这些酶可有效地促进消化，防止食积。另外，B族维生素、酵母片、乳酶生等亦有异曲同工之效。

### 穴位调理

中医学认为，经常运用保健推拿按摩法，有调理脾胃的效果。具体按摩的穴位主要有足三里和中脘。

足三里，位于膝眼下三寸的胫骨外大筋内。本穴位为全身性的强壮要穴，常按摩此穴，可使小儿消化系统功能旺盛，消化吸收率增加，面黄肌瘦可获得改善。

中脘，位于脐上4寸，属于任脉穴。按摩此穴能行气活血，清热化滞，健脾和胃，对于小儿食积疳积、腹痛胀满、便秘泻泄等有较好作用。

按摩可采用揉、推、摩、旋摩等手法，力度适中，每天早晚各1次。若再用上捏脊法，效果会更好。

### 食疗调理

以下几款食品可帮助宝宝健脾，家长可经常做给宝宝吃。

## 食谱举例

### 1. 红枣大麦粥

红枣 8～10 枚，大麦适量，用温水浸泡后旺火熬煮食用之。

### 2. 红枣焦秫米粥

秫米适量，先用少量水浸泡后，上锅炒，炒至略呈黄色，再加入浸泡后的小枣 8～10 枚，旺火熬烂食用。

### 3. 莲子粥

莲子去皮去心，温水浸泡后，用旺火熬煮而成，加糖少量食之。

### 4. 薏米粥

薏米适量，或加少量秫米，温水浸泡后用旺火熬粥食用。

### 5. 肉汤类

用鸡或牛肉、排骨煮汤，加入肉豆蔻、草豆蔻、丁香、茴香、桂皮等，调入食盐少量食之。

### 6. 山楂糕及茯苓饼

购买市售的山楂糕或茯苓饼，与上述粥、汤类同吃。

# 冬季，调节宝宝胖瘦的黄金时段

你正在为宝宝太胖或太瘦而烦恼吗？那么，请听笔者的提醒：冬季是调整宝宝体重的黄金时间段，赶紧行动起来，不要坐失良机。

## "胖墩儿"调整方略

冬季减肥最容易见成效，成人如此，宝宝亦然。奥妙在于冬季气温低，人的体表血流减少，胃肠血流增多，消化运动增强，宝宝食欲大开，容易过食而增加体重。换言之，如果冬天能控制食量，不增体重，那么宝宝发胖的概率就减少了。另外，冬季气温低，人体散失的热量也多，同种减肥方式（例如运动）较其他季节的效果更好。

减肥的具体措施，建议你从以下几方面着手：

### 1. 补足维生素以及钙、锌等微量元素

最新研究表明，部分"胖墩儿"乃是营养不良所致，即缺乏某些微量营养素，如维生素 A、维生素 $B_6$、维生素 $B_{12}$、尼克酸、钙、锌等。道理很简单，这些微量营养素在脂肪分解代谢过程中起着重要作用，当宝宝因偏食、挑食等不良习惯造成摄入不足时，就会影响到人体能量的正常代谢使之过剩，进而转化为脂肪在体内积存下来而造成肥胖。因此，胖宝宝的食谱要尽量拓宽，粗粮、野菜、绿色蔬菜及水果等均应涉猎，不可偏废。必要时在医生指导下服用维生素及钙、锌等的药物制剂，以恢复正常的能量代谢，削减过多的脂肪而减轻体重。

### 2. 调整食物结构

调查资料表明，肥胖儿大多与吃肉类等动物性食品过多、进食速度过快、辅食添加过早、零食选择不当等因素有关。故提倡平衡膳食，以植物蛋白、蔬菜、水果、禽肉、鱼类等为主餐食品，乃是防治宝宝肥胖的"灵丹"。

### 3. 合理饮水

充足的水分不仅为小儿本来就很旺盛的新陈代谢所需要，也是维持正常体重的一个条件。因为体内过多的脂肪需要在水的参与下，才能转化成热量而散失。

### 4. 注重睡眠

成人睡眠过多，可能胖上加胖，宝宝则不然。因为宝宝在睡眠中内分泌系统趋于活跃，会分泌出更多的生长激素，促进身体生长，而在生长的过程中便可消耗掉部分能量。故睡眠充足的宝宝不仅体重大多正常，而且个头也长得较高。

### 5. 不要以食物为奖品

通常以糖果奖励宝宝就不是一个好办法。虽说饭后偶尔吃点糖果并不碍事，但强化宝宝脑中糖果是特别优待的概念，却会诱惑他们更想吃糖果，以致摄取的热量超标而导致发胖。

### 6. 科学选择零食

完全不给宝宝零食，既不可能，也不利于宝宝健康，关键在于科学选择。只给那些热量低、营养高的零食，如新鲜水果、牛奶、无糖早餐麦片等，有助于保持体重正常。

### 7. 加强锻炼

鼓励宝宝多做运动，将他们从电视机、游戏机、电脑前吸引到运动场上去，以增加体内热量的消耗。以长跑为主，辅以球类、弹跳等为儿童所乐于接受的方式。时间掌握在每天1小时，每星期5次左右。只要持之以恒，情况就会发生可喜变化。

## 瘦弱儿调整方略

瘦弱宝宝要增加体重，冬天同样是良机。以下措施值得家长参考。

### 1. 调理脾胃功能

如注意食物保温，清淡少油腻，细软易消化，多用以水为传热介质的烹饪方式，如汤、羹等，少用煎、炸、烤等以油为介质的烹饪方式。必要时，在医生指导下服用调理脾胃功能的药物，如B族维生素、酵母片以及健脾糕等中成药。

### 2. 预防疾病

为防止宝宝肺部及消化道感染，为冬季保健提供一个良好的体内环境，宜补足胡萝卜素，如胡萝卜、菠菜、柑橘等，也可直接服用胡萝卜素口服液，以保护脾胃功能。

### 3. 及时驱虫

蛔虫等肠道寄生虫，掠夺营养，招病惹灾，是导致宝宝体质虚弱的"元凶"之一。故在医生指导下，抓住冬季服用驱虫药，可望收到理想效果。

### 4. 按摩穴位

主要穴位有足三里（位于膑骨外侧下方凹陷处下四横指的地方，为全身性强壮要穴。常按摩此穴可促使消化系统功能旺盛，增进营养素的消化与吸收）和中脘（位于脐上4寸，属任脉穴位，按摩此穴能行气活血、清热化痰、健脾和胃，最有利于疳积、腹痛、胀满等症状的防治）。

### 5. 饮食有度

饮食要有所节制，以保持较为旺盛的食欲。切忌过量进食，否则可损伤脾胃功能而得不偿失。

# 冬雾危害宝宝健康

冬雾，早被享有"医圣"称号的古代名医张仲景列为5种邪气之一，称为雾邪。发生在20世纪50年代的伦敦烟雾事件至今提起仍让人心有余悸：当时英伦三岛接连几天为浓雾所笼罩，持续不散，导致包括儿童在内的近4000人丧生，震惊了世界。

## 冬雾的危害

雾可分为几种，常见的有辐射雾和平流雾。前者是地面空气因夜间冷却达到水汽饱和状态后形成的，大多出现在晴朗、微风、近地面水汽又比较充沛的夜间或早晨。后者则是由于空气的水平运动造成的。无论哪种雾，本身无害，只是空气中的污染物加盟才成为人类健康的杀手。

通常情况下，空气中的污染物以分散形式存在，当下雾时被雾滴所吸附。另外，二氧化氮等污染物还会在雾滴中发生化学反应，生成更多的有害物，进而谋害人体健康。比较起来，处于发育阶段的宝宝无论免疫力还是抗污染能力都较差，因而成了受害最大的群体。据医学专家研究，冬雾常常以小于0.2微米~0.4微米的颗粒形式直接侵入呼吸系统，至少可产生4大危害：

①引发呼吸道感染。冬雾导致空气湿度增高，流通性变差，加上宝宝大多喜欢张口呼吸，潜伏于雾中的病毒、细菌等病原微生物乘机入侵，引起鼻、咽、扁桃体及喉部发炎，导致流涕、咳嗽、发热等呼吸道感染症状"闪亮登场"。

②诱发或加重哮喘、支气管炎。雾中含有多种可吸入颗粒以及形形色色污染物，硫化物、氮化物、氟离子、有机酸、有机醛、苯、胺等榜上有名。这些有害物具有相当强的细胞毒性作用，可对气管、支气管、肺组织等直接造成损害，诱发哮喘、支气管炎发作或加重。请看日本研究人员

的一份统计资料：与晴天夜晚相比，雾天夜晚因哮喘症状发作而到医院看急诊的小患者增加50%；当气温低于17.7℃时，宝宝因哮喘发作而看急诊的可能性增加4倍。

③雾天日照减少，宝宝接受日光照射时间短暂，导致体内维生素D生成不足，对钙的吸收大大减少，可使宝宝生长减慢，甚至引起佝偻病。

④其他。雾中尚潜藏有甲基多环芳羟等强致癌物，过多吸入有诱发肺癌之虞。另外，雾中污染物刺激皮肤与眼睛，也是结膜炎等眼病以及多种皮肤病的一大祸根。

## 保护措施

显而易见，采取科学的保护措施防止冬雾谋害宝宝健康势在必行。以下举措值得推荐：

● 冬季让宝宝适当晚起，一般以日出为起床的最佳时间。

● 清晨运动要避开浓雾，改在室内进行。随着运动量的增加，宝宝的呼吸会加深加快，浓雾中运动无疑会吸入更多的有害物。

● 室内温度要适宜，以18℃ ~25℃为佳。室温过高可造成室内外温

差过大，易诱发感冒；室温过低，同样有引发呼吸系统疾患之虞。待太阳出来后要开窗通风，每次不要少于半小时，以保持室内空气清新。

• 教宝宝学会使用口罩。雾天外出及时戴上口罩，且口罩要选择大小适宜、厚薄适中、正规厂家生产的品牌，并要每天清洗、晾晒，避免脏物堆积在口罩上。另外，外出归来后要对面部和其他暴露部位来一番清洗。

• 给宝宝多喝水。一来冬季空气干燥，如北方地区的空气湿度一般在30%以下，适宜人体健康的湿度在45%～65%，差了一大截，容易引发过敏性疾病；二来冬天气温低，与人的体温同样相差甚大，导致皮肤、呼吸等渠道的耗水量增加。可见，督促宝宝多喝水大有必要。

• 增加维生素D的储备。除了多安排一些富含维生素D的食物，如动物肝肾、蛋黄、鱼肝油等外，就是适时进行日光浴。日光是最好的维生素D"活化剂"，夏季上午8～9时和下午4～5时，冬季上午10～11时和下午3～4时最宜于宝宝晒太阳，以增加体内维生素D的储备，并促进肠道钙、磷的吸收，帮助骨骼正常钙化，防止佝偻病缠上宝宝。

• 多安排有抗污染功能的食物，如畜禽血、海带、绿豆、蘑菇、豆腐、牛奶以及水果、蔬菜等。畜禽血含有丰富的血浆蛋白，经过胃酸与消化酶分解后，产生一种有解毒与滑肠作用的物质，与侵入胃肠道的粉尘、金属微粒发生化学反应，变为不易吸收的废物而被排出；海带富含海带胶质，促使体内的放射性物质排出；绿豆能帮助排泄各种重金属及其他有害物质，中医学誉其有解百毒之功；蘑菇被称为血液的清洁剂；蔬菜、水果拥有抗污染武器——碱性成分，使血液呈弱碱性，让沉淀在细胞内的毒素重新溶解，随尿排出体外。至于黑木耳、豆腐、牛奶等也都是冬季最佳清肺饮食，可保宝宝机体成为"一方净土"，将冬雾之害减到最低限度。

• 留心宝宝的感受与反应，若有不适要及时到医院儿科诊治，将其危害扼杀在"萌芽"状态。

# 冬季的抗污染宣言

大气污染一年四季都要注意，但冬天更要加强防范。原因在于冬天气温低，宝宝外出活动少，大部分时间待在室内，加上关门闭窗，致使污染加重，从而对健康构成威胁。美国环境专家的调查表明，室内污染比室外高出几十倍，可检出300余种挥发性有机物。加拿大卫生组织甚至认为，68%的疾病源于室内空气污染。

具体有哪些污染物呢？请看黑名单：

## 挥发性有机物

此乃多种有机化合物陆续进入家庭所致，目前测出的就已达307种之多。如由建筑材料与装饰物带来的有数十种（如甲苯、乙苯、二甲苯、甲醛、乙醛等），由烟煤燃烧产生的约25种，由无烟煤与木柴燃烧带来的各为13种，吸烟带来的有14种。这些挥发性有机物与肺癌、呼吸道炎症、过敏反应等多种疾病关系密切。

## 复合性混合物

如氡+香烟烟雾，可增加氡的强度而诱发肺癌；香烟烟雾+二氧化氮，易致呼吸道炎；香烟烟雾+氧化氮，易引起肺功能减退等。

## 微生物

室内空气中的微生物有3个来源：一是特定行业，如木材加工、制糖等行业的有机物受到微生物污染，导致大量可吸入性的菌丝及孢子产生；二是特定环境，如供水中含有军团菌或内毒素细菌，在加热过程中（如蒸饭、煮菜时）被雾化而散播到周围空气中；三是病原体的携带者（如结核病人等）。一般情况下以第二、第三种来源为最多，对健康的危害也最大。

## 霉菌毒素

科学家已从室内空气中分离出黄曲霉毒素、单瑞孢霉烯族化合物、镰刀菌毒素、黑麦酸 D 等多种霉菌毒素。黄曲霉素可致肝癌，单瑞孢霉烯族化合物可引起震颤、昏睡、呕吐、厌食等中毒症状。至于镰刀菌毒素和黑麦酸 D，前者降低人的生育力，后者则是产生畸形儿的祸根。这些毒素来自取暖、通风、空调系统的管道以及各类家具、木材等燃料。此外，建筑材料、地毯、石膏、水泥板等亦可生长霉菌，并有毒素释放而污染空气。

## 人体污染物

人体本身也是一个不容忽视的污染源，新陈代谢可产生 400 多种化学物质，每天通过痰液、咳嗽、喷嚏、粪便排出的病毒、寄生虫达 400 亿个以上，每人每小时有 60 万粒皮屑脱落，一年总计可达 0.68 千克，室内尘埃中 90% 是人体脱落的皮肤细屑。呼吸道排出的废物更为惊人，有专家做过实验：让 3 个人在门窗紧闭的房间里看书，3 小时后测量，空气中二氧化碳增加 3 倍，氨增加 2 倍。

预防措施大致可概括为以下几点：

①装修儿童房间不仅要选购环保型材料，还要保持室内应有的高度，不可因吊顶而人为地将其降低。研究显示，房间 2.8 米的净高有利于室内空气流动，若低于 2.55 米则不利于空气流动，对室内空气质量有明显影响。

②调查资料表明，空气不流通的房间内，空气中的病毒、细菌可随飞沫飘浮 30 余小时，乃是宝宝遭受诸如甲流等呼吸道感染性疾患之害的重要途径，所以要定时打开门窗通风，确保空气流通。一般每天早、中、晚各开窗通风 1 次，每次不得少于 45 分钟。

③每星期室内消毒 1 次，如食醋熏蒸法等，以减少病原微生物的数量与浓度。

④督促宝宝多到户外活动，特别是晴好天气时，每天不得少于 1 小时。不过，应避免到大型公共场所去凑热闹，更不可长时间逗留。

⑤少用电热毯、电暖器、电吹风等家用电器，看电视保持一定距离。

⑥根据宝宝的活动能力，多做体育锻炼，提升机体的抗污染能力。

⑦酌情安装空气净化机，或栽培有清除有害气体功能的植物，如吊兰、虎皮兰、绿箩、散尾葵、芦荟等。

⑧父母绝对不可在宝宝房间抽烟，也不宜用炭火取暖。

# 宝宝冬季咳嗽全攻略

冬季，几乎有宝宝的地方就能听到咳嗽声。不过，咳嗽只是一种症状，寻找它所代表的疾病才是治本之道。别慌，看完本文你就胸中有数了。

## 咳嗽伴流涕、喷嚏、轻度发热

强强与父母郊游回来就鼻塞、打喷嚏、咳嗽，妈妈一量体温38.2℃，爸爸说有点感冒不要紧。可妈妈不放心，还是带宝宝去了趟医院。

医生诊断：感冒咳嗽。

咳嗽原因：病毒侵犯气管黏膜，或者鼻黏膜发炎，分泌物倒流至咽喉部，刺激咳嗽反射所致。

咳嗽特点：多为一声声刺激性咳嗽，有痰，不分白天黑夜，不伴随气喘或急促的呼吸。咳嗽持续整个感冒过程（7~10天），有时感冒好了还要咳几天才收场，但程度日渐减轻。

应对办法：多喂温开水、蔬果汁或葱头水；用加湿器和浴室蒸汽缓解咳嗽；使用抗感冒药以及止咳糖浆、止咳片等止咳药要遵循医生指导，不要劳驾抗生素。

## 咳嗽伴高热、精神差

牛牛到乡下外婆家过周末，住了一个晚上就病了，高热、全身酸疼、咳嗽嘶哑无力，精神也很委靡，不想吃东西。外婆很着急，赶忙将他送进了医院。

医生诊断：流感咳嗽。

咳嗽原因：流感病毒侵犯呼吸道黏膜，引起黏膜发炎，分泌物增多而诱发咳嗽。

咳嗽特点：喉部发出略显嘶哑的咳嗽声，并逐渐加重，痰量由少到多，伴有39℃或以上高热，呼吸急促，精神委靡，背、腿部肌肉痛等流感症状。

应对办法：立即就医，在医生指

导下服用百服宁、布洛芬等退烧药，防止肺炎等并发症"趁火打劫"。预防要诀是接种流感疫苗。

## 咳嗽伴气喘

月月感冒好几天了，近两天又出现咳嗽，听起来感觉有很多痰，却咳不出来，因而显得焦躁不安。

医生诊断：支气管炎咳嗽。

咳嗽原因：支气管受到细菌感染而发炎，病菌、受损伤的细胞以及炎症代谢产物混在一起形成痰液，宝宝出于一种本能的反射而不停地咳，想把黏液咳出来，于是出现较久的干咳。

咳嗽特点：咳嗽声刺耳，起初几天属于干咳，以后可出现痰液，呈无色或淡白色透明的黏液状痰。

应对办法：在医生指导下使用药物治疗，如青霉素、头孢菌素等抗菌药，止咳糖浆等化痰药。督促患儿多休息，多喝水。病情较重者需要住院治疗，防止向肺炎发展。

## 咳嗽伴高热、呼吸增快、肺部水泡音

乔乔感冒将近1周了，情况却越来越糟，咳嗽加重，呼吸加快，体温升至39℃。爸爸将耳朵贴近乔乔背部，还听到乔乔吸气时有很细小的水泡音。

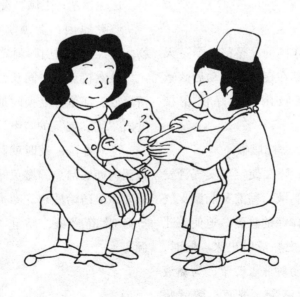

医生诊断：肺炎咳嗽。

咳嗽原因：病毒或细菌侵入肺部，炎性分泌物充满肺泡，频频刺激咳嗽反射而发生咳嗽。

咳嗽特点：咳声难听，甚至有些恐怖感，好像被花生卡住了似的。伴有高热与呼吸困难。若痰呈褐色如同铁锈，或像阴沟里的泥土色，谓之铁锈色痰，提示宝宝患的是大叶性肺炎；若为绿色痰提示肺炎合并绿脓杆菌感染；若为巧克力色痰多为阿米巴肺脓疡；烂鱼肚样痰多见于肺吸虫病；白色粉丝状痰往往见于肺部霉菌感染。

应对办法：及时到医院检查治疗。注射肺炎疫苗有预防之效。

## 咳嗽伴喘息

泉泉不知咋搞的，整整一个冬天都在咳嗽，尤其在夜里和运动后咳嗽加重，有时呼吸困难，好像在拉风箱。

医生诊断：哮喘咳嗽。

咳嗽原因：哮喘使宝宝支气管发炎，产生大量黏液，黏液又刺激支气管黏膜，产生痒痒的感觉，迫使患儿不由自主地想把黏液咳出来。同时，肺部细小的气道肿胀、变窄，为黏液所充斥并发生痉挛，进而导致呼吸困难。

咳嗽特点：咳嗽常见于晚间或活动后，常伴有喘鸣，吸入花粉或二手烟可加重。较小或较瘦的患儿，吸气时胸部有明显凹陷，并发出"咻……咻……"的喘气声，严重的如同拉风箱。

应对办法：选用氨茶碱等支气管扩张剂，以及强地松等抗炎药物治疗。严重者需住院治疗。

## 咳嗽伴上颌窦炎症状

涛涛咳嗽有点怪，多发生在清晨，并有鼻塞不通气、头晕、头痛等不适感。医生一按压他的面颊近鼻侧部位，他就喊疼痛。

医生诊断：上颌窦炎咳嗽。

咳嗽原因：上颌窦的炎性分泌物，流经咽部时引起刺激性咳嗽。

咳嗽特点：时间长，咳嗽轻，在清晨或头部位置变换时最易发生，常发出"吭、吭"的咳声。

应对办法：及时就医，选用有效抗菌药彻底治愈，避免转为慢性。平时要积极防治感冒、咽炎、扁桃腺炎等呼吸道感染，防止炎症殃及上颌窦。

## 咳嗽伴肌肉抽动

军军最近"咽炎"又发作了，用了几天药虽有好转，却又出现了咳嗽，老像在清嗓子一样。父母带他到医院检查，原来患的不是咽炎，而是抽动症。

医生诊断：抽动症。

"咳嗽"原因：其实不是咳嗽，而是声带肌（还有胸扩肌、腹肌及口咽部肌肉）突然收缩造成的发音异常，医学称为发声性抽动。

"咳嗽"特点：过敏体质宝宝易发，表现为清嗓子、说话停顿、口吃、结巴、干咳、嗓中发出咕噜声等喉部症状，常被误诊为慢性咽炎、过敏性咳嗽等疾患。

应对办法：抽动症是一种常发生于孩提时代的心理行为疾病，可能是躯体疾病、心理障碍、遗传及环境等综合因素所致，所以需采用包括药物、行为疗法、心理疗法在内的综合治疗，方能奏效。

## 突然呛咳

姥姥喂食时喜欢逗萌萌笑，这天萌萌正在笑时突然呛咳起来，脸红筋胀，直到将饭粒咳出来才停息。姥姥吓了一大跳，从此喂食再也不敢逗萌萌笑了。

医生诊断：气管异物咳嗽。

咳嗽原因：水、饭菜等异物掉入气管所致。

咳嗽特点：突然发作的呛咳，阵发性加重，咳得脸红脖子粗、鼻涕长流，直到异物咳出为止，没有流涕或者发热等症状。最常见于喂奶或进食时。

应对办法：宝宝进食或给宝宝喂食不要逗笑，以免干扰其注意力，导致食物误入气管。如果宝宝进食过程中突然出现呛咳，应暂停喂食，帮助宝宝咳出异物，必要时请医生处置。

## 犬吠样咳嗽

禾禾晚上睡觉时鼻子有些堵，但睡得很平静，父母没太在意。可几个小时后，禾禾突然发出干涩、类似吼叫的咳嗽，听上去有点像狗叫，而且呼吸不顺畅。爸爸不敢耽搁，立马开车送他去了医院。

医生诊断：急性喉炎咳嗽。

咳嗽原因：喉部黏膜受到病毒感染，发生充血水肿，导致喉腔狭窄引发咳嗽。

咳嗽特点：发出"空、空、空"的咳声，如同狗叫，谓之犬吠样咳

嗽。有时伴有声音嘶哑与喘鸣，严重时还会导致呼吸困难。6个月到3岁的宝宝高发。

应对办法：及时送医院救治。

## 痉挛性咳嗽

聪聪咳嗽好几天了，开始以为患了感冒，可整整一个星期后不仅未减轻，反而加重，咳起来一连串，呼吸也不太顺畅，吸气时还出现奇怪的鸡鸣声。

医生诊断：百日咳咳嗽。

咳嗽原因：百日咳杆菌引起呼吸道黏膜发炎，痰液黏稠，需经反复咳嗽方能咳出；加上小宝宝声门狭小，所以出现有别于其他疾病的特殊咳声。

咳嗽特点：一是痉挛性咳嗽，咳嗽由单声咳变为阵咳，连续十余声至数十声短促的咳嗽，继而一次深长的吸气，发出公鸡打鸣样的吼声，以后又是一连串阵咳，如此反复，直至咳出黏稠痰液为止。二是咳嗽持续时间长，可长达2~3月，"百日咳"由此得名。

应对办法：及时就医，在医生指导下选用抗生素。一般止咳药无效，不要随便给宝宝服用。注射百日咳疫苗是最有效的预防手段。

## 蛔虫致咳嗽

一位农村女孩已经咳嗽3个多月，干咳，一咳便是连续多声，主要发生在夜间入睡后，常常是梦中咳醒，呈阵发性，白天咳得少，但在早晨起床后可用力咳出冻胶样、灰黑色、质地强韧且带铜腥味道的痰块。在区乡卫生院吃了不少药，没起一点作用。

医生诊断：蛔虫病咳嗽。

咳嗽原因：蛔虫如何引起咳嗽呢？这得从蛔虫的发育史说起。蛔虫卵污染食物或食具，并潜入胃内，胃内的消化液将虫卵外壳的蛋白质膜消化掉，虫卵便趁机进入小肠孵出幼虫来。幼虫再钻进小肠黏膜，随血流侵入门静脉，经过肝脏、右心而到达肺泡。在肺内，幼虫进行第二次与第三次蜕皮，然后经气管移行到咽喉，再被吞咽到胃中，最后定居到小肠，发育为成虫。幼虫在发育过程中的这种"旅行活动"，损伤了肺部的毛细血管，引起呼吸道的肉芽肿反应，导致气管痉挛。同时，虫卵及其虫体分泌物，作为异性蛋白质诱发人体的过敏反应，形成过敏性肺炎，咳嗽症状随之产生。

咳嗽特点：主要发生在夜间，可以持续几个月，不发热，无胸痛，使用消炎药物与止咳平喘药效果都不佳，肺部经 X 线透视有阴影，查血可见嗜酸性白细胞升高。

应对办法：在医生指导下选用打虫药，如甲苯咪唑、哌嗪、塞嘧啶、左旋咪唑、奥苯达唑、阿苯达唑等。

## 户外活动咳嗽

润润已满 5 个月了，奶奶说应该到户外动动了，可到户外没多久就出现咳嗽，抱回室内后又消失。

医生诊断：冷空气刺激咳嗽。

咳嗽原因：小宝宝的呼吸道黏膜很娇嫩，一旦受到吸入的冷空气刺激，呼吸道黏膜就会出现充血、水肿、渗出等类似炎症的反应，进而诱发咳嗽。

咳嗽特点：刺激性干咳，无痰或少量清痰，不发热，也没有呼吸急促和其他不适症状。

应对办法：常带宝宝到户外活动，多接受气温变化的锻炼。

## 进食后咳嗽

俊俊咳嗽持续半个月不见好转，多发生在进食后又平躺时，咳声呼哧呼哧地，听起来令人难受。

医生诊断：胃食管反流咳嗽。

咳嗽原因：胃部上口（医学称为贲门）括约肌无力，致使食物与胃酸等胃内容物反流入食道或咽喉部引起咳嗽。

咳嗽特点：常出现在进食之后，持续咳嗽且咳声沙哑，平躺时加重。

应对办法：进食后保持直立位 30～60 分钟；睡觉前不要喂食；睡觉时头部稍微垫高一些。必要时在医生指导下选用药物治疗。

## 运动中咳嗽

冰冰咳嗽常在运动中发生，尤其是运动稍为激烈点就咳个不止，换做温和运动或休息片刻后又逐渐减轻或消失。

医生诊断：运动性咳嗽。

咳嗽原因：做强度较大的运动项目时往往用嘴呼吸，这时调节吸入空气温度与湿度的功能，便由鼻部黏膜转移到气管黏膜，造成气管黏膜水分和热量的丧失而致咳嗽。

咳嗽特点：常在运动中发生，尤其在寒冷天气中激烈运动 5～15 分钟后咳嗽最重，30 分钟后逐渐消失。

应对办法：教给宝宝运动的正确姿势及呼吸方法，尽量避免张口呼吸。根据年龄合理安排运动的强度与时间，不要做强度过大的项目，每次运动不要持续太久，一般勿超过 20 分钟。咳嗽发作时应暂停运动，并喝适量温开水。

# 冬季巧招养护"复感儿"

一到冬季，总有一些宝宝反复遭受呼吸道感染，感冒、支气管炎，甚至肺炎反复发作，被医生戴上"复感儿"的帽子。一般说来，5岁内的宝宝每年上呼吸道感染6～7次，或下呼吸道感染（如肺炎）2～3次者，即属于"复感儿"。

## 破解"复感"之秘

这些宝宝怎么啦？究其缘由，在于自身与周围存在着一些"缺陷"，给致病微生物发放了"通行证"。

营养不良是首要因素。如母乳不足又没有及时添加辅食，或长期只吃淀粉类食物，导致蛋白质、脂肪等养分不足。加上伴有佝偻病及铁、锌等多种微量元素缺乏，继而损害免疫系统，造成抗病能力下降。其次是环境危害，如混杂在空气中的大量烟雾，如二氧化硫及一氧化碳，通过呼吸进入宝宝体内，积累到一定浓度，削弱了机体的抵抗力。资料表明，以煤为主要燃料的家庭，复感儿的发病人数比一般家庭高出19倍。再次是被动吸烟，如孕妇或周围的人吸烟，血液中的尼古丁可直接或间接地作用于子宫和胎盘血管，减低血氧的含量，使胎儿处于慢性缺氧的状态中，导致呼吸生理功能先天不足，出生以后容易反复发生呼吸道感染，其感染概率较一般宝宝高7倍。

另外，原有的哮喘病导致免疫功能低下，肺通气功能差，极易并发感染。同样有资料显示，哮喘病儿反复呼吸道感染的机会比正常小儿要高30倍以上。至于一些家长对医药一知半解，给呼吸道感染的宝宝服用中药或使用抗生素不正规，见好就收，烧一退就停药，虽使致病菌暂时受到抑制，却没有彻底剿除，形成了慢性病灶，如慢性扁桃体炎、慢性咽炎及慢性鼻窦炎等，一受凉就发病，致使呼吸道感染反复发作，成为"复感儿"

队伍中的一员。

## 早期识别呼吸道感染

一般说来，宝宝得了呼吸道感染如支气管炎，甚至肺炎，往往有一些信号，父母务必心中有数，以便早期获得治疗。

●发热。不同年龄、不同病原体所致呼吸道感染多有发热，肺炎尤甚，但发热的程度可不一样。有的是低热，体温持续在38℃左右，也有的高热到39℃甚至40℃。其中，一日体温波动在2℃~3℃者，医学上称为弛张热，若体温持续保持在高热状态，一日波动不超过1℃，谓之稽留热。

●咳嗽。较为频繁，早期常为刺激性干咳，以后咳嗽程度可略为减轻，进入恢复期后咳嗽常有痰液。

●气促。多出现在发热、咳嗽之后。病儿常常有精神不振、食欲减退、烦躁不安、轻度腹泻或呕吐等全身症状。

●呼吸困难。病儿常出现口周、鼻唇沟发紫，而且呼吸加快，每分钟可达60~80次，可有憋气，两侧鼻翼一张一张的（医学称为鼻翼扇动）。

上述四大表现中，父母要特别留心宝宝的呼吸情况，以判断是否得了肺炎等较重的呼吸道感染，以及肺炎

的轻重：一是数呼吸次数，二是看胸部的凹陷程度。健康小儿安静时的呼吸次数因年龄不同而有所差异，以每分钟为例，2个月内少于60次，2~12个月少于50次，1~4岁少于40次。至于胸部凹陷，是指宝宝吸气时下胸壁内陷的程度。如果小儿咳嗽，并伴有呼吸增快，则为轻度肺炎；如果呼吸增快伴有胸部凹陷，则为重度肺炎；如果在上述基础上还伴有不能饮水和紫绀，则为极重度肺炎。

## 不发热的感染更险恶

刚才说过，宝宝特别是周岁内的婴儿呼吸道感染多有发热，但也不尽然。以肺炎为例，就有不发热的病例。临床资料表明，80%的3个月以内的小婴儿得了肺炎就不发热，很容易被年轻的爸爸妈妈所贻误。危险性也正在这里——不发热的肺炎更加险恶，如出现呼吸衰竭、心力衰竭等凶险合并症的概率更高，病死率较一般肺炎患儿高出3倍之多，丝毫不可掉以轻心。

那么，对于这类不发热的患儿如何做到早期发现呢？这就要关注小婴儿肺炎的若干"蛛丝马迹"了，如不吃奶、口吐白色泡沫、精神委靡、气急，安静状态时每分钟呼吸超过60

次，同时伴有明显的胸部凹陷、鼻翼扇动、口唇发青等。一旦发现上述症状，及时送医院救治最要紧。

## 得了呼吸道感染怎么办

宝宝得了支气管炎乃至肺炎怎么办呢？当然是上医院，由儿科大夫处理，如选用青霉素、头孢菌素等抗生素，对症服用化痰止咳药物，或吸入氧气以改善呼吸困难等。不过，家长也并非无事可干，而应当成为医生的好助手，协助做好患儿的以下护理工作。

• 防止宝宝在病房内遭受交叉感染。如不要让宝宝在病房走廊内长时间逗留、玩耍；不要让患儿之间过多亲密接触或交谈。

• 病房内要勤开窗户，以保证室内空气流通。室温以18℃～20℃为宜，并保持适当湿度（约60%），以防呼吸道分泌物变干而不易咳出。

• 保证宝宝充分休息。妈妈不仅要有爱心，还要细心。最好将测体温、换尿布、喂药等操作集中起来做，以免影响宝宝的休息。因为宝宝的哭闹、活动会使缺氧症状加重，增加心脏及肺部的负担，妨碍疾病康复。

• 强化皮肤护理。宝宝发热出汗多，要及时更换衣服，并用热毛巾将汗水擦干。同时，经常让宝宝变换体位，减少肺部淤血，促进炎症吸收。此外，可轻轻拍打宝宝的背部，便于痰液顺利排出。

• 补足水分。肺炎患儿的饮食原则应是易于消化、多水分、高热量、高维生素。高热患儿多给流质饮食，如牛奶、米汤、豆浆、蛋花汤、鱼汤、牛肉汤、菜汤、果汁等。退烧后可加半流质饮食，如煮烂的面条、米粥、豆腐脑、蛋羹等。

• 肺炎急性期应严格卧床，恢复期可下床进行适当活动。

## 阻止"复感"有招

宝宝的健康永远是父母的牵挂。要让宝宝走出反复呼吸道感染的困境，需要从根本上改善"复感儿"的体质，增强其免疫力。建议家长抓好以下细节：

①合理喂养。具体说来，周岁内宝宝的最佳营养来源非母乳莫属。优势缘于母乳中丰富的抗病物质，如分泌型免疫球蛋白等多种抗微生物抗体、乳铁蛋白、双歧因子、活性免疫细胞等。当然，适时的辅食添加也是必要的。周岁以后，营养均衡的食谱当是关键。在优先供足蛋白质（肉、蛋类最丰）的同时，维生素（维生素

A、维生素 C、维生素 D）、核苷酸（鱼、豆、海鲜为多）、多糖（蘑菇为其富矿）、微量元素（钙、铁、锌等）也要补足，以充实、提升宝宝的免疫系统实力。具体食谱不妨这样安排（以 1～3 岁的宝宝为例）：每天粮食 2～3 两（包括强化米粉），猪瘦肉或鱼 50 克，豆类 50 克，蔬菜 200 克，水果 50 克，奶制品 250 克，植物油 20 克。

注意：不是说每天都要安排这么多种类，但应在一周内满足上述每种食物 7 天量之总和，如猪瘦肉或鱼 7 两等。为宝宝筑起一道坚实的营养屏障，以打破呼吸道感染的恶性循环。

②加强体质锻炼。小宝宝可由父母或保姆做抚触、按摩、体操等被动活动。能够行走的宝宝，要鼓励他多做户外活动，接受日光浴（获得大量维生素 D），提高抗病能力。

③打好预防针，如按程序接种麻疹疫苗、百白破三联疫苗、流感疫苗以及肺炎疫苗等。肺炎疫苗特别值得推荐，23 价肺炎球菌疫苗能覆盖 23 种经常引起肺炎球菌感染的血清型，可保护宝宝免于 90% 的肺炎球菌疾病偷袭，是一种具有特效作用的防治儿童反复发生呼吸道感染的方法。

④酌情选用免疫制剂，如气管炎菌苗、胸腺肽、转移因子、核酪、左旋咪唑、卡介苗素等。一定要用够疗程，不可半途而废。

⑤保护宝宝避免接触病原体，如少带或不带宝宝到公共场所凑热闹；不要让宝宝与患有呼吸道感染的病人一起玩耍；家里有人得了感冒，应减少病人与宝宝的接触，室内可采用食醋熏蒸的方法，进行空气消毒。

⑥补充益生菌。美国学者一项最新研究显示，3～5 岁的宝宝每天补充益生菌并持续 6 个月，将有效减少发热、流涕、咳嗽的发生率。常用制剂有妈咪爱等乳杆菌、金双歧等双歧杆菌，可在医生指导下使用。

⑦试试中医推拿法。中医学认为，推拿可益气固表，增强人体的抗病力。具体有揉小天心（位于大小鱼际交界处之凹陷中，揉捏 3～5 次）、揉风池穴（位于后发际大筋外侧凹陷处）与风府穴（位于后发际正中直上 1 寸处，项后正中之凹陷中，各揉 10 次）、运太阳（位于眉梢与眼外角中间，向后约 1 寸凹陷处，揉运 3～5 分钟）、按大椎（位于第七颈椎与第一胸椎棘突之间，按、揉、推 30～50 次，以皮肤发红为度）、推三关（位于前臂桡侧，腕横纹与肘横纹呈一直线，将拇指或食中二指并排，自下向上推 100～300 次）等。

# 嗓子疼，祸起扁桃体炎

寒冷的冬季，宝宝显得格外脆弱，稍不留神病痛就可能光临。就说口腔里的一对"小哥俩"扁桃体吧，一旦发炎就会招来大痛苦，诸如发热、嗓子疼、难以吞咽食物、睡觉打鼾等，父母千万不可等闲视之。

## 天生"小哥俩"必有用

面对镜子，张大嘴巴，压低舌头，发出"啊"的声音，"小哥俩"的真面目就暴露在眼前：咽部左右侧各一个呈粉红色的小肉团，颇像扁桃而得名。如果再细看，类似于海绵，有很多细小的孔隙与裂纹，医学谓之隐窝。"小哥俩"出生时尚未发育，一般自生后10个月起发育启动，4～8岁进入发育的鼎盛阶段，故这个时段的宝宝扁桃体往往偏大，12岁左右发育停止，以后倾向于萎缩，体积逐渐缩小。

"小哥俩"属于淋巴组织，是体内免疫系统的一分子，携带有T细胞、B细胞、各种免疫球蛋白和特殊抗体等秘密武器，像卫兵一样在咽部两侧站岗执勤。咽部堪称人体内的要塞之一，呼吸道与消化道在这里交汇，空气与食物进入体内的唯一通道，而空气与食物往往混有细菌或病毒，"小哥俩"可将其消灭，确保人体安全。

明白了吧，扁桃体相当于人体内一个前沿哨所，扼守着呼吸与消化两大系统的门户，在人体的免疫网络中举足轻重，其抗病力在3～5岁的时段表现最为活跃，这也是医学专家强调5岁内宝宝不要轻易切除扁桃体的奥秘所在。

## "小哥俩"发炎危害大

"小哥俩"身处防御的前沿阵地，也会首当其冲地受到细菌、病毒等"天敌"之害。尤其是当宝宝的抗病力下降时，如感冒、疲劳、心情不佳等情况下，病害会乘虚而入，患上急性扁桃体炎。宝宝突感嗓子痛，伴有畏冷、发热、吞咽困难。检查可见扁桃体充血、肿大，甚至有化脓点。

急性扁桃体炎危害大，至少可引起两方面病变：一方面是殃及四邻。如急性扁桃体炎治疗不当容易复发，或者变成慢性扁桃体炎，病原体将以此为据点向周围器官发难，引起咽炎、喉炎、气管炎、肺炎、中耳炎、鼻炎、鼻窦炎、淋巴结炎等。另一方面，病原体易使免疫系统功能紊乱，进而引起全身并发症，如风湿热（风湿性关节炎、风湿性心脏病）、皮肤病（牛皮癣、渗出性多形性红斑）、心肌炎、肾病、肾炎、哮喘、糖尿病、血液病等难治性疾病。

## 防与治并重

扁桃体炎多发生于 1 岁以上的宝宝，这是由于 1 岁以下的宝宝扁桃体还没有发育完全之故。治疗要点如下：

①在医生指导下优选抗生素，如青霉素、头孢菌素等。病轻者可用肌肉注射，病重者需静脉输液治疗。对抗菌药的要求，一是剂量要足，二是疗程要够，力争彻底治愈，防止炎症复发或变成慢性。

②酌用含片，如西瓜霜、华素片等。注意，此法只适用于大宝宝，小宝宝不要用，以免误入气管。

③局部外治，如扁桃体隐窝冲洗、扁桃体内药物注射、局部烙治、局部喷药、激光治疗等。需由医生根据患儿的病情以及接受能力酌定，不可自行为之。

④辅以食疗。中医师推荐荷叶莲子粥（鲜荷叶 1 大张水煎取汁，与鲜莲藕、大米煮粥）、鱼腥草粥（鱼腥草 30 克水煎取汁，加大米煮粥；或将鱼腥草洗净切碎，调入粥中）、金银花粥（金银花 15 克水煎取汁，与大米煮粥）、牛蒡子粥（牛蒡子 15 克水煎取汁，加大米煮粥）、橄榄粥（鲜橄榄 2 个，打碎水煎取汁，加大米煮粥）等方，可供选择。

预防应采用综合措施，多管齐下方能收效。

● 鼓励宝宝勤运动以增强体质，提高抗病力。同时要搞好室内外卫生，保持空气流通，减少空气污染。

● 扁桃体炎大多继发于感冒，避免感冒就会大大减低"小哥俩"受害的概率。所以，在冬季要做好感冒的防治事宜，包括接种疫苗（如肺炎疫苗、流感疫苗等）、少去公共场所、出门戴口罩等。

●教育宝宝做好口腔卫生，如早晚刷牙、饭后漱口等。

●合理安排宝宝的食谱，在膳食平衡的总原则下适度向青菜、水果等凉性食物倾斜，少吃肉类，尤其不可多食炸鸡、炸鱼等热性食物，热性食物容易使宝宝"上火"，增加扁桃体炎的发病风险。

# 保护宝宝远离急性支气管炎

　　强强从幼儿园回来，妈妈见儿子脸色不太好，流清鼻涕，咳嗽，量体温有点低烧，怀疑受凉了，赶紧到医院检查，儿科大夫诊断为急性支气管炎，简称急支炎。时下冬春交替，气温波动大，正是急支炎高发时段，所以了解一些防治知识便成了称职父母的必修课。

## 急支炎的真相

　　要搞清急支炎的真相，得从支气管说起。医学将起自人体鼻腔止于肺部的管道称为呼吸道，承担着吸入氧气、呼出废气（二氧化碳）的使命。呼吸道又分为上下两部分，从鼻到喉为上呼吸道，喉以下为下呼吸道。上呼吸道包括鼻、咽、喉等部分，下呼吸道则由数量众多、粗细不同且分叉的管道组成，如同一棵大树，紧接喉部的气管成了大树的"主干"，其下便是众多"枝丫"，统称为支气管。

如果"主干"（气管）与"枝丫"（支气管）的黏膜发生了急性炎症，医学就称为急性支气管炎，简称急支炎。

　　好好的支气管黏膜怎么发炎了呢？主要祸起病毒、细菌等病原体的偷袭。其偷袭途径主要有两条：一条是病原体先侵入宝宝的鼻腔、咽部等上呼吸道，并引起炎症，称为上呼吸道感染（简称上感，中医谓之感冒），然后向下蔓延至气管与支气管，支气管炎便"应运而生"了；另一条则是在宝宝患有流感、百日咳、麻疹、伤寒、猩红热等急性传染病的基础上，细菌趁火打劫所致，医学称之为传染病的并发症。一般说来，前者为主要途径，"造就"了90%以上的急性支气管炎患儿，强强可谓典型例子；后者仅涉及余下的不到10%的支气管炎患儿。

　　不难明白，绝大多数急性支气管炎源于上呼吸道感染，所以急支炎多

以上呼吸道感染为前奏曲，如鼻塞、流涕、发热、咽痛等，以后逐渐出现断续干咳。随着呼吸道分泌物增多，咳嗽带有痰液，初为黏痰，很快变成脓痰（婴幼儿不会咳痰，多经咽部吞下）。体温正常或稍高，常伴食欲下降，睡眠不安，或有呕吐、腹泻、腹痛等。病情一般延续7~10天，有时迁延2~3周，或反复发作（如果发热、咳嗽加重，呼吸急促，鼻翼扇动，口唇发绀，要考虑患儿患上了肺炎）。胸部摄片可见肺纹理增粗、紊乱，偶有肺门阴影增浓（若有点片状阴影应考虑肺炎）；查血可见血白细胞总数正常或偏低（提示病毒感染），或白细胞总数及中性白细胞升高（提示为细菌感染）。

提醒家长，孩提时代还有一种特殊类型的支气管炎，多见于2岁以下虚胖小儿，往往有湿疹或其他过敏史，起病不久就出现哮喘症状，可反复发作，一般到入学年龄时症状消失，仅有少数至年长后发展成为支气管哮喘。究其奥秘可能为患儿对感染过敏，加上黏膜充血肿胀和炎症刺激，导致支气管平滑肌痉挛，加重支气管狭窄而引起喘息。医学称之为喘息型支气管炎，需要认真看待。

## 用药与护理并重

急性支气管炎的治疗，首要一条是针对引起支气管黏膜炎症的病原体用药，即中医所说的治本。常见的病原体包括病毒（如流感病毒、腺病毒、副流感病毒、呼吸道合胞病毒等）、细菌（如支原体、肺炎球菌、溶血性链球菌、葡萄球菌、流感杆菌等），或两者合并感染。对付病毒的有效武器是抗病毒药，如吗啉胍、阿糖胞苷、病毒唑、潘生丁、干扰素等；而降服细菌的重担毫无悬念地落在了磺胺、青霉素、头孢菌素、红霉素（对付支原体有特效）等抗菌药上。如何鉴别气管炎病孩是病毒偷袭还是细菌入侵呢？查血可作参考：当血中白细胞正常或减低者多考虑病毒，抗病毒药物当为首选，若查血白细胞升高或发热、咳嗽较重者应疑及细菌或合并感染，必须投入抗菌药。

其次是对症用药改善症状，措施有：

### 1. 止咳

宜用急支糖浆、小儿止咳糖浆、甘草合剂、10% 的氯化铵溶液、必嗽平等化痰止咳药，不可随意动用吗啡、可待因等镇咳剂，防止咳嗽中枢被抑制无法排出痰液而加重肺部感染，只有无痰且干咳较重者可酌情服用咳必清。

### 2. 化痰

除口服化痰片、痰易净等化痰药物外，尚可酌情采用雾化吸入（每天 2～3 次，每次 5～20 分钟），促使呼吸道痰液稀释咳出，同时注意拍背排痰或人工吸痰。

### 3. 平喘

喘息患儿可服用平喘药如氨茶碱、博利康尼，必要时加入地塞米松等激素治疗。

### 4. 退烧

患儿体温超过 38.5℃ 时给予退烧措施，包括物理退烧与药物退烧法。物理退烧法最安全，方法有凉毛巾（25℃ 左右）湿敷额头、温水洗澡或泡脚（37℃ 左右）、35% 的酒精擦浴、枕冰袋等。药物退烧适于热度高且年龄较大的患儿，西药有诺静（安乃近滴液）滴鼻、小儿退热栓塞肛门、美林糖浆与百服宁滴剂（含扑热息痛）口服，中药则有柴黄颗粒等，皆需在医生指导下选用。

用药的同时要加强护理，如果说

用药靠医生，那么护理则有赖于父母了。护理要点有：

●督促患儿休息，保持室内空气新鲜，调节合适的温度和湿度，注意保暖。

●多喂水，如糖水或糖盐水，米汤、蛋汤、菜汤亦可。

●膳食要易消化，以流质或半流质为主，少食多餐。食物清淡且富含营养，如猪、牛、羊的肺脏，豆制品、蔬菜（白菜、菠菜、油菜、白萝卜、胡萝卜、番茄等）、果品（百合、大枣、莲子、杏仁、核桃、柑橘、梨等）。少食或暂不食海腥油腻刺激之品，如黄鱼、带鱼、虾、蟹、肥肉、辣椒、胡椒、蒜、葱、韭菜。菜肴调味勿过咸过甜，冷热要适度。米粥、蔬菜面条、鸡蛋羹、水果汁、甜豆浆等都是比较好的易消化膳食。

●供给复合维生素 B 和维生素 C，每次各 1 片，每日 3 次。对慢性和多次发病的患儿，还应供给维生素 AD 片或鱼肝油丸。

●观察宝宝咳嗽情况，并及时告知医生，包括咳嗽频率、性质以及伴发症状等。比如，宝宝是一声一声单咳还是连续咳？晚间咳得厉害吗？咳嗽时带有尾声，像鸡鸣样还是犬吠样咳嗽时伴有呕吐吗？咳嗽

时面部可用雾化吸入剂帮助祛痰，每日 2~3 次，每次 5~20 分钟，青紫或憋气吗？喉咙中有明显的痰响吗？以便医生正确评估病情、及时调整用药方案。

## 发挥食疗之功

支气管炎也可食疗，但要按照中医理论分清寒热，对证选用食疗方。请看中医师的建议。

●风寒咳嗽。特征是：咳嗽初起，痰白稀薄，鼻塞流涕，咽痒咳声重，头痛怕冷，不发热或低烧，舌苔薄白。治宜疏风散寒，宣肺止咳，适合葱白粥（葱白、生姜、糯米、米醋各适量煮粥）、柚皮煎（柚皮 3~6 克煎服）、冰糖炖萝卜（白萝卜榨汁，加入冰糖隔水炖化睡前服）等食疗方。

●风热咳嗽。特征是：咳嗽不爽，痰黄黏稠，鼻塞，流白黏涕或黄脓涕，咽红口干，或伴有发热头痛，汗出怕风，舌质红、苔黄。治宜疏风清热，化痰止咳，适合二汁饮（藕汁、梨汁等量混合服用）、橘皮粥（鲜橘皮煎汁去渣，加入粳米煮粥）等食疗方。

急性支气管炎完全能够预防，首要一招是预防感冒，或得了感冒后及

时治疗，可大大减少宝宝与支气管炎结缘的概率。另外，儿科医生观察到，营养不良、佝偻病、慢性鼻炎等乃是小儿气管炎最常见的诱发因素，积极防治亦有助于远离支气管炎。平时鼓励宝宝勤于运动，增强体质与抗寒力，并适时接种疫苗（如流感疫苗、肺炎疫苗等）。

# 9条防线阻击中耳炎

中耳炎，一种几乎与感冒齐名的感染性疾病，不仅给宝宝带来痛苦，更糟糕的是可能损伤听力，累及终身。下面告诉你阻击之策，建立9条防线，可保宝宝耳朵无虞。

## 防线1：防治相关疾病

一些疾病可引起中耳炎，首推感冒，造就了大约75%的中耳炎系小患者。原因在于人的耳朵和鼻子通过"暗道"——耳咽管相通，而宝宝的"暗道"较短，管腔较大，咽口位置较低，走向似一条直线，鼻部与咽部的分泌物及细菌等微生物容易经此"暗道"侵入中耳。故积极防治感冒乃是护耳的关键举措。

其次，麻疹、腮腺炎、风疹等急性传染病也是中耳炎的导火线，故按程序种好疫苗，防止这几种传染病临身，也是有效一招。

再次，及早矫正畸形。宝宝出生有畸形，比如裂颚，可能影响耳咽管的功能，导致中耳积水而诱发炎症，应在2岁前予以手术矫正。

## 防线2：莫乱掏耳

宝宝的耳朵有自洁功能，"耳屎"可随咀嚼、张口或打哈欠等动作脱落，不必掏挖。如果确实过多，甚至造成耳部堵塞时，可先试一试较为安全的清除办法：

第一步，在宝宝临睡前滴入1~2滴耳药水。滴药时让宝宝睡在床上或者抱在你的膝盖上，头部取侧位，使其健耳在上病耳在下，药水滴入后保持这种体位2分钟，防止药水流出耳外。

第二步，在病耳塞一个用消毒棉球做成的耳塞。次日取出耳塞，耳屎可能粘在上面而被清除掉。

如果上述方法无效，应到医院请医生处理。

## 防线3：正确擤鼻涕

不少宝宝擤鼻涕的方法不对：擤鼻涕时用两手指捏住两侧鼻翼，用力将鼻涕擤出。道理很简单，两侧鼻孔都被捏住，等于堵死了鼻涕前面的出路，鼻涕便在外力的迫使下向鼻后孔喷出，通过耳咽管而侵入中耳，其中的细菌、病毒趁机繁衍而引起炎症。切勿小看其危害性，估计有 1/3 的中耳炎患儿就是这样"擤"出来的。

因此，父母应教给宝宝正确的擤鼻涕方法：用手指按住一侧鼻孔，用力向外呼气，擤出对侧鼻孔的鼻涕，再用同法擤出另一侧。如果鼻腔发堵，鼻涕不易擤出，可先用低浓度的麻黄素滴鼻液滴鼻，待鼻腔通气后再擤。

## 防线4：防止异物损伤

宝宝天生爱玩好动，喜欢把东西往耳朵里塞，容易造成耳道损伤，进而引发炎症临身。为人父母者除了做好监护外，还要掌握相应的技巧，及时化解异物入耳的险情。

如果异物是食物，如煮熟的豌豆、花生、玉米粒等，应让宝宝将脑袋倾斜，促使异物依靠重力掉出来。如果不行，马上送医院。

如果是蜡笔，父母不要急着自己动手，企图将蜡笔抠出来，因为你越是去抠，可能使蜡笔塞得更深。明智之举是立即寻求医生的帮助。

如果昆虫飞进或者爬进了宝宝的耳朵，有 3 个办法：一个是父母用手将宝宝的耳轮向后上方提起，将耳道拉直，头歪向进虫的一侧，使耳内的异物滑出；二是用手电筒往耳朵里照射，昆虫多会朝着灯光这一端飞出来；三是往宝宝的耳朵里滴几滴婴儿油，让昆虫随着油流出来。

## 防线5：停用奶嘴

一些新妈妈喜欢给小宝宝含个奶嘴，让他保持安静，却大大增加了感染中耳炎的危险。芬兰医学专家以 1 岁半内的婴儿为对象进行的研究显示，用奶嘴时间减少 21% 的宝宝，中耳炎的感染率可降低 29%。

原来，处于清醒状态下的宝宝，如果含有奶嘴就会频繁地吸吮，而频繁的吸吮动作易使病菌从鼻腔后端进入咽鼓管，最后潜入中耳而引起炎症，无论选用多么优质的奶嘴，都会不可避免地增加宝宝感染中耳炎的风险。入睡后则不同，吸吮动作减少减轻，诱发中耳炎的可能性小得多。因此，除非宝宝马上要睡觉，要尽量避免使

用奶嘴。另外，10个月以上的宝宝无论清醒还是睡着，都不要使用奶嘴，可代之以小布娃娃和小绒狗等玩具。

## 防线6：避开"二手烟"

家庭成员吸烟，烟雾散布于空气中，宝宝跟着吸烟，俗称吸二手烟。最新研究资料表明，吸入二手烟会使幼儿中耳炎感染率增加19%。加拿大一份研究报告显示，天天接触二手烟的3岁前幼儿，遭受中耳炎之害的概率是其他同龄儿的2倍以上。烟雾的气味可刺激宝宝娇嫩的鼻腔和咽喉，使病菌更容易在这两个部位存活繁殖，从而降低抵抗力，一旦病菌进入中耳，就容易造成感染。因此，家人戒烟，或到户外吸烟，为宝宝营造一个无烟环境势在必行。

## 防线7：喂奶姿势正确

小宝宝肠胃发育不完善，加上进食难免吞进一些空气，故在喂养过程中或喂食后不久，常常会反胃，致使食道或胃里的食物反流入咽喉部、口腔或鼻腔中。如果妈妈用平卧位喂奶，被污染的反流物很容易通过耳咽管侵入耳内，引起耳内黏膜发炎，出现发热、耳痛、听力下降、耳道流脓

等症状——中耳炎便应运而生。

为避此害，妈妈喂养宝宝要有一个好体位，如斜抱位、半卧位或坐位都行，不可图省事而将宝宝平放于床上喂食。

## 防线8：调整睡姿

宝宝的睡姿孰优孰劣呢？加拿大医学专家新近提出，如果从防范中耳炎的角度看，当以仰卧与侧卧为优。研究数字显示，采用这两种睡姿的幼儿比采用其他睡姿的幼儿中耳炎感染率低33%。奥妙在于仰卧和侧卧的睡姿可以增加幼儿睡觉时的吞咽动作，促进中耳里黏液的排流，降低病菌存留的机会，进而减少感染的可能性。因此，应让宝宝仰卧与侧卧交替，尽量少俯卧。

## 防线9：游泳有技巧

宝宝在游泳过程中容易呛水，而一旦呛水，池水便可通过鼻——鼻咽——耳咽管的途径侵入中耳，导致细菌感染而发炎。另外，池水还可直接流入耳朵，感染耳膜，进而株连中耳。

对策：选择清洁卫生的游泳池；游泳时戴耳罩，防止池水流入耳道；尽量避免呛水。

# 当心"另类肺炎"偷袭宝宝

冬季，气温寒冷，宝宝罹患肺炎的风险明显增大。其中有3种肺炎，或病原特殊或症状隐匿或用药不同，姑谓之"另类肺炎"，尤其值得父母提防。请看"黑名单"：

## 毛细支气管炎

名字叫毛细支气管炎，实际上是一种特殊类型肺炎，好发于6个月至3岁的宝宝，呼吸道合胞病毒、腺病毒等病毒为肇事凶犯。

特殊症状：除了发热、咳嗽、精神差等一般肺炎症状外，喘息、憋气、呼吸困难（病孩吸气时胸骨及锁骨上窝、肋缘下等处下陷，医学称为三凹征）、哮鸣声明显等十分突出，所以又称为喘憋型肺炎。半岁内的病孩易引起呼吸衰竭和心力衰竭等致命并发症；3岁以上病孩可能继发肺炎链球菌等细菌感染，有引起中耳炎、脑膜炎等并发症之虞。

处治要点：
①酌情吸氧。
②多喂水，必要时静脉补液。
③增加空气湿度，使用超声雾化吸入（雾化液中加入利巴韦林等抗病毒药、平喘药及稀释痰液的药物）。
④疑有细菌感染，可加用青霉素、头孢菌素类抗生素。

预防有招：
● 勤给宝宝洗手。
● 家庭成员患了感冒要戴口罩，防止病毒扩散给婴幼儿。
● 居室定时开窗，保持室内通风与适宜的温度，如室温为18℃～20℃、相对湿度为50%～60%较为恰当。
● 病毒流行期间尽量减少外出，除非必要不带宝宝去人群拥挤的公共场所，如超市、医院、影剧院等。
● 如果宝宝罹患毛细支气管炎超过3次，且既往有湿疹病史，要考虑患的可能是支气管哮喘，应去

医院专科门诊诊治，避免哮喘"逍遥法外"。

## 支原体肺炎

支原体是一种介于细菌与病毒之间的致病微生物，如果将细菌喻为西瓜，病毒喻为芝麻，那么支原体就相当于大枣大小了。支原体一年四季都可侵袭宝宝，春夏之交尤其猖獗，小自婴儿大到学龄儿童都在它的觊觎之中。

特殊症状：

①支原体侵入宝宝呼吸道后不立即引起症状，一般需要潜伏2~3周时间，明显长于普通肺炎。

②最先"亮相"的症状是干咳少痰，逐渐转成顽固性的剧烈咳嗽，伴有少量黏液样痰，特别在夜间咳得厉害，有点像百日咳。

③全身有不同程度的发热、头痛、发冷、食欲差、疲乏等表现。少数病孩可无明显咳嗽，主要表现为高热、寒战、咽痛；小宝宝则以喘憋和呼吸困难等症状为主。

④危害广泛，除肺炎外，支原体分泌的毒素尚可株连神经、血液、心血管、关节、皮肤、耳、淋巴结等全身器官与组织，引起脑炎、脊髓炎、贫血、血小板减少、心肌炎、心律不齐、消化道出血、血尿、关节炎、皮疹、中耳炎、淋巴结炎、过敏性紫癜等多种病变，且症状较重。

处治要点：

● 选对抗菌药是关键，通常用于细菌性肺炎的青霉素与头孢菌素往往无效。因为支原体藏身于细胞内，而青霉素与头孢菌素进入细胞的数量有限，难以形成有效火力；加上这两种抗菌素是通过破坏细菌的细胞壁来杀灭细菌的，而支原体恰恰没有细胞壁，故而"无能为力"。对支原体最有效的是能够直接抑制蛋白质合成的抗生素，如以红霉素为代表的大环内酯类、氧氟沙星等氟喹酮类、四环素类、氯霉素类抗菌药。不过，这几类抗生素的毒性也很大。如红霉素损肝伤胃，四环素影响牙齿健美（诱发乳牙发黄，俗称黄板牙），氟喹酮类干扰骨骼发育等，使其用武之地受到限制。比较起来，阿奇霉素较好，穿透组织能力强，能渗入细胞内，作用时间长，每天只需服用1次即可，应列为首选。另外可供选择的还有罗红霉素、甲红霉素等。抗菌药疗程要足，一般需服用2~3周，以免复发。同时配合祛痰、平喘、供氧等药物与措施，以便加快康复。

● 中医药也可助一臂之力，因为中药不仅针对支原体本身，还可调动宝宝的免疫功能，促进排痰，增强呼吸功能。常用炙麻黄、杏仁、生石膏、黄芩、射干、蝉衣、僵蚕、前胡、沙参等药物配合，具体方剂应请中医师根据宝宝的病情与体质拟定。

● 保持口腔卫生及呼吸道通畅，常给患儿翻身、拍背、变换体位以促进分泌物排出，必要时可适当吸痰，清除黏稠分泌物。

● 多休息。室内空气要新鲜，室温保持在18℃~20℃，湿度在60%左右，以防呼吸道黏液变得干燥不易咳出。

● 少吃多餐。食物要求营养丰富且易消化，适当多喝水。

预防有招：

①支原体肺炎完全能够预防。医学专家对肺炎支原体疫苗进行了不少探索，研发出了灭活疫苗及减毒活疫苗，正在试用中。

②在疫苗尚未正式使用前，宜采用综合预防措施，如平时多带宝宝到户外绿地等自然环境中活动，以提升免疫力；适当增加富含维生素C及锌的食物；注意天气变化，及时增减衣服，防止受凉；玩具与用品经常消毒；避免去人多拥挤的场合；教育宝宝在咳嗽时用手帕或餐巾纸捂嘴，尽量减少飞沫向周围溅射。

## 无热肺炎

宝宝得了肺炎往往要发热，但近年来无热肺炎的发病率逐年上升，已经占到肺炎总数的1/3以上。究其原因，这部分宝宝的免疫力低下，抵抗细菌、病毒等病原体的能力较弱难脱干系。

特殊症状：

①宝宝不发热或发低烧（体温不超过38℃）。

②呼吸加快，安静时2个月内的小宝宝每分钟呼吸可达60次或以上，2~12个月婴儿每分钟达50次或以上，1~3岁幼儿达每分钟40次或以上。

③胸凹陷，表现为吸气时胸部起伏内陷、面部或口唇青紫，意味着病孩呼吸困难，缺氧较重。

处治要点：肺炎起病急、进展快、病情重，对宝宝的健康甚至生命构成威胁；加上部分肺炎病孩不发热或只发低烧，家长一定要格外小心。如果宝宝出现了流鼻涕、打喷嚏、咳嗽等感冒症状，但持续几天不缓解，或者呼吸出现咕噜声以及异常呼吸，伴有食欲减退、腹泻或呕吐，或夜间睡眠不安、哭闹烦躁、白天精神委靡甚至昏睡，应疑及肺炎临身。尤其不

可将体温高低、咳嗽轻重作为评判是否患了肺炎的标准，应将呼吸快慢与是否同时伴有胸凹陷作为首要的观察指标，以免延误病情，错过最佳治疗时机。

●针对病原选择药物，如由细菌引起者选用抗生素，由病毒引起者选用抗病毒药物。

●氧吸入，以减轻呼吸困难与缺氧症状。

●酌用化痰止咳药或超声雾化吸入。

●补充维生素，加强营养。

预防有招：

①接种肺炎疫苗。

②综合预防措施同支原体肺炎。

# 冬季多鼻塞，化解有门道

"大夫，我家宝宝鼻子又堵住了，瞧，小鼻子一耸一耸的，好像是在用嘴巴出气呢，不会有大问题吧？"作为儿科大夫，经常可听到新妈妈此类焦急的求助诉说。

不必紧张，宝宝的鼻腔本来就小，一旦因某种因素引起鼻黏膜肿胀或腔道狭窄，累及空气的进出，鼻塞症状就出现了。只要你弄清背后的肇事者，就能处变不惊从容化解了。

## 感冒鼻塞

军军与小伙伴在院子里玩打水仗的游戏，头发、衣袖、裤子都弄湿了，害怕妈妈责怪，不敢及时回家更换。第二天开始发热，流鼻涕，鼻子塞得紧紧的，不得不用嘴呼吸。

专家释疑：军军得的是典型的感冒鼻塞。本来，宝宝的体温调节中枢就不完善，加上鼻黏膜稚弱，抵御病毒侵袭的能力差，很容易感冒。一旦攀上感冒，鼻黏膜发生急性水肿，致使鼻腔变得狭窄，通气受阻，鼻塞便"应运而生"了。

化解之道：

①积极治疗感冒，随着感冒症状的缓解，鼻塞可逐渐减轻直至消失。

②用温热湿毛巾放在宝宝的鼻部进行热敷。

## 鼻窦炎鼻塞

桥桥自从上个月感冒后，鼻子就没有轻松过，老是犯堵，时轻时重，最近还流脓鼻涕了。到医院检查，医生说桥桥得了鼻窦炎。换言之，桥桥的鼻塞缘于鼻窦炎作祟。

专家释疑：宝宝反复感冒，可累及鼻窦黏膜，使其充血肿胀，分泌物增多，阻塞窦口引起鼻窦发炎，进而造成鼻塞。

化解之道：

①积极治疗感冒，防止炎症向鼻

窦侵袭。已经患上了鼻窦炎，则应合理选用抗菌素，力求彻底治愈。

②鼻塞严重的宝宝，可在医生指导下使用0.5%的麻黄素滴剂滴鼻，每侧鼻孔1滴足矣。注意，麻黄素不良反应较大，不宜过多或长期使用，以免引起萎缩性鼻炎，影响嗅觉的灵敏度。

③宝宝脓鼻涕多时，可酌情请医生做置换疗法，将鼻窦中的脓性分泌物清除掉。

### 过敏性鼻塞

展展活泼好动，一到春秋季节就爱皱鼻子、眨眼睛，同时鼻塞明显，喷嚏多，常流涕。父母开始以为宝贝女儿在做鬼脸，没少批评她，可是乖巧的展展依然"我行我素"，父母遂带她去医院检查，诊断为过敏性鼻炎。

专家释疑：过敏性鼻炎是孩提时代很常见的一种慢性鼻黏膜充血反应。调查资料显示，20%的3岁以下婴幼儿，40%的6岁以下儿童都曾患过此病。与成人过敏性鼻炎不同，宝宝受害症状常不典型，多表现为眨眼睛、揉鼻子，伴有鼻塞、流鼻涕、打喷嚏等症状，在户外活动时表现尤为突出，容易被认作扮鬼脸而延误诊治，展展就是"前车之鉴"。

化解之道：

①找出致敏因素，并加以避免，如果像展展那样呈季节性发作，可能系花粉为患，户外活动时需给宝宝戴上口罩；如果全年经常发作，大多祸起家中尘螨、动物皮屑或霉菌孢子，不妨使用空气过滤器，摒弃厚重的毛毯等物。

②调整食谱，减少一些动物性食品，多安排糙米、蔬菜等。

③在医生指导下采取全身和局部抗过敏药物治疗。

### 鼻屎堵塞

不知道为什么，这两天夏夏的鼻子总是发出"呼呼"的声音，有时还张开嘴巴大口呼吸。妈妈仔细一看，一大团干结的鼻屎堵在鼻孔口，难怪夏夏呼吸不畅呢，可小小年纪怎么会有这么大的鼻屎呢？

专家释疑：鼻黏膜每天都有一定量的分泌物，加上从鼻泪管里流来的"眼泪"，以及呼吸空气中的尘埃，混在一起，形成鼻屎。而宝宝不懂也不会擤鼻涕，一天天积存在鼻道，时间久了，积聚的分泌物干燥变硬而形成鼻痂（俗称鼻屎），堵塞鼻腔而引起鼻塞。

化解之道：

①少量鼻屎，可轻轻捏一捏宝宝的鼻孔外面，鼻屎很可能脱落，或诱发宝宝打喷嚏将其清除。

②如果鼻涕黏稠，可先用温热的毛巾在宝宝鼻子上热敷片刻，待鼻黏膜遇热收缩后，鼻腔变得通畅，鼻涕便会水化而流出来。

③如果无效，可将宝宝抱至光线充足处，滴 1～2 滴凉开水或生理盐水于鼻孔内，让鼻痂慢慢湿润软化，然后轻轻挤压鼻翼，促使鼻痂逐渐松脱，再用消毒小棉签将鼻痂清除。

④必要时可在医生指导下使用吸鼻器。

## 异物堵塞

路路一向活泼好动，可这两天却很"规矩"，老是一个人待在一边。爸爸甚感诧异，问他怎么了，路路指着鼻子直哼哼。爸爸仔细一看，左侧鼻孔有脓鼻涕，并隐隐有一股臭味。急忙将路路带到医院耳鼻喉科，大夫检查发现左鼻孔里有一异物，取出来看竟是一粒黄豆。

专家释疑：小宝宝好奇心强，玩耍时喜欢将一些小东西，如小橡皮头、瓶盖、纸团、葵花子、花生米、豆子、果仁等往鼻腔里塞。由于鼻腔小，加上能力有限，小东西塞进去后往往自己取不出来，又不敢告诉父母，过后又忘记了，致使异物滞留在鼻腔内，造成鼻塞。若继发感染，黏液可逐渐变为脓性，并有臭味散发出来。

化解之道：

①教育宝宝养成讲卫生的好习惯，不往鼻子里乱塞东西，一旦塞了东西要及时告诉父母，及早取出异物。

②父母应注意观察宝宝的呼吸情况，一旦发现某一侧发生鼻堵现象，或不明原因的流脓鼻涕、有臭味时，要及时向医生求助。

## 增殖体肥大致鼻塞

成成原本很健康，自从春节感冒过一次后，就成了"病秧子"，经常鼻塞，流鼻涕，诊所医生诊断为"复感"（即感冒反复发作）。可治来治去总不见好，相貌却不知不觉地变丑了。带到医院检查后，终于真相大白：成成患上了增殖体肥大。

专家释疑：为患成成的并非感冒，真正病灶在鼻咽部，那里有丰富的淋巴组织，叫作咽扁桃体。咽扁桃体可因反复发炎而肥大，称为增殖体肥大。如果未能及时治疗，则会转为

慢性增殖体炎，堵塞后鼻孔。宝宝因鼻塞而张口呼吸，时间一长则鼻梁下陷，鼻翼萎缩，嘴唇变厚，鼻唇沟变浅，上切牙突出，上嘴唇外翻，医学称为增殖体面容。成成就是这样变丑的。

化解之道：宝宝反复出现鼻塞、流鼻涕，不要随意当作感冒打理，应到医院做鼻咽部检查，如鼻后镜、鼻咽X光摄片等，搞清是否得了增殖体肥大症。如果真的得了增殖体肥大症，要请外科医生做手术治疗，4～9岁为最佳手术期，以免宝宝面容变丑，造成终生遗憾。

# 冬季，"高热惊厥"的发病旺季

　　春春刚满 2 岁，到乡下外婆家过周末回来就出现状况：先打了几个喷嚏，接着就流清鼻涕。妈妈摸她的额头感觉有点烫，用体温计一量快到 39℃了。正待叫爸爸拿退烧药来，春春突然倒地，呼吸急促，口角抽动起来。不得了，女儿抽风了！小两口赶紧拨打 120。急诊科大夫检查后说，春春的抽风是由感冒发热引起的，经过镇静、退烧等措施处理，病情才得以缓解。

　　抽风的医学称谓叫惊厥，病因很多，其中最常见的就是春春这一类型——感冒发热引起，称为"高热惊厥"。惊厥来势凶险，病情危急，特别令年轻父母紧张甚至恐慌。而冬季又是感冒等上呼吸道感染的旺季，所以了解一些"高热惊厥"的防治知识，以便临危不乱，便成为父母的必做功课之一。

## "高热惊厥"什么样

来自医院的信息显示，惊厥是婴幼儿期一种颇为常见的症状，发生概率差不多相当于成人的 10～15 倍之多。为什么会出现这种吓人的症状呢？现代医学的解释是：婴幼儿的脑发育不完善，对发热等刺激的分析、鉴别以及控制能力差，引起大脑强烈的兴奋与扩散，导致神经细胞异常放电，造成所支配的肌肉组织痉挛，抽风就发生了。祖国医学则认为，小宝宝系纯阳之体，患受诸邪，生热甚速，热极而生风。

"高热惊厥"常在高热（体温 39℃以上）初期，或体温突然升高之际发作，发作前可能有抖动、发呆或烦躁不安等先兆。发作时表现可轻可重：轻者眼球上翻、手脚抽动；重者不省人事，两眼紧闭或半开，眼球凝视、斜视、发直或上翻，牙关紧闭，口角抽动，嘴唇发紫，面部及四肢肌肉持续性变硬，甚至大小便失禁等。

提醒父母，别把惊跳误认作惊厥。细心的父母会发现出生不久的小宝宝，在入睡后受到声、光、震动的刺激，或要醒但未完全清醒时，手、脚以及下颏等部位出现不自主的短暂抖动，叫作惊跳。其原因与神经系统

发育不完善，受刺激引起的兴奋容易"泛化"有关，你只需用手轻轻按住他身体的任何一个部位，或扶住他的双肩或将小手交叉按在胸前，都可使其安静下来，属于发育中的"小插曲"，是一种正常现象，不必担忧。随着宝宝大脑发育不断完善，惊跳逐渐减少，到出生后第3、第4个月时消失，与惊厥有本质的不同，不要犯"指鹿为马"的错误。

## "高热惊厥"有特点

与其他原因的惊厥（如脑膜炎、脑炎或缺钙等惊厥）相比较，高热惊厥有不少独特之处。弄清了这些特点，就可以与其他惊厥性疾病区别开来：

①"高热惊厥"多见于6个月至3岁的宝宝。如果惊厥患儿的年龄小于或大于这个时段，应多考虑其他疾患作祟，如脑膜炎、中毒性脑病等。

②惊厥多发生在感冒初起突然高热时。如果发热几天后才出现的惊厥，亦应多考虑脑膜炎、中毒性脑病的可能性。

③惊厥在一次感冒发热过程中，一般只发生1次，发作持续时间为3~5分钟，最长不超过10分钟。如果惊厥反复发作，且每次发作超过10

分钟以上，甚至呈惊厥持续状态，也要考虑其他感染性疾患。

④体温正常后2周，做脑电图检查正常。

## 家庭应对"五步法"

面对宝宝的突发事件，父母不要慌张，更不要将患儿抱起，使劲晃动头部并大声呼吸他，或强行控制患儿的肢体抽动。正确应对可分解为以下5步：

第1步：将宝宝平放于床上，不用枕头，头偏向一侧，松开上衣纽扣，保持呼吸道通畅。切忌在惊厥发作时灌药，否则有发生吸入性肺炎的危险。

第2步：在宝宝上、下牙齿之间放一根用干净软布或手帕包裹的牙刷柄或筷子，以免咬伤舌头。如果患儿牙关紧闭，应缓慢操作，不可使蛮劲，以免损伤牙齿及牙龈，同时用手绢或纱布及时清除口、鼻中的分泌物。

第3步：用手指甲用力掐人中穴（鼻唇沟上方）、合谷穴（拇指与食指之间的虎口处）与内关穴（两手腕处）两三分钟，并保持周围环境安静，尽量少搬动，减少不必要的刺激。

第4步：在宝宝前额、手心、大腿根处放置冷毛巾，并及时更换，或将热水袋中盛装凉水或冰水，外用毛巾包裹后放置在患儿的枕部、颈部、大腿根处退烧。

第5步：观察病情。若抽风5分钟以上不能缓解，或短时间内反复发作，必须急送医院。途中要让宝宝头面部暴露在外，伸直颈部以保持气道通畅，切勿包裹太紧，防止口鼻受堵而窒息。

注意，经过上述方法处理后，即使宝宝的惊厥已经停止，也要到医院做进一步检查，目的是搞清惊厥的真正原因，以便进行后续治疗，并有效地防止复发。

## 防止复发有妙招

"高热惊厥"常可卷土重来，医学称为复发。研究资料显示，1/3的患儿可有第二次惊厥发作，其中1/2可能还有第三次，大约1/10有3次或3次以上复发。尤其是首次惊厥发作年龄在1岁内的患儿，复发概率更高，复发大多发生于首次发作后的3年内。

"高热惊厥"复发危害大，主要体现在两方面：一方面是脑损害和智力减退。惊厥发作次数愈多，脑损害愈大，甚至留下神经系统后遗症。

另一方面有变成癫痫之虞。"高热惊厥"虽然不是癫痫，但有某种牵连。一般说来，大部分"高热惊厥"患儿在3~4岁后不会再发，只有约有2%~4%的患儿属于不幸者，在首次"高热惊厥"后10年内转变为癫痫。特别是有以下情况之一者，日后转成癫痫的可能性较大：

● "高热惊厥"的初发年龄小于6个月，或是3周岁以后仍然发病。

● 每年发作超过3次以上。

● 同一病程中发作数次。

● 惊厥发作后10~13天脑电图异常。

● 原有神经系统发育异常。

● 有癫痫家族史。

显而易见，初次发作后的3年内应特别注意预防"高热惊厥"复发。建议你抓住几个要点：

①对已经发过1次"高热惊厥"的宝宝，父母要提高警惕，随时注意宝宝的体温变化，一旦有面红耳赤、前额或后颈部发烫等征象时要量体温，发现体温升到38.5℃以上，应采取积极的退烧方法，包括物理退烧与药物退烧，将体温控制在上次引起惊厥发作的体温红线以下。

②有"高热惊厥"史的宝宝又患上感冒，并出现发热（体温 ≥

37.8℃），应酌情增加饮水量，喂服淡盐冷开水2次，每次量100毫升~200毫升，间隔1~3小时。通过防治低钠血症达到预防"高热惊厥"复发之目的。

③在医生指导下使用镇静药安定。最新医学研究显示，安定有预防"高热惊厥"复发的功效，使用对象是已有两次以上"高热惊厥"的患儿。具体用法是：每次每千克体重0.2毫克~0.4毫克口服，一般使用2次（间隔8小时）就可收到较为满意的疗效；个别患儿需考虑使用3次，服药时间不超过3天。

# 冻疮，宝宝冬季易得的皮肤病

冬季总会给宝宝带来一些麻烦，冻疮就是一例。那么，为何宝宝冬季易生冻疮？冻疮有何危害？又该如何护理与预防呢？

## 冻疮追着寒冷到

冻疮，顾名思义与受冻有关，顺理成章地成了宝宝冬季易得的皮肤病，气温越低的地区发病概率越大。

首要因素是低温和潮湿的刺激。当气温低于10℃时，宝宝皮肤下的小血管遇冷而痉挛，血流量减少，组织因之缺血缺氧，导致细胞受伤，肢体远端血液循环较差的部位尤重，所以脚趾、手指、手背、脚跟、脚边缘、脚背、耳轮、耳垂、面颊等处成了冻疮的"风水宝地"。其次，营养不良、贫血、内分泌障碍（如甲状腺功能减低）、慢性感染等疾患，可加重宝宝身体末梢的血液循环不良，起到"雪上加霜"的坏作用。再次，给宝宝戴

手套或穿鞋过紧，也可增加血液循环的阻力而诱发冻疮。

在同等气温情况下，宝宝比成人更不禁冻，原因在于儿童的体表面积相对大于成年人，散热快耗热多；儿童皮肤的血管系统较发达，特别是颜面、双手部位的血管丰富，血管网络贴近表皮，对外界环境的温度变化很敏感；宝宝皮肤组织的含水量多于成人，所以比成人更容易与冻疮"狭路相逢"。

奇妙的是，你还会发现一个看似矛盾的现象：虽然宝宝的四肢发凉，颜面却变得通红。原来是身体调节作用的结果，当血液循环因气温低下变得很不畅顺时，身体会对有限的血液供应作出调整，首先满足脑部等重要器官，故一旦寒冷袭来，血液会率先涌上脑部，以维持大脑的正常温度，导致脸部充血而显得通红；相对而言，手脚等四肢较为次要，迟一步获得血液供应也不要紧，实际上就是身

体的一种"舍卒保车"的防护安排。不过，迟迟得不到血液供应的地方就可能出现瘀血，令局部组织"冻死"而形成冻疮，这也算是一种顾全大局的自我牺牲精神的体现吧。

## 为冻疮画像

冻疮什么样子呢？一位妈妈咨询笔者：一天前带宝宝郊游，忘了戴手套，回家后发现宝宝的手指变得发白，有些肿和痒，还不让父母碰，是不是冻疮？笔者仔细察看了宝宝的手指，症状比较轻，应该是冻疮的前期，如果手指变得越来越苍白，像蜡烛，而且僵硬，意味着正在逐渐变成真正的冻疮，需要及时处理，以阻止病情的发展。

一般说来，冻疮的发生与发展要经过这么几个步骤：首先，被冻伤的部位皮肤发白，出现僵硬、肿胀，继而充血发红，形成暗红色的瘢，出现疼痛与发痒，一旦遇热又痒又胀很难受。其次，如果未能及时控制病情，暗红色的瘢逐渐变成暗紫色，肿胀更为明显，严重者出现水疱。水疱可能会破溃，形成溃疡面，疼痛加重。以后随着气温的逐渐回升，冻疮逐步趋于愈合，前后需要较长的时间。

## 冻疮的应急处理

冻疮不仅带来痛、痒等难受感，影响宝宝的正常生活，而且可能因搔抓导致感染或糜烂，轻者影响皮肤，重者累及肌肉甚至骨骼，积极处理势在必行，处理方法需根据轻重程度来决定。

### 1. 轻度冻疮的处理法

①在野外即时用衣服将宝宝裹住，受冻的手指或脚部放在成人的腋下或怀抱中取暖。

②迅速将宝宝带回房间，用温热水（水温保持在40℃~43℃）浸泡、按摩，待其手指或脚趾的颜色变成紫红色时擦干，并涂上冻疮膏。另外，也可用红花、桑叶、甘草等中药煎水外洗。民间一些经验方也值得一试，如大葱根、鲜橘皮、黑胡椒、茄子秧、辣椒秧、冬青、艾叶等熬水浸泡或敷洗病灶处。把萝卜切成厚片，煮熟再晾温（用手摸上去不烫就可以了），然后敷在冻疮上，等凉后再换新的。把生姜在火上烤热，切成片再轻轻地擦涂在宝宝的冻疮上，可以消肿止痒。宝宝也舒服很多。

③防止宝宝抓伤受冻部位，如勤剪指甲、戴手套等，否则易使表皮破损而导致感染。

### 2. 较重冻疮处理法

冻疮较重，尤其是有皮肤破损、溃疡、糜烂、感染等情况者，应立即送医院。就医途中要注意保暖，防止冻伤加重。

注意，以下做法不可取，应纠正之：

①在郊外用雪摩擦冻疮。这样做可增加皮肤磨损，丧失更多热量，得不偿失。

②用热水冲洗或用火烤冻疮，高温会让受伤的皮肤组织受到更严重的破坏。

③盲目揉搓冻疮，有使宝宝受冻的皮肤发生破损甚至感染的风险。

## 预防是关键

冻疮容易复发，尤其是首次发生冻疮以后的翌年初春、深秋或初冬，父母还没有寒冷感觉时宝宝就可能被冻伤了，所以预防显得格外重要。

①多管齐下做好保暖工作。如白天户外活动要注意宝宝身体裸露部分的保暖，可戴上帽子、手套，穿上鞋袜，也可在皮肤上涂些油脂以减少皮肤散热。晚上睡觉盖好被褥，周岁内小宝宝可用睡袋，大宝宝可在容易受

凉的部位加一件棉背心，爱伸出被窝的小手可戴上小手套。必要时借助于空调、暖气等供暖设施，确保室温稳定在适宜的状态。

②多做按摩，促进宝宝的血液循环。如捏拿法：用拇指和食指轻轻捏拿宝宝的耳廓和耳垂部。手搓法：在宝宝面颊、手、脚等部位，用手指和手掌来回搓揉。

③鼓励宝宝多做手脚活动，加速气血运行。

④宝宝的衣服鞋袜宜宽松干燥，不要过紧，以免影响局部血液循环。

⑤从秋季开始培养宝宝用冷水洗手、洗脚和洗脸的习惯，增强身体的抗寒能力，可减少冻疮的发生。

# 宝宝冬季也"中暑"

晴晴妈妈 35 岁时才生下晴晴，全家人都很疼爱宝宝，真是"含在嘴里怕化，捧在手心怕摔"。当冬季来临时，晴晴刚满 5 个月，因担心宝贝女儿受寒感冒，妈妈特意在白天衣裤里三层外三层地将孩子包裹得像个大粽子，晚上又是睡袋又是电热毯，被窝里差不多就是一个夏天的环境。一天凌晨 5 点多，晴晴突然哭闹起来，一量体温高达 39.5℃，全身大汗淋漓，呼吸急促……小两口吓坏了，赶忙将晴晴送进儿科医院急诊科，大夫检查后说，晴晴"中暑"了。

中暑？小两口满脸惊疑：已是冬天了，咋会得夏天的病呢？了解了晴晴的情况后，大夫说了一句："这屋外是冬天，可你们营造的被窝却是夏天啊。"

小两口终于明白了大夫的话外音，此"中暑"非彼中暑，是保暖过度惹的祸。

那么，晴晴到底得的啥病呢？医学称谓应是闷热综合征，或捂被综合征，儿科大夫形象地喻为冬季"中暑"。多发生于周岁内的宝宝，特别是半岁内的小宝宝，与夏季中暑是两码事儿。

## 冬季"中暑"之秘

天寒地冻的冬季宝宝为何会"中暑"呢？主要原因是父母不懂得宝宝的代谢特点，低估了他的抗寒力，唯恐其受寒得病，因而一味地强化保暖之故，如捂被裹衣，动用电热毯，关门闭窗，致使室内空气流通不畅，宝宝被迫生活在一个人造的"夏季环境"里。实际上，宝宝的新陈代谢较快，产热较多（尤其是半岁内的婴儿产热量相当大），产生的热量不能及时散发出去，导致身体产热与散热失衡，热量逐渐积累而致体温升高，甚至像晴晴那样出现高热。

体温升高后，皮肤上的小血管即

可出现代偿性扩张，企图通过皮肤蒸发和呼吸增快来加速散热，于是宝宝呼吸加快，大汗淋漓，导致不同程度失水。

同时，高热引起体内代谢增快，耗氧量增加，加上被窝内缺乏新鲜空气，宝宝容易缺氧，导致体内环境失调，进而造成器官功能损害甚至衰竭。

瞧瞧，父母的"关爱"就是这样一步步地将"中暑"的祸水引到了宝宝身上，可谓典型的好心办坏事啊。

## 冬季"中暑"危害大

冬季"中暑"的危害，丝毫不逊于夏季中暑，甚至有过之。主要是持续高热引起宝宝内环境失调以及代谢紊乱，株连心、脑、肾、胃肠等器官的功能与健康。以脑为例，高热一可直接损害宝宝稚嫩的脑组织；二来大汗淋漓导致水分大量丢失，血液浓缩，脑血流减少，脑组织缺血缺氧，发生脑水肿甚至脑细胞坏死。"双管齐下"的结果便是，轻者中枢神经系统功能障碍，重者出现永久性损害，留下癫痫、脑瘫、失明、失语、弱智等后遗症。如果因之而发生惊厥或昏迷，还可因呼吸衰竭而致命。统计显示，冬季"中暑"患儿的病死率高达

18%，令人触目惊心。

所以，早期识别冬季"中暑"的信号至关重要。这些信号有：宝宝哭闹不安、持续高热、面红耳赤、满头大汗、反应迟钝、眼窝凹陷、口唇发青、呼吸急促、抽搐等。

一旦怀疑宝宝"中暑"，应马上采取措施应对之。要则有：

①马上将患儿移开高温环境。如解开衣裤与被盖，擦干汗水，换上干爽的内衣，并转移到空气新鲜和通风良好的地方。

②退热降温。首选物理降温法，如用冷毛巾湿敷、温水擦浴、使用冰垫等。切记不要用发汗药，以免出汗过多加重虚脱。

③及时清理宝宝口鼻分泌物，有条件者可迅速给氧。

经上述处理，宝宝若无缓解，需立即送医院救治，绝对不可延误。

## 预防最为先

老祖宗早有教诲：若要小儿安，三分饥与寒。本着这个大原则来安排宝宝的冬季保暖事宜，就可远离冬季"中暑"。

先说穿衣，要诀是比成人多一件就行了，不要重重包裹。就宝宝而言，安静时比玩耍时多一件，室外比

室内多一件。另外，外出时最好戴上帽子与手套。

再说睡觉。建议穿件小背心，别让宝宝的前胸与肚子受凉就行，脚部可以适当盖薄一点，以免小脚发热踢被子。小宝宝可以用睡袋，大宝宝可将被子和褥子夹在一起，防止被子被踢开。父母与宝宝同睡时应同床不同被，妈妈也不要紧拥住宝宝，因为父母的体温会让被窝的温度过高，增加诱发闷热综合征的风险。另外，慎用电褥子和电暖宝，如果一定要用，可先将温度调好，拔出电源插头后再让宝宝进被窝，并注意宝宝熟睡时勿把头蒙在被子里。

至于室温，新生儿最好保持在23℃～24℃即够；几个月到1岁的婴儿宜于22℃左右。室内要经常通风，湿度保持在50%～60%为妥。

平时多留意宝宝保暖是否适当，办法是一看二摸：一看宝宝是否有脸色发红、发热、出汗等症候；二摸宝宝手心、脚心是否出汗，脑门是否发烫。如果有保暖过度的迹象，首先要查查是否环境温度过高，如果室内温度比较适宜，就要考虑是否给宝宝穿得太多、捂得太厚，需及时把衣被放松点。同时多补充水分，勤给宝宝喂水或者蔬果汁。

# 冬季需防热水袋烫伤

鑫鑫从娘肚子里"移民"到这个世界刚刚 2 个月。妈妈虽然缺乏经验却不缺乏母爱，在大冬天里生怕她冻着，晚上睡觉前特意在她的脚下放了一只热水袋，意在供暖。出乎意外的是早晨起床一看，稚嫩的脚后跟已被烫伤，连皮肉下面的白骨也隐约可见。在当地医院多方治疗伤面不愈合，不得不辗转数百里到省城一家大医院求治。

阳阳躺在床上看小人书，为求腿脚暖和，便将一只妈妈灌好的热水袋放在腿上。后来他看着看着书就睡着了，醒来后感觉左腿膝盖下方有微微的痛感，叫来父母一看已被烫伤。与鑫鑫一样，烫伤深达骨质部位。

这就是冬春等寒冷季节容易见到的一类儿童创伤，医学上称为低热烫伤，大多是父母育儿经验不足，给宝宝保暖不当所造成，主要肇事者就是热水袋与电暖宝等取暖器工具。

说到烫伤，人们都很熟悉，多是因高温的开水、滚油或明火招致的创伤，低热怎么也会引起如此严重的后果呢？

所谓低热烫伤，是指 50℃ 左右的温度在人体局部作用时间过长，致使热力慢慢渗透进皮下软组织而引起的烫伤。它和高温的明火、开水等引起的烧烫伤之不同点在于，从外表看来烫伤面积并不大，表皮也没有开水烫伤那么严重，但烫伤面比较深，有的可深达骨质，往往造成组织坏死，像鑫鑫与阳阳那样。更为糟糕的是，低热烫伤治疗起来比较困难，比高温烫伤更加麻烦，通过局部换药的方法很难治愈，必须采用手术方法切除坏死的组织，然后根据烫伤的程度，采用自体健康组织做皮肤移植或皮瓣移植方能奏效。鑫鑫与阳阳就是在大医院采用皮瓣移植术治疗，最后才痊愈的。

来自医院的信息表明，低热烫伤的受害者大多为宝宝，末梢神经感觉

迟钝的成年病人（如糖尿病患者）也时有发生。至于健康人，则主要发生在过度疲劳而感知灵敏度较低的时候，如寒冷季节睡觉时使用热水袋或热水杯取暖就有此虞。

由于低热烫伤治疗麻烦，费时费财，所以应以预防为主，而且也完全能够预防。预防的关键在于科学使用保暖工具。以热水袋或热水瓶为例，具体措施务必抓住以下几点：

①合理掌握热水袋或热水瓶里灌入的热水温度，一般以 50℃ ~60℃ 为宜，不要太高。那种认为水温越高越保暖的观点是很危险的，特别容易造成宝宝烫伤。

②使用前一定要将热水袋的袋口或热水瓶的瓶盖拧紧再拧紧，防止热水流出直接烫伤皮肤。

③注意热水袋或热水瓶放置时间不要太长，最好是睡觉前放在被子里，睡觉时取出来。如果硬要与热水袋或热水瓶"共眠"，应先用毛巾把热水袋或热水瓶包上几层，并要与身体保持一定距离，不可紧贴体表，避免热力表面直接作用在皮肤上，对宝宝尤应遵守这一要则。

④最保险的办法是，对于 3 岁以下的婴幼儿，糖尿病或患有末梢感觉神经迟钝的病人，不使用热水袋或热水瓶供暖。

刚才已经谈及，低热烫伤的特点是低热源（一般低于50℃）、长时间接触（一般在 6 小时以上），造成热力从真皮浅层向真皮深层及皮下各层组织渗透的渐进性损害，与一般高温烫伤区别不难。不过有时候低热烫伤后出现水疱，易与浅二度烧伤混淆，但前者水疱的颜色较深，疱液多带有血性，创面基底部苍白，可有淤血或坏死斑，还是不难将两者区分开来。当然，具有此种辨识能力的只有医生，加上治疗上的特殊性（植皮、皮瓣或肌皮瓣等手术疗法），故家长一旦发现宝宝不慎与低热烫伤结缘，应及时送入具备条件的正规医院诊治，切莫自以为是地乱用偏方、秘方，更不要听信江湖游医的宣传，以免造成严重后果。

# 冬季睡眠中的"死亡陷阱"——窒息

你听过这样的传闻吗？说某某年轻妈妈晚上睡觉不小心，致使宝宝"闷死"在被窝里。这类传闻听起来虽很恐怖，却并非耸人听闻的讹传，的的确确存在此种危险。

"闷死"的医学术语叫窒息，指的是呼吸受阻，导致全身各器官与组织缺氧，引起代谢障碍、功能紊乱和形态结构损伤的一种病理状态。患儿表现为突然呛咳不止，面色青紫，不能哭吵与说话，或不能呼吸，脉搏增快。如不及时救治，轻者留下后遗症，重者危及生命。

那么，如此恐怖的事件咋会成为现实呢？细究起来，全在于新妈妈缺乏养护经验，加上大意而致悲剧发生。

## 寝具藏隐患

冬季气温低，妈妈为保暖而动用又厚又大的被子，并将宝宝捂得严严实实，暖则暖矣，却可能压迫小小身体，使其无法动弹，呼吸不畅而发生窒息。还有些妈妈为让宝宝舒服，使用松软的枕头与靠垫，会使宝宝头部深陷其中，当他翻转身体时，松软的填充物可能将其口鼻遮挡而造成窒息。

安全举措：妈妈要明白，宝宝尤其是新生宝宝新陈代谢旺盛，身体散热能力较弱，体温通常要比成人高0.5℃～1℃，不必担忧宝宝会受寒，保暖需适可而止。

### 1. 关于被子

首选蚕丝被，因为蚕丝具有良好的吸湿性与亲肤性，并能抗螨抑菌，对皮肤干燥、口舌上火等冬季"疫情"有一定预防之功。棉被呢？既吸汗，又有透气性，对皮肤刺激小，也是不错的选择。无论哪种被子，都不要过大过厚过沉，一般每条500克左右，大小与宝宝的小床相适应即可。

另外，被子切忌盖得过紧，尤其不能蒙头盖脸，应将双手放在被子外面。如果担心肩膀和胳膊露在外面冷，可穿上较厚的棉睡衣，或放在一个舒适的睡袋中。

### 2. 关于枕头

半岁前小宝宝不用枕头，因为新生儿的颈椎是直的，平躺时颈椎会自然呈现垂直状，不必用枕头来支撑。至于大一些的宝宝，过于柔软的枕头难以支撑头部的压力，而且胎儿在娘肚子里多呈卷曲状，故婴幼儿在任何姿势下都可以睡眠，无须劳驾额外的助眠工具。半岁以后宝宝可用枕头，但要注意高度与硬度适宜，不能太高太软。

### 同睡有风险

出于方便照顾的考虑，不少父母与宝宝同睡一张床，风险也不小。一是距离太近，父母睡熟后胳膊可能压着宝宝口鼻部，小宝宝无力推开，就有发生窒息的潜在风险；二来父母呼出大量二氧化碳，也会招来宝宝大脑缺氧、呼吸不畅等负面影响。尤其是有睡眠障碍者（如睡眠呼吸暂停）、抽烟者、喝酒或服药后，更不能与宝宝同睡一床。以服药或喝酒为例，药物（如感冒药、安眠药）可令你睡得很沉，酒精可能损伤你的记忆力，让你忘记床上宝宝的存在，当你翻身时很容易压着宝宝，导致窒息的恶果发生。

安全举措：不提倡父母和宝宝同睡一床，可以在靠近大床的地方摆放一张婴儿床，或是使用带有滚轮的婴儿床，既方便夜间照顾宝宝，又能保证安全，同时还可以从小培养宝宝的独立意识，一举数得。

### 喂奶有玄机

有些妈妈担心宝宝受凉，晚上就躺在被子里喂奶。可你想过吗？如果自己睡着了，会不会将乳房压在宝贝的口鼻上而造成窒息呢？

安全举措：妈妈夜间也要坐起来，在清醒状态下喂奶，喂完奶待宝贝睡着后再安心睡眠。

### 睡姿有奥妙

睡姿常见 3 种，即仰睡、趴睡与侧身睡。一些妈妈为确保宝宝肚子暖和，让他趴着睡，但小宝宝颈部肌肉无力，头又较重，很容易导致窒息。仰睡也不妙，因为小宝宝多有吐奶的现象，呕吐物容易塞噎喉咙而窒息。

安全举措：3个月内的小宝贝不能趴睡，宜采取平躺将头偏向一侧的体位，为防止肚子着凉，可以穿一个小肚兜。至于大宝宝，白天有父母照看时可以趴睡，晚间还是以仰睡或侧身睡为好。

## "第二睡床"的警讯

你喜欢将沙发当作宝宝的"第二睡床"吗？来自英国的警讯足以让你警醒：近20年来，发生在床上的婴儿猝死事件减少了50%，但发生在沙发上的猝死事件却增加了4倍。原因与沙发的材质、柔软程度及沙发结构有关，沙发看上去很平，但实际上是使用了较松软的材质，经过紧绷后形成，人躺在上面，身体很容易陷进去。特别是当宝宝翻身时，脸贴在柔软的沙发面上，鼻孔容易被堵塞，导致窒息而猝死。

安全举措：沙发只能坐，不能当睡床。

## 疾病难脱干系

呼吸道疾病，如扁桃体炎、腺样体增生，可能造成咽部过分狭窄而招来窒息之祸。气管炎、支气管炎与肺炎等，呼吸道分泌物增多，亦有可能发生窒息或喘憋。

安全举措：及时合理治疗呼吸道疾病，直至痊愈。治病期间要注意照看，特别要留意宝宝的呼吸状况，防止意外发生。

## 窒息的急救方法

一旦发现宝宝出现窒息现象，在及时拨打120、向医院求援的同时，父母要懂得一些急救方法，紧急施救，以争取时间。

对神智清醒宝宝的施救方法：

①将宝宝放在前臂上，脸面朝下，手指托住下巴，保持头低位。

②在宝宝两肩胛骨之间的背部，较重地拍打3～5下，少量奶汁及奶块可自行流出。

③拍打背部后，父母马上检查宝宝的口腔，并用手清除残留在口腔内的奶汁或异物。此办法可使90%以上的宝宝窒息得到解除，缺氧症状迅速缓解。

对不清醒宝宝的施救方法：

①用一只手的拇指放在宝宝的下牙床上，其余四指放于下颌抬高下巴，细看喉咙后部有无异物堵塞。如果发现较大异物，可用另一只手的小指沿两颊部的一侧伸入，到达舌根部，将异物取出。

②若宝宝呼吸停止，应马上做人工呼吸。做法是：将宝宝头部后仰30度，父母张嘴覆盖宝宝口鼻，均匀吸气后平缓吹气，见到其胸廓起伏即可。再抬头放开口鼻，使气体随胸廓回缩而排出。如此反复进行，频率保持在每分钟做12~20次。用力要适度，不能过猛，以防胸腔压力过高影响救治的成功率。

③如果空气不能吹入宝宝肺部，可将宝宝仰卧，父母将中指与无名指并拢垂直，下压其胸骨下部4~5下，使胸廓变形压迫肺部，气体逆流冲出的同时将异物排出来。若不奏效，可行背部拍打。

注意：在宝宝未把异物咳出，不呼吸、不哭、不咳嗽以前，不要放弃抢救，直到医院救援人员赶到或已到达医院为止。

# 冬季，护理宝宝皮肤学问多

冬季，对于宝宝稚嫩的皮肤无异于一道严峻的关口。道理很简单，这个季节气温低，空气干燥，皮肤又处于收敛状态，大部分血液集中在皮肤深层和肌肉组织中，致使皮肤的自我保护功能下滑，于是弹性减弱，丰润度降低，油脂分泌减少，进而招致诸多麻烦。因此，为人父母者不可不懂得一些相关知识，以保护宝宝平安过冬。

## 冬季皮肤多"天敌"

进入冬季，医院皮肤科的小患者便会多起来，细察其具体疾患，多为冻疮、皲裂、嘴唇干裂、痱子、虫咬皮炎等几种，大夫形象地喻为宝宝冬季皮肤的"天敌"。

位居榜首的是冻疮。当寒冷与潮湿结伴而来，湿和冷两种因素"狼狈为奸"，造成皮肤血管发炎，冻疮便"闪亮登场"。特别是供暖较差的农村、山区宝宝受害甚多，发病比例明显高于城市。

其次是皲裂。宝宝的皮肤含水量高，比如成人的皮肤中仅保持体内水分的7%，而宝宝的这个比例要大得多，约占13%。而冬季空气干燥，气温低下，与宝宝的体温相差较大，引起皮肤失水，进而导致皮肤起皱、发红、脱屑，甚至出现裂口，皲裂就这样"傍"上了宝宝。

再次是嘴唇干裂。与皲裂同样道理，发生在嘴唇部位就表现为干裂，而且一旦嘴唇干裂，宝宝往往喜欢用舌头使劲去舔。殊不知，越舔越干，越干越舔，形成恶性循环而引起皮炎，医学称为舌舔皮炎。原因在于舔会舔掉皮肤表面的保护层，更容易失水之故。由于反复的唾液浸渍，引起唇周皮肤炎症，出现红色小斑疹、小丘疹、皲裂，乃至皮肤有细小的脱屑，最后形成黑褐色的色素沉着，影响美观。

虫咬皮炎也不可小视。本来夏季才是虫咬皮炎的高峰期，因为夏季蚊子多，可冬季也不少，主凶就是螨虫。其他如跳蚤、虱子、臭虫等也是帮凶，难逃罪责。

还有痱子。不少人误以为痱子只有炎夏有，冬季寒冷，又不出汗，何来痱子？其实不然，有些父母担心宝宝受冷而保暖过头，加上宝宝皮肤的汗腺和血管都尚处于发育中，散热功能较差，故当环境温度一升高，皮肤难以及时调节体温，同样导致痱子纷纷"破土"。

弄清了宝宝皮肤的特点以及冬季皮肤的主要"天敌"，防范措施也就应运而生了。

## 好营养是好皮肤的基础

要想皮肤好，营养少不了。由于冬季的食物来源比其他季节相对单调，故注重营养补给尤为重要，目的是借助于养分保持皮肤新陈代谢的正常运作，减轻皮肤干燥，有效地抵御"天敌"对皮肤的侵害。

●蛋白质使皮肤光泽柔润，缺乏可致表皮粗糙晦暗，皮下组织水肿。食物来源：奶类、蛋、禽、豆制品等。

●脂肪不足，产热减少，容易诱发冻疮。食物来源：除肉食外，各种植物油当为首选。

●维生素 A 的主要功能在于保障上皮细胞的正常发育与代谢，维持皮肤的光洁与平滑，防止皮肤皲裂或嘴唇干裂。嘴唇不干裂了，宝宝就不会用舌去舔，自然也就免了舌舔皮炎一灾了。食物来源：猪肝、禽蛋、鱼肝油、芝麻、黄豆、花生等。

●维生素 C 的生理使命之一是阻止皮肤内黑色素的生成，保持皮肤色泽白皙可人。食物来源：各种果蔬为其富矿。

●叶酸与 $B_{12}$ 参与体内红血球的生成，缺乏时可因贫血而致面色发黄。食物来源：绿叶蔬菜、动物肝（富含叶酸）、肉类、鱼类、蘑菇（$B_{12}$丰富）等。

●铁元素充足的宝宝面色红润，面带微笑，人见人爱。一旦缺铁，除可引起贫血而致面色苍白外，还会影响到情绪，老是板着一副面孔而"不苟言笑"。食物来源：畜禽血、鱼类、豆类、动物肝等。

●锌元素缺乏可诱发皮炎，使皮肤失去光泽，或留下色素，妨碍观瞻。食物来源：牡蛎、鱼类、肉食等。

●水不是营养素，但在冬季护肤中的地位一点也不输于营养素。因为

大多数人有这样一个错觉：夏天补水顺理成章，冬天寒冷，又不出汗，补水似乎是"画蛇添足"。错了！冬天气温低，与人的体温相差甚大，导致皮肤、呼吸等渠道的耗水量增加，更要注意补水。前面提到的冻疮、皮肤皲裂、嘴唇干裂、痱子等皮肤问题，刨根究底，皮肤失水而又未及时补足起到了"推波助澜"的作用。当然，补水也是有讲究的，比如要经常性地让宝宝喝一定量的水，做到少"饮"多次。不要等到宝宝渴了才想起补水，因为宝宝口渴时表明体内水平衡已被打破，身体细胞开始脱水。再如果汁型饮料不宜天天喝，2岁以下的宝宝每天果汁的摄入量最好不超过100毫升。另外，尽量不要给宝宝喝含有咖啡因的饮料，如咖啡、茶等。大量研究发现，咖啡因会对宝宝造成一些危害，如可引起烦躁不安、食欲下降、失眠、记忆力降低，而且还会影响宝宝对膳食中维生素 $B_1$ 的吸收，引起维生素 $B_1$ 缺乏症。可以说，宝宝的最佳饮料非白开水莫属。

## 改变洗浴方式

冬季同样需要洗浴，不过洗浴的方式与方法与其他季节有别，原则是与寒冷季节的气候与皮肤特征相适应。

●调整浴室的温度，保持在20℃以上。一般每1~2天洗浴1次即可，且每次洗浴时间不宜过久，注意在宝宝刚出浴盆皮肤尚潮湿时，就在其四肢与躯干外侧等皮肤容易干燥的部位，涂上婴儿专用润肤品，使皮肤发生水和作用，将水分牢牢"锁住"而显得滋润。

●选用具有高度卫生安全性，基本原料及防腐剂、香料、着色剂等均应符合婴幼儿皮肤生理特点的护肤用品，如香波、膏霜、乳液、爽身粉等，包装容器也要求材质无毒、造型安全，即使宝宝抓咬也不会发生意外。具体说来，婴幼儿香波应该是脱脂作用小，对眼睛及皮肤无害、无刺激性，不会因洗浴时刺激眼睛而引起哭闹。膏霜制品中油脂成分最好占中等量水平，其中添加有适当的杀菌药物与较强的抗水剂，能够预防皮炎发生。爽身粉制品不应含有硼酸。

●擦洗宜选用质地柔软的毛巾。宝宝的皮肤比成人的薄得多，皮肤中胶原纤维少，缺乏弹性，如果误用粗糙的毛巾并用力擦洗，不仅易损伤皮肤，也容易使皮肤变得粗糙，加快老化速度。

●宝宝嘴唇皲裂时，先用暖湿的小毛巾敷在嘴唇上，让嘴唇充分吸收水分，然后涂抹润唇油。同时要让宝宝多吃新鲜果蔬，多喝水。

• 宝宝的小手皲裂了，应先把小手放入温水中浸泡几分钟，待皲裂的皮肤软化后，再用无刺激的香皂洗净污垢，擦干后涂上护手霜。

## 护肤的几个细则

• 预防冻疮。从气候开始变冷时做起，一是在宝宝的膳食中添加维生素（尤其是维生素 A 和维生素 D）及脂肪含量丰富的食物，如牛奶、猪肉、蛋黄、动物内脏、胡萝卜等；二是保护容易生冻疮的部位，如手、脚和脸部，如外出前可给宝宝的脸部抹上一层薄薄的儿童护肤霜，并按摩一下小脸蛋，再戴上手套，并穿上柔软舒适的棉鞋；三是有意识地锻炼宝宝的抗寒能力，如多带宝宝去户外活动等。若家中装有空调，不要将温度调得太高，要逐渐缩小室内外的温差，以免骤冷骤热引起皮肤冻伤。如果皮肤已经冻伤，应及时向医生寻求帮助。

• 宝宝的皮肤薄嫩（小婴儿仅有成人皮肤厚度的 1/10），表皮又是单层细胞，真皮中胶原纤维少，容易摩擦受伤。故衣裤面料宜柔软宽松，以纯棉织品为佳，避免化纤类，化纤类衣服摩擦易产生静电，静电刺激皮肤，宝宝会有瘙痒感。另外，平时也不要穿得太多，尽量让身体处于相对恒温的环境，避免骤然的温度变化，活动中要及时用柔软的小毛巾擦拭汗液，以保持干爽，防止生痱子。

• 督促宝宝多吃蔬菜水果，多喝水，防止嘴唇干裂。已经干裂者，要制止他用舌舔吮嘴唇，并及时向医生求助。

• 消灭螨虫、虱子、跳蚤等，勤洗、勤晒、勤换被褥，防止虫咬皮炎。

# 日光浴——宝宝过冬的保护神

冬季，寒冷的气候被看作是宝宝的一关，如果你能合理地让宝宝与日光"亲密接触"，则很可能顺利度过一年中最冷的几个月。原因在于日光中含有两种有益于宝宝健康的光线，即紫外线与红外线。

以紫外线为例，不仅能杀死人体皮肤上的细菌，增加皮肤的弹力、光泽、柔软性和抵抗力，更重要的是经紫外线照射后，皮肤中的7-脱氢胆固醇可转变成维生素D。维生素D有什么好处呢？请看科学家的研究资料：一个人的体内每天只要有0.005毫克维生素D，就足以抵抗儿童最常见的骨病侵袭，如冬季高发的佝偻病；每天只要有0.009毫克维生素D就可将机体的免疫力提升1倍，进而减少诸如感冒、腹泻、支气管炎等常见病的发生率。尤其可贵的是，最新发现维生素D可以影响人体内约200多个基因的活性，而这些基因已经被证明与多发性硬化

症、风湿性关节炎、白血病、糖尿病和肠癌等多种顽症恶疾有牵连。而日光称得上是一位维生素D的"生产能手"，一个宝宝只需接受短短的30分钟日光浴，血液里就可增加维生素D 0.25毫克。此外，紫外线还能刺激身体的造血功能，并能促进宝宝的生物钟发育。英国学者一项研究发现，夜间睡眠好的婴儿几乎都是那些在中午至下午4点接触日光多的宝宝，而一般情况下出生后6~8周的小宝宝多会出现莫名其妙的啼哭，在傍晚或夜晚啼哭最为严重，究其缘由很可能与缺少日光接触有关。提示日光浴有助于减少宝宝的夜啼现象，值得正为家有"夜啼郎"苦恼的家长一试。

再说红外线，也是一种不可见光，占日光的60%~70%，可透过皮肤深入到皮下组织，对人体起热刺激作用，扩张血管，加快血液流通，促进体内新陈代谢，并有消炎镇痛

作用。

## 晒晒脚心更有益

晒脚心又称"脚心日光浴"，对宝宝的健康更为有利。原因在于通过日光中紫外线对布满穴位的脚心进行刺激，促使全身的新陈代谢加快，受到刺激的各个内脏器官工作效率更加活性化，血液循环随之更为顺畅，人体所有器官的功能得以发挥到极致，进而激发宝宝的生长与发育。

已有资料显示，特别是让那些体质本来就较虚弱的宝宝坚持做脚心日光浴，其体质的改善非常明显，对于冬季常见的化脓性感染、鼻炎、贫血、怕冷症等多种病症都有较好的防治效果。

具体做法是，待天气晴朗之日，脱掉宝宝的鞋袜，将其脚心朝向日光，每次持续 20 ~ 30 分钟。但不宜在屋子里利用透过玻璃窗射进来的日光照射脚心，因为日光中的紫外线一大半已被窗玻璃吸收，几乎没有什么效果了，这一点请为人父母者务必记住。

### 日光浴后，来一次凉水擦浴

如果是 3 岁以上的宝宝，且耐寒力较强，环境的气温又较高，不妨在与日光做亲密接触后来一次凉水擦浴，保健效果将会"更上一层楼"。

道理很简单，在进行日光浴的时候，日光的辐射热可使皮肤下面的血管扩张，日光浴后改用凉水擦洗，促使已经扩张的血管收缩，再用干毛巾擦拭，促使收缩的血管再度扩张。如此交替使用热、凉和摩擦的办法，让血管做扩张、收缩、再扩张的"体操"。从而训练了体温调节中枢，锻炼了血管收缩和扩张的灵敏度，增强了儿童调节体温、适应环境气温变化的能力。

### 日光浴的几点策略

为了让宝宝晒好太阳，从日光浴中获得最大的保健效益，以下几点策略务必记住：

①小宝宝必须满 3 个月后才能进行日光浴，日光浴的持续时间应本着循序渐进、逐渐延长的原则安排。如开始先晒手和脸，每日 1～2 次，每次 5～10 分钟，以后逐步扩大日晒的部位，日晒时间也逐渐延长，最长不得超过 30 分钟。

②冬春季节天气寒冷，日光浴最好安排在中午气温升高之时施行，且要做好宝宝的保暖工作，衣裤穿戴力求暖和，避免受凉。上午 10 点以前、下午 3 点以后不宜晒太阳。

③选择室外避风之处，遮盖好宝宝的眼睛，或戴上有沿的白布帽。

④空腹和刚进食后不宜日光浴。

⑤患有某些慢性疾病或对日光过敏者不宜日光浴。如患有活动性肺结核的小儿就不宜，因为肺结核是由结核杆菌引起的一种慢性传染病，而结核杆菌为需氧菌，即需要在有氧的环境中才能生长。晒太阳时由于阳光中的红外线照射，使体表周围血管扩张，同时全身血液循环加快，一方面可供给身体较多的氧气，另一方面也为肺部处于活动期的结核杆菌的生长繁殖创造了适宜条件，可引起病灶扩大，不利于病情的控制，而且肺部血管扩张，血流加速，只要有少量的结核杆菌趁机从病灶侵入血流，就会引起血源性扩散，继发身体其他部位的结核病，如结核性腹膜炎、肾结核、骨结核、骨与关节结核等。此外，肺结核也是一种慢性消耗性疾病，活动性肺结核患儿体质较弱，心肺功能及营养状况较差，不能耐受日光浴，过多地晒太阳可产生精神不振、头痛头

晕、食欲减退、睡眠不安等不良反应，甚至可因出汗过多，血压改变而引起昏迷、抽筋等。

⑥日光浴之后，有条件者可涂上橄榄油。专家的解释是，橄榄油含有可以吸收自由基的维生素。自由基是由于暴露于太阳紫外线辐射之中而产生的不稳定分子，它会破坏皮肤细胞，可能导致皮肤癌。

最后要告诫家长的是，在进行日光浴期间应密切观察宝宝的变化，如果出现出汗过多、睡眠不好、食欲减退和易疲乏等症状，应停止日光浴，并请专科医生诊断处理。

# 宝宝冬季运动也精彩

冬季，天寒地冻，宝宝还能进行户外运动吗？不仅能，而且必须。首先，户外运动能让身体充分享受阳光的关爱，促进身体制造更多的维生素D，进而增强抗病力。其次，户外空气中拥有大量负氧离子，容易保持一定湿度，能减少因室内干燥空气刺激引起的感冒等上呼吸道疾病。最后，户外运动在增强体质的同时，还能磨炼宝宝的意志，增强克服困难的信心。因此，父母不可将宝宝束缚在斗室之中，应鼓励他们到户外去，要知道，冬季运动也十分精彩的。

## 1. 打雪仗

意义：大雪过后，带宝宝到雪地里摸爬滚打，能伸展四肢，活动筋骨，呼吸新鲜空气，增强抗寒能力。

玩法：找一处空旷安全、白雪覆盖的土地或草坪，让宝宝翻、爬、走、跑。父母将一个个大雪球扔给他，教他模仿着拾起一把雪或做一雪球扔向父母。2岁以上者，可和父母一起堆雪人。运动时间的长短依年龄而定，1岁左右半小时为宜，大宝宝可适当延长，但不要超过1小时。

提醒：父母要随时拍掉宝宝身上的雪，防止化雪弄湿衣服而诱发感冒。

对象：适合周岁以上宝宝。

## 2. 平衡木

意义：走平衡木既锻炼体格，又能促进脑发育与手脚的协调性，一举数得。

玩法：选择正规的平衡木或花台的边沿。先由父母扶着走，逐渐过渡到独立完成。先走较宽的平衡木，熟练了改走较窄的路线；初走时两脚交替前进，慢慢地做到脚跟对脚尖，以后可做两手侧平举，或手上托点东西。总之，循序渐进，逐步增加难度。

提醒：平衡木或花台不要过高，以 30～50 厘米为宜，宽度不应小于 15 厘米。宝宝走到终点时，最好由父母抱下，防止自己跳下损伤腿脚。

对象：适合 1 岁半以上宝宝。

### 3. 踢球

意义：锻炼"击中"目标的准确性和短跑能力。

玩法：与宝宝相距三五米站立，先由父母将皮球踢给宝宝，让宝宝以同样的方式把球踢回来。如果宝宝因用力不足或过猛而让球跑错了目标，要让宝宝去捡，目的在于让他多奔跑。随着宝宝"技艺"的提高，双方的距离可逐渐拉大并增加难度，如父母有意把球踢偏，锻炼宝宝的快速反应能力。

提醒：运动场地要平坦，环境要安静，防止宝宝摔伤。

对象：适合 1 岁半以上宝宝。

### 4. 滑旱冰

意义：重在锻炼宝宝的柔韧性、平衡性与运动速度。

玩法：教宝宝穿上滑冰鞋，先在原地练习基本步法，并试着像平时走路一样，让他找到在滚轴上站立和行走的感觉。开始宝宝不易站稳，父母可扶着他的手，待他找到平衡后则放

开手,让他独自体会滑行的乐趣。

提醒:一定要佩戴好护膝、护肘、护腕。滑行的速度适中,防止摔跤。从简单动作做起,滑行熟练后再做花样。

对象:适合2岁以上宝宝。

### 5. 器械运动

意义;锻炼宝宝的臂力、攀爬和四肢的协调能力。

玩法:居民小区往往安装有运动器械,如单杠、双杠、吊环、攀登架、走步机、跷跷板、秋千等,父母根据宝宝的能力与爱好选择两三样器械,帮助宝宝轮换锻炼。

提醒:父母给予必要的指导,随时在身边陪伴、保护,以免发生意外。做杠、环活动时,最好在下面放一块厚厚的垫子,防止突然落地摔伤。做吊环、秋千运动时,速度和幅度不宜太快、太大。

对象:适合3岁以上宝宝。

### 6. 跳绳

意义:锻炼宝宝的手、脚、腕、肩等部位的协调能力,并可促进感觉的敏锐性。

玩法:找一处空气新鲜地方,先教宝宝练习空手跳(不用绳,只做双脚同时跳起与落下动作,配合两臂摇

动),待基本掌握后再跳绳。

提醒:选择一根适宜的绳子,不要太粗太长,太粗会增加宝宝摇绳的困难,太长会加重两臂的负担,不利于运动。地面要平坦、结实,否则容易摔跤,或者因绳子摩擦地面而扬起尘土,污染宝宝的呼吸道。

对象:适合3岁以上宝宝。

### 7. 放风筝

意义:放风筝是一项调动全身机能的运动,需要手、腕、肘、臂、腰、腿、脑、眼等各个部位与器官的"通力合作",使全身都得到锻炼,对发展感觉统合大有助益。

玩法:挑选阳光明媚的日子,找一片空旷之地,指导宝宝放风筝。

提醒:为提高宝宝的兴致,可将风筝做成宝宝喜欢的动物或卡通形状,体积要小,重量要轻。风筝的颜色最好鲜艳些,便于飞上天后宝宝辨认。风筝的线不要太长,放飞的高度要适可而止,以利于宝宝操作。

对象:适合3岁半以上宝宝。

### 8. 手运动

意义:手运动看似简单,但对宝宝的保健作用却不简单。首先是防病作用,对感冒与冻疮——冬季带给宝宝的两大威胁皆有一定防范之功。先

说感冒，手掌的"大鱼际"（指两手拇指根部）脉穴丰富，刺激此部位能促进血液循环，疏通经络，增强面部"三角部位"与上呼吸道（包括鼻、咽喉）抵御感冒病毒侵袭的能力。再说冻疮，宝宝的手脚血液循环较差，当气温降至10℃以下，容易在手指、手背等处发生冻疮。而搓手既可借助摩擦生热来提升两手的温度，又能加快血液循环，从根本上防止冻疮发生。可以说，此乃搓手带给宝宝的最大实惠。其次，动手可牵动腕、肩及肘关节，涉及肩部、臂部、手腕、手掌和手指等30多个大小关节与50多条肌肉，对于强化宝宝的动手能力大有助益。再次，"十指连心"，手的运动可向脑组织提供能量，激活脑细胞，不失为一种提升智力的好办法。

玩法1：搓手。小宝宝由父母操作。父母先洗手，擦干保暖后摩擦宝宝的手掌与手背，力度要适当。大宝宝可自己操作，先搓手掌再搓手背，搓至两手发热为止。

做手工：

●撕纸。准备一些五颜六色的纸，让宝宝自由地撕成条或块，并启发他根据撕出的形状，想象为面条、饼干、头发等。

●折纸。教宝宝将纸片或柔软的布料折成各种图形，如纸船、纸鹤、花朵、扇子等。

●串纽扣。鼓励宝宝用细线或塑料绳，将各种颜色、形状的纽扣或珠子串起来。

●夹弹子或糖球。学会使用筷子的宝宝，可教他用筷子将碗里的玻璃珠或者糖球，一颗颗地夹到其他的容器里，锻炼一段时间后可换成颗粒更小的圆形豆子，增加难度。

●剪纸。准备一把小剪刀，教宝宝进行剪纸制作，以增进其精细动作的发展。但要注意安全，防止剪刀刺伤。

玩法2：徒手活动。不用任何工具，教宝宝充分发挥想象力，按照生活中的原型"创造"出他所喜欢的运动来。以下小游戏父母可经常与宝宝玩儿，既能强化亲子关系，又能丰富宝宝的想象力。

①模仿动物活动，如鱼儿游、鸭子走、兔子跳、鸟儿飞、猴子爬等。适合于体能及动作协调能力较差的小宝宝。小宝宝大多对小动物感兴趣，模仿起来兴致高，从而增加了运动量，对手脚的协调性、灵敏度及柔韧性锻炼大有帮助。

②队列操练。适合于行走能力较强的宝宝，父母与宝宝排队，父母发出"前进""后退"等口令，与宝宝一起摆手踏步行走。待宝宝熟悉后，

父母可与宝宝轮流发口令，看谁的反应快、动作敏捷、前进或后退的速度快。

③踩石头过河。父母用粉笔在地板上画两条线当作河流，再画一些圆圈当石头，然后与宝宝一前一后踩着"石头"过河，谁掉进"河"里谁就输了。当宝宝熟练后，可去掉一些"石头"以加宽距离。此项运动重在锻炼宝宝的身体平衡性，增强跨步的肌力。

④模拟开飞机。模拟小飞机飞行，两臂侧平举当作飞机的翅膀，然后开始小跑，时而直身跑，时而弯腰像飞机一样下降俯冲。跑的速度因年龄而异，不要太快，以免摔倒。

⑤模拟雄鸡争斗。训练分作两步走：第一步训练宝宝用左右腿交叉做"金鸡独立"似的站立，并练习单脚蹦跳；第二步，待宝宝熟悉后，教他把曲着的左脚用右手搬到站立的右腿膝盖前，跳跃着碰触与他同样姿势的父母。注意，父母只能象征性地"迎击"，不能用力，以免碰倒宝宝。此项游戏有助于增加宝宝双脚的耐力与身体的稳定性。

⑥在唱歌、跳舞、学儿歌的同时，教宝宝用小手比画各种动作，把相应的内容表演出来。

提醒：为让宝宝保持游戏的热情，父母与宝宝交换游戏时的角色，如今天父母喊口令，明天由宝宝喊口令；今天父母扮猴子，明天让宝宝扮猴子，等等。

对象：适合2~3岁孩子。

### 9. 登楼梯

意义：上下楼梯看似简单，却可给宝宝带来实实在在的好处，至少体现在以下3方面：

①有助于宝宝动作能力的发育。无论父母或是幼儿，上下楼梯首先要活动膝关节，同时要调节身体的平衡，可见登楼梯不止是一项关节活动，还是很好的平衡运动，可增强宝宝的腿部力量，为以后的奔跑、跳跃等复杂动作作好铺垫。试看刚学登楼梯的宝宝，只有借助楼梯的扶手或父母的牵引才能使自己保持平衡，原因就在于3岁以前的宝宝身体重心偏高，肌肉缺乏锻炼，因而站立不稳。当其持续锻炼一段时间后，膝关节就渐渐变得灵巧自如，肌肉结实且有韧性，加上大脑功能的进一步完善，对动作指令的刺激也越来越敏捷，眼、手、脚的协调能力"更上一层楼"，从而能轻松自然地甩动双臂在楼梯上跑上跑下，表明其动作技能已跃升到了一个新的高度。

②有利于锻炼宝宝的意志与品

质。刚开始登楼梯时，宝宝都有一定的恐惧心理，望着高高的楼梯不敢挪步。此时，父母给予鼓励与帮助，让他勇敢地迈出第一步，登上第一级，他就获得了勇气与信心。随着登攀级数的增加，视野渐渐扩大，脚步更加有力，并充分感受到成功带来的喜悦与快乐。就这样日复一日，其毅力与信念一点一点地积累，逐渐养成胆大、勇敢、坚强、不怕困难等优良品质。

③登楼梯的运动量比平地行走甚至跑跳都更大，可加快心跳，加深呼吸，对宝宝稚嫩的心、肺等脏器功能发挥出良好的锻炼作用。

不过，登楼梯可不同于平地行走那么简单，必须待宝宝的运动能力发展到相应程度才能列入锻炼计划。因此，作为家长，还应当了解宝宝动作能力的大致发育进程：

• 1 岁：大部分宝宝开始练习用手脚向上爬楼梯。

• 1 岁 6 个月左右：宝宝可以自己爬楼梯，但往往是前后脚同一个台阶地前进，而且需要扶着墙壁或扶手。

• 2 岁左右：已不太需要扶手，且可以随时停下，甚至转身。但依然是前后脚同一台阶地前进。

• 2 岁 6 个月以后：宝宝慢慢能做到每阶一脚地上楼梯，但下楼梯还需要两脚同一台阶地下，等下到最下面一阶时，只要台阶不是太高，大多喜欢双脚往下脚。

必须强调，上述说的是一般规律，至于你的宝宝如何，需要先对其动作发展的成熟度做出客观的评估，确定是否已经具备登楼梯的能力，再决定登楼梯练习的时间表。评估根据4 个标准进行：

①宝宝已能稳当地走路，很少跌倒。

②用一只手扶住栏杆，可以慢慢上楼梯。

③能爬上成人座椅。

④能利用四肢顺着楼梯爬上爬下。

一般说来，在宝宝登楼梯以前有一个过渡阶段：爬楼梯。以手脚爬行方式上下楼梯，对宝宝的颈部神经或大小肌肉都有明显的帮助，不少宝宝在七八个月大时（爬行练习的黄金期）爬行不足，在爬楼梯时显得较为笨拙，父母应充分抓住这段时间补足爬行课，强化宝宝的运动能力，为即将开始的登楼梯运动打下坚实的基础。

由于这个年龄段的宝宝手脚的灵敏度尚不足，常常无法控制身体，若一时站不稳，就容易跌落下来。因

此，登楼梯练习的开始阶段还不适合在楼梯上进行，不妨利用婴幼儿常使用的泡沫积木堆成阶梯状，让其模拟登楼"演习"。

"演习"一段时间后，宝宝已能比较熟练地掌握登楼梯的动作了，即可进入"实战阶段"。

玩法：父母位于宝宝身后，以双手牵着他的上臂，让他利用手脚的力量向楼梯上移动。如果宝宝跨脚吃力，身体不平衡，父母可双手扶其腋下，用较大的助力，帮助他两脚交替迈上楼梯。以后父母可逐渐减少助力，让宝宝尽量用自己的力量登楼。为了激发宝宝登楼梯的热情，父母还可把他所喜欢的玩具放到楼梯的台阶上，诱惑他去拿；或母亲站在楼梯上，向宝宝拍手，呼唤他的名字，父亲扶着宝宝慢慢登上楼梯。以后，随着练习的深化，可逐步鼓励宝宝自己扶着栏杆登上台阶。

父母也可将一些早期教育的内容引入到登楼梯运动中，如教宝宝上下台阶的同时数出楼梯的阶数，让他的数学逻辑智能在攀爬楼梯的过程中，不知不觉地得到提升，可谓一举多得。

提醒：扶持宝宝时需以其整个上手臂为主，千万不可只抓住手肘以下的部位，否则容易造成伤害，如关节脱位等，症结在于宝宝的骨关节还很脆弱之故。

待宝宝能稳定地扶着栏杆上楼梯后，再将下楼梯列入训练计划。要知道，下楼梯的难度大于上楼梯，宝宝不容易掌握，而且有一定危险，父母务必做好保护工作。如开始阶段扶着宝宝体会高和低的感觉，使他体验并掌握深浅感，以后教他试着自己扶着栏杆迈下阶梯，最后才放手。原则是循序渐进，以安全为前提。

父母还要仔细观察宝宝的步态，如果宝宝登台阶、下楼梯时经常磕磕绊绊甚至摔跟头，要及时到医院检查，以便早期发现可能存在的疾病，如弱视、关节病等。

另外，宝宝登楼梯运动最好生活化。比如外出或归来，一些父母喜欢抱着或背着宝宝上下楼，虽然保护了宝宝不会跌倒，也节省了上下楼梯的时间，却让宝宝白白失去了一个锻炼的好机会，殊为可惜。

# 宝宝过年安全方略

　　春节，宝宝放纵激情与欢乐的高峰时刻。然而"福兮祸所伏"，宝宝周围潜藏着不少安全隐患，稍有不慎即可受害。作为宝宝监护人的家长，请务需绷紧安全之弦哦。

## 安全隐患1：病毒与细菌

　　生活实例：除夕之夜，俊俊成了全家最忙的人，先是与几个小伙伴到室外燃放鞭炮，来回奔忙，汗水打湿了内衣。返家后来不及更换就坐在电脑旁，一连玩了两个多小时的游戏，直到哈欠连连才上床。第二天就病了，头痛、发热，大夫说俊俊得了重感冒。

　　无独有偶。兵兵因贪食肯德基，又喝了不少可乐、汽水，几个小时后又吐又泻，医生诊断为肠胃炎，不得不住院输盐水，过节的气氛被折腾得全没了。

　　点评：来自医院的信息表明，每年春节是宝宝感冒、腹泻的高发期。前者大多缘于宝宝追逐热闹，不停跑来跑去，以致汗湿内衣，又未能及时更换；为贪玩耍而熬更守夜，甚至通宵达旦，打乱了生物钟，导致身体免疫力降低，感冒病毒乘机发难。至于消化道疾患，往往祸起暴饮暴食，宝宝为求口福而成天与零食、饮料、快餐打交道，导致三餐失衡，影响胃肠功能，引起呕吐、腹痛、腹泻。此外，宝宝随意取拿零食，或边吃边玩，忽视了清洁卫生，致使细菌、病毒等病原微生物乘机侵入消化道所致。

　　安全对策：首先，提倡并鼓励宝宝多参加户外有益健康的娱乐活动，不去或少去人多的场所，如网吧、卡拉OK厅等。户外空气新鲜，病毒等致病微生物浓度低，感染机会少；室内则污染重，病毒、细菌浓度高，宝宝容易中招。其次，继续坚持平时的作息时间表，保证宝宝有充分的时间

睡眠，切忌熬夜。最后，随时给宝宝加减衣物，防止冷热不均。

为保肠胃一方平安，要教育宝宝把好病从口入关，做到"三不吃"：一不吃不洁或过期的食品；二不要暴饮暴食；三不能吃得太"乱"，尤其要限制零食、快餐与饮料，并监督宝宝食前洗手、食后漱口或刷牙。在家或在外进餐，最好实行分餐制或公筷制。做到了这几条，细菌、病毒就无机可乘了。

## 安全隐患2：异物伤害

生活实例：3岁女孩洋洋一边看动画片，一边吃瓜子，看到高兴处还要大笑几声。突然间洋洋大声呛咳起来，咳得脸红脖子粗，并出现呼吸困难。父母急了，赶紧送女儿去医院，医生通过支气管镜发现一粒瓜子卡在气管上，随即将其取出，洋洋方才化险为夷。

点评：春节期间，儿童最易遭受异物的"算计"，与餐外食物增多有关。如各种零食上桌，宝宝边看电视边吃花生、瓜子、果冻等零食，往往导致误吸。再如，鸡鸭鱼肉过年必吃，而宝宝缺乏经验，稍有不慎即可能造成鱼刺、鸡骨卡入咽喉或刺入黏膜等恶果。另外，气球五颜六色，一吹就鼓起来，好看又好玩，家长也乐意为宝宝"解囊"，殊不知，气球的危险有过之而无不及，如表面的色块经过张弛后可能脱落，且不说色素的毒性，万一彩色气球的碎片误入宝宝的气管，后果非常严重。告诉你吧，稍大的碎片可完全堵死气道，几分钟就可将宝宝憋死。原因在于宝宝尤其是婴幼儿，其咽喉反射发育还不够好，反应较迟钝，异物容易进入，加上气管小，一旦发生误吸或卡喉，很容易导致气管堵塞而危及幼小的生命。

安全对策：过节期间要看管好小孩，不要让年龄小的宝宝自己食用瓜子、花生及硬糖等小颗粒食物，切忌宝宝在跑动、跳跃、嬉笑中进食或口含玩具。喂鱼肉先要除尽鱼刺。至于气球，小宝宝只看不吹，大宝宝要掌握好吹气球的技巧，以避免吸入碎片。一旦发生意外，最好及时送医院急救，以防不测。父母不可凭借自己的一知半解胡乱救治，造成遗憾。

## 安全隐患3：烟花爆竹

生活实例："1、2、3……砰！"水水在玩耍一种称为"十六响"的礼炮，数到13响时突然礼炮不响了，等了一两分钟还不见动静，心急的他跑过去想看看究竟怎么回事。说时迟那时快，礼炮突然在离眼睛5厘米处冲出来，"砰"地炸响了，水水随之倒下。医生检查发现水水的眼球已爆裂，难以回天，最后双目失明，成了一名盲童。

点评：随着鞭炮品种的增多，体积日渐增大，其爆破力和杀伤力也越来越强。对宝宝的威胁主要有两点：一是伤害听力。医学研究表明，耳朵从出生起就具有极为成熟的灵敏性，而越灵敏就越容易受损，听力一旦受损将影响一生。据专家对鞭炮脉冲声的损害规律调查，即使是近距离接触放鞭炮1次，都有可能造成听力终身"打折"；二是伤害眼睛，像水水那样的悲剧几乎每年春节都有发生。轻者炸伤眼睑皮肤和眼球表层组织，损伤部分视力，重者眼睑皮肤被烧焦，出现眼球挫伤破裂、眼内积血和异物存留，甚至

大量眼内容物脱失而失明。

安全对策：

①购买烟花爆竹一定要去指定的商店，以保证质量，杜绝劣质产品。

②燃放地点要选择在空旷地方，家长要给予悉心监护。

③保证宝宝与燃放的鞭炮保持10米以上的距离，以避免鞭炮产生的脉冲声对听觉的杀伤。

④教宝宝做好耳部的防护，如用涂有凡士林或护肤霜的棉花塞住外耳道，或用两手掩住双侧耳廓，防止巨响震伤耳膜及耳蜗。

⑤如果遇到哑炮，千万不要走近去看，以免突然炸响。

⑥带宝宝观赏烟花爆竹，应该选择安全地带，必要时戴上防护眼镜，以免弹出的火星伤及眼睛。

## 安全隐患4：玩具

生活实例：眼看春节就要到了，妈妈特地为超超买了一把弹射玩具手枪。儿子拿到手枪爱不释手，装上子弹东打一枪，西打一枪，高兴极了。妈妈颇为欣慰，放心地收拾家务去了。不久，屋内突然传出儿子的惨叫声，妈妈急忙跑回屋内，发现儿子的眼部鲜血直流。送到医院后，大夫经过仔细检查，玩具手枪子弹射伤了超

超左眼周围的皮肤，离眼球还有1厘米远，可谓不幸中之大幸，如果射到眼球上，超超的左眼很可能就残疾了。

点评：春节期间，父母大多要给宝宝购买新玩具，可得注意了，挑选玩具一定要树立安全第一的意识，其次才是玩具是否新潮或时尚。

安全对策：购买玩具至少要做到以下几点：

●仔细查看玩具上的警示，是否适合你的宝宝。

●挑选适龄玩具。如3岁以下的宝宝，别挑那些含有能够放入嘴里的小部件的玩具，以防宝宝误吞。也不要给买很小的球类玩具，或带尖头或锋利的玩具。3~5岁的儿童，不要买薄的、易碎的塑料玩具，因为这类玩具所用的材料往往有毒性，破碎了以后容易被儿童放入嘴里，引起中毒。给5岁以上的儿童买玩具，如儿童自行车、单脚滑行车、溜冰板和旱冰鞋时，要留意这些器械上有无保护装置。

●若给大宝宝买玩具手枪，绝对不要买那些十分像真枪的玩具手枪，并要避免威力大、射出的子弹可引起人体疼痛的玩具手枪。在宝宝玩耍的时候，要进行必要的看护和安全提示，不要蹈超超妈妈的"覆辙"。

● 宝宝的身体比较脆弱，故骑自行车时要戴头盔，玩单脚滑行车和溜冰板时应戴护膝和护肘，防止受伤。

● 绝对不可玩打火机、火柴等，并且远离电器、电熨斗、电炉、热水、热油、蒸汽、强碱与强酸，以防不测。

### 安全隐患5：宠物

生活实例：陶陶是个宠物迷，父母投其所好，专门为他饲养了一条小犬。去年春节到姥姥家拜年，正巧姥姥家里也有一条小犬，陶陶一见别有情趣，赶忙上前搂抱抚摩，不想小犬认生，对着这小小的"不速之客"咬了一口，陶陶的手指顿时鲜血淋漓……

点评：近年来，饲养宠物成为时尚，不少家庭非猫即狗。而宝宝又多喜欢小动物，经常与之亲密接触，故不时有被抓伤、咬伤的事故发生，春节期间尤其多。据媒体报道，去年春节仅大年初三一天，某市一家医院就收治了20多个被狗咬伤的宝宝。其原因在于节日期间鞭炮轰鸣，鼓乐大作，发出的噪音会造成宠物烦躁不安，产生攻击性，伤害人类尤其是宝宝。

安全对策：

①尽可能让宝宝与宠物保持距离，制止宝宝尤其是小宝宝用手抓挠宠物的耳朵或尾巴，防止宠物翻脸动口伤人。

②保障宠物的清洁卫生，包括宠物体毛的梳洗、爪子的整修、预防针的注射等。另外，宠物睡卧的小窝也必须勤加清理，以免感染细菌或寄生虫殃及宝宝。

③不要在宠物面前给宝宝喂食，特别是不要喂味道浓郁的饮食。因为宠物的嗅觉很灵敏，很可能让宠物在一旁流口水，进而引起宠物抢食而袭击宝宝。

④宠物的排泄物应及时打扫，如果留在地面，既不卫生，还有造成宝宝滑倒受伤的危险。

⑤走亲访友不要让宝宝随便逗玩宠物，防止被客人家的小狗、小猫咬伤或抓伤。另外，有些宝宝对厨房里的甲鱼、龙虾好奇，可能招来更大的麻烦，因为甲鱼咬住东西可是不肯松口的，故要加倍防范。被狗咬伤后，不管伤势重否，都要尽快到医院处理伤口，并注射狂犬疫苗。

### 安全隐患6：走失

生活实例：据统计，几乎每年春节期间都有宝宝丢失。

点评：春节是家长携儿带女出游的黄金时期，由于人多拥挤，稍有不慎，即可造成宝宝失散。如果又遭遇不法分子，被拐买的危险大大增加。

安全对策：

①在人潮拥挤的场合牵着宝宝走，或者使用控制带或腕带以免走失。

②给宝宝换上颜色鲜艳的衣服，在很远的地方就能一眼看到。

③教宝宝记牢自家的详细住址与电话号码，最好在其衣袋中装一张写有家庭住址、电话号码的卡片。

④教他认识回家的路以及家附近的路标。

⑤叮嘱宝宝千万别跟陌生人走。万一与父母走失，应向周围的人求助，如带着宝宝的母亲或警察叔叔。

## 安全隐患7：上网

生活实例：东东是个网迷，喜欢在网上交朋结友。一次，他将自家的住址泄露给了一个网友，不久家中遇盗，盗窃犯就是那个"网友"。公安机关查明，那个"网友"已是一个作案数十起的惯偷。

点评：上网已成为宝宝日常生活的内容之一，春节期间更是高峰期，而互联网实际上是把"双刃剑"，既可使宝宝获得有益的知识，也能带来风险与危害，包括信息的泄露以及黄色网站的侵害等。因此，要引导宝宝健康、快乐地上网，安全举措还必须到位。

安全对策：

①父母与宝宝一道上网，好处多多，如帮助宝宝提升安全意识、树立社会责任感、增强亲情观念等。

②为宝宝建一道网上防黄墙，防止黄色网站的侵扰。

③教宝宝不要随意将私人信息在网上泄露，如自己和家人的姓名、电话、住址、银行卡密码等。同时，不要轻信网友的信息资料，以免上当受骗。

④提醒宝宝尤其是女宝宝不要单独会见网友，如果真的需要见面，必须在亲友的陪护下进行。

⑤宝宝若感觉有来自网上的危险，应迅速报警。

⑥提醒宝宝不要轻易接收或打开陌生人的数据文件，防止"病毒"偷袭。一旦打开这种文件，电脑就有可能被他人控制，电脑中的信息、数据，包括QQ、个人邮箱、游戏等的账户和密码将可能被盗取，甚至可能导致电脑系统崩溃。

## 安全隐患 8："自驾车"出游

生活实例：豆豆爸爸开着车"自驾游"，妻子抱着豆豆坐在副驾驶位置上，一路上赏山看水，十分惬意。想不到迎面一辆大货车急速驶来，爸爸赶忙紧急刹车，妻子与豆豆一下子向前撞去……

点评：自驾车出游，一家三口乐陶陶，宝宝往往坐在副驾驶座上，或是站在副驾驶座前与驾车的爸爸或妈妈说笑，或是自己玩耍，实际上潜伏着危险。尤其是配备的安全气囊，有可能成为一颗"定时炸弹"。想想吧，宝宝坐在副驾驶座上，又不系安全带，如果来个急刹车，岂不是重演豆豆爸爸的悲剧吗？至于安全气囊，对宝宝并不安全，若意外在瞬间张开，产生的爆发力足以轻易击断宝宝的颈椎。据媒体报道，不少国家发生过因气囊突然爆发，而小宝宝又坐在副驾

驶座位上，因而被炸得血肉模糊的事件，值得高度警惕。

也许有人说，干脆父母将宝宝抱着，安全了吧。也不，一些交通安全的研究显示，每小时 48 千米车速下的碰撞，足以在一个 7 千克重的婴孩身上产生 140 千克的前冲力，相当于婴孩体重的 20 倍，后果之严重可想而知。

安全对策：

①给宝宝选择一个安全位置，这个位置不在驾驶室里，而是在车厢的后排。因此，凡是不到 12 岁的儿童，必须坐后排座，并系好安全带。统计数据显示，比较而言，后排乘客的安全系数最高。

②不适合系安全带的宝宝，则应安装一张安全座椅。这张座椅既要与车子相配，更要与宝宝的身高、体重相称，安装在后排座上，而且要安装牢固。